우주법론

이영진 편저

목차

머리말

> … 나는 하늘을 나는 마차를 만들 수 있다고 믿는다. 사람을 태우고 허공을 가로지르는 마차… 거기에는 여러 명이 탈 수도 있다. 이것은 결코 허황된 꿈이 아니다. …조그만 콜크 껍질은 물에 뜨고, 집채만 한 배도 물에 뜬다. 보잘 것 없는 벌레가 하늘을 날고 커다란 독수리도 자유롭게 날아다닌다. … 지금 당장은 불가능해 보이지만, 미래에는 사람을 달까지 데려다 주는 마차가 발명될지도 모른다. 이 엄청난 시도에 최초로 성공한 사람은 정말 행복할 것이다(존 윌킨스, 달세계의 발견, 1640).

이는 천체물리학자이면서 우주과학의 대중화에 평생을 바쳐온 닐 타이슨의 「Space Chronicle(2016)」에서 따온 글이다. 그로부터 인류는 정확히 329년 뒤에 '아폴로 11호'라는 최신형 마차를 타고 달에 착륙하였다. 그해 7월 21일 도하 각 신문은 약속이나 한 듯이 1면 톱기사 제목을 "인간 달에 서다"로 뽑았고, 지구촌 전체가 들썩이는 가운데 당시 17세 소년이었던 필자는 별을 사랑하고 우주에 무척이나 관심이 많았던 터라 나 자신도 무척 가슴 설레어 했던 기억이 새롭다.

필자는 동요 '고향의 봄'을 연상시키는 시골마을에서 태어나 학교에 입학할 즈음 도시로 이주해 살아왔으나 10살 전후 소년기에는 해마다 방학이면 그 고향마을에 가서 또래들과 밤마다 수양버들아래 냇가 바위에 누워 별을 헤고, 노래하고, 별자리에 깃들어 있는 사연들에 빠져들기도 하며, 지상과 공간을 넘나들며 악을 물리치는 '십자성의 신비와 라이파이' 같은 공상과학만화에 심취하기도 하였다. 그러다 보니 이미 10대 소년기에 이러한 우주에 관한 염원을 담은 묘비명을 지어 놓기도 하였는데 필자는 아직도 그것을 비망록으로 보관하고 있다. 그런데 일찍이 다섯 살에 뉴욕만국박람회에서 가서, 놀라운 우주와 지구에 펼쳐지는 세계를 보여주는 전시회에서 어린 마음에 깊은 감명을 받고 이후 우주에 관한 만화책과 '타잔'의 작가로 더 유명한 에드거가 쓴 화성소설을 탐독하던 또 한 명의 소년이 바로 전 세계 독자에게 사랑받고 있는 '코스모스'의 저자이자 위대한 우주과학자인 칼 세이건임을 알게 된 것은 본인으로서는 훨씬 나중의 일이다.

후에 필자는 여러 이유로 그 시기 다들 선망하는 법학도가 되긴 했었지만 내 속에 깊숙이 잠재한 경이로운 우주와 인류의 영감어린 미래에 대한 관심은 여전하였고 이것은 자연스럽게 필자가 필생의 화두로 법학 중에서도 우주법 연구에 몰입하게 되는 중요한 계기가 되었으리라고 믿는다.

Ubi societas, ibi jus(사회있는 곳에 법이 있다). 이는 동서고금의 진리이다.

1957년 인류가 최초의 인공위성을 우주에 성공적으로 발사함과 동시에 우주시대의 개막을 알렸고 이와 더불어 우주공간과 천체는 인간의 활동영역이 되었다. 인간이 활동하거나 관리하는 우주사회에도 필연적으로 질서가 요구되는 것인 바 이 때부터 국제법에서는 또 하나의 새로운 지평이 열리며 우주법이 등장하면서 그에 상응하는 역할을 담당하게 되었다. 물론 새로운 영역으로서 우주국제법은 그 역사가 일천하여 아직 형성 중에 있는 분야도 다수 있고, 현 상황에서 지구촌에 존재하고 있는 200개에 가까운 국가들간에 이해관계의 상충과 발전 단계의 격차로 인하여 시급한 현안문제의 행동 규범에 대한 합의조차도 결코 쉽지 않다는 사실을 부인할 수는 없다.

생각컨대 이 광대무변한 우주에서는 태양마저도 시시한 존재인데 그 주위를 도는 지구의 크기는 거의 먼지 수준이라고 할 수 있는 터라 칼 세이건의 말처럼 그 안에서 북적거리며 삶을 영위하는 인간이 우주에서 가장 또는 상당히 중요한 존재라는 생각은 너무나 자기중심적이고 우스꽝스럽기까지도 하다. 실제로 인간의 몸을 이루는 주요 물질도 별의 중심에서 만들어졌으며 그것의 5대 구성원소도 거의 일치하는 것으로 밝혀졌다. 말하자면 인간은 나머지 우주와 아주 긴밀하게 엮여져 있는 별의 일부이자 '별에서 온 그대'들이다. 광활한 우주에서 생명체가 지구에만 존재할 것이란 생각은 오히려 가능성이 희박하고, 실제로 그렇다면 이는 정녕 엄청난 공간의 낭비가 될 것임이 분명하다. 따라서 그런 만큼 우주는 우리의 집이자 우리자신 그 자체인 것이므로 인류는 우주공간을 평화적으로 이용하고 그 속에서 공존하는 지혜를 끊임없이 발현해 내어야 할 것이다. 결국 인간이 우주는 물론이고 그 안의 한낱 미미한 존재인 지구에서 평화롭게 협동하는 방법을 지속적으로 익히고 또한 이를 실천해 가지 못한다면, 지구문명에 장기적인 희망은 없을 것이며 어쩌면 스티븐 호킹의 주장처럼 언젠가 지구에서의 이주를 고려해야할 날이 올지도 모른다.

필자가 우주법에 대한 연구를 시작하면서 초점을 맞춘 주요 지향점도 새롭게 열린 우주시대에서 궁극적으로는 이를 평화적으로 이용하면서 국제협력을 추구하는데 일조가 될 수 있을 것이란 희망섞인 기대에 닿아 있었다. 그런 맥락에서 30여년전 우주법에 관한 연구가 거의 불모지상태였던 우리나라의 학계에서 필자의 학위 논문도 '우주공간의 평화적 이용을 위한 법적 규제'라는 제하에 작성되었던 것이다. 이후에도 나름의 후속 연구를 하느라 노력하였으나 한국에서의 우주개발은 정부차원에서 몇 번에 걸친 장밋빛 계획의 발표가 이루어진 바는 있었지만 더디기만 하였다. 그런 가운데 국가적 연구여건의 불비나 무관심, 인적 자원의 부족, 지역적 한계 등과 맞물려 법학에서는 나름 첨단 분야였던 우주법에 관한 연구를 만족스럽게 이어가기에는 역부족을 느끼고 좌절감에 빠진 적도 있었음을 솔직히 고백하지 않을 수 없다. 다행스러운 것은 후에 항공법 전문가들을 중심으로 우주법 연구대열에 합류하기 시작하였고 또한 21세기 들어 나로호 프로젝트의 진행과 더불어 본격적인 우주법 전공의 학자들도 속속 등장하게 되었다는 사실이다. 아직 우주선진국에 비견할 바는 못되고 또한 우주법 분야의 인적 자원도 턱없이 부족하긴 하지만 이제 우리나라도 Space Club에 진입하여 새로운 도약의 발판을 마련하였다. 한국에서도 이제 자체적으로 개발한 우주발사체에 실어 우리의 달 탐사선을 조만간 우주로 보낼 계제에 와 있다는 점을 생각하면 격세지감을 금할 수 없고, 반생을 우주법 연구에 바친 사람으로서 나름의 자부심과 긍지를 느낀다.

이 책은 앞서 언급한 우여곡절과 그 극복 및 발전과정에서 이루어진 조그만 성과물이다. 원래는 우주법의 발전 연혁과 입법과정을 포함하여 현행 우주법 체계를 잘 정리하여 교과적인 저서를 집필해 보고자하는 생각도 있었으나 그것은 이미 몇 분에 의해 출간된 바도 있거니와 일반화된 저술 못지 않게 주요 쟁점을 집중적으로 다룬 논설집 형태의 시도를 해 보는 것도 가치 있는 일일 것이란 판단을 하게 되었다. 본 서는 그런 의도하에 필자가 우주법의 중요한 현안들을 중심으로 비교적 최근에 주요 학술지에 게재하였던 논문들과 또한 필자의 퇴임을 기념하여 축하와 격려의 의미를 담아 사계의 전문가 몇 분이 기고해 주신 논문을 같이 묶어서 편저의 형태로 간행되는 것이다. 물론 새로이 그 영역을 넓혀가고 있는 우주법의 쟁점 중에서도 본 서에서 다루고 있는 주제들은 그 일부에 지나지 않을 터이나 이렇듯 전문적 주제를 다루는 저술들이 앞으로 많이 쌓여 가기를 바라며 지금의 시도는 그 주춧돌을 놓는 심정으로 상정하는 것이다. 장차 동료, 후학들의 열정어린 참여를 희망하면서 머지않아 우주법학의 전 분야를 아우르는 풍성한 건축물이 지어지기를 바라는 마음 간절하다.

이 자리를 빌어 이 책이 알차고 훌륭한 모습으로 탄생할 수 있도록 옥고를 보내주신 항공우주정책·법학회 김두환 명예회장님, 국방대학교 조홍제 박사님, 공군사관학교 김동욱 교수님, 항공우주연구원 정영진 박사님, 충북변호사협회 노동영 변호사께 감사의 말씀을 드린다. 김수갑 교수님도 공사다망한 가운데 간행위원장을 맡아 애써 주셔서 고맙고 특히 노동영 박사는 분주한 변호사 업무를 보면서도 간행위원회 간사를 맡아 궂은 일까지 도맡아 해준 점에 대해 심심한 사의를 표하며 앞으로 많은 발전이 있기를 기원하는 바이다. 또한 오늘의 내가 있기까지 오랜 세월 일과 가사를 겸직하면서도 힘든 내색없이 필자의 연구를 묵묵히 내조해준 아내와 이 작업을 하는 동안 여러 모로 응원해 준 늦둥이 딸들의 사랑에도 고마움을 전하고 싶다.

끝으로 이 저작물의 출간을 흔쾌히 수락해 주신 이은미 충북대학교 출판부장님과 출판과정의 제반 번잡한 일을 맡아 이 책을 아담하고 예쁘게 만들어 주신 박주연 선생과 출판부 관계자 여러분께도 감사를 드린다.

2017년 8월 어느 무덥던 날
개신캠퍼스 연구실에서
편저자 이 영 진

제1부
우주시대의 개막과 우주법

- 이영진 -

우주시대의 개막과 우주법

이 영 진

우주는 인류에게 있어서 마지막으로 남은 프런티어이며 많은 개발가능성을 담고 있는 미지의 세계이기도 하다. 1957년 10월 4일 인류 역사상 최초의 인공위성이 성공에 지구 궤도에 발사됨으로써 우주시대의 서막이 오른 이래 인간의 우주개발은 급속한 진전을 보여 인간의 활동영역은 새로운 우주공간으로 확장되었고 1969년 7월 21일에는 달표면에 인간의 발자취를 남기게 됨으로써 인류의 역사적 거보를 내딛게 되었다. 그로부터 다시 반세기가 지난 오늘에 와서는 왕복우주비행이나 국제 우주정거장의 설치 운용 및 달이나 화성 및 기타 천체에 우주탐사위성을 발사하는 외에 우주기지 건설을 추진하고 있으며 나아가 목전에 우주 여행의 실현과 우주엘리베이터의 건설까지 계획하고 있을 정도로 급격한 발전이 이루어지고 있다. 뿐만 아니라 SDI 구상과 더불어 각국은 이미 우주군의 창설과 함께 우주전쟁 무기를 실전 배치하는, 즉 이른바 우주공간에서의 "별들의 전쟁(Star Wars)"에 대비하는 단계에 와 있다. 또 한편으로는 갖가지 과학적 실험과 외계탐사를 진행하는 가운데 우주의 상업화시대에도 본격적으로 접어 들고 있어 우주의 실용적, 상업적 이용을 위한 법적, 제도적 장치를 마련해 나가고 있기도 하다. 말하자면 이제 우주의 이용과 개발은 결코 몇몇 특정분야에만 한정되는 것이 아니라 정치·경제·사회·문화·과학·군사 등 인간생활의 거의 모든 영역과 관련되어서 확대되고 있는 추세이며 따라서 또한 여기에서 파생되는 문제와 분쟁을 해결하기 위한 법질서의 기본틀이 마련되어져야할 필요성이 제기되는 것이다.

물론 이하 본서에서 논하고자 하는 주요 법적 쟁점들을 포함해서 그러한 우주에 관한 제반 연구 논의는 오늘날에 와서야 비로소 새로이 대두된 문제는 아니다. 일찍이 Plato, Cicero 및 Plutarch도 인간의 우주여행 가능성을 시사한 바 있었고[1] 20세기가 열리면서 콘스탄틴 치올코프스키가 「반동추진을 이용한 우주연구」논문을 발표하고서부터는 좀 더 과학적이고 체계적인 우주개발의 실증이 나타나기 시작하였으며,[2] 주지하는 바와 같이 독일이 그러한 진보의 선두에 나서서 이미 1943년에 장거리 공격 미사일 V-2 로켓트를 개발하여 곧바로 실전에 배치·사용함으로써 영국인들을 공포의 도가니로 몰아 넣었던 바 이것이 또한 인류의 우주개발에 있어서 도약의 한 시대를 여는 디딤돌이 되었던 것이다.[3]

이렇듯 인류의 활동 무대가 우주공간으로 확대되어 감에 따라 생겨난 변화는 지금까지의 우주에 대한 지구인들의 관심을 고대나 중세적인 환상적 아이디어의 단계에서 현실적인 문제에로 옮겨 놓았으며 동시에 이에 관한 목전의 이해관계를 논하지 않을 수 없는 절박한 상황으로 인도하고 있는 것이다. 그런 가운데 우주는 인류의 새로운 활동영역으로서 그것의 개발 및 응용은 어느새 우리의 일상생활과도 여러 가지 형태로 밀접한 관련을 맺어가고 있다. 즉 현재 우주의 실용화가 가능한 분야가운데 가장 빠른 발달을 보이고 있는 통신 및 방송위성 사업에서부터 원격 탐사와 기상 예보, 각종의 군사적 응용, 우주공간에서의 물질처리(materials processing)와 이를 통한 우주공간에서의 약품 등의 생산, 그리고 인공위성의 개발비가 계속 높아지고 발사비용이 증가함에 따라 우주개발사업 투자 및 그 실패에 대비한 위험의 보전을 위해 은행과 보험 사업등에 이르기 까지 우주의 응용은 인류사회의 실제적 생활 영역 구석구석에로 확장되어가고 있는 실정이다.

이러한 변화에 대해 전통국제법은 사실상 침묵을 지키고 있었던 바 우주시대의 개막이 법과 과학 및 기술의 관계에 새로운 문제를 제기한 사실에 유의하여 인류의 지혜는 우주공간 및 그 자원의 연구, 이용, 개발의 진행과 함께 그러한 새로운 도전에 대처하기 위해

---

1) Wilfred C. Jenks, Space Law, F.A.Praeger, N.Y., 1965, p.10.

2) 인간의 우주개척의 역사는 대체로 다음과 같은 4단계로 나누어 볼 수 있다.

제1단계 : 고대 희랍시대로부터 19세기말까지의 아이디어 시대

제2단계 : 20세기초부터 1935년까지의 개념정립시대. 이 시기에는 상기에는 상기한 치올코프스키의 논문 등을 비롯하여 일찍이 벨기에의 법학자 Emile Laude가 우주비행의 실현에 따라 새로운 법체제가 필요할 것이란 논문을 발표한 바 있다.
E. Laude, "Comment s'appliaquiera le droit quirégira la vie dans l'air", Revue juridique internationale de la locomotion aerienne, 1910, p.16.

제3단계 : 1936년 페네뮨데 비밀기지가 세워진 이후 1957년까지의 시기로 실용 가능한 로켓트가 개발되기 시작한 미사일 시대

제4단계 : Sputnik1호의 발사이후 본격적으로 열리게 된 우주시대

3) Irvin L. White, Decision-Making for Space, Purdue Research Foundation, West Lafayette, 1970, pp.25~26.

종래의 국제법으로는 그 적용에 한계를 느끼고 우주공간에서의 국가, 국제기구 그리고 개인의 활동을 규율할 법규를 창조적으로 발전시켜 나가고 있다. 그리하여 우주공간의 평화적 이용 및 그 규제와 정치·군사적인 면뿐만 아니라 법적으로도 허다한 문제를 안고 있는 이들에 관한 입법적 차원의 정비작업들이 우주물체의 발사국, 각 국제기구, 그 가운데서도 특히 UN을 중심으로 활발히 진행되고 있고 부분적으로 유사한 법적 지위를 갖고 있는 해양이나 남극에 관한 법원칙 등으로부터 유추한 우주법 원칙들이 도입되어 그 중 일부는 이미 관습법으로 형성되어 가고 있기도 하다.

"사실로부터 법이 발생한다."

무릇 우주에 대한 인류의 도전이 불과 60년 정도에 지나지 못하고 이와 더불어 우주법도 이론체계와 국가관행을 포함해 일천한 역사를 갖고 있긴 하지만 국제적인 협력과 입법적 진전에 힘입어 우주법은 이제 국제법의 새 지평으로서 그 기반을 다져가고 있다.4)

바로 그러한 국제협력의 구심점으로서 또한 법질서의 입안자로서의 UN의 적극적인 역할이 현금의 실정우주법의 근간을 이루는 다섯 개의 중요한 국제조약을 성립시킬 수 있었고 그들 모두가 현재 발효 중이다. 이것은 특히 우주시대의 진전과 더불어 달성된 법질서의 기초로서 가장 중요하고 본질적인 성과로 봐야 할 것이다.

또한 앞으로도 우주과학의 급속한 발달은 새로운 사실의 문제제기와 더불어 많은 법적 문제를 야기시키게 될 것이다. 이들 우주 개발에 따르는 제반 문제는 시간의 흐름과 함께 해당 분야의 경험과 지식이 쌓이면 그것을 기초로 또 새로운 내용을 담은 조약이나 연성 법적 규범을 포함하여 유용한 국제적 합의를 도출해 내는 밑거름이 될 것으로 본다.

오늘날 세계 각국은 우주를 상업적·평화적 목적뿐만 아니라, 군사적 목적으로도 활용하기 위해서도 치열한 경쟁을 벌이고 있다. 과거 미, 소를 중심으로 하는 선진 강대국에 의해 독점적으로 행해지던 우주개발 활동도 이제는 중국, 일본, EU 등 새로운 우주강국들을 비롯하여 개발도상국을 포함한 세계의 많은 나라들이 우주 영역의 기득권을 확보하고자 하는 대열에 본격적으로 뛰어들고 있는 실정이다.

구소련의 Sputnik 1호 발사이래로 지난 반세기 동안에 약 7,000개의 위성이 우주로 발사된 것으로 파악되고 있으며 현재 다양한 임무를 수행중인 1,000여개의 인공위성이 우주공간에서 활동 중이다. 이러한 우주활동을 통해 인간의 삶의 질은 비약적으로 향상되고 발전되었으며 위성통신과 방송을 이용하여 지구촌 문화의 획기적인 변화와 진전을 가져

4) Carl Q. Christol, The Modern International Law of Outer Space, Pergamon Press, 1984, Preface p.xi. 또한 노명준, "우주공간의 국제법", 한국외국어대학교 논문집, 1983, p.499 참조

왔을 뿐만 아니라 GPS와 내비게이터를 통해 상세한 위치확인 및 차량의 진로를 파악할 수 있게 하고 나아가 인공위성을 통한 선명한 영상자료를 제공받기도 함으로써 이로 인해 인간의 생활은 더욱 편리해졌다. 그러나 한편으로는 앞서 언급한 것처럼 군사적 영역에서도 우주공간과 천체가 더욱 다양하게 활용되기 시작함으로써 인류에게 새로운 위협요인이 되고 있기도 하다. 이는 마치 핵물질이 인류의 생존에 커다란 도움을 주고 있지만 한편으로는 인류의 삶을 위협하는 도구가 되고 있는 현상과 유사하다. 예컨대 지난 2007년 1월 11일 중국은 중거리 요격 미사일을 발사하여 자국위성을 요격하는데 성공하였는데 이러한 중국의 행위와 관련하여 세계 각국은 우주의 군사화 및 우주전쟁 가능성 외에도 우주파편에 의한 우주공간의 오염에 대해 심각한 우려를 표명하고 있으며, 이번 중국의 실험은 민간부문은 물론이고 군사적 분야에서도 새로운 우주개발경쟁을 촉발시키는 계기가 되었다. 미국, 러시아, 일본 등 여타 우주강국들도 궤도상에 군사적 목적의 정찰위성, 해양감시위성 등을 배치하고 있어 지구상의 장비 및 병력이동을 손바닥 보듯이 볼 수 있는 시스템이 구축되어 있음은 공공연한 사실이다.

이렇듯 오늘날 세계 각국은 우주개발경쟁에 박차를 가하고 있으며, 특히 우주의 군사화를 통해 우주자산을 선점하고 자국의 국익을 확대하고자 노력하고 있다. 특히, 한반도 주변의 4대 강국은 21세기 국제정치에서 주도권을 확보하고 새로운 영향력 확대를 위해 정보획득, 목표물 타격, 지상 감시 등 군사적 영역에 관련된 위성 및 우주무기개발경쟁에 나서고 있어 지역 안보에도 심각한 위협 요인이 되고 있다.

한국에서는 아직까지 우주전쟁에 관련되는 어떠한 형태의 무기나 군사목적 인공위성을 보유하고 있지는 않지만 과학기술위성과 실용위성, 방송 및 통신해양기상복합위성 등 각종 위성의 운용, 우주인 선발과 우주 과학실험 수행을 비롯하여 우리기술에 의한 우주센터 건설 및 2013년 나로호 위성발사 등을 통해 space club으로 진입함으로써 새로운 우주강국으로의 도약을 위한 발판을 마련해가고 있다. 특히 2013년 8월과 11월에 잇달아 발사에 성공한 다목적 실용위성 아리랑 5호와 과학기술위성 3호는 영상레이더와 적외선 카메라를 탑재하여 우주 및 전천후 지구관측이 가능한 것이어서 이제 우리 위성 기술이 해상도와 정밀관측 부문을 포함하여 세계적인 수준에 올라섰음을 알린 신호탄이 되었다. 우리나라는 이같은 기술력을 바탕으로 2019년 첫 발사를 목표로 한국형 우주발사체 개발사업이 국내 민간기업의 참여하에 한창 진행 중에 있는 바 향후 한국의 첫 달 탐사선도 이 한국형 발사체에 실려 우주로 쏘아 올려지게 될 것이다. 이는 장차 우리나라의 우주개발 역사에 새 장을 열어갈 야심찬 프로젝트의 하나가 될 것이며 이러한 우주발사체 사업에 대한 참여는 바로 6,000억 달러 규모의 세계 우주·항공 산업시장에 진입하는 기회로 이어지게 될 것으로 본다.

이와 같이 날로 커져가는 우주개발에 관한 수요의 증대와 실용화과정에서 각종의 법적 문제 발생 가능성 등을 감안할 때 이제 우리나라도 우주의 평화적 이용 및 이를 규제할 우주국제법의 발전에 적극적으로 기여해야 할 시점에 와 있으며 동시에 미국 등 우주선진국이나 국제기구와의 긴밀한 협력과 참여를 통한 우주개발의 진전뿐만 아니라 우주법상의 국내적 의무이행과 기술 개발지원을 위한 우주국내법의 제정에도 힘을 쏟아 독자적인 개발계획을 수립·실시함으로써 우주에서의 기득권의 확보나 지원, 권익 침해의 사전방지와 예방 또는 사후처리 및 해결 등의 문제에도 능동적으로 대처해야 할 것이다. 특히 급속한 우주과학기술의 발전과 더불어 우주공간의 이용문제는 종래의 항공기 비행에 있어서 영공의 이용과는 또 다른 상당히 새로운 법률문제를 야기시키고 있음을 간과해서는 아니 된다. 즉 종전의 항공기비행이 그 하방국가에 대해서 갖는 이해관계는 주로 하방국의 안전과 경제국 이익에 관한 것이었다. 그런데 항공기의 비행과 같이 비교적 낮은 상공의 이용에 대해서는 기존의 국제항공법에 의거한 영공주권 개념에 입각하여 그 안전이나 경제적 이익을 어느 정도 지킬 수 있었지만, 같은 국가영역의 상공이라 할지라도 우주공간의 이용에 관해서는 그 하방국가에 대한 법률관계가 매우 상이하게 적용된다는 사실에 주목할 필요가 있다. 이를테면 인공위성을 쏘아 올리거나 회수시의 실패로 인해 그것이 폭발하거나 기능의 정지 내지 지상에 낙하되는 경우 그에 다른 책임 문제가 발생하거나 또는 쏘아 올린 바로 그 로켓트 발사체의 낙하사고나 충돌 등으로 불특정의 하방국에 대해서 '인력의 법칙에 의한 위험'을 줄 가능성이 상존한다. 물론 이 경우도 물체가 우주공간으로부터 지구상으로 낙하하게 되더라도 보통의 경우에는 도중에 대기와의 마찰로 용해되어 소멸되어 버리기 때문에 실제에 있어서 위험을 야기할 확률은 그렇게 높지는 않다. 그러나 그럼에도 불구하고 지금까지의 경험적 현실은 인공위성이나 왕복우주선 및 그 밖의 우주물체 발사 또는 그 회수의 실패로 인하여 지상에 입히게 되는 불측의 손해나 위험가능성이 상존하고 있음을 보여주고 있다. 예컨대 지난 1978년 우리나라를 비롯한 세계 각국에서, 군사적 임무를 수행했다고도 볼 수 있는 구소련의 핵추진 해양감시위성 Cosmos 954호가 압력계통의 이상으로 고장난 결과 캐나다쪽 대기권으로 재돌입하면서 인구 밀집지역에 추락할 위험여부와 관련해서 커다란 소동과 법적 책임공방을 불러 일으켰던 사실을 우리는 잘 기억하고 있다.[5)]

또한 국가의 경제적 이익에 관해서도 우주공간을 이용하는 과정에서 우주 운송사업에 개인 또는 기업이 어떤 형태로 여하한 지위로 참여할 것인가 하는 문제라든가 인공위성을 통한 이동전화나 GPS 등 국제위성정보통신망의 구축, 주파수 배분의 과제, 인공위성

5) International Legal Materials, Vol. 18, No. 4, July 1979, pp.902~905.

에 의한 원격 탐사 및 위성직접 방송 등이 실용화되면서 여러 가지 문제를 야기하고 있다는 사실을 고려하지 않으면 안된다. 따라서 여기서 종래 항공기의 운항질서와는 다른 별도의 독자적인 법적 규제가 행하여질 필요가 있다는 점이 부각되는 것이고 그 규제는 새로운 상황의 변화에 부응하는 국제적 합의에 준한 것이어야 할 것이다.[6] 물론 우주법도 국제법의 한 영역임에는 의문의 여지가 없겠으나 우주공간의 이용은 그것이 갖는 지구와의 특수한 물리적 관계로 인해 다른 부문의 국제법과는 상당히 구별되는 특징이 있으며 이점이 우주개발에 있어서 초창기에서부터 이해관계의 조정과 분쟁의 해소를 위한 더욱 긴밀한 국제적 협력과 입법화를 촉진시킨 요인으로 작용했다고 볼 수 있다. 그러한 측면에서 이는 일부 학자들에 의해 우주법의 한 시금석으로서 예시적 패턴으로 제시된 바 있는 남극조약 체제와도 구별되는 것이다.

또한 우주이용의 자유를 인정코자 하는 우주법 원칙과 관련하여 그 근거로써 해양법으로부터의 '공해자유의 원칙'이 흔히 유추되기도 한 바 있으나 주지하는 바와 같이 공해자유의 원칙은 해양이용의 개시와 동시에 확립된 것이 아니라 수백년에 걸쳐서 해양을 자유로이 이용하고자 하는 국가와 연안국들 사이에 각종의 이해관계가 시행착오를 거쳐서 조정된 후에 비로소 국제법상의 원칙으로 승인된 것이다. 이에 비해 우주공간의 이용은 지구와의 물리적 특성과 관련해서 모든 국가나 인류전체에 크고 작은 이해관계가 미치는 측면이 있으므로 그 성격상 우주법은 법질서의 성립시부터 '우주공간이용의 자유의 원칙'을 비롯하여 우주공간이용에 관한 여러 기본적인 법원칙의 조속한 정립이 요구되었던 것이다.[7] 다시 말해서 남극조약이나 공해자유의 원칙과 같은 기존의 국제법규범은 국제사회가 발달함에 따라 제 국가 사이의 국제협력체제가 수립되고 여기에 국제사회를 하나의 공통된 법사회로 보고자 하는 의식이 성숙됨으로써 비로소 국제법의 일부로써 수용하게 된 것이라고 할 수 있지만 우주법은 그러한 법과는 달리 일찍이 우주시대가 열리기 시작한 초기에서부터 우주이용이 인류전체에 대해 공통의 이해관계를 갖는다라고 하는 기본적 사실에 입각해서 처음부터 국제사회전체의 요구와 입장을 기반으로 해서 도출된 합의 위에 성립하는 법규범이라고 보는 견해가 개진 된 바 있다.[8] 이러한 바탕위에서 UN을 중심으로 5개의 조약이 성립되었고 또한 뒤이어 UN총회의 결의 형식으로 좀 더 특수하거나 기술적인 분야에 관한 일

---

6) E.R.C.Van Bogaert, Aspects of Space Law, Kluwer Law and Taxation Publishers, 1986, p.12.

7) R.K.Woetzel, Die internationale Kontrolle der hőheren Luftschichten und des Weltraums, 1960, s.61.

8) L.Lipson, and N.Katzenbach, ABF Report to the National Aeronautics and Space Administration on the Law of Outer Space, 1961, pp.11~18.

련의 법원칙이 채택되어 우주활동에 관한 오늘날 국제 우주공동체의 다양한 법적 관념을 반영함과 더불어 일종의 행동규범으로 형성되어 가고 있다. 이들은 또한 제 국가와 국제기구의 지속된 관행에 의거하여 국제관습법규범의 형성에도 중요한 역할을 하게 될 수 있을 것이다.[9] 여기서 한 가지 우려되는 바는 냉전시대이래로 미·러 양대국이 군사적인 목적을 위해 이미 오래전부터 우주공간을 합법적이란 이름하에 사용해 왔다는 것은 주지의 사실이지만 이제는 두 나라가 예산사정으로 주춤하는 사이에 중국 및 유럽연합이나 일본 등의 맹추격을 허용함으로 목하 우주는 또 다른 군사적 이용의 각축장이 되고 있다는 사실이다. 우주공간의 법적 규제에 있어서 간과할 수 없는 문제는 우주의 이용은 언제나 모든 국가나 인류전체에게 여러 가지의 이해관계를 가지고 있어, 그 이용과정에서 당연히 다른 나라에서 불이익을 주지 아니하고 인류 모두에게도 악영향을 주어서는 아니된다는 의미에서 평화적인 것이어야 한다는 것이다. 그 때문에 '우주공간이용 자유의 원칙'은 '우주공간 평화이용의 원칙'과 불가분의 관계로 취급되는 것이 타당하며 입법론적 입장에서 보더라도 이러한 점을 감안할 것이 필연적으로 요청되고 있는 관계로, 이것이 또한 우주공간에 있어서의 제반활동을 규율하는 우주법 원칙의 한 특징으로 평가될 수 있을 것이다.

더구나 우주공간이 자위권을 포함하여 군사적 목적으로 이용될 경우 직접 그 분쟁에 관계없는 중립국이나 국외자에게 예측할 수 없는 위험을 미칠 염려가 있다는 점을 감안하면 우주공간에서의 무기배치나 무력 사용행위를 금지하기 위한 실효적인 규제장치가 무엇보다도 절실히 요구되며 이는 특히 기존 국제법상의 자위권 행사나 공해에서의 군사적 행동과는 근본적으로 다른 것이어서 경우에 따라서는 하토국이나 우주활동국에게 긴박한 위험을 직접으로 야기시킬 수 있다는 점에서, 우주의 군사이용을 전적으로 금지시키는 것은 어렵다 해도 가능한 한 효율적인 법적 규제장치가 마련되어야 할 것이다. 따라서 이러한 문제에 관한 국제적 인식으로부터 특히 그 동안에 체결된 각종의 우주법 관계조약에서 천명된 주요원칙들이 우주공간은 어떤 한 나라의 영유권에 속하지 아니하고 '모든 인류의 공동유산'으로서, 오직 인류평화와 복지를 위한 과학적 목적에 국한된 사항에 관해 어떤나라든지 간에 그 탐험과 조사와 연구가 자유롭게 허용된다는 내용을 담고 있다는 사실과의 연관성이 도출될 수 있는 것이다.

무릇 인간이 무주의 우주공간을 개발한다하여 무제한의 자유를 누릴 수 없음은 당연한 이치이며 그것은 궁극적으로 인류공동의 복지를 위한 평화적 이용을 전제로 하지 않으면 안 된다. 따라서 이런 관점에 바탕하여 지난 반세기에 걸쳐서 궁극적으로 우주의 평화적

9) Frans von der Dunk(Ed.), Handbook of Space Law, Edward Elgar Publishing, Inc., 2015, p.9.

이용을 확보하기 위한 새로운 법질서의 확립 작업이 UN을 중심으로 행해져 왔던 바, 국익과 기득권 경쟁에서의 우위확보라는 차원뿐 아니라 장차 이와 관련되는 제 부면에의 파급효과도 클 것이란 점에서 이제 우주 선진국의 문턱에 진입한 한국도 본격적인 우주개발에의 참여와 더불어 이를 뒷받침할 우주법 연구에도 매진해야 한다는 당위성과 필요성이 바로 여기에서 도출되는 것이다.

우주공간에 대한 개발과 탐사에 따라 야기되는 각종의 문제가 한둘이 아니겠지만 본서에서는 특히 법적인 주요 쟁점과 과제를 선별하여 예컨대 우주의 법적 지위와 국가주권의 공간적 한계는 어디까지이며 우주공간의 비행에서 일어날 수 있는 불의의 사고 및 손해에 대한 분쟁의 해결과 예방, 달과 기타 천체의 개발과 관련한 문제점과 새로운 국제우주기구의 설립, 지구 및 우주환경의 보호 그리고 그 법적 책임 문제, 우주에서의 핵동력원 사용 그리고 최근 현안으로 부각된 상업적 우주활동의 규제, 우주정거장의 법적문제 그리고 최근 많은 논란을 불러 일으켰던 운석의 소유권과 법적 지위 문제 등을 분석해 볼 것이며 나아가 복잡다단한 국제 정세 속에서 한국이 직면하고 있는 우주국제법적인 현안가운데 미국의 국방우주전략 및 한국에의 적용문제 및 국제사회의 국방우주정책들이 갖는 시사점 그리고 당면한 북한의 핵문제와 우주 군축문제 등을 다루게 될 것이다.

이상에서 언급한 쟁점들은 현 국제사회에서 바로 우리 세대가 극복해야 할 과제이다. 따라서 현대 우주국제법은 국제협력을 통해 이들 과제의 평화적인 조정 내지 해결을 위한 방편이나 합리적 기준을 마련해서 제시함으로서 우주활동에 관한 분쟁을 방지하고 또한 해결해야할 일종의 시대적 소명을 안고 있는 것이다. 요컨대 우주법은 인류가 국제공동체적 차원에서 우주활동을 질서있고 평화롭게 또 효율적으로 수행하도록 하는 데에 그 근본목적이 있는 것이므로 독자적인 영역을 확보해가는 과정에서 아직도 형성중의 단계에 있다는 점을 감안하여 기존의 규범에 생명력과 실효성을 부여하는 노력외에도 나아가 장차의 합의를 도출하고 공감대를 형성하기 위한 입법작업에도 끊임없는 연구와 노력을 경주해야 할 것이다.[10)]

10) M. Lachs, The Law of Outer Space: An Experience in Contemporary Law-making, reissue 2010, p.128.

제2부

우주활동규제의 기본 질서

1. 우주의 법적 지위와 경계획정 문제

이 영 진

I. 서론

1. 문제의 제기

미국의 우주과학자 칼 세이건은 광대무변한 우주와 그 가운데 하나의 먼지정도의 점에 지나지 않는 지구 그리고 그 안에 깃들어 살고 있는 70억 인류의 역사를 탁월한 문학적 감수성으로 묘사해 냄으로써 '과학자가 지구에 바치는 대서사시'란 찬사를 받은 바 있다. 세이건은 그의 저술 '코스모스'에서 인간은 별의 잔해로 이루어졌고 별이 일생을 마치고 우주공간으로 흩어진 잔해는 다시 모여 별이 되고 또한 행성이 만들어 진다고 하였다. 즉 모든 인류는 '별에서 온 그대'들인 셈이다. 그래서 우리 인간은 곧 우주이다.

인류가 우주시대의 개막을 알린 지 60년 가까이 흘렀다. 그동안 인류는 다양한 형태로 우주로 진출하여 우주개발과 탐사, 이용을 진행함으로써 우리의 삶의 영역은 새로운 공간으로 확장되었다. Sputnik 발사이후 국제공동체는 우주공간과 천체의 개발가능성과 관련하여 과학적, 경제적, 사회적, 문화적 분야 등 다양한 문제와 직면하게 되지만 특히 우주공간이 법적 진공상태인 사실에 주목하게 되었다.

1957년 이래 지금까지 약 7100개의 인공위성이 지구상에서 우주공간으로 발사되었다.[11)] 이것들 중 약 1300기 정도가 현재 본연의 임무를 수행하면서 지구 주변의 궤도상을 선회하거나 혹은 태양계를 중심으로 다른 혹성을 향해 머나먼 탐사활동을 위한 여행을 떠나기도 하는 것으로 파악되고 있다.[12] 이와 같은 우주물체들은 통상 우주공간에 존재하고 있다고 할 수 있다. 그런데 국제법적 관점에서도 이러한 물체가 우주공간의 범주에 도달해 있다고 평가할 수 있는가? 무엇을 우주공간이라고 하며 그것의 범위는 어디서부터인가? UN을 중심으로 국제사회는 최근까지 달 등의 천체를 포함한 우주공간을 규율 대상으로 하는 주된 국제조약으로 5개의 입법성과를 이루었다. 그런데 그 중에서도 특히 흔히 우주헌장으로도 일컬어지는 「달과 기타 천체를 포함한 우주공간의 탐사와 이용에 있어서의 국가 활동을 규율하는 원칙에 관한 조약」(이하, 우주조약)은 우주개발과 이용을 위한 기본원칙을 규정한 문서인 바, 동 조약에서는 그 명칭에 우주공간이라는 표현을 명시적으로 사용하고 있음에도 불구하고 우주공간 자체의 정의나 법적 지위 또는 어디서부터 우주공간으로 보아야 하는지에 대해서는 침묵하고 있다. 우주법도 국제법의 한 영역이라고 하는 점에서는 의문의 여지가 없으나 우주공간의 이용은 그것이 갖는 공간적 특성과 지구와의 특수한 물리적 관계로 인해 다른 부문의 국제법과는 상당히 구별되는 특징을 가지고 있다.

본고에서는 이러한 우주법이 기존의 지구중심의 국제법 적용을 벗어나 지구 영역밖의 공간 및 천체를 주된 대상으로 하여 규율해야하는, 부분적으로 독자적인 법질서를 보유하고 있으며 따라서 그것이 별도로 적용되어야할 분야나 공간이 특정되어야할 필요성이 존재한다는 전제하에 우선 우주공간 나름의 법적 지위문제와 이에 관련된 쟁점에 관해서 살펴보고자 한다. 나아가 지구궤도나 기타 공간이 우주의 영역에 속하는 것인지 혹은 국가관할권 범위내에 놓여지는 부분인지 여부를 가리는 작업이 선행되어야 할 것이다.[13] 우선 1958년 우주공간의 평화적 이용을 위한 잠정위원회의 검토사항으로 등재된 이래[14] 실로 오랫동안 논의되어 왔음에도 불구하고 아직까지 명확한 해결의 실마리가 보이지 않는 우주공간의 정의 및 경계문제에 관해 기존의 논의를 중심으로 지금까지 학설상 어떠한 입장을 보여 왔는가에 대해 초점을 맞추어 주요 견해를 중심으로 정리해 본다. 이 문제는 우주법에서도 가장 장기간에 걸쳐 논의되고 있는 항목 중 하나이며 수십종 이상의 다양한 이론적 대립이 있다. 다음으로는 이 문제에 대한 주요 국가의 입장을 분석해 보려고 하는 바 여기서는 우주시대의 개막이래 COPUOS 법률소위원회 등에서 제시한 각국

---

11) http://satellitedebris.net/Database/Launchhistoryview.php.

12) http://www.ucsusa.org/space-weapons/satellite-database.html.

13) Ram S. Jakhu, “The Legal Status of the Geostationoary Orbit”, A.A.S.L., Vol.7, 1982, p.333.

14) 정영진, “우주활동 국제규범에 관한 UN COPUOS 법률소위원회의 최근 논의 현황”, 항공우주정책·법학회지 제29권 제1호, 2014, p.137.

의 태도 외에 국내법상의 규정에 의거하여 우주공간의 정의 및 경계문제에 관해 개별 국가들은 이를 어떻게 인식하고 있는지 파악해 볼 것이다. 나아가 이 글의 말미에서는 UN을 중심으로 한 우주의 경계논의의 진행상황과 경과를 중심으로 국제사회의 노력과 성과에 대해 살펴본 다음 결론에 갈음하여 평가 및 전망을 해 보고자 하였다.

2. 우주공간의 법적 지위

우주공간의 법적 지위와 관련해서는 논의의 초기단계에서부터 로마법에 그 뿌리를 두고 있는 고전적 개념에 입각하여, 시각을 달리하는 몇 가지 주장이 주로 1950~60년대에 활발히 개진된 바 있는데 이들 견해를 요약해 보면 다음과 같다.

첫째는 우주공간을 누구에게도 귀속되지 않은 무주의 영역으로 보자는 입장으로서 일찍이 Cheng교수에 의하면 전통국제법상의 무주지는 무주의 공역으로 그곳에서의 실효적 지배의 완성으로 선점될 수 있다고 주장한 바 있다.[15] 이 무주물이론(res nullis)은 Rome 사법상의 개념을 국제법에 도입한 것으로 보이나 오늘날 관점에서 이러한 논리를 관철시키기에는 많은 난점이 있다.[16] 우주공간에 대한 선점을 인정한다면 우주에 대한 개발 및 탐사는 개개 국가의 과학기술적·경제적 수준에 의해 좌우되므로 무주지에 대한 선점에 앞서 모든 국가에 동등한 기회의 배분이 허용되지 않는다는 점과 이미 일련의 조약규정에서도 언급된 우주공간 및 천체가 인류공동의 활동영역이라는 기본개념에 반하고, 일국의 이익을 위한 행위인 선점이 허용된다는 사실과 우주와 같이 무한한 영속체에는 사실상 적용이 어렵다는 사실을 감안할 때 그러한 주장은 수용하기가 어렵다.[17]

그러면 우주공간은 Rome사법상 반대 개념인 모든 국가에 개방된 공유물인가?

이는 일찍이 공해의 자유를 정당화하기 위해 Grotius에 의해서도 사용된 개념이다.[18] Jenks에 따르면 대기권 밖의 공간은 선점의 대상이 될 수 없는, 공해에 유사한 법역으로서 공유물(res communis)에 해당되며[19] 이는 전 인류에게 자유로이 개방되어야 하는

15) Bin Cheng, “From Air Law to Space Law”, Current Legal Problems, Vol.13, 1960, p.234. Y. Blum, Historic Titles in International Law, 1965. p.103.
16) E.R.C. Van Bogaert, Aspects of Space Law, Kluwer Law and Taxation Pub., 1986, pp. 31~32.
17) 김종복,신 우주법, 한국학술정보[주], 2011, P.39.
18) H. Lauterpacht, “The Grotian Tradition in International Law”, British Yearbook of International Law, 1956, p.1.
19) 또 Brownlie 교수도 우주공간이나 천체가 대체로 이와 같은 특성을 갖는 것으로 본다. Ian Brownlie, Principles of Public International Law, 6th ed., Clarendon Press, Oxford, 2003, p.264.

바, 우주공간 자유의 원칙은 제국의 관행에 의해 지지되어 당시에도 이미 관습법으로 확립이 되었다고 주장한 바 있다.[20] 이에 관해서는 소련의 학자들도 거의 동일한 태도를 견지하고 있었음이 그들의 저술이나 각종회의 및 위원회에서의 견해 등으로 미루어 판단할 수 있다.[21] 또한 Jessup판사와 Taubenfeld교수는 그들의 저서에서 우주법은 국방상의 견지에서 해양법과는 좀 색다른 성격을 대유하고 있으므로 해양법의 법리를 기계적으로 우주공간에다 유추 적용시키는 것은 바람직하지 않다고 하면서 대신 남극조약[22]을 하나의 패턴으로 여기에다 적용시킬 것을 제안한 바 있다.[23]

그러나 여기서 말하는 공유물이라는 개념도 그 자체가 상당히 추상적이라는 문제점이 있고 또한 남극이 지구 내에 있는 반면 우주공간은 지구밖의 상공에 있다는 기본적 요건의 차이로 인해 각각에 대한 권리·의무를 분명하게 설명하기가 어려울 것이라는 점은 짐작하기 어렵지 않다.[24] 더욱이 우주공간이 전 인류의 공유물로서 자유로이 개방되더라도 우주를 탐사·개발할 능력이 없는 국가에게는 아무런 도움이 되지 못한다는, 즉 그림의 떡일 수밖에 없다는 사실은 이들 견해의 실질적인 결함으로 지적될 수 있을 것이다. 따라서 우주공간 자유의 원칙에는 당연히 찬동하면서도 그러한 결함들을 극복하고자 하는 것이 다음에서 말하는 국제공역(domaine public international)설의 입장이다. 이는 국제공동체를 이기적인 주권국가들의 경쟁적 분열사회로 보기보다는 국제연대성에 입각한 공동체의식에 따라 일정한 공간을 특정국가의 독점하에 두지 않고 공익개념에 입각하여 함께 이용하는 국제공역의 개념을 도입한 것이다.[25] 특히 우주공간은 그 물리적 특성으로 말미암아 세계 모든 국가가 이해관계를 갖고 있으므로 법적 성격을 규명함에 있어서는 국제사회 내지는 인류사회 전체의 입장에서 행해져야 하는 바 그런 관점에서 우주공간은

---

20) C. Wilfred Jenks, "The International Control of Outer Space", Legal Problem of Space Exploration:A Symposium, 1961, pp.734. 748.
Philip W.Quigg, "Open Skies and Open Space", 37 Foreign Affairs, 1958, p.96.

21) Korovin, "International Status of Cosmic Space", International Affairs, 1959, I, p.53, and G. Tunkin, An opening statement before the Legal Sub-Committe of the UN Committee on the Peaceful Uses of Outer Space, 1962.5.28.

22) 남극조약은 1959년말 미·소 양대국을 포함한 12개국이 조인한 것으로 그 제1조에서 「평화적으로만 이용」할 것을 약속하고 특히 군사기타, 무기실험 등의 금지도 규정하고 있다. 이는 한 지역을 국제적으로 관리하는 법적 조직화를 최초로 시도하였다는 데에 중요한 의의를 가지는 국제조약이라고 평가할 수 있다. 또한 제2, 3, 5조 참조.

23) Jessup and Taubenfeld, Controls for Outer Space, 1959, p.212; 노명준, "우주공간의 국제법", 한국외국어대학교 논문집 Vol.16,1983, pp.285~286에서 재인용.
또한 E.Fasan, Weltraumrecht, 1965, S. 75.

24) 서희원, "우주공간의 법적 지위", 국제법학회논총, 제15권 제1호, 1970, p.290.

25) 유병화, 박노형, 박기갑, 국제법 II, 일조각, 2003, p.336.

선점의 대상이 되거나 특정국가에 의해 영유 되어서는 아니 되고 UN과 같은 국제기구에 의해 관리되어야 한다는 명제가 도출되는 것이다. Ogunbanwo도 우주공간은 인류의 유산으로써 어떤 국가의 주권도 미치지 않으며 이를 국제적 규제기관을 통하여 효율적으로 통제해야 한다고 주장하고 있다.[26] 실제로 우주법의 초기생성과 발전단계에서 다수국가는 이러한 이론에 근거하여 UN을 비롯한 국제무대에서 자국의 입장을 개진하면서 지지의 의사를 표명하는 태도를 취하였다. 그러나 이른 바 고전적 개념에 바탕을 둔 상기의 견해들은 이후 각국의 정책이 반영된 결의 또는 실정법으로의 성문화과정에 접어들면서부터는 절차적으로 좀 다른 방식으로 접근하게 된 것으로 평가된다.[27] 이는 로마법적 소유권 개념에 연유한 방식의 한계에 대한 지적이외에도 우주의 법적 지위를 당사국사이에 미리 규정하는 것에 대한 내재적 문제로 인해 UN COPUOS 법률소위원회나 총회 등에서 우주의 법적 문제를 다룬 결의 채택 및 조약의 체결과정을 살펴보면 의도적으로 회피한 듯 하기 때문이다. 그 대신 당시의 국제사회는 국가나 국제기구의 우주공간 및 천체에서의 활동 그 자체를 규제하는 방식을 취하게 된 것으로 볼 수 있다.[28] 1967년 채택된 우주조약도 그 전문에서 "우주공간은 전 인류의 이익증진을 위해, 또 그를 위한 탐사와 이용은 평화적으로 수행되어야 한다."고 천명하고 있고 이하 각 조항에서도 자유롭고 평화적인 이용과 그곳에서의 활동은 상호 원조의 원칙에 따라야 한다고 규정하고 있다.[29] 여기서 한걸음 더 나아가 달협정에서는 천연자원의 개발이 가능해지게 됨에 따라 동 개발을 규율할 적당한 절차를 포함하는 하나의 국제적 제도를 설치할 것을 약속한다고 되어 있다.[30] 물론 우주조약의 상당 부분이 우주활동을 중심으로 한 규정을 두고는 있지만 이들 규정속에는 우주의 법적 지위를 논함에 있어서 직, 간접적으로 기본적인 근거를 이루는 내용이 포함되어 있다는 점은 부인할 수 없다.

요컨대 우주공간과 달 및 기타 천체는 우주조약이나 달 협정 등에서도 각각 국가영유의 금지(not subject to national appriation) 및 인류공동의 유산(Common Heritage of Mankind)으로서 그 개발과 사용은 온 인류의 이익을 위해 행해져야 한다는 명문규정을 두고 있는 점 등으로 미루어 보더라도, 누구에 의해서도 선점의 대상이 될 수 없는 국제공역으로서 어떠한 국가도 우주공간에 대해서 완전하고 배타적인 주권을 행사하려고 시

26) Ogunsola O. Ogunbanwo, International Law and Outer Space Activities, Martinus Nijthoff, 1975, p.75.
27) 김종복, op.cit., 2011, p.40.
28) 박원화·정영진, 우주법 제3판, 한국학술정보[주], 2012, p.87.
29) 우주조약, 제12조, 제9조.
30) 달협정 제11조 5항.

도해서는 아니 될 것이다. 특히 기술적, 경제적 수준에 의해 좌우되는 우주공간의 탐사와 이용은 이러한 모든 점을 고려하여 이루어져야 하며 그럼으로써 비로소 우주공간에 대한 국가의 평등과 자유의 보장 및 국제적 관리에 바탕을 두고 국가 간의 대립의식을 지양한 가운데 완전한 국제협력체제가 이룩될 소지가 마련되어지는 것이다. 우주공간의 법적 지위를 규명함에 있어서 앞서 언급한 남극조약이 갖는 의미도 그것이 남극지역의 평화적 이용과 국제협력의 확보를 규정한 조약으로서 국제협력체제의 선구가 되었다는 데에서 찾을 수 있을 것이다.[31] 그러한 맥락에서 우주공간은 국제공동체가 공동으로 관리함으로써 앞으로 이 국제공동체가 주축이 되어 적극적인 국제화를 달성, 인류의 이익 증진과 평화적 이용에 기여할 수 있도록 해야 하는 것이다.

II. 경계획정에 관한 학설상의 논의

1. 경계획정의 필요성

흔히들 우주법에 관한 논의는 다음의 질문으로 출발하는 경우가 많다. 과연 우주공간은 어디서부터 시작되는가? 의외인 것은 우주시대가 열리고 그 개발이 본격화되기 시작한 지 거의 60년이 된 지금까지도 국가공역과 우주공간의 경계에 관한 법적 정의가 없다는 사실이다.[32]

실제로 우주시대의 도래이후 영공과 우주공간 사이의 경계획정이 제도적으로 확립되지 않았다고 해서 국제법상 심각한 분쟁이 발생하거나 큰 문제가 된 적은 없었다. 그리고 1967년의 우주조약에서도 이에 관해서 직접적인 규정을 두지 않았다. 또한 이 문제에 관해서는 앞서의 잠정위원회 보고서에서도 지적이 있었으나 경계획정이 당시로서는 시급히 검토되어야할 사항이 아니라는 이유로 초기논의에서 제외되었다.[33] 이후 프랑스의 제안으로 1967년 본격적으로 검토가 시작되는 듯 하였으나 다시 다른 현안들에 밀려 논의가 중단되었다.[34] 그런데 1976년 Bogota선언을 통해서 적도국가들이 지구정지궤도에 관한 주권선언을 하고 나서자 사정은 크게 달라졌고 이후 우주공간의 경계획정문제에 대한 재

31) 서희원, op.cit., pp.289~290.
32) Matthew J. Kleiman, The Little Book of Space Law, American Bar Association, 2013, p.XII.
33) UN Doc. A/4141. p.25.
34) UN Doc. A/C.195/37, para. 18.

인식의 계기가 되어 이것이 지구정지궤도 문제와 함께 UN COPUOS의 주된 과제로 부상했던 것이다.

오늘날 영공이원의, 대기권 공간을 넘어서 국가의 영역권이 미치지 않는 지역 즉 우주공간이 존재한다는 사실에 대해서는 일반적 컨센서스가 이루어져 있는 듯하다. 종래에 Roma 법언에 의거 「토지를 소유하는 자는 하늘 끝까지 그것을 소유한다.」(Cujus est solum ejus est usque ad coelum)는 원칙을 내세우며 국가는 그의 상공에 대해 무한정의 배타적 주권을 행사할 수 있는 것으로 인식되기도 했었으나 이제는 이에 찬성하는 국가는 없다. 우선 소련의 Squtnik 1호 발사성공 이래로 수많은 인공위성이 타국 영토위로 해당국가의 아무런 항의 없이 통과하여 왔다는 사실을 감안할 때 바로 그러한 인공위성이 운항되는 우주공간이 영역주권과 무관한 별개의 법제도하에 있다는 것을 인정한 유력한 증좌가 될 수 있다고 본다.

문제는 이들 두 공간에 적용되는 법원칙이나 이념적 출발점이 다른 만큼 그 경계선을 확정해야할 이론적 필요성은 인정되지만 이들 사이를 구분하는 물리적 혹은 자연적 경계가 존재하지 않으며 따라서 꼭 경계선을 그으려면 어느 정도 인위적 합의가 필요한데 각국의 이해관계가 서로 일치하지 않아서 그 주장하는 바 내용이 서로 대립되어 있다는 점이다. 특히 앞서 본 바와 같이 일부국가들이 통신위성의 전파 발송과 중계 등에 가장 유리한 지구정지궤도를 하나의 천연자원으로 간주하여 이에 대한 국가 관할권을 주장하고 있는 상황이 발생하고, 한편 이들 적도국가들의 집단적 주장에 반대하는 다수의 다른 국가들의 태도 또한 만만치 않아 이것이 바로 우주법의 주요 쟁점의 하나로 부각된 것이다.[35)]

최근 우주의 경제적, 군사적 이용이 급격히 확대되어감에 따라 이에 관한 각국의 이해관계가 더욱 얽히게 되었는데 앞서의 지구정지궤도의 이용과 법적 지위에 관련된 문제를 비롯하여 현실 생활과 밀접한 관련을 갖는 문제들뿐만 아니라 각종 우주물체의 발사 및 귀환과정에서 외국의 영공을 통과하는 경우에 일어날 수 있는 분쟁 등 국가 공역과 우주공간은 엄연히 다른 별개의 법적용 대상이라는 사실에 따른 구체적, 정책적 문제점들이 경계 획정과 관련해서 제기되었다.[36)] 최근까지는 국내외 발사장소의 적절한 선정 등을 통해 우주물체가 다른 나라의 영공을 통과할 필요성은 거의 없었던 것으로 알려져 있다. 그러나 약소국가나 특히 영토가 좁은 국가들의 경우에는 앞으로 우주물체의 발사기술을 발전시켜 나간다 하더라도 외국 영공의 통과가 불가피한 경우가 발생할 수 있는 가능성

---

35) Carl Q. Christol, The Mordern International Law of Outer Space, Pergamon Press, 1984, pp.435~436.

36) 유병화, 박노형, 박기갑, op.cit., 2003, p.289.

은 상존하고 있다.[37] 그런 가운데 구소련이 지난 1979년 우주물체로서 위성의 궤도 진입과 지구로의 귀환을 위해 다른 나라의 영공을 비행 및 통과할 수 있는 권리를 주장한 바 있었으나 아직은 동 권리에 대해서 인정하지 않으려는 견해가 압도적으로 많은 것으로 파악되고 있다. 이에 관해서는 명문 규정을 가진 조약도 없고 아직 국가의 관행이 누적된 증좌도 거의 없는 것으로 보이므로 앞으로는 몰라도 적어도 현행 법체제상으로는 우주물체의 외국영공 통과의 권리는 공식적으로 인정된다고 할 수는 없을 것이다.[38]

또한 1919년 항공의 규율을 위한 파리 조약이나 1944년의 시카고 국제민간항공협약에도 영공의 배타성에 대한 언급만 있을 뿐 그 한계에 대해 아무런 언급이 없고 우주에 관한 기본법이라 할 수 있는 1967년 우주조약에서도 우주의 구체적 정의나 그 경계획정에 관해서 침묵하고 있다는 사실은 우주공간 자유이용 원칙과 관련하여 여러 가지 어려움을 야기시키고 있다.

한편 UN우주공간평화이용위원회(COPUOS)는 1967년 이래로 그러한 한계문제를 정식 의제로 제안한 이래 해마다 동 문제를 심의하고자 했으나[39] 상당수의 우주선진국들이 오히려 이에 관해 소극적이라 별 진전이 없었고, 당시에도 각국에서 여러 학자들이 갖가지 근거에 의거하여 가능한 이론 개진을 하였지만 국가공역과 우주공간을 구별짓는 구체적 특성과 기준에 관해서 확고한 지침을 제공하지는 못하였다.[40]

결국 이 문제는 양 공간의 물리적 여건을 감안하여 이론적인 규명을 하면서 국가의 이해관계의 조정이나 관행이 성숙되는 것을 기다려서 해결할 수밖에 없을 것이다.

이하에서는 지금까지 국가나 국제기구에서 논의되어 왔던 내용과 학자들의 견해를 분석·정리해 보려고 하는바 실제로 이는 우주법에서도 가장 장기간에 걸쳐 논의되고 있는 분야 중 하나이다. 이 글에서는 우주공간의 범위를 결정하기 위해 지금까지 주장되어온 기준들만 하더라도 너무나 다양하게 제시되었기 때문에[41] 이를 일일이 열거하여 논증할 수는 없고 부득이 검토할 만한 가치가 있는 주요이론이나 학설들을 중심으로 공간론(영역구분론) 및 기능론적 접근방식으로 구분하여 개관해 보는 방식을 취하여 기술해 보려고 한다.[42]

---

37) A.E.Gotlieb, “The Impact of Technology on the development of Contemporary International Law”, Recuil des Cours, 1981-1, p.235.

38) Manfred Dauses, Die Grenze zwischen Luftraum und Weltraum als Gegenstanden rechtlicher Regelung, Wurzbung, 1969, s.281~282 : 장효상, “위성직방송에 대한 중·장기대책과 그 법적 측면”, 국제법학회논총, 제30권 제2호, 1985, p.94.

39) UN Doc. A/AC. 105/358, 1986, p.6.

40) W.Friedman, Lissitzyn and Pugh, Cases and Materials on International Law, 1969, p. 639.

41) Gotlieb에 의하면 우주공간이 어디에서 시작되느냐하는 이론만도 무려 35가지 내지 40가지에 이르고 있다고 하고 있다. A.E.Gotlieb, op. cit., p.225.

2. 공간적 접근방법(Spatial Approach,영역구분론)

가. 영공무한설(The Theory of [Usage ad colum])

영공무한설은 가장 오랜 역사를 가진 학설로서 오늘날 이를 지지하는 견해는 거의 없긴 하지만 전술한 바와 같이 특히 적도국가들의 관할권 주장과 더불어 새로이 주목을 받기도 하였다.[43)]

이 이론의 요지는 국가의 영역주권이 하토국의 상공에 무한히 미친다고 하는 것이며 이는 Roma 사법상의 원칙을 공법에 도입하여 우주공간에까지 국가의 주권을 행사할 수 있는 근거를 마련한 것이다.[44)] 그러나 여기서 말하는 Coelum 역시 개념상 논란이 없지 아니할 뿐 아니라 현실적으로도 지구의 자전과 공전으로 인해 변동하는 무한한 공간의 통제 자체가 불가능하다는 사실을 놓고 보더라도 이는 하나의 욕심이거나 환상에 지나지 않는 것이다.[45)] 이와 관련하여 1944년의 시카고 협약 제정 당시 우주공간에 대한 구체적 인식 없이 「국가주권이 상공에 완전하고도 배타적으로 미친다」(complete and exclusive sovereignty over the airspace above its territory)고 한 동 협약 제1조의 「airspace」는 상공무한으로 해석하여야 한다고 주장함으로써 이러한 개념이 인정되고 있다고 하는 견해가 있었다.[46)] 그러나 이는 용어의 해석상으로도 객관성을 인정하기 어려울 것이다.

여기서 적도국가들과의 관련 주장에 관해 살펴본다. 원래 적도국가들의 입장은 우주공간의 정의나 경계 획정에 직접 관련된 것은 아니다. 그러나 우주공간상의 지구정지궤도에 대해 천연자원이라는 명분으로 관할권을 주장하다 보니 경계획정의 문제와 직결되어 있는 것이며 전술한 Bogota선언으로 공식화된 이들의 주장은 다음과 같은 몇 가지 점에서 영공무한설의 견해에 가깝다고 볼 수 있다.

---

42) 우주공간의 범위에 관한 제 견해 및 그 비판에 관한 국내적 논의는 노명준, "우주법에 관련된 제문제, "국제법학회논총, 제9권 제2호, 1964, pp.276~284. 또한 서희원, "우주공간의 법적 지위, "국제법학회논총, 제15권 제1호, 1970, pp.284~287 및 임덕규, "우주공간의 법질서," 우암 양준모박사 회갑기념논문집, 1982, pp.246~248. 신성환, "인공위성 발사에 따른 영공과 우주공간의 경계에 대한 항공/우주법적 고찰", 항공우주법학회지, 2002, pp.146~181. 등 참조.

43) ITU, Breadcasting Conference, Doc.No.81-E(January 17, 1977), Annex 4.

44) J.F.McMahon, "Legal Aspects of Outer Space", British Yearbook of International Law. Vol.38, 1962, p.342.

45) Jeffert Prevost, "Law of Outer Space", Cleveland State Law Review, 1980, pp.598.

46) Philip W.Quigg, "Open Skies and Outer Space", Foreign Affairs 37.1958, pp.95~96. 同旨의 Paul de la Pradelle의 주장에 관해서는 Nicolas M.Matte, Aerospace Law, Sweet and Maxwell, London, 1969, p.35.참조.

i) 지구정지궤도는 지구의 중력의 힘에 의해 존재하며 다라서 우주공간이 아니라 하토국의 관할에 속한다.

ii) 우주조약은 우주공간에 관해 정의하지 않았으므로 영토국의 주권이 공간적으로 제한받는 것은 아니며 영토국의 천연자원으로 그 주권에 한한다.

iii) 현재 주권주장을 무한히 할 수 있는 영토국의 권리를 제한하는 기존의 국제법원칙은 어디에도 없다.[47]

그러나 이 Bogota선언의 원칙들은 과학적 내지 법적인 양 측면에서 비난을 면치 못하고 있다. 위성이 궤도에서 중력을 이용하는 것은 사실이나 그것이 정지궤도나 위성의 존재에 필요한 요소의 전부는 아니며 또한 중력도 지구의 적도부분에만 작용하는 것은 아니다. 뿐만 아니라 국가주권을 무한정으로 허용하는 국제적 관습이 존재한다고 볼 수 없다. 특히 1963년 만장일치로 채택된 UN총회 결의나[48] 현재 128개국이라는 압도적 다수의 국가들이 서명 또는 가입해 있는 1967년의 우주조약에는 달과 기타 천체를 포함한 우주공간은 사용이나 점령 기타 수단에 의해 국가의 영유대상으로 할 수 없음을 규정하고 있는바[49] 동 조약은 다수의 적도국가들도 당사자로 되어 있다(Columbia는 비준을 안함).

요컨대 이 학설은 사법이론의 원용이나 천체물리학적 견지에서 주장된 것으로써 과학 및 기술의 발전과 더불어 우주공간과는 구별되는 일정한 한계를 인정하는 것이 탐사나 개발에 있어서도 합리적이며 더욱이 현실적으로 우주이용이 활발하게 이루어지고 있는 오늘날 만약 영공무한을 인정한다면 당장 인공위성이나 기타 우주물체의 궤도 비행이 전면 금지되는 상황이 벌어질 수도 있다는 점을 상상해 보면 그에 관한 해답은 자명해 질 것이다.

나. 대기권설(Atmospheric theory)

이 학설도 공간적 접근방식의 구분론으로서는 가장 오랜 것 중의 하나로써 이는 국가 주권이 공기가 존재하는 공역 즉 대기권의 상부한계까지 미치는 것으로 보고 있다. 이에 관한 현행법의 중요한 기준은 1944년의 시카고협약이며 보다 구체적으로는 제1조에서 말하는 airspace의 해석이다.[50] 여기서 동 협약 제1조는 이 협약에 선행하는 1919년의 파리협약

47) Soli K.Cooper, The Geostationary Orbit, Problems and Possibilities, 1982.4, p.17.

48) UN G.A.Res. 1962(XV111), Dec.13, 1963.

49) The Outer Space Treaty, Art.2.
And see R.Arzinger, "The Use of the Geostationary Orbit", Proceeding of the 21st Colloquim on the Law of Outer Space, 1978, p.13.

제1조를 그대로 재확인한데 불과하므로 airspace는 불어 l'espace atmospherique에 해당한다. 따라서 이를 자연적인 의미로 해석한다면 대기가 존재하는 공간, 즉 대기권을 가리키고 국가의 주권은 이 대기권의 범위에서 행해진다는 대기권설이 성립된다는 것이다.[51)]

1958년 국제법협약(ILA) 총회에서도 1944년 시카고협약이 제1조에서 사용한 airspace라는 말은 정확히 대기권(atmospheric space)과 동의어로 본다고 결의한 바 있고[52)] 따라서 이 학설은 airspace를 이 같은 의미로 이해하고 국가주권은 대기권을 한계로 제한되고 대기가 존재하지 않는 공간에서는 인정되지 않는 것으로 본다.[53)]

그러나 이 설은 지구 주위의 대기권에 대해 실제로 적용함에 있어 무리가 없는 것인가가 문제되는데 천체물리학적 견지에서 보면 대기권은 지표로부터 대류권(troposphere: 약 10㎞까지), 성층권(stratosphere: 10~40㎞), 전리층(ionosphere: 40~375㎞) 그리고 외기권(exosphere: 375~20,000㎞ 또는 그 이상)으로 구성되는데[54)] 이 가운데 외기권에서는 분자 입자가 확산되기 때문에 이 층에서 우주공간으로 빠져 나가는 경우도 있다. 통상 이 층의 상한으로 대기권의 경계획정을 시도하는 것이지만[55)] 실제로 최근의 인공위성 관측결과에 의하면 10만㎞ 상공에도 공기가 존재한다는 것이 관찰된 바도 있고 또한 대기란 것은 유동성이 있어 이동이 가능한 측면이 있는 관계로, 동 이론이 이에 기해 조금이라도 대기가 있는 상공에까지 완전하고 배타적인 주권이 미치는 영공의 범위를 정하는 것을 의도했다고 보기는 어려울 것이라는 비판이 있다.[56)]

다. 공기역학적 부양력설(Theory of the Aerodynamic lift)

이 학설은 항공기의 공기역학적 특징에 의해 영공과 우주공간을 구획하려는 시도로서 이른바 「유효한 공기」개념을 상정한, 시카고협약의 부속서 등에 포함된 항공기의 정의에 그 바탕을 둔 이론이라 할 수 있다. 시카고 협약은 그 부속서에서 항공기를 "대기권에서 공기의 반동으로부터 부양력을 얻을 수 있는 기계"라고 정의하였고[57)] 이와 관련하여 일

50) Chicago Convention art.1: "The Contracting States recognize thar every state has complete and exclusive sovereignty over the airspace above its territory."
51) E.R.C. Van Bogaert, Aspects of Space Law, Kluwer Law and Taxation Publishers, 1986, p.12.
52) ILA, Report of the 48th Conference(1958), 1959, p.330.
53) The Question of the Definition and/or the Delimitation of Outer Space, Background Paper U.N. Doc. A/AC.105/C.2/7, 7 May 1970, para.101.
54) Nicolas M. Matte, op.cit., p.22. and Soil K.Cooper, op.cit., p.9.
55) Background Paper, supra note 43, para. 105.
56) Stephen Gorove, Studies in Space Law:Its Challenges and Prospects, Sijthoff,1977, p.18.
57) Annex 7 to the Chicago Conventionon on International Civil Aviation, Aircraft

찍이 Oscar Schachter교수도 "영공은 앞서의 파리 및 시카고 협약에서도 언급됐듯이 항공기의 부양력을 얻을 수 있는 대기권의 상한 이내로 제한된다."고 지적한 바 있다.[58] 공기저항에 의한 부양력 관념은 흔히 항공기를 설명하기 위해 그리고 항공기와 우주물체를 구별하기 위한 요소로 이용되고 있는 바 항공기의 최대 비행고도문제에 있어서는 주의가 필요할 것으로 보인다. 이런 의미에서의 부양력의 한계는 원래 40~50㎞ 정도(약 30mile 정도)이지만 이 경우도 항공기 기술은 공기의 희박도를 극복하고 급속한 발달을 이룸에 따라 상당히 유동적이어서 그 상한은 항공의 가능성에 의거하여 구분되어 져야 한다는 견해도 있는 바[59] 오늘날 공기역학상의 항공기 비행은 약 65㎞ 정도의 고도까지 가능한 것으로 파악되고 있다.[60] 그러나 이것은 기술의 발전과정을 반영한 것이므로 기술이 변화하면 그에 따라 경계도 변화하게 되고, 따라서 이러한 기술적 기준을 고려하여 설정된 경계는 언제든 변화의 가능성이 있는 것이며 더구나 그러한 경계의 상하를 넘나들며 운항하는 비행체가 등장하고 특히 항공기와 우주선의 구분도 모호해진 측면이 있는 현시점에서는 어떤 것이든 확실성이나 영속성이 없다는 비판을 면할 수 없다.

라. Von Karman 라인 경계이론

앞서의 항공기 비행고도의 연장선적 맥락에서 말하자면 공기역학적 부양력이 없어지고 원심력이 일어나는 높이를 공역주권의 상방한계로 삼자는 입장으로서 이는 헝가리계 미국물리학자 Theodore von Karman이 처음 주창하여 이름 붙여진 이론이다. 일찍이 Haley도 이 견해에 적극 동조하면서 원심력이 일어나는 이 Von Karman선을 영공과 우주의 경계로 할 것을 제안한 바 있다.[61] 이 Von Karman경계선은 당초에는 1초에 25,000feet(약 7㎞)를 비행할 수 있는 물체가 그 공기역학적 추진력을 상실하고 궤도속도에 도달하여 원심력이 작용하는 높이를 계산하여, 이를 근거로 대체로 지표로부터 약 275,000 feet(약 83㎞) 상공 지점이 된다고 하였던 바[62] 현재는 이를 해발 100km로 보

Nationality and Registration Marks, Fifth Edition, July 2003, p.1.

58) O.Schachter, A Preview of Space Law Problem, Warning: Early Unilateral, U.S. Congress, Legal Problems of Space Exploration, a Symposium, Washington, 1961, p.347.

59) 坂本昭雄,三好晉, 新国際航空法, 1999, pp.22-23.

60) U.N. Doc. A/AC.105/C.2/2014/CRP.6, 17 March 2014, para. 3.

61) Andrew G. Haley, Space Law and Government, Appletion-Century-Crofts, New York, 1963, pp.98~99.

62) 2014년 러시아가 제출한 우주공간의 경계문제에 관한 답변서에서도 폰 카르만라인이 설정되는 숫자는 해발 83km로 표시되어 있다.
U.N. Doc. A/AC.105/C.2/2014/CRP.6, 17 March 2014, para. 5.

고 있다. 말하자면 바로 이 지점에서부터 Kepler의 법칙이 작용하기 시작하는 것이며 이 이론은 지상에서 이 고도까지의 공역을 영공의 범위로 보는 것이 바람직하다는 입장을 취하고 있다.[63] 이 Von Karman 라인 기준도 기술발전의 정도에 관련되긴 하지만 대부분의 인공위성의 선회궤도가 이 라인보다 위에 위치하고 있어 적절한 정의로서 기준에 부합하는 것이라 평가되기도 하며[64] 또한 국제항공연맹(FAI)이 지지하는 이론이기도 하다. 실제로 국제항공연맹(이하, FAI)은 항공비행(aeronautics)과 우주비행(astronautics)을 구별하는 기준으로서 폰 카르만라인을 이용하고 있으며 지표에서 고도 100km를 경계획정의 판단지표로 하여 양자를 구별하고 있다.[65]

이 이론은 현재 우주공동체에서 다수의 조직들에 의해 받아들여지고 있는 기준으로 평가받고 있는 것으로 보인다.[66] 그러나 Von Karman라인도 이와 같이 일정한 평가를 받고는 있었으나 한편으로 여기서 설정된 경계라는 것도 나름의 근거에 입각하여 이론적으로 선택된 기준인데, 기술의 진보와 더불어 다른 요인(예, 속도)이나 대기의 상태에 따라 설정된 고도가 변화될 여지는 여전히 존재한다는 점과 위에서 본 바와 같이 물리학자간에도 정확한 위치에 대한 견해의 일치가 되지 않고 있다는 사실 등의 면에서 다른 학설에서 비판을 받고 있는 것과 크게 다를 바가 없다.[67]

마. 삼분설(Three Zones Theory)

일찍이 미국국제법학회에서 Cooper는 상공을 삼분하여 하토국의 주권행사에 차등을 두자는 이른바 삼분설을 제창한 바 있는데 국가의 상공을 영공(territorial space),접속공(contiguous space) 그리고 우주공간(outer space) 등으로 구분하여, 이에 대한 하토국의 주권행사에 차등을 두려는 학설이다. 국가는 항공기가 비행할 수 있는 고도까지의 공간에 대하여 완전, 배타적인 주권을 행사하고, 그 상방으로부터 30mile까지는 접속공이라 명명한 다음 비군사용 항공기의 통과권만을 인정하며, 그 이상의 상방공간에 대해서는 우주로

63) Ibid.
And M.Akehurst, A Modern Introduction to International Law, 1980, p.184.
Lubos Perek, "Scientific Criteria for the Delimitation of Outer Space", Journal of Space Law, Vol.5. Nos.1&2, 1977, p.122.

64) Lubos Perek, supra note 63, p.123.

65) S. Sanz Fernández de Córdoba, 100km Altitude Boundary for Astronautics, 25 May 2012. http://www.fai.org/icare-records/100km-altitude-boundary-for-astronautics.

66) Matthew J. Kleiman, op.cit., American Bar Association, 2013, p.XII.

67) 이영진, "우주공간의 평화적 이용을 위한 법적 규제에 관한 연구", 서울대학교 대학원 박사학위논문, 1989, p.98.

서, 모든 국가에 대해서 자유로이 개방한다고 주장을 담고 있다.[68] 이 학설은 해양법의 접속수역 이론을 공역에 응용한 것이라 볼 수 있다. 이러한 접근방식을 지지하는 최근의 학자로는 Oduntan을 들 수 있다. G. Oduntan은 동 방식이 엄격한 경계의 효력을 완화시킨다는 이점이 있다고 하여 이 이론을 권장한다. 그의 견해에 따르면, 가장 낮은 구역은 약55마일(88km)까지로 하고 그 구간범위내에서 영공의 최대 고도를 인정하여 하토국의 완전하고 배타적인 주권에 따르도록 하고, 그 상방의 45마일(72km)은 이른바 완충구역(buffer zone)으로서 모든 국가의 자유로운 통과권를 보장해 주는 공간으로 설정한다. 그리고 해면에서 100마일(160km) 정도의 경계선에서 우주공간이 시작되고 거기에서는 주권 및 관할권에 관한 모든 주장이 배제된다고 보는 이론이다.[69]

지금까지의 우주공간의 정의 및 경계획정의 개념은 설정된 경계선을 사이에 두고 영공의 바로 상부에 우주공간이 존재한다는 식의 이른바 이분법적인 공간획정 방식이었다. 이에 반해 이 개념은 공간을 몇 개로 분할하여 양자 사이에 다른 법적 지위를 갖는 일정구역을 설정함으로써 경계문제의 해결을 도모하는 것이다.[70]

국제법협회(ILA)에서도 이 3개로 나누는 방식의 적절성 여부에 대해 다양한 의견이 표출된 적이 있다. COSPAR의 대표가 지구상공의 공간을 3개로 나누어 해면에서 50km까지는 하토국이 주권을 행사할 수 있고, 50~100km까지 사이에는 별도의 법적 제도가 적용되는 중간구역(mesospace)으로 설정하고, 100km이상을 우주공간으로 하는 제안을 한 바 있으나 별다른 동조를 얻지 못했다.[71] 과거에는 이 개념도 상당히 호의적인 반응을 얻으며 관심을 끈 적이 있었으나 오늘날 국제공동체에서 거의 지지를 받지 못하고 있는 실정이다. 다만 이는 영공의 상한 또는 우주공간의 하한만 설정하려고 할 때는 부분적으로 일정한 이점이 있는 것으로 생각되는데 실제로 카자흐스탄과 같이 UN의 틀 안에서 어느 한 쪽만의 경계라도 설정하는 것이 바람직하다는 태도를 보이는 국가도 있긴 하다.[72] 그러나 최근까지 우주공간의 영역구분문제가 다루어지는 경우에 일반적으로 영공과 우주공간의 2분법적 경계설정을 전제로 한 논의가 진행되고 있음은 주지의 사실이다.

---

68) John C. Cooper, “Legal Problem of Upper Space” Journal of Air Law and Commerce, Vol.23, 1956, pp.308~309.

69) Gbenga Oduntan, Sovereignty and Jurisdiction in the Airspace and Outer Space, 2012, p.310.

70) Background Paper, supra note 43, para. 151.

71) D. Goedhuis, ILA Committee on Space Law, Report of the 59th Conference,1980, p.175.

72) Questions on the Definition and Delimitation of Outer Space, U.N. Doc. A/AC.105/889/Add.11, 28 January 2013, p.5.

요컨대 이 문제와 관련해서는 공역을 영공과 우주공간으로 2분하여 각각의 법적 지위를 명확히 구별을 하는 편이, 여러 가지 형태의 3단계로 구분하는 것보다 많은 점에서 타당하고 또한 실제적이기도 하다고 보는 입장이 훨씬 우세한 것으로 보인다. 특히 3분설에 대해서는 영공이 하토국가의 공역으로서 우주공간의 하한까지는 엄연히 국가주권이 미치기 때문에 우주공간의 정의와 영공의 높이 문제와는 별개로 분리하여 다루어서는 안될 것이라는 비판이 있고 따라서 이점에서 우주공간의 하한은 자동적으로 영공의 상한이 되어야 한다는 입장이다.[73)]

바. 위성궤도 최저근지점설(Theory of Lowest Perigee)

이 이론은 지금까지 발사된 모든 인공위성은 우주공간에 있는 것으로 간주하고 지구 표면으로부터 인공위성 궤도비행의 최저 높이인 약 100㎞ 상공이 영공과 우주공간의 경계가 된다고 주장한다. 지구 주변 궤도를 선회하는 인공위성은 케플러의 법칙에 따라 지구 주위를 돌기 시작한다. 이때 지구의 중심에서 가장 먼 곳을 원지점, 가장 가까운 곳을 근지점이라 한다. 근지점 중에서도 지구의 대기가 짙어져 인공위성이 더 이상 궤도를 돌기가 어려운 한계가 되는 높이에 따라 우주공간의 경계를 설정하려는 견해가 이른바 최저근지점설이라는 개념이다.[74)]

이 설의 이론적 근거는 국가들의 인공위성과 같은 우주물체의 궤도비행을 묵시적으로 승인해 왔다는 사실이다. 즉, 많은 국가들이 압도적으로 명시적 혹은 묵시적인 동의를 하고 있기 때문에 이러한 국제관행을 바탕으로 국제법의 일부로서 형성해 가고 있다고 보는 것이다.[75)] 일찍이 Bin Cheng도 “우주공간은 인공위성이 자유로운 궤도비행을 할 수 있는 공간이라는 일반적 관행이 국가들 간에 성립되어 왔다고 하면서 그 경계는 약 25mile 정도의 유동적인 경계권(possible margin)을 인정하면서 대략 50mile 정도”라고 한 바 있다.[76)] 이 최저근지점을 기준으로 하는 견해는 다른 개념과 비교해도 많은 지지를 받고 있는데 그것은 대체로 다음과 같은 근거에 바탕하고 있는 것으로 보인다. 첫째, 이 기준을 적용하는 경우 우주조약에서 규정한 기본원칙의 하나인 자유로운 우주공간의

73) He Qzhi, “The Problem of the Definition and Delimitation of Outer Space,” Journal of Space Law, Vol. 10, No. 2, 1982, p.160.

74) Background Paper, supra note 43, para. 130.

75) Carl.Q.Christol, “International Outer Space Law”, A Report at the Conference on Law and Life in Space held at the Center for Aerospace Science, Univ. of North Dakoda, Space Policy, 1987.2, p.68.

76) Bin Cheng, “The Extra-terrestrial Application of International Law”, Current Legal Problems, Vol.18, 1965, pp.145~146.

탐사와 이용 요구가 만족된다. 이 주장에 따르면 지금까지 궤도상에 발사된 모든 위성이 우주공간에 존재하고 있었던 것으로 인정되고 동시에 국가의 주권이 미치는 영역 밖에 있었던 것이 된다.[77] 둘째, 민간항공기가 운항할 수 있는 최대고도보다 상부에 경계선이 설정되기 때문에 항공교통과 우주활동 과정에서 발생가능한 갈등요소를 피할 수 있다. 셋째, 지금까지 지구궤도상을 선회하고 있는 인공위성에 대해 어떤 국가도 영공침범 등의 이유로 항의를 하지 않았으므로 국가실행에도 적합한 것이 된다. 실제로 지금까지 지구주변 궤도상을 선회하는 우주물체에 대해 하방국가의 이의제기가 없었기 때문에 적어도 최저근지점보다 위의 공간은 우주공간이라는 것을 각국이 묵시적으로 동의하고 있다고 봄으로써 그것은 국제관습법이 되었거나, 적어도 되고 있다고 파악하는 견해가 많은 것이 사실이다.[78] 물론 이 최저근지점설도 많은 지지를 받고 있으나 다른 이론의 경우와 마찬가지로 기술발전에 따라 또는 인공위성의 운용 목적과 크기, 수명 등에 의해 더 낮은 궤도에서도 위성이 선회할 수 있다는 가정하에[79] 우주공간과의 경계가 변화할 수 있다는 점에서 비판의 여지가 있다. 이런 관점에서 동 학설이 주장하는 최저근지점의 '최저' 개념의 의미에 대해 몇 가지 견해가 있을 수 있으나 지구궤도를 선회한 인공위성 중 기술적으로 가장 낮은 궤도를 기록한 위성이 예외적으로 있다고 하여도 이는 국가의 일반적인 실행을 반영한 것이 아니므로 많은 위성이 통상적으로 사용하는 궤도들 가운데 가장 낮은 궤도높이를 의미하는 것으로 보는 것이 비교적 타당한 해석으로 생각되어 진다. 따라서 우주항행기술의 발전에도 불구하고 여기서의 최저근지점 이론은 비교적 안정적으로 적용가능 한 것으로 평가할 수 있다.

3. 기능적 접근방법(Functional Approach)

우주공간의 정의 및 경계 획정문제에 대해서는 방법론상 대체로 두 가지로 구분해 볼 수가 있는데 그 하나가 앞서 본 공간적 방식이고 나머지가 여기서 말하고자 하는 기능적 방법이다. 물론 앞서 논한 바와 같이 60년대를 지나면서 공간적 방식이 더 큰 지지를 받고 있는 것은 사실이지만 기능론적 접근방법도 나름대로 이유와 근거를 가지고 꾸준히

77) He Qizhi,supra note 73, p.160.

78) Katherine M. Gorove, "Delimitation of Outer Space and the Aerospace Object," Journal of Space Law, Vol. 28, No. 1, 2000, pp.11-12.

79) 우주연구위원회(Committee on Space Research) 회장을 역임한 바 있는 Jaeger교수는 몇몇 인공위성은 최저근지점이 90km에 이른다고 주장한 바 있다.
박원화·정영진, 우주법 제3판, 한국학술정보[주], 2012, p.87.

주장되고 있다.[80] 말하자면 이것은 국가주권의 상방한계가 어디까지 미치는가의 문제의 해결에 있어서 공간론적 방식에 의할 때 안정적인 기준을 찾는 것이 어렵다고 보기 때문에 나오게 된 소론들이다.[81] Matte교수는 몇 가지 특징을 들어 기능주의를 설명하였다. 그에 의하면 양측 간의 경계선을 긋는다는 것은 기껏해야 중재적인 것이거나 보장되지 않는 구역 구분이 될 것인즉 공간적으로 측정한 기준에 따라 우주공간의 정의를 내리는 것보다는 거기에서 이루어지는 활동의 성격을 우선해서 고려하여야 한다고 하면서, 말하자면 평화적 목적이나 군사적 목적이냐 등에 관한 이용목적의 성질여하와 하토국에 미치는 위험성 여부에 그 표준을 두어야 한다고 주장하였다.[82] 한편 또 다른 기능주의자들인 Mcdougal과 Lipson 교수는 우주에 관한 당시의 과학적 진전 상태에서 고정적 경계선을 설정함으로써 야기되는 갖가지 난점을 인식하게 됨에 따라, 문제성이 있는 경계선의 설정보다는 관련된 모든 요인을 참작하여 우주가 어떠한 목적에 사용되느냐 하는 실제 활동이나 기능의 문제에 주목하고[83] 성급한 국제조약의 체결은 시기상조이며 동시에 국가안전과 우주 이용에 관한 국제협력의 정신에 반한다고까지 하였다.[84] 결과적으로 이 이론은 비행위치나 높이가 공역주권의 침해여부를 결정하는 것이 아니고 비행물체의 종류와 목적하는 활동에 따라 기능적으로 규제되기 때문에 기능주의로 지칭되는 것이다. 그들은 우주법의 기본적 이념에 대해서도 '우주활동은 국제사회의 전반적 이익에 봉사하는 것이다'라는 차원에서 이해하며 또한 우주활동의 합법성 여부도 개개의 우주활동이 추구하는 목적에 따라 결정된다고 한다.[85] 결국 이들 주장은 우주과학기술이 나날이 급속히 발전해 가고 있는 현 단계에서 장래 일어날 수 있는 모든 문제를 만족시킬 마술적 해법은 실제로 존재하지 않으며 또 부질없는 것이라는 점이 그 요지이다.

기능주의적 입장에 대해서는 다음과 같은 비판이 제기된다. 우선 특정의 경계고도설정이라는 수량적인 설정을 하지 않는 순수한 기능주의는 우주물체의 활동에 주안점을 두기

80) Bin Cheng, "The Legal Reime of Airspace and Outer Space: The Boundary Problem, Functionalism v/s Spatialism: The Major Premises", Annals of Air and Space Law, Vol.V, 1980, P.323.
81) Background Paper, supra note 43, para. 162.
82) Nicolas M.Matte, Aerospace Law, Sweet and Maxwell, London, 1969, pp.62~64.
83) Myres Mcdougal and Leon Lipson, "Perspective for a Law of Outer Space", A.J.I.L., Vol.52, 1958, pp.352~353.
84) Ibid., p.407. And Bin Cheng, op.cit., 1980, pp.323~324.
85) 城戸正彦, 空域主權の硏究, 風間書房, 1981, p.450.
또한 E.R.C.Van Bogaert, Aspects of Space Law, Kluwer Law and Taxation Publishers, 1986, pp.4~5. 그 외에 기능설에 동조하는 Stoebner나 Gal등의 소론에 관해서는 Carl Q.christol, op.cit., pp.503~504 참조.

때문에 통상 어떤 물체가 어떤 기능을 가지고 활동하는지를 결정해야 한다. 예컨대 기능주의에서는 '우주활동(space activity)', '우주비행(space flight)' 등을 정의하는 것이 요구되는 바 이것은 단순히 높이를 측정하는 것보다 더 어려운 문제를 제기한다.[86] 이 주장은 세계국제법협회(ILA)에서도 호의적으로 받아들이지 않았던 바 동 협회에서는 우주활동의 종류만을 판단재료로 하는 것은 사실상 불가능하고, 활동이 행해지는 장소가 중요하다는 점이 우주조약 제8조의 규정을 예로 들어 강조되었다.[87]

이는 결국 우주물체의 목적이나 기능을 검토하여 그들의 제반 우주활동을 규제하는 장치나 조약의 구비를 그 전제로 하는 것인데 현 국제사회에서는 이것이 오히려 더 큰 어려움일 수 있으며 또한 분쟁의 해결을 회피하여 새로운 불씨를 남김으로써 문제 해결에 도움이 안 된다는 비판을 면하기 어려울 것이다.

4. 평가

앞에서 우주의 정의와 경계획정문제와 관련하여 UN의 배경문서와 제 학자들의 견해를 바탕으로 주요 학설에 대한 검토를 한 바 있다. 기능론자의 입장은 전술한 것처럼 우주물체의 목적이나 기능을 중심으로 우주활동을 규율하자는 논지에 입각하고 있는데 이는 우주활동 등에 관한 또다른 정의를 필요하고 특히 우주물체에 관련된 과학기술의 발전을 고려하면 그 정의는 보다 복잡한 것이 될 우려가 있다는 점에서 새로운 불씨를 야기하게 됨으로써 오늘날 별로 지지를 받지 못하고 있다. 물론 공간적 접근방식에도 각 학설 나름의 허점이나 비판이 있는 것이 사실이나 그 가운데서도 다수국가의 지지를 받고 있는 위성 최저근지점 기준과 관련하여 그것보다 상부의 공간은 우주공간으로 본다는 것이 국제관습법으로 응고되어 가고 있다는 주장이 상당히 설득력을 얻고 있다. 여기서 최저근지점을 경계기준으로 하자는 견해 가운데에서도 고도 100km 또는 110km를 경계로 하는 의견 등 논자나 국가에 따라 나름의 논리를 가지고 약간의 차이를 보이고 있긴 하다. 그러나 실제로 공간주의적 방식의 경계가 정해진다고 하는 경우에는 합의를 통해 법적 안정성을 고려하여 보다 구체적인 고도의 설정이 요구된다.

물론 경계획정만으로써, 이 분야에서 발생하게 될 모든 종류의 법적 분쟁을 종식시킬

86) Katherine Gorove and Elena Kamenetskaya, "Tensions in the Development of the Law of Outer Space," in Damrosch, Danilenko and Müllerson (eds.),Beyond Confrontation: International Law for the Post-Cold War Era, 1995, p.245.

87) International Law Association Committee on Space Law, Report of the 58th Conference, 1978, p.163.

수는 없을 것이다. 다만 각 국가들의 대표가 모여 합의를 이룸으로써 이에 관련된 분쟁의 발생을 줄일 수 있을 것이고, 이러한 의미에서 적어도 경계획정이 이루어진다면 보고타 선언과 같은 우주공간에 대한 주권 주장도 막을 수 있을 것으로 보는 것이다.

요컨대 우주의 법적지위와 관련하여 우주공간의 한계를 둘러싸고 수많은 논의가 있을 수 있겠으나 앞서 논한 바와 같이 경계획정의 필요성이 존재한다는 사실을 전제할 때[88] 대다수의 인공위성이나 우주물체가 궤도비행을 할 수 있는 최저높이(대략 100~110㎞)에서부터 우주공간이 시작된다는 견해가 비교적 타당할 것으로 보며 이것은 또한 지금까지의 경험이나 국가 관행과도 일치할 뿐 아니라 특히 당면한 지구정지궤도 이용, 안전보장, 오염방지, 질서유지 및 경제적 이용의 규제 등 실제적 요구와도 부합되는 것이다.

III. 주요국가의 입장

1. 미국

지금까지 우주공간의 정의 및 경계획정문제에 대한 각국의 기조는 대체로 영역구분론적 입장에서 경계획정이 필요하다고 주장하는 국가, 기능주의적 태도를 보여 온 국가 그리고 그 연장선상에서 적어도 현 시점에서는 구분이 필요하지 않다는 소극적 입장을 보이는 국가로 분류할 수 있는데 우선 가장 선도적인 우주개발국인 미국을 필두로 몇몇 주요국가의 태도에 관해 핵심적 주장을 중심으로 간략히 살펴보기로 한다.

미국은 처음부터 우주공간의 정의 및 경계획정에 시기상조라는 이유로 소극적인 자세를 보여 왔다.[89] 1979년 당시 소련이 100-110km고도를 경계선으로 하자는 제의를 했을 때 미국은 이에 반대하면서 적절한 법적, 과학적 분석을 기초로 하여 경계선을 결정해야 한다고 하였다. 미국의 주장을 다음으로 요약할 수 있다. 1)지금 우주의 정의를 내려야할 법적, 기술적 필요성이나 정당성이 없다. 2)인위적으로 경계선을 결정하면 많은 어려움이 생긴다. 3)경계선을 미리 설정했더라면 현재 수행되고 있는 다수의 우주활동이 지연되었거나 불가능했을 것이다. 4)국제공동체는 유의미한 우주정의를 확정할 많은 과학적, 법적, 기술적, 정

88) 해양이긴 하나 경계획정의 실패로 인해 생겨난 문제의 좋은 사례로 Bin Cheng교수는 1968년 한반도 해역에서 일어났던 Pueoblo호 사건을 예로 든 바 있다.
Bin Cheng, "The Pueblo Seizure: Facto, Law, Policy", Proceedings of the American Society of International Law, 1969, p.1.

89) Carl Q. Christol, Modern International Law of Outer Space, 1982, p.447.

치적 요소들을 제대로 검토하지 못했다.[90] 이 입장은 21세기에 들어와서도 별 변화가 없는 것으로 보인다. 경계획정문제에 대해 법률소위원회에 보낸 다음과 같은 공식문서를 통해서도 그러한 경향을 확인할 수 있다. 그 요지는 영공 및 우주공간의 관점에서 적용 가능한 법제도는 각각의 범위에서 충분히 기능하고 있으며 우주공간의 정의 또는 경계가 없어도 각각의 범위에서의 활동이나 발전을 해하지 않는다. 또한 기술의 발전에 따라 항공기의 비행가능고도가 상승되고 있는 반면, 우주선 궤도상의 선회고도는 낮아지고 있다는 것이다. 이러한 이유로 미국은 경계선을 설정함에 따라 초래되는 결과를 예상할 수 없을 경우 양자간에 인위적인 경계선을 설정하는 것은 여전히 위험하다는 입장을 보였다.[91]

2. 러시아

러시아는 초기에는 기능주의적 태도를 보이는 듯했으나 1979년 법률소위원회에 최초로 작업문서를 제출하면서 공간적 경계획정을 주장하기 시작하였다. 당시 소련의 입장은 다음과 같이 요약할 수 있다. 1) 해발 100(110)km 이상의 지구 주변 공간은 우주공간이어야 한다. 2) 대기권공역과 우주공간 사이의 경계는 국가간의 합의에 따라야 하며, 그 후에 해발 100(110)km를 넘지 않는 고도에서 조약을 통해 확정하여야 한다. 3) 제국의 우주물체는 해발 100(110)km 이하의 고도에서 궤도에 진입하거나 발사국의 영토에 귀환하기 위한 목적으로 타국의 영토상공을 비행할 권리를 갖는다.[92] 나아가 소련은 해발고도 100(110)km는 확립된 관행에 입각한 것이고 과학, 기술적인 충분한 검토를 한 것이므로 이 제안이 UN총회의 결의안으로 채택되어야 한다고 주장 하였다.[93] 이러한 소련의 입장은 1983년에 제출한 2번째 작업문서에서 해발 100(110)km를 초과하지 않는 고도에서 국가간의 합의에 따라 구속력 있는 문서로 경계를 설정할 것을 촉구함으로써 재확인되었다.[94] 러시아는 금세기에 들어서 2012년에도 그동안 일련의 작업문서를 통해 해발 100~110km를 넘지 않는 고도에서 경계를 설정해야 한다는 것이 제안되어 왔음을 확인한 바 있다.[95] 이처럼 러시아

---

90) U.N. Doc. A/AC.105/PV. 193, 1979, p.47.

91) U.S. Statement, Definition and Delimitation of Outer Space and the Character and Utilization of the Geostationary Orbit, Legal Subcommittee of the United Nationas Committee on the Peaceful Uese of Outer Space at its 40th Session. U.N. Doc. COPUOS/LEGAL/T.826, 31 March 2011, p.4. http://www.state.gov/s/1/22718.htm.

92) U.N. Doc. A/AC.105/C.2/L.121, 26 March 1979, p.1.

93) U.N. Doc. A/AC.105/PV. 232.

94) U.N. Doc. A/AC.105/C.2/L.139, 4 April 1983, p.1.

95) U.N. Doc. A/AC.105/889/Add.10, 24 January 2012, p.5.

는 100~110km 고도의 동일한 기준으로 수차례에 걸쳐 작업문서를 제출함으로써 우주공간의 경계획정문제의 해결을 위한 일관된 자세를 보여주고 있다. 다만 러시아는 최근 2014년에 들어와 실용적인 레벨에서 필요한 조건이 갖추어질 때까지 각국은 현행 방식에 기초하여 행동해야 한다는 입장을 개진함으로써 지금까지와는 다소 다른, 소극적인 태도를 내비친 바가 있는데[96] 이점은 향후 어떤 태도를 보일지 귀추가 주목되는 부분이다.

3. 프랑스

프랑스는 1967년까지 경계구분을 주장하며, 그와 관련되는 일련의 제안을 하였고 우주공간의 정의에 관해, 부족하기는 하나 우주법을 적용할 범위가 정해지지 않은 불안정한 상황을 불식시키기 위해 경계획정을 해야할 필요가 있다는 전제하에 구소련과 같이 100~110km를 넘지 않는 고도에서 경계를 설정하자는 주장을 한 바 있다.[97] 그러나 프랑스는 그 이후에 태도를 바꾸어 우주를 정의하거나 경계를 획정하는 것이 바람직하지 않다는 입장을 취하고 있는 것으로 파악되고 있다. 즉 우주에 도달하는 모든 물체는 그 목적의 성공여부와는 상관없이 우주물체로 본다는, 우주활동에 관한 기능적 접근방식을 취하고 있는데 그 예로 제51차 법률소위원회에서 최근에 주목을 받고 있는 '저궤도 여행'과 같이 항공활동과 우주활동의 경계선상에 있는 활동의 범주를 사례별로 연구할 것을 제안한 바 있다. 그러면서 이는 우주의 경계를 엄격히 획정할 필요가 없이 각각의 운항이 그 성격상 우주활동으로 간주되어야 하는지 여부를 결정하기 위한 국제적으로 공통된 접근방식의 수립을 가능하게 할 것이라고 주장하였다.[98]

4. 오스트레일리아

오스트레일리아는 UN에 제출한 문서를 통해 우주공간의 정의 및 경계에 관한 자국의 국내우주법에 대해 언급함으로써 이 문제에 대한 입장을 우회적으로 밝히고 있다. 동 문서에 따르면 오스트레일리아는 1998년에 우주활동법(Space Activities Act)을 제정했던 바 거기에는 우주공간의 정의 자체는 되어 있지 않았지만 '우주물체' 등의 용어가 정의되어 있고 그 가운데 '우주공간'이란 표현이 사용되었다. 여기에서 동 법은 '우주물체'를 다

96) U.N. Doc. A/AC.105/C.2/2014/CRP.6, 17 March 2014, p.3.
97) U.N. Doc. A/AC.105/C.2/SR.316.
98) 박원화·정영진, 우주법 제3판, 한국학술정보[주], 2012, p.107.

음과 같이 정의하였다.[99)]

> '우주물체는 이하의 것으로 구성되는 것을 의미한다. (a) 발사기 및 (b) 발사기가 우주공간을 향해 또는 우주공간에서 운반되는 페이로드(payload) 또는 이하와 같은 것의 일부 (c) 그 일부가 우주공간을 향해 또는 우주공간에서 돌아오는 경우 또는 (d) 그 일부가 발사 후에 발사기에서 하나 또는 그 이상의 페이로드가 분리된 결과로 발생된 경우'.

그 후 2002년에는 우주공간에 관한 의미있는 개정이 이루어져, '우주공간'으로 표기된 곳이 모두 '해발 100km를 넘는 공간'이라는 표현으로 변경되었다.[100)] 그러나 이 변경 후에도 동 법에서는 우주공간 자체에 대한 정의가 행해지지는 않았다. 오스트레일리아는 이와 관련하여 '해발 100km를 넘는 공간'이라는 표현으로 개정한 것은 법의 적용범위를 명백히 하려는 의도를 보여주기 위한 것으로 이를 통해 우주공간의 정의 또는 경계를 설정하려는, 국가차원의 공식적 입장을 보여주는 것은 아니라는 견해를 표명하였다.[101)] 또한 오스트레일리아는 우주공간의 정의에 대해 UN 등 국제적인 차원에서 별도로 논의하는 것이 필요한 일이긴 하나, 이것은 현재의 우선사항은 아니라는 입장을 보이고 있다.[102)] 이로 미루어 볼 때 동 규정만을 근거로 오스트레일리아가 해발 100km라는 기준을 우주공간의 경계로 설정했다고 단정 짓기는 어려워 보이며, 오히려 이 문제에 대해 일부 우주 선진국의 경우와 같이 다분히 소극적인 자세를 취하고 있다고 평가할 수 있을 것이다.[103)]

5. 영국

영국은 1959년 우주평화이용위원회의 창립회원국으로서 일찍부터 우주공간의 정의 및 경계문제에 관한 논의에 참여해 왔으나 초창기에서부터 대체로 소극적인 태도를 보여 온 것으로 평가된다.[104)] 최근의 동향을 살펴보더라도 영국은 지난 2010년의 UN 제출문서에서 우주공간의 경계를 정의하는 문제에 대해서는 언급하지 않았으나, 대기공간과 우주공

99) Space Activities Act 1998, Act No.123 of 1998, Section8, http://www.comlaw.gov.au/Details/C2004C06879.

100) Space Activities Act 1998, Act No.123 of 1998 as amended, Section8, http://www.comlaw.gov.au/Details/C2010C00193

101) U.N. Doc. A/AC.105/865/Add.1, 20 March 2006, para. 6.

102) U.N. Doc. A/AC.105/865/Add.11, 21 February 2012, p.2.

103) 이 국내법을 토대로 우주공간은 해발 100km 상공부터라고 인정한 것으로 보는 일부의 시각도 있다. Ram Jakhu, Legal Issues Relating to the Global Public Interest in Outer Space,2005, p.56.

104) Christol, supra note 79, p.473.

간 양방에 있는 물체에 의해 수행되는 임무에 관련된 국제법이나 국내법을 시행하는 것은 가능한가에 관한 법률소위원회의 질문에 대해서는 고려할지도 모른다는 입장을 보여 기존의 소극적인 자세와 관련해 특별한 변화는 없는 것으로 보인다.[105)]

국내법상의 태도와 관련하여 영국은 지난 1986년 국내 우주법을 제정한 바 있는데 동법의 제1조에서는 적용 대상을 (a)우주물체를 발사하거나 또는 발사시키는 것, (b)우주물체를 운용하는 것, (c)우주공간에서의 활동이라고 규정하고 있으나, '우주공간' 자체에 대한 별도의 규정은 보이지 않는다.[106)] 다만, 1999년에 영국의 상원(House of Lords)에서 국가 영공의 상한에 대해 실효성 있는 정의가 있는지에 대한 질의가 있었는데 그에 대한 답변에서 영국 정부는 영공의 상한에 대한 실효성을 가진 정의는 현재 없으나, 실제적인 목적 수행과 관련하여 그 한계는 적어도 항공기가 비행할 수 있는 높이로 생각된다는 답변을 한 적이 있었다.[107)] 그러나 이것을 근거로 영국이 공식적으로 영공의 구체적인 상한을 규정하는 것으로 단정하긴 어려울 것이다. 다만 영국의 경우도 오스트레일리아와 유사하게 공간주의적인 방식의 가능성을 완전히 배제한 것은 아닌 것으로 짐작되고 장차에는 영공의 상방한계에 대한 영역구분론적 태도를 보일 여지는 남아 있다고 생각된다.

IV. UN COPUOS에서의 논의 과정 개관과 최근의 논의동향

영공과 우주공간의 경계문제는 일찍이 COPUOS 설립당시부터 기타사항의 의제에 포함은 되어 있었으나 이후 상당기간동안 주요 이슈가 되지는 못하였다. 이는 당시의 우주개발 상황과 우주기술의 발전 등을 감안할 때 영공과 우주공간의 경계획정 문제는 국제적 합의 자체가 시기상조였을 뿐 만 아니라 그즈음에 논제가 된 COPUOS의 주요현안들의 문제해결에 경계문제가 법적으로 별 영향을 미치지 않는 것으로 여겨졌기 때문이기도 하다.[108)]

이후 영공과 우주공간의 경계획정 문제를 둘러싼 본격적인 논의는 목전의 주요 현안이었던 우주조약을 심의하는 과정에서 1966년 프랑스와 멕시코의 문제 제기로 재점화되었다고 할 수 있다. 당시 프랑스는 제5차 COPUOS 법률소위원회에서 우주공간의 경계가 시급히 구분되지 않으면 일부 우주활동에 있어서는 우주조약의 시행에 곤란이 있을 것이

105) U.N. Doc. A/AC.105/889/Add.8, 23 November 2010, p.3.

106) 龍澤邦彦 監修, 原典宇宙法, 中央學院大學 地方自治センタ- 編, 1999, p.420.

107) http://www.publications.parliament.uk/pa/ld199899.

108) U.N. Doc. A/4141, Report of the Ad Hoc Committee on the Peaceful Uses of Outer Space, p.25.

라는 지적과 함께 의제로 상정할 것을 제안하였던 바 이에 따라 우주의 정의와 경계획정 문제가 COPUOS의 의제로 채택되었고 이듬해 제6차 법률소위원회에서 다시 논의되기 시작하였다.[109] 그런데 이 문제에 관해서는 법학자와 과학기술자간의 협력이 필요할 것이라는 프랑스의 요청에 의거, 우주의 정의에 도움이 될 과학적 기준의 리스트와 그 기준의 선정에 대한 과학기술소위원회의 의견 및 장·단점을 기술해 달라는 문제에 관해 1968년 제6차 법률소위원회는 다음과 같이 답변하였다. 현재로서는 명확하고 지속적인 정의를 가능하게 하는 과학적, 기술적 기준을 확인하는 것이 불가능하며, 우주의 정의와 경계획정은 우주의 연구와 탐사에 중요한 연관성을 갖는 것이므로 이 문제는 과학기술소위원회에서 앞으로 지속적인 검토를 하는 것이 적절할 것이라는 견해를 표명한 바 있다.[110] 그러나 이런 논란의 와중에서 우주의 정의와 경계획정 문제는 시간의 부족과 우주물체에 의해 야기된 손해의 배상문제와 우주물체 등록 등에 관한 입법 작업과 같은 시급한 의제에 우선순위가 밀리는 바람에 1970년에서 1976년까지 사실상 심의가 중단되었다가 앞서의 보고타 선언이후 지구정지궤도문제를 포함시키면서 논의가 재개되었고 1978년 제17차 회기에서 정지궤도 문제도 정식의제에 포함되었다.[111] 이후 COPUOS에서의 논의는 우주의 정의와 경계획정의 필요성에 무게를 두고 논란을 거듭하다가 1983년에는 이 문제를 전담해 다루기 위한 작업반(working group)을 구성하여 좀 더 심도있는 의견개진이 이루어지게 되었다. 앞서 기술한 바 있는 구소련의 공간론적 경계획정 의견이 제출되어 논의가 행해진 것도 이에 대한 수차례에 걸친 작업문서 제출을 통해서였으며 최근까지도 이러한 입장이 견지되고 있는 것으로 파악되고 있다. 또한 우주공간에 대한 경계획정의 필요성과 그 방식에 관한 각 국가들의 찬반의견이 다양하게 개진되었음도 전 장에서 논한 바와 같다. 특히 UN COPUOS 법률소위원회의 의제는 1999년에 개최된 우주의 탐사와 평화적 이용을 위한 제3차 UN회의(UNISPACE III)를 통해 보다 정형화 내지 체계화 되었다고 볼 수 있다. 동 회의에서는 우주활동에서 국제협력 등 글로벌 이슈에 능동적으로 대처할 수 있도록 하기 위해 COPUOS와 관계 소위원회의 의제설정과 작업방식을 새롭게 하도록 권고한 바 있는데[112] 이에 따라 법률소위원회는 의제 설정을 실질적 논의가 될 수 있는 법적 쟁점의 성격과 우주활동 범주의 탐구에 중점을 두도록 하였다.[113] 이러

109) U.N. Doc. A/AC.105/C. 2/SR. 71, 1966. p.39.
110) U.N. Doc. A/AC.105/39, para.36.
박원화·정영진, op.cit., 2012, p.105.
111) 정영진, "우주활동 국제규범에 관한 UN COPUOS 법률소위원회의 최근 논의 현황", 항공우주정책·법학회지 제29권 제1호, 2014, p.140.
112) U.N.G.A. Resolution 45/68.
113) U.N. Doc. A/45/20. p.17.

한 맥락에서 법률소위원회는 이후 의제를 정규의제와 단일 의제 그리고 복수년 의제 및 신규 의제 등 4가지 유형으로 분류하였다. 4가지 형태의 안건이 처음 논의되기 시작한 2000년 이래, 법률소위원회의 의제는 여러 차례의 변경이 행해졌는데, 여기서는 참고로 2014년과 2015년의 의제가운데 우주의 정의와 경계획정과 관련한 정규의제의 목록에 대해서만 언급해 보려고 한다.[114]

I. 정규의제
- 의장성명
- 일반적인 의견교환
- 우주법 관련 정부간 국제기구와 비정부간 국제기구의 활동에 관한 정보
- UN 우주관련 5개 조약의 현황과 적용
- 우주의 정의와 경계획정 및 정지궤도의 성격과 이용에 관한 문제
- 우주의 평화적 이용과 탐사에 관한 국내법
- 우주법 역량 구축

이처럼 COPUOS 법률소위원회에서 1967년 이후 이 문제를 정식 어젠더(agenda)로 설정하여 오랜 기간 계속적으로 심의하고 있음에도 미국 등 상당수 국가들이 먼저 과학적 기준이 확립되기 전에 결론을 내리는 것은 문제가 있다는 입장에서 반대함으로써 지금까지 수십년간 토의만을 거듭하였다. 그런 가운데 법률소위원회는 그동안의 토의 내용을 정리하여 우주공간의 정의 및 경계문제에 관한 배경문서 및 그 추가본을 작성한 바 있는데 여기에서는 지금까지 제안된 경계획정 방안을 정리하여 10가지의 방법을 제시하기도 하였다.[115] 또한 그 이후에도 2002년에 법률소위원회는 이 과제에 관한 심의경과와 내용을 종합한 '우주공간의 정의 및 경계에 관한 문제의 고찰에 관한 역사요약서'를 간행한 바 있는데[116] 이들 문서는 동 문제를 고찰하는데 참고자료로서의 유용한 가치를 지니고 있는 것으로 평가할 수 있을 것이다.

금세기에 들어 우주과학기술이 진보하고 우주개발과 이용에 참가하는 국가가 날로 증가하는 가운데 우주의 정의와 경계획정 및 정지궤도의 성격과 이용에 관한 작업그룹은 2009년 법률소위원회에 참석한 회원국들에게 동 문제의 진전을 위한 기초작업으로 우주

114) 정영진,supra note 111, p.138에서 재인용.

115) The Question of the Definition and/or the Delimitation of Outer Space, Background Paper (Addendum), U.N. Doc. A/AC.105/C.2/ 7/Add.1, 21 January 1977.

116) Historical Summary on the Consideration of the Question on the Definition and Delimitation of Outer Space, U.N. Doc. A/AC.105/769, 18 January 2002.

의 정의와 경계획정에 관한 다음의 3가지 질문을 제시한 바 있다.

1) 현재의 우주활동과 항공활동의 수준 및 우주 및 항공기술을 고려할 때, 우주의 정의 및 우주와 영공의 경계획정이 필요한가?
2) 우주의 정의 및 경계획정 문제를 해결하기 위한 다른 접근방식을 고려하고 있는가?
3) 우주의 하부와 영공의 상부를 정의내리기 위한 가능성을 고려하고 있는가?

이들 질문의 내용은 지금까지의 오랜 COPUOS 논의에 관한 각국의 입장을 확인하는 수준을 넘진 못하지만 특히 두 번째 질문에서 아직도 합의에 이르지 못한 기존의 공간주의적 접근과 기능주의적 접근의 틀 속에서 벗어나 새로운 돌파구를 모색해 보려는 COPUOS 나름의 노력을 엿볼 수 있는 것으로 평가된다.[117]

V. 맺음말

지금까지 우주시대의 개막과 더불어 설립된 UN COPUOS의 첫 번째 과제중 하나로 부각된 우주공간의 경계획정 문제에 대한 학설상의 견해 및 국가의 입장 그리고 UN COPUOS을 중심으로 한 국제사회의 논의 과정에 대해 살펴보고 나름의 평가도 해보았다.

앞서 본 바와 같이 영공과 우주공간을 구분하는데 있어서는 크게 두 가지 입장이 대립되어 왔는데 이는 영역구분론자(공간론자, spatialist)와 기능주의자(functionalist)로 구분하여 설명되어질 수 있다. 영역구분론자들은 1967년 우주조약 제2조에서 우주공간의 법적 지위가 국가주권이 배제된 일종의 국제공역(res commercium)인데 반하여, 1944년 시카고 협약 제1조와 국제관습법에 따르면 영공주권을 인정하고 있는 것이 명백하므로 이 두 영역간의 경계는 반드시 획정되어야 한다는 점을 강조하고 있다. 실제로 COPUOS의 과학기술소위원회나 법률소위원회에서 우주의 경계획정 문제를 지난 반세기에 걸쳐 줄곧 논의해 오긴 했으나 우주조약, 손해배상 책임, 우주물체의 등록 등의 이슈 외에도 위성직접방송이나 원격탐사, 달 자원 이용 문제 등 다른 의제에 비해 비교적 소홀히 다루어진 감이 없지 않았다. 그러다가 적도국가들에 의해 주창된 보고타선언 이후 법적 결과를 수반하는 많은 실제적 문제점들이 우주공간의 경계획정과 관련한 논란을 야기 하였고, 이 때문에 우주에 대한 구체적 정의가 더욱 필요하게 되었던 것이다. 이런 맥락에서 적도국

117) 박원화·정영진, op.cit., 2012, p.106.

가들의 주장은 결국 우주공간의 경계에 대한 국제법상의 구체적 개념정의가 되어 있지 않았기 때문에 빚어진 문제라고 지적하는 일부의 태도에도 나름의 근거가 있는 것이다. 그러나 이후에도 우주의 개발과 이용이 커다란 진전을 보여 왔음에도 불구하고, 뚜렷한 과학적 기준 없이 경계를 결정하는 것은 부적절하다는 등 경계획정에 소극적 입장을 보여온 상당수국가들의 논거는 별다른 변화를 보이지 않은 채 50년 이상의 기간동안 논란만 거듭해 왔다. 그 과정에서 COPUOS 법률소위원회가 적극적인 자세로 그동안 주장되어 왔던 내용을 정리하여 동 문제에 관한 배경문서를 간행하면서 10가지의 경계획정방안을 제시한 바도 있다. 현재까지 경계와 관련된 문제가 실제로 발생하지 않았다고 하여 앞으로도 분쟁이 야기되지 않을 것이라고 단정할 수는 없다. 이와 같은 애매한 상황이 계속되면 언젠가는 일국의 우주물체가 타국의 영공을 통과하였다는 이유로 분쟁의 원인이 야기될 가능성도 배제할 수 없을 것이다.[118] 21세기에 와서도 우주의 정의와 경계획정에 관하여 국가들간의 논의가 계속 되었는데 앞서 본바와 같이 구소련을 위시한 다수의 국가들은 100~110㎞를 넘지 않는 선에서 협상을 통한 경계협정이 체결되어야 한다는 입장인 반면에 미국이나 영국, 프랑스 등 상당수의 국가들은 여전히 분명한 기준없이 결론을 내리는 것은 문제가 있다고 반대하였다. 반대견해의 대표적 국가인 미국은 상기한 구소련의 제안에 대해 한마디로 시기상조이며 적절한 법적, 과학적 분석의 토대위에서 경계선이 결정되어야 한다고 주장하고 있다.

따라서 이 문제의 해결에는 무엇보다도 국제공동체라는 인식을 통해 각 국가의 적극적이면서 평화적인 협력의지가 요구된다고 본다. 이런 관점에서 일찍이 미국의 케네디 대통령이 우주활동에 대한 비전을 제시하였던 '달 연설(Moon Speech)'에서 모든 인류가 우주에서의 평화로운 협력과 공존을 위해 최선의 노력을 경주할 것을 촉구하면서 현 상태의 우주활동에서는 분쟁이나 국제갈등이 미미하지만 그것의 위험한 환경은 결코 우리에게 우호적이지 않다는 사실을 강조하였다. 또한 그는 이를 극복하려면 인류는 최선을 다해야 하고 자칫하면 그 평화적인 협력을 위한 소중한 기회가 다시는 오지 않을지도 모른다고 하였던 바 이는 오늘날에도 유효한 시사점을 던져주고 있다.[119]

요컨대 이상의 제 상황 및 지금까지 지구궤도공간에서 우주활동을 해온 우주물체들에 대해 인정해온 다수의 국가관행을 고려하고 여러 이론과 학설을 통해 자연과학적, 천체물리학적 구획이 매우 어렵다는 사실을 감안한다면 사견으로는 전술한 바와 같이 인공위성

---

118) Bin Cheng, "The Commercial Development of Space: The Need for New Treaties", Journal of Space Law, Vol. 19, No. 1, 1991, p.24.

119) President John F. Kennedy, Moon Speech at Rice University in 1962.

의 최저근지점을 기준으로 한 100km 정도의 영공과 우주공간의 경계구분안으로 국제적 합의를 도출해 내도록 전향적 노력을 해나가는 것이 바람직할 것으로 생각된다.

참 고 문 헌

1. 국내문헌

김종복, 신 우주법, 한국학술정보, 2011.

노명준, "우주법에 관련된 제문제, 국제법학회논총, 제9권 제2호, 1964.

노명준, "우주공간의 국제법", 한국외국어대학교 논문집 Vol.16, 1983.

박원화·정영진, 우주법 제3판, 한국학술정보, 2012.

서희원, "우주공간의 법적 지위", 국제법학회논총, 제15권 제1호, 1970.

신성환, "인공위성 발사에 따른 영공과 우주공간의 경계에 대한 항공/우주법적 고찰", 항공우주법학회지, 2002.

유병화, 박노형, 박기갑, 국제법II, 일조각, 2003,

이영진, "우주공간의 평화적 이용을 위한 법적 규제에 관한 연구", 서울대학교 대학원 박사학위 논문, 1989.

임덕규, "우주공간의 법질서," 우암 양준모박사 회갑기념논문집, 1982.

장효상, "위성직방송에 대한 중·장기대책과 그 법적 측면", 국제법학회논총, 제30권 제2호, 1985.

정영진, "우주활동 국제규범에 관한 UN COPUOS 법률소위원회의 최근 논의 현황", 항공우주정책·법학회지 제29권 제1호, 2014.

2. 외국문헌

龍澤邦彦 監修, 原典宇宙法, 中央學院大學 地方自治センタ- 編, 1999.

城戸正彦, 空域主權の硏究, 風間書房, 1981.

坂本昭雄, 三好晉, 新国際航空法, 1999.

A.E.Gotlieb, "The Impact of Technology on the development of Contemporary International Law", Recuil des Cours, 1981-1.

Andrew G. Haley, Space Law and Government, Appletion-Century-Crofts, New York, 1963.

Annex 7 to the Chicago Convention on International Civil Aviation, Aircraft Nationality and Registration Marks, Fifth Edition, July 2003.

Bin Cheng, “From Air Law to Space Law”, Current Legal Problems, Vol.13, 1960.

Bin Cheng, “The Extra-terrestrial Application of International Law”, Current Legal Problems, Vol.18, 1965.

Bin Cheng, “The Legal Reime of Airspace and Outer Space : The Boundary Problem, Functionalism v/s Spatialism: The Major Premises”, Annals of Air and Space Law, Vol.V, 1980.

Bin Cheng, “The Commercial Development of Space: The Need for New Treaties”, Journal of Space Law, Vol. 19, No. 1, 1991.

Bin Cheng, “The Pueblo Seizure : Facto, Law, Policy", Proceedings of the American Society of International Law, 1969.

C. Wilfred Jenks, “The International Control of Outer Space”, Legal Problem of Space Exploration:A Symposium, 1961.

Carl. Q. Christol, Modern International Law of Outer Space, 1982.

Carl. Q. Christol, “International Outer Space Law”, A Report at the Conference on Law and Life in Space held at the Center for Aerospace Science, Univ. of North Dakoda, Space Policy, 1987.2.

D. Goedhuis, ILA Committee on Space Law, Report of the 59th Conference, 1980.

E.Fasan, Weltraumrecht, 1965.

E.R.C. Van Bogaert, Aspects of Space Law, Kluwer Law and Taxation Pub., 1986.

G. Tunkin, An opening statement before the Legal Sub-Committe of the UN Committee on the Peaceful Uses of Outer Space, 1962. 5. 28.

Gbenga Oduntan, Sovereignty and Jurisdiction in the Airspace and Outer Space, 2012.

H. Lauterpacht, “The Grotian Tradition in International Law”, British

Yearbook of International Law, 1956.
He Qzhi, “The Problem of the Definition and Delimitation of Outer Space,” Journal of Space Law, Vol. 10, No. 2, 1982.
Historical Summary on the Consideration of the Question on the Definition and Delimitation of Outer Space, U.N. Doc. A/AC.105/769, 18 January 2002.
Ian Brownlie, Principles of Public International Law, 6th ed., Clarendon Press, Oxford, 2003.
ILA, Report of the 48th Conference(1958), 1959.
International Law Association Committee on Space Law, Report of the 58th Conference, 1978.
ITU, Breadcasting Conference, Doc.No.81-E(January 17, 1977), Annex 4.
J.F.McMahon, “Legal Aspects of Outer Space”, British Yearbook of International Law. Vol.38, 1962.
Jeffert Prevost, “Law of Outer Space”, Cleveland State Law Review, 1980.
Jessup and Taubenfeld, Controls for Outer Space, 1959.
John C. Cooper, “Legal Problem of Upper Space” Journal of Air Law and Commerce, Vol.23, 1956.
Katherine Gorove and Elena Kamenetskaya, “Tensions in the Development of the Law of Outer Space,” in Damrosch, Danilenko and Müllerson (eds.), Beyond Confrontation: International Law for the Post-Cold War Era, 1995.
Katherine M. Gorove, “Delimitation of Outer Space and the Aerospace Object,” Journal of Space Law, Vol. 28, No. 1, 2000.
Korovin, “International Status of Cosmic Space”, International Affairs, 1959.
Lubos Perek, “Scientific Criteria for the Delimitation of Outer Space”, Journal of Space Law, Vol.5. Nos.1&2, 1977.
M.Akehurst, A Modern Introduction to International Law, 1980.
Manfred Dauses, Die Grenze zwischen Luftraum und Weltraum als Gegenstanden rechtlicher Regelung, Wurzbung, 1969.
Matthew J. Kleiman, The Little Book of Space Law, American Bar Association,

2013.
Myres Mcdougal and Leon Lipson, "Perspective for a Law of Outer Space", A.J.I.L., Vol.52, 1958.
Nicolas M.Matte, Aerospace Law, Sweet and Maxwell, London, 1969.
O.Schachter, A Preview of Space Law Problem, Warning : Early Unilateral, U.S. Congress, Legal Problems og Space Exploration, a Symposium, Washington, 1961.
Ogunsola O. Ogunbanwo, International Law and Outer Space Activities, Martinus Nijthoff, 1975.
Philip W.Quigg, "Open Skies and Open Space", 37 Foreign Affairs, 1958.
President John F. Kennedy, Moon Speech at Rice University in 1962.
Questions on the Definition and Delimitation of Outer Space, U.N. Doc. A/AC.105/889/Add.11, 28 January 2013.
R.Arzinger, "The Use of the Geostationary Orbit", Proceeding of the 21st Colloquim on the Law of Outer Space, 1978.
Ram Jakhu, Legal Issues Relating to the Global Public Interest in Outer Space, 2005.
Ram S. Jakhu, "The Legal Status of the Geostationoary Orbit", A.A.S.L., Vol.7, 1982.
S. Sanz Fernández de Córdoba, 100km Altitude Boundary for Astronautics, 25 May 2012.
Soli K.Cooper, The Geostationary Orbit, Problems and Possibilities, 1982. 4.
Stephen Gorove, Studies in Space Law : Its Challenges and Prospects, 1977.
The Outer Space Treaty, Art.2.
The Question of the Definition and/or the Delimitation of Outer Space, Background Paper (Addendum), U.N. Doc. A/AC.105/C.2/ 7/Add.1, 21 January 1977.
The Question of the Definition and/or the Delimitation of Outer Space, Background Paper U.N. Doc. A/AC.105/C.2/7, 7 May 1970.
U.N. Doc. A/4141, Report of the Ad Hoc Committee on the Peaceful Uses of Outer Space.

U.N. Doc. A/45/20.

U.N. Doc. A/AC.105/865/Add.1, 20 March 2006.

U.N. Doc. A/AC.105/865/Add.11, 21 February 2012.

U.N. Doc. A/AC.105/889/Add.10, 24 January 2012.

U.N. Doc. A/AC.105/889/Add.8, 23 November 2010.

U.N. Doc. A/AC.105/C. 2/SR. 71, 1966.

U.N. Doc. A/AC.105/C.2/2014/CRP.6, 17 March 2014.

U.N. Doc. A/AC.105/C.2/L.121, 26 March 1979.

U.N. Doc. A/AC.105/C.2/L.139, 4 April 1983.

U.N. Doc. A/AC.105/C.2/SR.316.

U.N. Doc. A/AC.105/PV. 193, 1979.

U.N. Doc. A/AC.105/PV. 232.

U.N.G.A. Resolution 45/68.

U.S. Statement, Definition and Delimitation of Outer Space and the Character and Utilization of the Geostationary Orbit, Legal Subcommittee of the United Nationas Committee on the Peaceful Uese of Outer Space at its 40th Session. U.N. Doc. COPUOS/LEGAL/T.826, 31 March 2011.

UN Doc. A/4141.

UN Doc. A/AC. 105/358, 1986.

UN Doc. A/C.195/37,para. 18.

UN G.A.Res. 1962(XV111), Dec.13, 1963.

W.Friedman, Lissitzyn and Pugh, Cases and Materials on International Law, 1969.

Y. Blum, Historic Titles in International Law, 1965.

2. 우주활동에 있어서 분쟁의 해결과 예방

이 영 진

I. 서언

우주공간에 대한 탐사와 이용은 많은 기회와 더불어 딜레마에 봉착하기도 하는바 그 과정에서 이 새로운 분야의 개발을 위해서는 인류의 통찰력이 요구되며 또한 계속되는 도전에 대한 해법이 마련되어져야 할 것이다. 특히 우주법 분쟁 해결에 관한 분야는 아직도 상대적으로 미성숙한 영역일 뿐만 아니라 우주법 자체도 여전히 국제법에서는 미발달의 형성중인 법역으로 남아 있다는 사실을 부인하기 어렵다.[1] 이러한 우주개발과 탐사 및 이용에 있어서 선·후진국의 경쟁적 참여가 확대될수록 우주공간에서는 많은 이해가 충돌될 것이며 인적·물적 피해가 늘어날 가능성이 커지는 만큼 그에 상응하여 예견되는 문제들에 대한 갈등을 사전에 제거하거나 이해관계를 조정하고 그것이 제대로 작동하지 못했을 경우에 분쟁의 해결을 위한 제도적 장치를 정립해야할 당위성이 여기서 도출 되는 것이다.

여기서 우주공간의 개발과 이용에 있어서의 이해충돌은 대체로 이론과 실제의 부조화에 있다고 보여지는 바, 이 시점에서 국제 우주법은 바로 현대 국제사회의 현실을 제대로 반영하는 실제적이고 공정한 분쟁해결절차의 수립에 대한 강력한 요구에 직면해 있고 이

1) Jasentuliyana, N, International Space Law and the United Nations, A publication on the occasion of the Third United Nations Conference on the Exploration and Peaceful Uses of Outer Space (UNISPACE Ⅲ), July 1999, Vienna, Austria, (1999), p.215.

는 동시에 현대 국제법의 주요과제중의 하나로 등장하고 있다고 할 수 있을 것이다.

오늘날 국제우주법의 운용방식은 분쟁을 해결하기 보다는 분쟁을 회피하는 쪽의 성격이 상대적으로 더 강하다고 평가할 수 있다. 갈등회피(Conflict Avoidence)는 협력과 신뢰구축을 위한 체제를 형성해 가는 모습을 띄게 되며 그런 점에서 이는 우주이용에 있어서의 의견 불일치의 가능성을 줄이는 쪽으로 그 가닥을 잡아가고 있는 것이고, 한편 갈등해결(Conflict Settlement)은 발생할 수 있는 의견 불일치를 해결하기 위해 운용되는 제도적 장치의 마련을 전제로 한 것이다. 그러므로 갈등해결체계는 평화유지를 위한 갈등회피체계가 실패했을 때 발동하는 것이라고 볼 수 있다. 양 체계의 구성은 우주에 있어서의 안보와 평화를 유지하는데 필수불가결한 요소이다.[2] 애초에 이러한 갈등회피 노력은 1957년 10월 Sputnik1호의 발사와 함께 시작되었다고 해도 과언이 아니다. UN은 사전에 잠재적 갈등분야를 연구하고 그것들을 해결하기 위해 ad hoc committee-이 위원회는 후에 UN COPUOS가 되었다-를 창설하였다. 이러한 접근의 목적은 일어날 가능성이 있는 문제들에 대해 합의를 통해서 이해관계를 조정하고 해결책을 마련해 나가고 갈등을 미리 회피하려는 의도를 담은 협의의 장을 구축하는 것이다. 합의를 이끌어내거나 협의를 진행하는 것은 유용하면서도 때로는 장황한 과정이긴 하지만, 일단 결론에 도달하면 합의준수의 가능성은 증가하고 반면 분쟁의 가능성은 줄어들게 된다. UN COPUOS체제하에서 합의된 5개의 국제 우주관련조약에 기록된 협상사(史)는 우주이용과 관련된 잠재적 갈등들을 줄이거나 제거하기 위한 합의모델에 있어서 커다란 실마리를 제공하고 있다.

예를 들면 1967년의 우주조약(Outer Space Treaty)은 우주에 대해 모든 국가의 탐사와 이용의 자유를 선언함으로써 그리고 주권의 주장, 이용 또는 점유 기타 다른 모든 수단에 의한 우주의 국가소유를 배제함으로써 잠재적 갈등을 최소화하고자 하였다.[3] 또한 그같은 사전분쟁회피절차들을 위한 주된 요소들 중 하나는 우주탐사와 이용에 필수적으로 요구되는 국제적 협력이다. 또한 예컨대 어떤 우주자원은 고갈되지는 않지만 한정되어 있다. 모든 우주통신이 의존하고 있는 라디오 주파수와 대부분의 통신위성들이 위치한 지구정지궤도는 이러한 한정된 자원들의 예이다. 이러한 것들은 공평하게 분배되어야 한다. 각 국가는 ITU의 할당을 준수해야하며 이를 위해 국가들은 The ITU World Administrative Radio Conferences for space communications(WARC-ST)의 틀 안에서 사전에 각종 국제협정상의 여러 약정을 통해 이러한 자원들의 사용계획에 협력하고 있다. ITU 관리체제

2) Gerandine Meishan Goh, Dispute Settlement in International Space Law, Martinus Nijhoff Publishers, Leiden, 2007, p.18.

3) Outer Space Treaty Art.1.

는 이러한 자원들의 할당에 대한 설득력있는 규칙을 수립하고 있다. 그것은 또한 다양한 국가들 간에 한정된 가용주파수들을 합리적으로 배분하고 유해한 간섭을 피하기 위해 보다 정교한 강제조정체제를 구축하고 있다.[4] 나아가 이 체제는 또한 전술한 규정에도 불구하고 일어날 가능성이 있는 분쟁의 해결을 위한 규정을 두고 있기도 하다.[5]

요컨대 우주 및 우주의 자원탐사와 이용상의 갈등을 피하기 위해 수행되는 두 갈래의 방법은 국제적, 지역적 조직의 설립을 토한 국제협력과 양자 혹은 다자의 협력적 우주사업계획들의 실현을 통한 방안 등으로 요약할 수 있는 있을 것이다.[6]

한편 한국의 경우도 이제 과학, 통신, 기상 등 다목적 인공위성의 발사 및 운영을 위한 우주개발중장기기본계획을 확정하고 본격적인 우주활동에 착수하였고 우주개발 선진국으로의 도약을 꿈꾸며 독자적인 우주발사체를 개발하여 발사할 준비를 진행하고 있음은 주지의 사실이다. 지금까지 우리나라가 발사한 바 있는 무궁화위성 등을 비롯한 인공위성들은 모두 외국의 발사체를 이용하여 우주공간에 위탁발사된 것이다. 이제 약간 지연되긴 했으나 몇차례 실패 끝에 2013년에 우리나라의 나로 우주로켓발사장에서 우리 기술로 만든 위성을 최초로 발사에 성공하였다. 알려진 바와 같이 외나로도 우주발사장에서 인공위성을 발사할 경우 한국은 지리적 위치로 인하여 한반도 주변국의 공역을 통과할 수도 있는 바 특히 일본의 공역을 지나가게 될 가능성이 있다. 한반도 주변은 세계적 인구 밀집지역의 하나이고 그 주변의 공역도 중국과 러시아의 북방항로 개설, 인천공항 개항 등과 더불어 동북아권 항공운송량의 대폭증가 등으로 세계에서도 손꼽히는 복잡하고 조밀한 공역중의 하나이다. 뿐만 아니라 이곳은 또한 한반도 주변국들의 군사적인 대치상황과 영유권관련 문제도 걸려 있는 상당히 민감한 지역이다.[7]

따라서 이제 본격적인 우주활동국의 반열에 들어선 우리나라가 이 지역의 발사장에서 인공위성을 쏘아 올리고 이를 운용하는 과정에서도 지상, 해상 및 비행안전상의 문제 등 여러가지 측면에서 고려하여야할 사항이 적지 않고 특히 국제법상의 분쟁 가능성은 물론이고 국내법적으로도 대비해야할 상당히 많은 문제를 야기할 가능성이 있음을 염두에 두고 이에 따른 법적 또는 정책적 대응책을 마련하여 나가야 할 것이다.

---

4) N.M. Matte, Aerospace Law, Telecommunication, Satellites, Butterworths, 1982, pp.96-97.

5) Diederiks-Verschoor, I.h.Ph., “Legal Aspects Affecting Telecommunications Actives in Space”, Telecommunications & Space Journal, vol.1, 1994. p.81.

6) Edelson, B.L. and Pelton, J,N., “Can Intelsat and Intersputnik cooperate?” Space Policy No.5, 1989, p.7.

7) 신성환, “국내 인공위성 발사에 따른 영공과 우주공간의 경계에 대한 항공· 우주법적 고찰” 항공우주법학회지 제15호, 2002, p.179.

본 연구에서는 이와 같은 동향을 감안하여 기존의 우주 관련 조약이나 국제기구의 활동 내용을 중심으로 분쟁해결 및 필요한 경우 피해에 관한 손해배상에 관한 쟁점이나 절차에 대해 분석해 보고 나아가 개략적으로나마 분쟁해결을 위한 국제기구나 단체들의 최근 노력과 활동추이에 대해서도 살펴보고자 한다.

II. 우주관련 조약상의 우주분쟁해결 방안

1. 국제책임의 발생과 우주법상의 분쟁해결의 특성

우주국제법의 특이성은 UN 우주조약들의 문안작업 기간 동안 노정된 다수 국가들의 견해차이와 정치적 성향에 비추어 설명될 수 있다. UN COPUOS에 참가한 대표들 중 다수는 우주법적 문제에 관해 과도한 혹은 포괄적인 책임을 받아들이기를 원치 않았다. UN 우주관련 조약들의 초안에 있어서 원래의 의도는 미래의 다양한 우주활동에 대한 일반적이고 광범위한 원칙과 법적 지침들을 마련하는 것이었다. 당시 우주활동은 여전히 실험적이고 미발달의 단계에 있었고, 갈등과 분쟁이 발생하면 각국은 외교적 교섭을 통한 전통적 은밀한 대화방식이나 비법적인 수단을 통해 해결하곤 했다. 각 국가는 직접 협상을 개시하는 과정에서 통상 첫번째 협상시도가 해결에 이르지 못하면 중재나 화해(mediation, conciliation) 또는 다른 비강제적 분쟁해결방식에 호소하고자 하였고, 중재재판이나 판결과 같은 제3자에 의한 강제적 분쟁해결에 의존하는 방식은 명백히 꺼려하였다. 과학적 발전과 기술적 진보의 급격한 진행도 강제적 분쟁해결 절차에 의한 의무를 지게 되는 것을 기피하는데 또 하나의 다른 동기를 제공한 것으로 보인다.

통상 우주공간활동을 위한 우주물체의 발사 및 운용과정에서는 항상 고도의 위험성이 따르게 마련이며 따라서 이와 더불어 사고발생가능성을 염두에 둔 안전체제의 구축과 발생가능한 국제책임의 문제 및 분쟁해결에 필요한 제도적 장치의 구축이 선행되어야 함은 자명한 이치이다. 실제로 발사과정에서의 지상안전시스템 뿐만 아니라 발사후의 비행안전계획의 수립, 우주물체 추적에 이르기까지 완벽한 우주활동 준비를 갖춘다 할지라도 지난 1990년대의 10년간(1990-1999) 각국은 56차례의 실패사례를 경험한 바 있다.[8] 이 과정에서 국내외 주민의 안전보장, 어민에 대한 보상문제 등 지상 제3자에 대한 책임을 비

8) 김두환, 일본의 발사장 실태조사를 통해 국내 우주센터 건설에 반영할 안전 확보 구축에 관한 사전 조사연구, 항공우주연구원 보고서, 2001, pp.9-10.

롯한 국제적 손해야기로 인한 분쟁발생 가능성 등 대비해야될 난제들이 적지 않을 것으로 판단된다.

특히 우주활동과 같이 고도의 위험을 수반하는 경우에는 법적으로 금지되지 아니한 행위라 할지라도, 즉 위법성이 없는 경우라도 그로 인해 타방의 법익을 침해하여 인적 혹은 물적으로 위험한 결과가 발생했다는 사실만으로 그에 따른 책임을 부과하는 상황도 존재하게 되며 따라서 그 특성상 특별한 주의의무가 요구될 뿐만 아니라 무과실책임원칙이 적용되는 경우도 적지 않다.

우주활동 과정에서 특히 우주물체의 발사나 운용의 와중에서 발생가능한 각종의 손해 또는 위법행위의 유형은 대체로 다음과 같은 형태로 나타나게 될 것이다.

- 발사 및 회수의 실패로 인한 지상의 인명이나 재산피해
- 우주물체의 파편이나 인공위성 그 자체의 추락
- 환경오염문제
- 우주공간에서의 타 물체와의 충돌 등

따라서 이들 문제 우주개발 활동의 앞뒤 단계 어느 시점에서도 발생 가능한 사항이므로 이를 사전에 예방하고 사후적인 법적 분쟁처리를 위해 국가책임관련 우주법제에 대한 분석과 국내적 규율을 위한 법제도의 마련이 요망되는 것이다.

2. UN헌장과 우주법

1967년의 우주조약(The 1967 Treaty on Principles Governing the Activities of States in the Exploration and Use of Outer Space, including the Moon and other Celestial Bodies)은 국제 우주법에 관한 주요한 원칙들을 포함하고 있는 첫번째의 구속력있는 실정법규라고 할 수 있다. 그렇지만 그 당시의 정치적 상황에 의해 동 조약에서는 분쟁해결을 위한 특정의 조항이 포함되지는 않았다. 다만 동 조약 제3조를 통해 우주활동에 관해서 UN헌장의 원칙들을 포함하여 일반국제법을 적용하는 문제에 대한 규정을 두고 있다. 따라서 헌장의 제6장, 제7장의 조항들을 포함하여 일반 국제법과 UN헌장에 의해 인정된 모든 분쟁해결체제는 우주공간에 관련된 활동 전반에 적용될 수 있다고 본다. 우주조약 제3조는 다음과 같이 규정하고 있다.

> "본 조약의 당사국은 우주공간의 탐사와 이용에 있어서의 활동을 국제연합헌장을 포함한 국제법에 따라 국제평화와 안전의 유지를 위하여 그리고 국제적 협조와 이해를 증진하기 위하여 수행하여야 한다".

이것은 일반 국제법의 분쟁해결을 위한 규정과 절차가 우주활동으로부터 발생하는 분쟁에도 적용할 수 있다는 것을 의미한다. UN헌장은 서문과 일부 조문에서 분쟁해결에 관련된 조항을 포함하고 있다. 또한 헌장의 제1조 제1항은 UN조직의 목적들 중 하나를 언급하면서 "평화의 파괴로 이르게 될 우려가 있는 국제적 분쟁이나 사태의 조정과 해결을 평화적 수단에 의하여 또한 정의와 국제법의 원칙에 따라 행하도록 한다"는 원칙을 천명하고 있고 이어서 UN헌장 제2조 제3항은 다음과 같이 규정하고 있다.

> "모든 회원국은 그들의 국제분쟁을 국제평화와 안전 그리고 정의를 위태롭게 하지아니하는 방식으로 평화적 수단에 의하여 해결한다."

이러한 UN헌장 제2조 제3항에 근거하여 헌장의 제6장은 분쟁의 평화로운 해결에 기여할 수 있는 방안에 관해 나열하고 있다. 즉 분쟁의 지속이 국제평화와 안전의 유지를 위태롭게 할 우려가 있는 것일 경우 그 분쟁의 당사국은 최우선적으로 다양한 방법의 해결책을 모색해야 하는 바 이들은 "negotiation, inquiry, mediation, conciliation, arbitration, judicial settlement, resort to regional agencies or arrangement, or other peaceful means of their own choice" 등을 지칭한다.[9] 제33조에 특정하여 언급하진 않았지만, consultation과 good offices의 시행도 분쟁해결과 국제사회에서의 갈등상황을 해결할 수 있는 가치 있는 수단임은 물론이다.

나아가 UN헌장 제7장하에서 안전보장이사회의 권한과 임무는 분쟁의 평화적 해결을 위한 또 다른 방법을 제공하고 있다. 그렇지만 그와 같은 개입이나 차후에 일어나는 안전보장이사회의 실제 행동은 국제평화와 안전유지를 위태롭게 하는 상황의 변화에 의해 미리 조정되어진다.

분쟁의 해결을 위한 또 다른 수단은 UN의 최고 사법기관인 International Court of Justice(ICJ)의 판결에 의한다. 우주공간의 이용과 관련된 분쟁의 해결을 위한 ICJ의 잠재력은 적지 않다. 특히 이는 UN의 모든 회원국들이 자동적으로 ICJ 규정 당사국이 되기 때문이다. 더욱이 UN의 회원국이 아닌 국가들도 안전보장이사회의 권고에 의거하여 총

9) UN Charter Art. 33(1).

회가 결정한 조건에 따라 ICJ의 규정 당사국이 될 수 있다. UN헌장은 제14장 제92조에서 제96조까지에 분쟁의 사법적 해결을 위한 ICJ의 법적 지위와 그 운영절차에 대해 할애하고 있다. 하지만 각 UN회원국이 ICJ의 판결에 따를 것을 약속한 헌장 제94조의 효과는 법원 관할권의 임의적 특성에 의해 크게 약화되어 있다. ICJ의 관할권은 당사자가 법원에 회부하는 모든 사건과 UN헌장, 조약 등에 규정된 모든 사실들에 미치게 되나 의무적인 관할권은 당사자가 선택적으로 관할권을 선언한 때만 가능하다.[10] 그러나 현재 상대적으로 적은 수의 국가만이 재판관할에 관해 수락선언을 하고 있고 이것은 법원이 강제적으로 관할권을 행사할 수 있는 사건의 수를 한정되게 하는 것이므로 이로 인하여 분쟁의 효과적 해결을 위한 법원의 역할이 상당부분 감소될 수 밖에 없다. ICJ의 재판권과 관련하여 또 다른 비효율적인 점은 재판소를 통한 분쟁사건에서는 국가만이 소송당사자 적격을 가질 수 있다는 사실이다. 잠재적 분쟁 당사자들의 재판권에 대한 이러한 제약은 우주국제법 분야에서 사법적 재판의 유용성과 가치를 크게 제한하는 것이며 특히 이는 우주활동영역에서의 상업화의 진행 추이를 감안하고 비정부간 혹은 정부간 국제기구뿐만 아니라 지역적 국제기구의 확산에 비추어 볼 때 더욱 그러하다.

3. 우주조약(1967)상의 분쟁해결과 책임원칙

가. 국제책임의 주체

우주활동에 의해 야기된 피해의 경우 당사국의 책임에 관해 우주조약은 다음과 같이 규정을 두고 있다.

> "본 조약의 당사국은 달과 기타 천체를 포함한 외기권에 있어서 그 활동을 정부기관이 행한 경우나 비정부 주체가 행한 경우를 막론하고, 국가활동에 관하여 그리고 본 조약에서 규정한 조항에 따라서 국가활동을 수행할 것을 보증함에 관하여 국제적 책임을 져야 한다. 달과 기타 천체를 포함한 외기권에 있어서의 비정부 주체의 활동은 본 조약의 관계 당사국에 의한 인증과 계속적인 감독을 요한다."[11]

또한 제6조는 나아가 국제기구와 그리고 그같은 기구에 참여하는 국가 당국이 이행해야할 조약 준수의 책임을 언급하면서 국제기구의 책임도 동시에 규정하고 있다. 우주조약

10) Statute of International Court of Justice, Art. 36.
11) The Outer Space Treaty, Art. 6.

은 모든 우주활동의 법적 틀을 제공하고 있고, 우주법의 근본적 원칙들을 서술하고 있으므로 동 조약의 위반은 일반적으로 우주공간의 법적 체제를 위반하는 것이 된다. 국제책임에 관한 기본원칙은 우주에서도 적용되는 것이므로 제6조하에서 일반적으로 우주에서 수행된 활동에 대한 국가책임의 개념은 국제법상 국제불법행위로 인하여 그 의무를 위반할 때마다 작동하게 된다.

그렇지만 제6조는 국가책임의 일반원칙으로부터 다소 벗어난 규정을 두고 있다. 즉 제6조는 국가는 그들의 공적 행위에 관해 책임을 지듯이 우주활동과 관련한 사적인 행위에 대해서도 동등한 책임이 있음을 명문화하고 있다. 국가는 적절한 관리(due care)를 했다는 이유로 사적주체의 행위에 대한 국제적 책임으로부터 면제를 주장할 수 없다. 국제적 책임을 위하여 사적 주체의 우주활동도 국가의 활동과 동등하게 취급됨을 조건으로 한다. 이는 해당 국가가 개인이나 기업 등의 우주활동을 허가하고 계속적으로 감독하기 위한 입법을 하도록 그 유인을 제공하는 단초가 된다. 어떤 종류의 의무 위반이든 국가는 그 행동에 대한 국제적 책임을 지게 되는 것이다. 이하에 제6조의 규정내용을 요약하면 다음과 같다.

첫째, 우주활동을 행하는 실제의 주체가 정부기관이든 사기업 기타의 비정부적 주체이든 그 지위 여하에 관계없이 국가가 직접적으로 책임을 진다(책임의 집중). 따라서 사기업 기타 비정부적 주체가 우주활동을 하려면 그 관할권을 갖는 국가의 허가 및 계속적 감독을 요한다.

다음으로, 국가는 사기업이 우주조약의 내용에 따라 활동하도록 하여 조약의무이행을 국제적으로 보증하는 책임을 지며 그러한 사기업의 위법행위에 대해서는 과실 여부를 묻지 않고 조약을 준수치 않는데 대한 책임이 국가에 직접 귀속된다.

끝으로, 국가(또는 그 감독을 받는 사기업)가 발사한 물체 또는 그 구성부분에 의해 타국 또는 그 국민이 손해를 입었을 때는 그 국가가 손해를 배상할 책임을 부담한다.

나. 국제책임의 대상과 범위

우주조약 제7조는 직접적으로 피해에 대한 책임문제를 다루고 있다. 이에 따르면 "달과 기타 천체를 포함한 우주공간에 물체를 발사하거나 또는 그 물체를 발사하여 궤도에 진입케 한 본 조약의 각 당사국과 그 영역 또는 시설로부터 물체를 발사한 각 당사국은 지상, 대기권 혹는 달과 기타 천체를 포함한 우주공간에 있는 이러한 물체 또는 동 물체의 구성부분에 의하여 본 조약의 다른 당사국 또는 그 자연인 또는 법인에게 가한 손해에 대하여 국제적 책임을 진다."고 규정하고 있다.[12)]

이 조항은 후술하는 책임협약(the Liability Convention)에 의해 좀더 구체화되었는 바

동 협약에서는 우주국제법상 발사국(launching States)으로서 국제적 책임을 지게되는 유일한 실체는 국가일 뿐이라는 점을 확인하고 있다.

그렇지만 어떻게 그런 책임이 실행되고, 어떤 방식으로 우주활동에 의해서 야기된 잠재적 손해와 관련하여 발생한 분쟁을 해결할 것인가에 대한 지침을 주는 조항은 결여되어 있다. 말하자면 책임과 관련된 법의 실체법적 영역에 관해 다루고는 있으나, 이 두 조항들 어느 것도 책임을 확보할 수 있도록 하기 위한 절차법적 내용에 대한 단서를 제공해 주지 못하고 있다는 점이 문제로 지적되고 있는 것이다.

여기서의 손해의 발생장소는 지상, 대기권 및 달과 기타 천체를 포함한 우주공간이며 지구상에 있어서의 손해는 사람 및 재산에 관한 손해, 즉 소위 지상 제3자 손해를 염두에 둔 것이며 대기권에 있어서의 손해는 주로 통상의 항공기에 대한 손해이고 우주공간에 있어서의 손해는 다른 조약당사국의 우주물체와의 충돌에 의한 손해를 뜻하는 것으로 본다. 말하자면 이들 장소에 있어서 우주물체의 상승, 비행, 강하, 착륙 등의 과정상 야기된 손해가 제7조의 주된 적용대상이 되는 것이다.

또한 본 조의 책임규정은 제6조의 국가책임에 대한 특칙으로서의 성격을 가지는 것으로 해석되며 발사물체에 의한 불법행위책임의 원칙을 채택하고 있음은 의심의 여지가 없다.

다. 분쟁의 예방과 협의

제9조는 예방적 성격의 분쟁해결을 위한 절차를 위한 조항으로 다음과 같이 규정하고 있다.

> "달과 기타 천체를 포함한 우주공간의 탐사와이용에 있어서 본 조약의 당사국은 협조와 상호 원조의 원칙에 따라야 하며, 본 조약의 다른 당사국의 상응한 이익을 충분히 고려하면서 달과 기타 천체를 포함한 우주공간에 있어서의 그들의 활동을 수행하여야 한다. 본 조약의 당사국은 유해한 오염을 회피하고 또한 지구밖 외계물질의 도입으로부터 야기되는 지구 주변에 불리한 변화를 가져오는 것을 회피하는 방법으로 달과 천체를 포함한 우주공간의 연구를 수행하고, 이들의 탐사를 행하며 필요한 경우에는 이 목적을 위하여 적절한 조치를 채택하여야 한다. 만약 달과 기타 천체를 포함한 외기권에서 국가 또는 그 국민이 계획한 활동 또는 실험이 달과 기타 천체를 포함한 우주공간의 평화적 탐사와 이용에 있어서 다른 당사국의 활동에 잠재적으로 유해한 방해를 가져올 것이라고 믿을 만한 이유를 가지고 있는 본 조약의 당사국은 이러한 활동과 실험을 행하기 전에 적절한 국제적 협의

12) The Outer Space Treaty, Art. 7.

를 가져야 한다. 달과 기타 천체를 포함한 우주공간에서 다른 당사국이 계획한 활동 또는 실험이 달과 기타 천체를 포함한 외기권의 평화적 탐색과 이용에 잠재적으로 유해한 방해를 가져올 것이라고 믿을만한 이유를 가지고 있는 본 조약의 당사국은 동 활동 또는 실험에 관하여 협의를 요청할 수 있다."

분쟁을 해결하기보다 예방한다는 것의 의미는 다른 조약당사국의 활동과 더불어 우주활동의 잠재적으로 유해한 방해를 야기할 가능성이 있는 경우를 염두에 둔 제한적인 것이다. 따라서 동 조항에 의거한 실제 절차도 상당히 불확실한 측면이 있다. 명문화된 기간을 지정해 놓지도 않았을 뿐 아니라 어떠한 국가도 이러한 협의를 하도록 하기위한 특정의 절차를 따르도록 하는 후속절차를 요구받지도 않는다. 그밖에 어떤 실제적 문제가 발생한 경우 취해야 할 절차에 대한 또 다른 조항이 제13조인 바 이는 다음과 같이 규정하고 있다.

"....달과 기타 천체를 포함한 우주공간의 탐사와 이용에 있어서 정부간 국제기구가 행한 활동과 관련하여 야기되는 모든 실제적 문제는 본 조약의 당사국이 적절한 국제기구나 또는 본 조약의 당사국인 동 국제기구의 1 또는 2이상의 회원국가와 함께 해결하여야 한다."

동 조항은 해결되어야할 실제적 문제발생의 경우를 상정하고 있다. 이것은 분쟁을 해결할 국가의 책임을 국제적 정부간 조직에 특유한 방식으로 되풀이하고 있다.

요컨대 이들 우주조약 규정에 따르면 다른 나라에서 계획된 우주활동이나 실험이 자국의 활동에 잠재적으로 유해한 방해를 초래할 수 있다고 믿을 만한 이유가 있을 때 협의를 요청할 수 있으며 상기한 제13조는 정부간 국제기구에 의해 일어날 수 있는 분쟁을 보충적으로 다루고 있다. 이러한 기구들이 우주활동에 참여하고, 국가들이 그 활동으로 인한 실제적 문제들로 인해 어려움에 봉착했을 때 국가들은 당해 기구 또는 그 기구의 가맹국과 함께 그 문제들을 해결하기 위해 노력해야 한다. 다만 여기서의 두 조항에서는 협의가 어떻게 이루어져야하고, 문제(questions)가 어떤 방식으로 해결되어야 하는지에 관해 어떤 개혁적 방안이나 제3자에 의한 분쟁의 평화적 해결에 관한 규정이 소개되어 있지 않다. 말하자면 이 조항들은 법에 의뢰하지 않고 외교적 교섭을 통한 전통적 방식을 도입하고 있는 것으로 보인다. 타 국가가 독단적으로 유해한 활동을 할 우려가 있을 때 국가는 그러한 당사자와 외교적 통로에 의해 협상을 진행하는 것이 국가작용의 일반적 행태인 것이다.

4. 책임협약(1972)상 분쟁해결을 위한 배상책임 기준과 법리

가. 책임의 주체

1) 국가

발사국(Launching State)은 우주물체에 의하여 야기된 손해에 대하여 국제책임을 진다. 책임협약에 따르면 발사국이 우주물체에 의해 야기된 손해에 대하여 책임을 지는 것은 분명하다. 책임협약는 다음의 국가를 발사국으로 하고 있다.[13)]

① 우주물체를 발사하는 국가
② 우주물체의 발사를 야기시키는 국가
③ 우주물체가 자국의 영역으로부터 발사되는 국가
④ 우주물체가 자국에 소속된 시설로부터 발사되는 국가

즉, 실제로 발사를 수행하는 국가, 발사를 의뢰하는 국가, 발사시설이 위치하는 국가, 발사시설을 소유하는 국가 등이 그것이다. 이들 네 국가는 모두 우주물체에 의하여 야기된 손해에 대하여 책임을 지게 되며, 따라서 손해를 입은 국가 또는 그 개인은 이들 가운데 어느 국가를 상대로 해서도 손해에 따른 보상을 요구할 수 있는 것이다. 여기서 '발사야기'(procure)라 함은 발사를 위해서 자본을 제공하거나 또는 발사를 의뢰하는 국가를 의미하며, 시설 가운데는 외국에 위치한 시설뿐만 아니라 우주영역, 공해 또는 해저 기타 국가관할을 벗어나는 기타 지역을 포함하는 것으로 보나 착륙시설(landing facilities)은 이에 포함되지 않는다.[14)]

2) 국제기구

책임협약은 제24조에서 제27조까지의 내용(조약의 조인, 비준, 개정 기타 절차 규정)을 제외하고, 국가에 대하여 언급하고 있는 규정은 우주활동에 종사하고 있는 정부간 국제기구에 적용된다고 명시하고 있다.[15)] 다만 동 조항은 아래의 조건을 덧붙이고 있다.

---

13) The Liability Convention, Art. 1 b, c.
14) Bruce A. Hurwitz, State Liability for Outer Space Activities in Accordance with the 1972 Convention on International Liability for Damage Caused by Space Objects, M. Nijhoff Pub., 1972, p.146.
15) The Liability Convention, Art. 22.

① 그와 같은 기구의 가맹국의 과반수가 이 협약 및 우주조약의 체약국일 것.

② 그와 같은 기구가 조약에 규정된 권리 및 의무를 수락할 것을 선언하고 있을 것.

또한 동조 제3항에 의하면 정부간 국제기구가 이 협약의 규정에 의거하여 손해에 대한 책임을 지는 경우에는 당해기구 및 그 가맹국은 아래의 조건으로 연대하여 책임을 진다.

① 그 손해에 대한 배상청구가 먼저 당해기구에 제출되어야 한다.

② 당해기구가 6개월 이내에 손해배상으로서 합의 또는 결정된 금액을 지불하지 않은 경우에만 청구국이 당해기구의 가맹국인 국가의 책임을 원용할 수 있다.

협약의 교섭과정에 있어서 국제기관의 책임 문제는 가장 많이 논의된 것 중의 하나이다. 서구자본주의국가들은 국제기구가 제1차적 책임을 지고, 그 협약의 체약국이 제2차적 책임을 질 것을 골자로 하는 제안을 했다.[16] 이 견해에 의하면 조약당사국의 책임은 국제기구의 책임불이행의 경우에만 발생한다.

한편 소련 및 동유럽국가들을 중심으로한 사회주의국가들은 가맹국의 책임은 국제기구의 책임과 동시에 발생한다고 주장했다. 예를 들면 소련 대표는 국제기구 및 그 가맹국이 연대하여 책임을 진다고 규정함으로써 야기된 손해에 대한 보상의 신속한 해결을 보증하고 재정적 곤란을 피할 수 있을 것이라고 진술했다.[17]

이 견해가 서로 다른 것은 양자의 국제법이론에 대한 시각의 차이에 있는 것 같다. 소련 국제법이론에서는 국제조약으로서의 국제기구의 헌장은 그 가맹국만을 구속하는 것이며, 따라서 국제기구의 법인격은 그 기구의 가맹국에 있어서만 존재한다. 기구의 가맹국이 아닌 국가에 있어서는 헌장은 당해 당사국가 사이에만 적용되는 것일 뿐이다. 그러나 이미 1949년 4월 11일 UN의 직무상 활동 중에 입은 손해의 배상에 관한 권고적 의견에서 ICJ는 UN이 기능을 수행하고 권리를 향유하도록 예정되어 있고 실제로 그것을 행하고 있으며 이들 기능이나 권리는 UN이 국제적인 면에서 광범위한 국제인격과 행위능력을 소유하는 것으로 판시하여 UN이 국제적 법인이라는 것을 인정하고 있다.[18] 나아가 ICJ는 UN이 국제법주체이고 국제적 권리 및 의무의 주체 능력을 가지며 국제적 청구에 의해 자기의 권리를 행사할 능력을 소유한다는 사실을 분명히 하고 있다.

이 견해는 명백히 UN만에 관한 것이지만 오늘날에는 다른 국제기구에도 확대되고 있

---

16) A/AC. 105/C. 2/L. 6 and add. 1.

17) A/AC. 105/C. 2/SR.122.

18) ICJ Report, 1949, p.179.

다. 국제기구는 조약에 의해 설립되고 공동의 조직 및 기관을 부여받으며 가맹국과는 별개의 국제적 법인격을 소유하는 것이다.

3) 우주물체(Space Object)의 개념과 책임주체

우주물체는 상당히 광범위한 정의를 두고 있는데 우주공간에 발사한 물체뿐 아니라 당해 물체를 발사하는데 필요한 발사 추진체와 그 구성부분 및 우주물체의 구성부분 등을 포함하는 개념이다.[19] 또 우주공간에 도달하지 못한, 즉 발사미수에 그친 물체도 포함된다고 본다. 책임협약상 국가는 우주물체에 의하여 야기된 손해에 대하여 법적 책임을 지도록 명시하고 있기 때문에 우주물체의 정의개념은 대단히 중요한 의미가 있으나 우주물체나 그 구성부분 등의 대한 직접적인 정의는 내리지 않고 있다. 그런 연유로 몇가지 논란이 있을 수 있다. 즉 외기권으로 발사된 물체만 우주물체인가?(지구 밖에서 만들어진 우주물체의 가능성) 그리고 우주파편(Space Debris)이 책임협약상의 우주물체에 포함되는가?(우주물체의 구성부분 여부)의 문제와 우주왕복선의 법적 성격 등이 이슈가 되고 있다.[20]

나. 책임의 요소

1) 무과실책임

책임 협약에 제2조에 따르면 "발사국은 자국의 우주물체가 지표에서 야기된 손해 또는 비행중 항공기에 끼친 손해에 대해서 무과실책임을 진다"고 규정한다.

피해자 과실의 경우를 제외하고 지상의 제3자에 대하여 야기된 손해에 대해서 무과실책임주의가 적용되는 것은 이미 1952년 로마조약 및 몇몇 국내법에서도 인정되고 있으며, 이것을 우주물체의 의한 손해에 유추적용할 것을 주장하는 학자도 많았다. 이 조항은 일종의 위험책임주의에 기초를 두고 있다. 위험책임주의라는 것은 그 활동의 예외적인 성격과 그들에 의해 만들어지는 특별한 위험성 때문에 활동을 수행하는 국가가 책임을 지는 시스템이다. 위험책임은 엄격책임(strict liability)의 일종이며 국내법에서 발달하여 적용되어온 이론이다. 지구표면이나 비행중인 항공기 그리고 지표이외의 구역 등 손해 발생의 장소와 우주물체의 발사 및 활동과 관련한 가해국과 피해국간의 피해발생에 있어서의 인과관계 등을 감안하여 그 정도에 따라 가해국에게 무과실 책임 혹은 과실책임을 지우고, 피해국의 중대한 과실 등에 의해 배상책임이 면제되는 경우에도 그 사유를 엄격하게

---

19) The Liability Convention, Art. 1 d.
20) Bruce A. Hurwitz, op. cit., pp.24-25.

규정함으로써 우주개발과 같이 고도의 위험성이 수반되는 활동에 과실책임원칙을 도입한 취지를 손상시키지 않으려는 배려를 하고 있는 것이다.

우주물체의 발사・활동・추락 등과 손해발생간의 인과관계의 존재를 근거로 하여 발사국의 배상책임을 인정한다는 방식은 COPUOS의 법률소위 심의에서도 초기에 승인된 사실이다. 동조는 이른바 무과실책임을 확인한 것으로써 그 이유로서는 우주활동과 같이 특별히 고도의 위험성을 가진 활동에 관하여 손해발생의 방지를 위한 안전조치를 다한다는 것이 현재의 기술로서는 곤란하며 발사국의 과실로 간주할 주의의무의 정도를 확정할 수 없는 점, 외부의 제3자는 우주활동의 사업과 시설을 관리・지배할 수 있는 입장이 아니고 그 전문기술에 정통하고 있지 않기 때문에 과실존재의 입장 자체가 불가능한 점, 우주물체의 실험・개발・제조・사용에 관해 국가적 기밀보지가 요구되어 피해자 측에서 필요한 정보를 입수할 수가 없다는 사실, 그리고 우주활동에서 이익을 얻는 발사국이 그 위험을 부담해야 하며 그처럼 위험성을 내포한 활동을 실시한다는 사실만을 이유로 해서는 그 발생하는 손해에 관해 유책이라고 간주하는 것이 공평하다는 점 등이 지적되고 있다.[21]

따라서 동 협약에서는 지구표면에서 발생한 손해는 물론 비행중인 항공기에서 발생한 손해에 관해서도 우주활동에서의 제3자가 입은 피해로 간주하고 발사국과 이 피해자들과의 사이에 분담해야 할 위험에 차이가 있는 것은 당연하다는 판단에서 무과실책임주의가 채용된 것이라고 본다.[22]

2) 과실책임

책임협약은 "하나의 발사국의 우주물체 또는 그 우주물체 내의 사람 혹은 재산에 대해서 다른 발사국의 우주물체에 의해 지표 이외의 장소에서 손해가 야기된 경우에는 당해 다른 발사국은 그 손해가 자국의 과실 또는 자국이 책임을 부담해야 하는 자의 과실에 의한 것일 때에 한하여 책임을 진다"고 규정하고 있다.[23]

이 조항은 과실책임주의에 기초를 두고 있다. 과실책임주의라는 것은 국제법에 있어서 전통적으로 인정된 주관적인 책임개념에 의거한 원칙으로, 국가의 국제책임을 발생시키는 행위는 단지 국제의무를 위반하고 있을 뿐만 아니라 과실을 구성해야 한다는 것이다. 여기에서 말하는 과실이란 관계당사자의 행위의 합리성에 바탕을 두고 있는 것으로

21) 이영진, "위성발사활동에 따르는 법적규제", 법학연구, 제14권, 2003. P.25.
22) Ogunsola O. Ogunbanwo, International Law and Outer Space Activities, M. Nijhoff, 1975, p.155.
23) The Liability Convention, Art. 3.

봐야 한다. 결국 의도적으로 하든 부주의하게 하든 자기의 행위가 객관적 타당성을 결여하고 있는 경우에는 과실을 인정할 수 있을 것이다. 따라서 발사국의 우주물체가 지표 이외의 장소에서 타국의 우주물체나 또는 그 물체상의 인원·재산에 손해를 끼쳤을 때에는 발사국측에 과실이 있는 경우에만 배상책임을 부담한다. 또 이같은 손해로 인하여 제3국 혹은 제3국의 자연인이나 법인인 손해를 입었을 경우 지표면 이외의 어떤 영역에서 발생한 손해에 관해서도 이들 양 발사국은 제3국에 대해 과실책임을 진다. 이와 같이 우주물체의 발사 후 지구표면 이외의 지역 즉 대기권이나 우주공간 또는 천체에서 우주물체 상호간에 발생한 손해에 관해서는 우주활동을 실시하고 있는 국가끼리의 관계로서 앞에서 무과실책임을 인정한 경우와는 달리 위험부담에 있어서 특별한 취급을 해야 할 필요가 없기 때문이다.[24]

3) 면책사유

전술한 바와 같이 일반적으로 무과실책임을 인정하는 경우에도 관리자의 지배 범위를 넘는 사유로 손해가 야기되었다고 입증하는 부분에 대해서는 그 배상책임을 면제 또는 감경할 수도 있다. 그러나 자칫하면 무과실책임원칙을 채용한 본래의 뜻이 바랠 염려도 없지 않으므로 오늘날 배상책임에 관한 여러 조약은 고전적인 불가항력이나 제3자 개재 행위를 무조건 면책사유로 받아들이지 않고 무력충돌·침략·내란, 예외적 성격의 중대한 자연재해, 피해자의 중대한 작위·부작위 등 특정의 사유를 지정하는 추세이다.[25] 이에 따라서 책임협약도 우주물체에 의한 잠재적인 손해의 성질이나 규모를 쉽게 특정할 수 없는 점을 감안하여 면책사유를 엄격하게 한정한 바, 동 협약에 따르면 청구국 또는 그것이 대표하는 자연인이나 법인측에 "중대한 과실"이 있거나 또 손해를 야기 시킬 의사에 기한 작위·부작위가 있고 이것이 원인이 되어 손해의 전부 또는 일부가 발생할 것을 발사국이 입증하는 경우에는 그 한도에서 절대책임이 면제가 인정된다. 이 경우에는 규정상 발사국이 그와 같은 청구국 또는 그것이 대표하는 자연인이나 법인의 인식의 유무 혹은 정도를 입증할 책임이 있다고 보아야 할 것이다. 그 외에도 동 협약은 특히 UN 헌장이나 우주조약을 포함한 국제법에 합치되지 않는 발사국의 활동에 의해 손해가 발생한 경우에는 일체 면책이 인정되지 않는다고 명문화하고 있다.[26]

이상에서 본바와 같이 책임협약은 우주활동과정에서 발생하는 각종의 손해에 관해 그

24) 山本草二, "宇宙開發", 去來社會と法, 現代法の 諸問題, 筑摩書房, 1975, p.89.
25) Ibid. p.88.
26) The Liability Convention, Art. 6 b.

장소와 형태에 따라 위험부담의 원칙에 차이를 두고서 국제책임을 지는 기준으로서 과실 혹은 무과실주의를 채택하고, 예외적으로 책임을 면제하는 경우에도 이를 엄격히 규제하고 있다. 따라서 이는 항상 불의의 위험성에 노출되어 있는 피해자 위주의 주장이 어느 정도 반영된 내용이라고 볼 수 있을 것이다.[27]

다. 손해의 유형

1) 직접적 손해

책임협약 제1조는 손해를 일반적으로 정의하면서 사망, 상해 기타 건강의 훼손, 국가, 자연인, 법인 혹은 국제기구의 재산에 대한 손해를 들고 있는데 이들은 말하자면 직접손해(direct damage)에 해당하는 것이다. 여기에서는 일단 불법행위 자체에 의해 발생하는 직접손해와 이와 상당인과관계가 있는 직접손해 및 보통 기대할 수 있는 이익상실이 포함된다고 본다. 이때 피해자는 발사국에 대해 손해배상을 청구함에 있어서 그 손해가 우주물체의 고장이나 우주물체의 파편으로 인해 야기된 것임을 입증할 책임이 있다. 배상책임이 발생하게 되는 사고에는 여러 가지가 있다. 즉 발사의 실패로 인하여 사람이나, 지상 또는 공중의 물체에 대하여 손해가 발생할 수 있으며, 또 우주물체들 상호간의 충돌가능성도 배제할 수 없다. 그밖에 우주물체가 성공적으로 궤도에 진입한 후에 기능을 상실하여 그 물체의 파편이나 방사능 기타의 형태로 지구에 오염을 가져옴으로써 손해를 야기 시킬 수도 있을 것인 바 이와 관련한 대표적인 우주분쟁으로서 배상책임 문제가 다루어진 사례가 구 소련의 핵원자로 탑재위성인 Cosmos 954호 사건이라고 할 수 있다.[28]

손해가 발생하고 그 손해의 원인이 밝혀진 경우에는 다음과 같은 사항, 즉 일실이익과 시간, 소득능력의 상실, 재산의 멸실 · 훼손, 신체상해를 인해 지출된 치료비, 재산권행사 기회의 상실 등에 대해서 배상을 하여야 할 것이다.

2) 간접적 손해

책임협약에서 말하는 손해의 개념에, 예측할 수 없는 상황으로부터 야기된 간접적 혹은 결과적 손해도 해당되는지에 관해 명문의 규정이 없기 때문에 논란이 있을 수 있다. 일찍이 간접적 손해(indirect damage)를 책임협약에 포함시켜야 할 것인지 여부에 대해서는

---

27) 이영진, op. cit, p.28.

28) 이 사건에 관해서는 김선이, "우주사고와 손해배상", 항공우주법학회지, 제16호, 2002, pp. 236-237 참조.

1968년 UNCOPUOS 법률분과위원회에서 일본 대표가 조약이 적용되게 되는 손해의 범위를 결정하면서 우주물체의 발사와 야기된 손해 사이에 적절한 인과관계가 있는지 여부를 고려하는 것이 적당할 것이라고 주장하면서 또한 그와 같은 관계가 존재하는 경우 손해가 사고 후 오랜 기간 후에 발생할지라도 조약이 적용될 것이라고 한 바 있다. 따라서 그에 의하면 간접적 손해 및 후발적 손해(delayed damage, 사고 후 시간을 두고 사고의 결과로서 발생한 손해)는 조약 중의 손해에 포함되는 것은 명백하다고 진술하였다.[29)]

이와 관련하여 우주물체의 발사실패로 인해 지상과 대기권에 있는 인명과 재산에 피해를 입히거나 우주물체간의 충돌, 궤도돌입후의 고장으로 파편이 지구에 추락하거나 방사능물질이 지구를 오염시킴으로서 분쟁이 발생하는 경우 등에 배상책임이 성립되는 것은 물론이겠으나 예컨대 물체가 낙하할 때 받은 심적 충격으로 심장마비를 일으켜 사망하는 경우 이것이 직접손해냐 혹은 간접손해냐가 문제가 될 수 있다. Foster의 견해에 의하면 그러한 직접적 손해와 간접적 손해의 엄격한 구별은 커다란 의미가 없다고 하면서 "이는 실제로 우주물체의 사고로 야기된 특정의 손해에 대해서 배상을 해야만 하는가 여부를 결정하는 것과는 무관하다. '야기된(caused by)' 이란 용어가 사건과 손해사이의 상당한 인과관계의 필요성을 요구하고 있고 한편으론 손해배상이 시비곡직에 따라 그리고 정의와 형평의 관점에서 결정될 수 있도록 광범위한 재량의 여지를 남기는 것으로 해석될 수 있도록 해야만 하는 것이다. 왜냐하면 손해를 야기시킬 수 있는 모든 상황을 예견하는 것은 불가능하지는 않다 하더라도 대단히 어렵기 때문이다"라고 하였다. 결국 간접적 손해의 포함여부는 협약상의 "손해가 '야기된(caused by)' 경우 배상책임을 진다"는 규정으로 미루어 판단해야 하는바 생각건대 여기서 사용되고 있는 'caused by'라는 용어는 두가지 의미를 담고 있는 것으로 볼 수 있다. 즉 이는 동 용어를 '직접적인 충격'(direct strike)뿐만 아니라 나아가 최초의 피해의 결과 생겨난 '부수적 결과들'(additional consequence)도 포함하는 개념으로 본다는 입장이다. 이러한 관점에 따라서 간접적 손해도 배상청구가 가능하다고 보는 것이다.[30)]

그러나 한편으로 볼 때 'caused by'가 인과관계 속에서 해석되어져야 함은 변함이 없기 때문에 부수적 결과로 보이더라도 우주활동과 손해 발생간에 상당한 인과관계가 입증될 수 없는 간접적 손해는 제외되는 것이 타당할 것이다.

---

29) A/AC. 105/C. 2/SR. 103, p.21
30) Carl Q. Christol, The Modern International Law of Outer Space, Pergamon Press, 1984, p.97.

3) 정신적 손해

책임협약의 체결을 위한 교섭이 진행되는 동안 정신적 손해(moral damage)가 협약의 적용 대상이 되는가가 또한 논란이 되었다.

예컨대 소련 대표는 민법상 정신적 손해에 대한 배상은 피해자에 대한 배상이라고 하는 것보다 오히려 손해를 끼친 자에 대한 형벌로 생각된다고 진술했다. 그렇지만 그는 모든 국가가 주권자이고 평등하기 때문에 다른 국가를 처벌할 권한은 없다고 하여 정신적 손해를 협약 초안에 포함시키는 것에 반대했다.

소련 대표의 견해는 정신적 손해를 국제법상 확립된 규칙으로서 인정하고 있지 않는 것으로 보인다. 그러나 국제법상 사인(私人)에 대해서 발생된 정신적 손해는 몇몇 예외를 제외하고는 금전배상이 일반적인데, 그것은 가벌적이라고 하는 것보다 오히려 피해자인 사인(私人)에 대한 보상으로 생각된다. Lusitania호 사건에 관한 1923년 11월 1일 독일, 미국 청구위원회의 결정은 "정신적 손해는 물질적 손해와 같은 정도의 현실적인 사실이고, 그것과 같은 수단에 의해서 측정할 수 있다"는 것이며, 그와 같은 손해가 "현실적이고 진실하며 단지 감정적으로 애매한 것이 아닌 경우 금전배상될 수 있다"고 한다.[31]

그러나 국가에 대한 정신적 손해에 대해서는 금전배상은 드물다. 이 경우 통상 피해국에 대해서 만족이 부여되어야 한다. 만족은 여러 가지 방식, 예를 들면 대외적인 유감의 의사표시, 진사나 중재재판관에 의한 위법행위의 확인 등에 의해 부여된다. 일반적으로 수용된 학설에 의하면 만족은 자율적 성격을 지니고 있으며 형벌과 동일시되지 않는다.[32]

일반적으로 국제법과 각국 국내법에 규정되어 있는 정신적 손해의 개념 및 취지는 각각 서로 다르기 때문에 정신적 손해의 문제는 매우 복잡한 양상을 띠고 있다. 국제법상으로는 정신적 손해가 개인과 국가의 양자에 모두 발생할 수 있는 것으로 생각된다. 국가에 대한 정신적 손해는 그 국가의 권위나 주권에 대한 침해행위가 될 수 있고, 반면에 물질적 손해는 사람이나 재산에 대한 침해행위가 될 것이다.[33]

예외가 없는 것은 아니지만 오늘날 대부분의 국가가 정신적 손해에 대한 배상을 인정하고 있다. 다만 문제는 과연 어떠한 손해를 정신적 손해로 볼 것인가이다. 미국이 상원 교섭위원회에서 손해배상협약의 비준여부를 논의할 때 제출된 견해에 따르면 정신적인 고통이나 모욕을 초래한 행위를 정신적 손해라고 보아 손해배상의 청구를 인정하고 있다. 말하자면 책임협약은 "국제법과 정의 및 형평의 원리에 따라 손해배상이 결정되어야 한

31) 龍澤邦彦, 宇宙法 システム, 中央學院大學 地方自治硏究 センター, 2000, p.245.
32) G. I, Tunkin, Theory of International Law, p.424.
33) Supra note 30), p.98.

다"라고 규정하고 있기 때문에 그러한 청구가 가능하다는 입장에 서 있다고 보는 것이다.

지금까지의 국제재판에서 다루어 온 손해배상은 주로 일실이익의 배상을 포함한 재산의 감실・훼손에 대한 것이었다. 그러나 배상의 청구가 신체상해에 기하여 행해지는 경우에는 이 청구내용에 치료비(medical expenses), 소득능력의 상실(loss of earnings), 기타 정신적 고통에 대한 위자료의 지급 등이 포함되어 있었다. 손해발생에 대해서 피해자에게도 과실이 있는 경우에는 과실상계를 하여 손해배상액이 삭감되는 것은 물론이다.[34]

라. 분쟁해결을 위한 배상절차

1) 외교교섭에 의한 해결

책임협약이 채용하고 있는 원칙은 당사자간의 외교교섭과 청구위원회에 의한 해결을 기반으로 하고 있다.

우선 분쟁해결을 위한 손해배상을 발사국에 제기할 수 있는 청구의 주체는 '손해를 입은 국가 또는 그 자연인 혹은 법인이 손해를 입은 국가'이다. 손해를 입은 자연인 또는 법인의 국적을 지닌 국가가 손해배상청구를 제출하지 않은 경우에는 "다른 국가가 당해 자연인 또는 법인이 자국의 영역에서 입은 손해에 관해서 발사국에 대하여 청구를 할 수 있다." 이러한 규정은 말하자면 동일지역내에서 발생한 손해에 대해서는 국적 여하를 불문하고 동일한 구제를 인정해 주려는 의도에서 국적국 이외에 손해발생지역과 영주민의 거주국에게도 보충적으로 청구주체로서의 자격을 부여해 준 것이다.[35]

또한 책임협약 제9조에 의하면 "청구는 외교절차에 의해 발사국에 대하여 행해진다." 당해 발사국과 외교관계가 없는 국가는 제3국에게 발사국에 대하여 청구를 제출하거나 혹은 기타 방법에 의해 책임협약에 기한 자국의 이익을 대표할 것을 요청할 수 있다. 그와 같은 경우의 청구는 또한 양국 모두 유엔가맹국일 것을 조건으로 유엔사무총장을 통해서도 행해질 수 있다.

제8조와 관련하여 일반국제법하에서는 국가는 자국 또는 자국민이 입은 손해에 관해서 청구를 제출한다고 하는 것이 원칙이다. 이 원칙의 불가피한 결과로서 무국적자에 의한 손해배상청구가 수리하기 곤란하게 된다. 책임협약은 이와 같은 원칙을 채용하지 않고, 피해자 구제의 관점에서 청구를 제출할 수 있는 국가를 국적국, 손해발생지 국가 및 피해자의 영주국 등 3개국으로 하여금 순위에 따라 청구제출이 가능하도록 하였다. 이 방식에

34) 이영진, op. cit., p.31.
35) The Liability Convention, Art. 8. 1-3.

의하면 무국적자도 청구를 할 수 있다. 그런데 Bin Cheng 교수가 지적한 바와 같이 만약에 하위 국가가 청구를 제출한 후에 상위 국가가 청구를 제출할 것을 결정한 경우에 어떻게 되는가는 명료하지 않다. 이 경우 하위 국가의 청구가 합리적인 기간을 두고 행해진 때에는 청구권이 하위 국가로 이행되었다고 생각하는 것이 타당할 것으로 생각된다.[36)]

제9조에 있어서 제3국을 통한 청구제출경로와 유엔사무총장을 통한 청구는 동등한 순위에 있는 것으로 보아 어느 쪽이든 일방을 선택할 수 있을 것이다.

2) 손해배상액의 결정

책임협약에서는 "발사국이 손해에 대해 이 협약에 기하여 지불해야 할 배상액은 청구에 관계된 자연인, 법인, 국가 또는 국제적인 정부간 기관에 대해 당해 손해가 발생하지 않았더라면 존재하였을 상태로 회복시키는 보상이 행해지도록 국제법과 정의 및 형평의 원칙에 따라 결정된다"고 규정하고 있다.[37)]

제12조는 일반 국제법상의 원상회복 원칙을 배상액결정의 지침으로 하고 있다. 동 원칙은 PCIJ의 1928년 Chorzow 공장사건의 판결에서 다음과 같이 나타나고 있다. "불법행위 개념 자체로부터 발생하고, 국제관행 특히 중재재판소의 판례에서 추출되는 것으로 생각되는 기본원칙은 배상은 가능한 한 불법행위의 결과를 지워버리고, 만약 그와 같은 행위를 범하지 않았더라면 아마도 존재했을 것 같은 상태로 회복시켜야 한다고 하는 것이다. 원상회복 또는 그것이 불가능할 경우에는 원상회복이 지니고 있을 가치에 상응하는 금액의 지불을 요하며, 그러한 것들은 국제법위반행위 때문에 지불되어야 하는 배상금 금액의 결정에 유용한 원칙이다."[38)]

또한 배상이 지불되게 될 통화에 관하여 제13조에 의하면 청구국 및 책임협약에 기해 배상 의무가 있는 국가가 기타 배상형태에 관하여 합의하지 않으면 배상액은 청구국 화폐에 의하거나 청구국의 요구에 의해 손해를 배상해야 할 국가의 통화에 의해 지불된다.

이 협약에 의거한 배상액의 결정에 있어서는 피해자의 간명·신속한 보호를 통일적으로 수행해야할 필요성 때문에 국제법상의 기준이 강조되는 것은 피할 수 없으되 피해자 구제의 관점에서 보면 손해범위의 해석·적용에 관해 불확정 내지 미비한 부분이 있어 국내법의 보충적 적용이 필요하게 된다. 그래서 이에 관해 각각 피해자의 본국, 가맹국 혹은 손해발생지국의 국내법 등을 보충적으로 적용하자는 안들을 놓고 논쟁이 있었으나 의견

---

36) 龍澤邦彦, op.cit., p.253
37) The Liability Convention, Art. 12.
38) PCIJ, Series A, No. 12, p.47

의 일치를 보지 못하였으며 결국 최종단계에서 국제법 및 정의와 형평의 원리에 따라 배상액을 결정한다는 형태로 문안이 확정되었다. 또한 동 협약은 원상회복의 정신에 의거 배상액 산정시의 기준으로 손해가 발생하지 않았을 경우에 가능하였을 상태의 회복을 꾀하도록 배상하는 것을 목표로 한다는 내용을 담고 있다. 따라서 협약 제12조는 전문에서 명시한 충분하고 공정한 배상의 신속한 지급의 의미를 감안하여 정의와 형평을 기준으로 피해자가 가능한 최대의 구제를 받을 수 있도록 지향하는 것이라 볼 수 있다.[39]

예컨대 소련의 Cosmos 954호가 Canada영토에 추락한 사건에 있어서 Canada정부가 청구한 배상금액도 동 위성이 Canada영토에 들어오지 않았더라면 야기되지 않았을 상태의 회복에 준한 것이었고 따라서 이는 우주활동으로 인할 손해의 배상책임에 관해 원상회복원칙을 적용한 사건이라 할 수 있다.

3) 국내구제조치의 면제

책임협약 제11조 제1항은 동 협약에 기한 배상청구의 제출은 청구국 또는 청구국이 이익을 대표하는 자연인 또는 법인에게 개방되어 있는 국내구제조치를 사전에 다할 것을 필요로 하지 않는다고 규정하고 있다. 동조 제2항에 의하면 이 조약의 어떠한 규정도 국가 또는 국가가 대표하는 자연인 또는 법인이 발사국의 재판소, 행정재판소 또는 행정기관에서 손해배상에 관한 청구를 행하는 것을 방해하지 않는다. 다만 국가는 당해 청구가 발사국의 재판소, 행정재판소 또는 행정기관에서 혹은 관계당사국을 구속하는 기타 국제적 합의에 기하여 행해지고 있는 동안은 이 협약에 기하여 청구를 제출할 권리는 갖지 않는다.

일반 국제법하에서는 국가의 국제책임은 피해자가 가해국의 재판소에서 그가 입은 손해의 배상을 받기 위해 이용가능한 법적 수단을 갖추고 있지 않든지 또는 그러한 수단이 이용자에게 있어서 유용한 결과가 없이 무위로 끝난 경우 이외에는 외교적 보호권 행사 문제로 되는 것이 아니라고 보는 것이 원칙이었다.

제11조 제1항은 피해자보호의 입장에서 이 원칙을 채용하지 않았다. 다만 제2항에 의하면 책임협약 및 국내법에 기하여 동시에 배상청구를 진행할 수는 없지만, 피해자가 협약에 규정된 절차를 다하기 전에 국내법에 기한 청구를 행하는 것은 방해할 수 없다고 규정함으로써 국내적 구제의 길도 열어 놓고 있다.

39) Pamela L. Meredith and George S. Robinson, Space Law: A Case Study for the Practitioner, M. Nijhoff Pub., 1992, p.69.

4) 청구위원회에 의한 해결

청구국이 청구에 관한 증거서류를 송부한 취지를 발사국에게 통지한 날로부터 1년 이내에 제9조에 따른 외교교섭에 의해 배상청구가 해결되지 않을 경우에는 관계당사국은 어느 일방의 요청에 의해 청구위원회(Claims Commission)를 구성하여 이용할 수 있다. 이는 청구절차의 제2단계로서 당사자의 일방적 요구에 의해서도 설치된다. 동 청구위원회는 3인의 위원으로 구성되는데 1인은 청구국에 의해 또 다른 1인은 발사국에 의해 임명된다. 의장이 되는 3번째 위원은 쌍방 당사국에 의해 선정된다. 각 당사국은 청구위원회의 설치요청일로부터 2개월 이내에 위원을 임명한다. 위원회 설치요청일로부터 4개월 이내에 의장 선정에 관해 합의에 도달하지 아니한 경우 어떤 당사국이든 유엔사무총장에게 곧 2개월 이내에 의장을 임명하도록 요구할 수 있다.

판정을 포함한 모든 위원회의 결정은 다수결로 행한다. 또한 위원회는 그 설치일로부터 1년 이내에 손해배상청구의 당부와 배상액의 결정을 하게 되는데 이 결정에 대한 재심은 인정되지 않는다. 효력면에 있어서는 당사국이 합의하는 경우에 한하여 구속력이 인정되며 그 밖의 경우에는 권고적 효력을 가진다.[40] 말하자면 이 위원회를 당사국이 결정에 대한 법적 구속력을 인정하기로 합의하였을 경우에는 실질적으로 일종의 중재재판기관으로서의 성격을 갖는다.[41]

청구위원회의 결정 또는 재결이 구속력을 지녀야 한다는 주장은 미국, 벨기에, 이탈리아의 각 초안에서 제안되었다. 이에 대하여 불가리아, 헝가리, 소련의 공동제안은 분쟁 당사국이 그처럼 결정할 경우에만 위원회의 결론이 최종적으로 당사국을 구속한다고 하고 있었다. 구소련 및 동유럽국가들의 주장에 의하면 ICJ나 제3자에 의한 조정에 호소하는 것을 인정하는 규정에 반대하는 것이 아니고, 그와 같은 행위는 모든 분쟁당사국의 동의에 의해서만 행해져야 하는 것이며, 어떠한 해결책도 그 의지에 반하여 주권국에 부과될 수는 없다고 하였다.[42]

결국 당시 미국과 구소련 사이에 청구위원회 결정의 법적 성질에 관한 합의가 성립된 후 인도안을 고려한 벨기에, 브라질 및 헝가리의 공동제안이 타협안으로 제출되었고 이 타협안의 연장선에서 현행규정이 성립되었던 것이다.

40) The Liability Convention, Arts. 14-18.
41) 山本草二, op. cit., p.98.
42) A/AC. 105/C. 2/SR. 121.

마. 평가

책임협약의 주된 기능은 우주물체에 의해 야기된 손해에 관한 책임에 있어서 국제규칙과 절차를 확립하고 특히 그러한 손해에 대해 신속하고 공정하며 효과적인 배상절차를 마련하는 데에 있다. 따라서 우주조약의 원칙적 규정을 받아들여 작성된 책임협약은 배상책임 주체, 책임원칙, 손해의 산정기준, 배상청구의 처리절차 등 실체법 및 절차법의 규정을 정비하는데 역점을 두었다. 이 협약의 심의에 즈음하여서는 '피해자본위(Victim-oriented)'의 원칙이 슬로건으로서 강조되어 피해자가 입은 손해를 신속하고 실효적으로 구제하기 위한 조치가 실체법상으로나 절차법상으로 국가의 책임으로 확보되어야 한다고 주장되었다. 확실히 우주조약과는 달리 책임협약은 우주활동에서 발생하는 국가의 법적 책임에 적용된 다자조약으로 분명 진일보한 조약이다. 실제로 우주조약의 원칙적 규정을 구체화하는 과정에서 용어의 선택이나 규정상 오해의 소지가 없게 협약의 기초자들이 많은 노력을 하였다.

그럼에도 불구하고 책임협약에는 몇가지 주요한 결함이 있다. 하나는 손해배상에 관한 국제분쟁 해결을 규율하는 법규가 명료함을 결하고 있다는 지적이나 분쟁해결을 위한 위원회의 결정 또는 재결이 최종적으로 되어 있다는 사실, 그리고 동 협약이 천체상의 우주기지와 같은 고정된 우주물체에 대한 손해에 적용되지 않는다는 점 등이 그것이다.[43)]

그밖에도 무과실책임원칙의 채택이나 국적보유의 원칙 완화 등과 배상청구절차의 실효성의 측면에서 미흡하다는 논란이 있고, 우주 및 지구의 환경 피해에 대한 청구를 허용해야 한다는 주장이나 국제책임의 소재를 분명하게 하도록 하기 위해 가해국의 식별을 위해 기존의 등록 협약의 미비점을 보완하도록 국제적 위성감시기구의 설립을 검토해야 한다는 견해가 있다는 사실에도 주목할 필요성이 있다.[44)]

5. 달 협정상의 분쟁해결 규정

달과 기타 천체의 천연자원개발은 전체 인류의 공동재산에 관한 탐사이용에 관한 문제이며 이는 이제 목전에 임박한 중차대한 과제로서 관련 당사국 간의 긴밀한 국제협력이 절실한 분야이다. 각 국가는 우주공간 이용자유의 원칙아래 평등의 기초 위에서 어떤 형태의 차별없이 국제법과 달 협정이 규정하고 있는 조건에 의거하여 탐사와 이용의 권리를 가지며 달에서의 천연자원 개발이 실현가능하게 되는 때에는 적절한 절차를 포함하여 자원의 개발을 규율할 수 있도록 국제 체제의 설립을 예정하고 있다.[45)] 이처럼 국제협력과 자원개

43) 龍澤邦彦, op. cit., p.262.
44) Burce A. Hurwitz, op, cit., p.81.

발을 위한 국제적 제도확립을 통해 분쟁의 회피와 사전 예방을 꾀할 수 있는 것이다.[46]

앞서의 개발활동의 제반과정에서 분쟁의 발생시에는 즉, 달의 탐사와 이용과정에서 조약상의 의무를 이행치 않는 국가가 있는 경우 당사국은 일차적으로 협의를 요청할 수 있고 타 당사국은 지체 없이 이 협의에 응하여야 한다. 이에 의거해서도 상호 수락할 수 있는 해결책에 이르지 못한 경우에는 분쟁의 성질에 비추어 다른 적절한 평화적 수단을 택하여 해결하여야 한다. 이때 협의의 개시나 해결에 난관이 있는 경우에는 어떤 당사국이라도 UN 사무총장에게 원조를 요청할 수 있도록 배려하고 있다. 협의 의무 및 분쟁의 해결방법이나 절차와 관련하여 달 협정 관계 조항을 인용해 보면 다음과 같다.

> "다른 당사국이 달 협정상의 의무를 이행하고 있지 않거나, 달 협정에 따라 자국이 가지는 권리를 침해하고 있다고 믿는 당사국은 당해 조약 당사국에 의하여 협의의 개최를 요구할 수 있다. 이와 같은 요구를 받은 당사국은 지체 없이 협의를 하여야 하며, 이 경우 다른 모든 당사국은 서로 수용이 가능한 분쟁의 해결을 목표로 하여 모든 당사국의 권리와 이익을 고려한다. UN사무총장은 협의의 결과에 관하여 통지하고 수리된 정보를 모든 관계되는 당사국에게 전달한다."[47]

또한 달 협정은 나아가 분쟁에 관한 '협의가 모든 당사국의 권리와 이익을 고려한 상호 수용이 가능한 해결에 도달하지 아니한 경우에는 관계되는 당사국이 분쟁의 상황과 성질에 상응하여 선택에 따라 다른 평화적인 수단에 의하여 그 분쟁을 해결하기 위해 필요한 모든 수단을 동원한다. 이에 따라 협의의 개최에 즈음하여 어려운 상황에 처한 경우에 혹은 분쟁을 해결하기 위하여 상호 수용이 가능한 해결에 이르지 못한 경우 다른 관계당사국의 동의가 없어도 UN사무총장의 원조를 요구할 수 있다. 또 다른 관계당사국과 외교관계가 없는 당사국은 그 선택에 따라 자국 스스로 또는 다른 당사국이나 UN사무총장이 개입하여 협의에 참가한다'고 규정하고 있다.[48]

한편 달 협정 제15조 3항은 협의가 불가능하거나 성공하지 못한 경우에는 분쟁의 평화적인 해결로 유도할 수단을 활용하도록 규정하고 있다. 여기서 분쟁의 평화적 해결수단이라 함은 중개·조정·중재재판·사법적인 해결 및 안보이사회 또는 총회의 개입을 생각할 수 있겠다. 그런데 일반적으로 분쟁의 해결 절차에 있어서는 당사자 쌍방의 동의가 있어야

---

45) The Moon Agreement art. 11 4), 5).
46) 이영진, "달의 탐사와 이용에 관한 국제법적 규제", 법학연구, 제18권 1호, 2007, p.18.
47) The Moon Agreement art. 15 2).
48) Ibid. art. 15 3).

하는 것이 바람직하나 동조 3항은 분쟁해결을 위하여 관계되는 당사국의 동의 없이 UN사무총장의 협조를 구할 수 있도록 하고 있다. UN사무총장의 조정자로서의 역할을 감안하면 그가 기도하는 해결책은 항상 당사자의 타협을 시도하지 않으면 아니 되는 것이다. 따라서 분쟁의 일방당사자의 의지를 무시하고 UN사무총장의 원조를 구하는 것은 실질적인 효과가 있을지는 다소 의문이 있다. 오히려 분쟁해결의 유형에 따라 UN사무총장의 자발적인 개입을 규정하는 편이 차라리 효율적일 수 있을 것이라 판단된다.[49]

III. UN총회 결의 및 기타 협력사업 수행과정에서의 분쟁해결

1. UN총회 결의

UN총회는 다음과 같은 세 가지 원칙에 관한 결의안을 채택한 바 있고 그 가운데에는 일정한 우주활동으로 인하여 발생한 분쟁의 해결절차에 관한 규정을 포함하고 있다.

1. 1982년 국제 직접TV방송(International Direct Television Broadcasting)을 위한 국가의 인공위성 이용규제에 관한 원칙(DBS 원칙)
2. 1986년 우주로부터의 지구 원격탐사(Remote Sensing)에 관한 원칙(RS 원칙)
3. 1992년 우주에서의 핵원료(Nuclear Power Sources) 사용에 관한 원칙(NPS 원칙)

DBS 원칙 제7조는 "이 원칙에 의해 다루어지는 활동으로부터 발생하는 국제분쟁은 UN헌장 규정에 따라 분쟁당사자에 의해 합의된 분쟁의 평화적 해결절차를 통해 해결되어야 한다(should be settled)"고 규정하고 있으며 여기에 덧붙여 동 원칙 제10조는 청구가 있을 경우 "즉시 협의(consultation)에 들어가도록"하는 국가의 의무와 권리에 관해 상세히 설명하고 있다.

또한 동 원칙 제13-15조는 나아가 어떤 국가가 국제 직접TV방송서비스를 개설하려 하거나 개설을 허가하려 할 때, 청구가 있는 경우 반드시 협의에 들어가야 할 의무가 있음을 규정하고 있다.[50]

49) 박헌목, "우주에 있어서 천체의 탐사와 개발에 관한 소고", 경성법학, 제10호, 경성대학교 법학연구소, 2001. 10, p.110.
50) DBS Principles, UN GA Resolution 37/92, 1982, principles 7, 10, 13-15.

RS 원칙 제15조는 "이 원칙의 적용으로부터 발생하는 분쟁은 확립된 분쟁의 평화적 해결절차를 통해 해결되어야 한다(shall be resolved)"는 분쟁해결에 관한 원칙적인 규정을 재정립하면서 나아가 동 원칙 제13조에서는 국가의 협의 의무에 대해 규정하고 있는 바, 이에 의하면 원격탐사를 행하는 국가는 탐지된 국가의 청구가 있을 시 실행가능한 참여기회를 만들고 그로부터 얻어지는 상호 이익의 증진을 위하여 협의에 들어가야 한다.[51]

NPS 원칙 제10조에서도 "이 원칙의 적용으로부터 발생하는 분쟁은 UN헌장에 따라 협상(negotiation)이나 기타 분쟁의 평화적 해결절차를 통해 해결되어야 한다"고 언급하고 있는 것을 확인할 수 있다. 이것은 NPS 원칙 제6조에 덧붙여진 것으로 동 원칙 제6조에 의하면 국가는 핵원료를 탑재한 우주물체가 지구대기로 재진입하는 것에 대하여 다른 국가가 상세한 정보나 협의를 청구할 경우 특별한 사유가 없는 한 이에 대해 신속하게 응해야 한다.[52]

UN총회 결의안은 원칙적으로 국제법상의 법적 구속력(binding legal force)이 없음은 주지의 사실이다. 그러나 일반적으로 우주활동에 기인한 분쟁의 평화적 해결 원칙에는 구속력이 인정되는 것으로 받아들여지고 있다. 이것은 지금까지의 여러 가지 UN총회 결의안의 관련 원칙들이 국제관습법의 일부가 되어온 것으로 보기 때문이다. 이러한 분쟁해결을 위한 규정들은 UN총회 결의안들의 문맥에 나타나 있다. UN총회 결의안은 국제법을 구체화하고 점진적으로 발전시키는데 있어서 중대한 영향력을 갖고 있는 것으로 볼 수 있고 이것은 최근 핵무기 위협 및 사용의 적법성에 관한 ICJ의 권고적 의견(1996년)에서도 확인된 바 있다. 이 권고적 의견에는 다음과 같이 언급되어 있다.

> "UN총회 결의안은 규칙의 존재나 법적 확신(opinio juris)의 발생을 성립시킬 수 있다. 이것이 사실인지 여부를 확인하기 위해서는.... 그 채택의 내용과 상황을 살펴보는 것이 필요하다. 또한 법적 확신이 규범적 성격과 관련하여 존재하는지를 살펴보는 것도 필요하다."[53]

이것은 이 UN총회 결의안들이 분쟁의 평화적 해결을 국제공동체에 대한 국가의 의무로 간주하는 하나의 사례로 받아들여진다.

이러한 결의안들이 협상되었던 정황을 보면 협상에 임하였던 당사국들이 결의안에 대해 법적인 효력을 부여할 의도를 갖고 있었다는 것을 알 수 있다. 결의안이 법적확신과

51) RS Principles, UN GA Resolution 41/65, 1986, principles 13, 15.
52) NPS Principles, UN GA Resolution 51/122, principles 6, 10.
53) Legality of the Threat or Use of Nuclear weapons, Advisory Opinion, lCJ Rep, 1996 para. 70.

관련된 증거라는 것을 보여 주는 여러 가지 특징이 있다.

첫째, RS 원칙과 NPS 원칙은 투표(vote) 대신에 총의(consensus)에 의해 채택되었다. 이것은 UN COPUOS의 모든 회원국들이 여러 원칙들의 조항에 대한 의사표시와 지지를 함에 있어서 consensus를 구했다는 것을 의미한다. 근본적인 반대 없이 consensus에 의하여 UN총회 결의안을 채택한 것은 법적확신의 유력한 증거로 해석될 수 있다.[54] 국제사법재판소도 Nicaragua Case에서 법적확신은 UN총회 결의안에 대한 당사국들의 태도로부터 추론될 수 있다고 판시한 바 있다.[55]

둘째, COPUOS 회원국들이 그 원칙들에 관하여 마침내 consensus에 이를 수 있었다는 사실이 중요한 의미가 있다. 이들 결의안의 채택을 성공적으로 이끈 전원합의(unanimity)는 심각하게 영향을 받은 국가와 기타 이해관계국들 모두 법적확신을 가지고 있었다는 중요한 증거가 될 수 있는 것이다. 결의안을 채택하기까지 장기간에 걸쳐 협상 논쟁을 했다는 것은 협상당사국들이 이들 결의안을 통해서 우주활동을 위한 법적인 골격을 마련하고자 했다는 것을 의미한다. 결의안들이 아무런 법적 구속력을 가지지 못한다면 국가들은 그들 각각의 의제들을 그렇게 강하게 밀어붙일 필요가 없었을 것이다.

끝으로 이들 결의안에는 국가들의 활동에 있어서 그들간의 분쟁을 평화적인 수단으로 해결 “하여야 할(shall)” 또는 “할(should)” 의무를 요구하고 있는데, 이러한 표현은 국제법상 확립된 방법으로 선언한 것이다. 이러한 강력한 선언적 표현은 우주활동에 관한 분쟁을 평화적으로 해결하도록 하는 구체화된 의무를 나타낸 것이라고 본다.[56]

어떤 일반원칙이 단기간에 국제관습법의 일부가 되기 위해서는 법적확신(opinio juris)과 더불어 “광범위하고 대표적이며 사실상 일치된 국가 관행”이 존재해야 한다. 우주활동과 관련된 충돌이나 갈등에 대해 지금까지 무력의 사용에 호소하는 경우는 전혀 없었다. 몇몇 잠재적인 충돌 상황에서는 위의 UN총회 결의안의 원칙들과 일반국제법상의 원칙에 따라 협상(negotiation)과 협의(consultation)라는 외교적 채널을 통해 해결된 청구사안들이 있었다. 그러한 외교적 해결 중의 한 예로서 Cosmos 954 사건을 들 수 있을 것이다.

54) Geradine Meishan Goh, op. cit., p.44.

55) Military and Paramilitary Activities in and against Nicaraqua, ICJ Rep. [Merits] para.188.

56) TereKhov, A.D , “UN General Assembly Resolutions and Outer Space Law”, 40 Proc. coll. Law of outer Space, 1997, p.102.

2. 협력사업 수행과정에서의 분쟁해결

우주이용시 각국의 협력을 위한 협정들 역시 분쟁해결을 위한 제도적 장치들을 도입하는 경향을 보이고 있는바 여기서는 이들 가운데 주요한 사례를 중심으로 개관해 보고자 한다.

국제협력 프로그램을 통한 사업을 시작한 이래 미국의 NASA는 모든 협력 협정에 분쟁해결 규정을 포함시켜왔다. NASA의 양자협정은 일반적으로 상대국가의 법을 고려하여 규정하거나 또는 미국법에 근거한 분쟁해결을 규정했다.[57] 예컨대 NASA의 초기 양자협정 중의 하나인 1964년 미국과 나이지리아간의 우주물체의 추적과 통신을 위한 기지(Station for Space Vehicle Tracking and Communication)협정은 제13조에서 미국 정부는 관련 나이지리아 법을 고려하여 어떠한 인적 피해나 물적 손해에 대해서도 나이지리아에 정당하고 효과적으로 배상하기 위하여 최선의 노력을 다할 것이라고 규정했다. 1967년 미국과 영국간의 앤티가 추적 기지(Tracking Station on Antigua) 협정은 NASA에 의해 고용되거나 NASA와 직접 연관된 미국인이 작위 또는 부작위로 인해 재산상의 손해 또는 인적 피해가 발생할 경우 그에 대한 어떠한 청구도 미국 NASA 법령 203절(b)에 따라 심사숙고해서 해결될 것이라고 규정했다.

그 외 1970년 독일연방공화국과 미국 정부간 협정도 1958년 국제법위원회(International Law Commission)의 Model Rules에 따라서 중재에 의하여 분쟁을 최종적으로 해결할 것을 규정한 예에 속한다. 대체로 유럽의 협정들이 선호하는 분쟁해결장치도 중재인 듯하다.

호주, 영국, ELDO(European Launcher Development Organization: 유럽 우주발사체 개발기구)간 잠정협정에서도 회원국들이 그들의 분쟁을 중재에 회부할 것을 규정했다. 이 경우 중재법정의 결정은 당사자들에게 최종적이고 구속적이다. 1972년 프랑스와 독일연방공화국간 실험용통신위성의 제작, 발사 및 이용(Construction, Launch and Utilization of an Experimental Telecommunications Satellite)을 위한 협정도 중재에 의한 최종적이고 구속적인 분쟁해결 규정을 포함시킴으로써 이러한 기조를 유지하였다. 이 협정에 따라 당시 유럽공동체 사법재판소장(President of the European Community Court of Justice)은 그러한 법정의 구성원들을 지명할 수 있도록 규정하였다. 중재의 전통적인 구조는 3명의 중재위원으로 구성되는데, 양측이 각각 1명의 중재위원을 선임하고 그 선임된 2명이 1명의 중립위원(혹은 위원장)을 선정하는 것이 일반적인 상례이다. 이러한 형태의 사례로는 유럽 우주 연구 기구의 특권 및 면제에 관한 의정서(Protocol on Privileges and Immunities of

57) http://www.oosa.unvienna.org/SpaceLaw/multi_bi/index.html.

the European Space Research Organization)가 있다. 그러나 여기에서는 주로 분쟁해결보다는 충돌회피에 중점을 두고 있다는 점을 눈여겨 볼 필요가 있다. 이들은 NASA에 의해 처음 개발된 책임조항의 상호포기를 포함시켜 국제우주활동의 기준을 세운 듯하다. 우주활동을 다루는 국제협정에 이를 삽입시킨 동기는 전술했던 바와 같이 우주활동을 여전히 고도로 위험한 산업으로 본다는 사실에서 나온다. 이 경우에 보험은 보통 이용할 수 없는 상황이 되거나 엄청나게 비싸다. 이러한 여건 속에서 책임조항의 상호포기를 포함시키는 것은 우주활동 참여를 조장함으로써 긍정적인 영향을 미칠 가능성이 크게 될 것이다. ESA가 루마니아, 폴란드, 체코공화국과 각각 체결한 협정들은 상호 협의가 분쟁해결에 충분치 않을 경우에 대비하여 상호포기 조항과 중재절차를 모두 포함시키고 있다.[58)]

아시아와 동유럽 국가들이 포함된 양자협정은 분쟁해결의 수단으로써 대체로 협의를 지지하는 듯하다. 1972년 원자력의 평화적인 사용 및 우주연구 협력에 관한 독일연방공화국과 인도간 협정은 동 협정의 해석 또는 적용에 관한 분쟁이 계약 당사자 사이의 협의에 의해 해결되어야 한다고 규정했다. 1988년 미국과 중국의 인공위성 발사 책임에 관한 양해각서 제6조 역시 분쟁해결 수단으로 협의에 대해 상술하고 있다. 이것은 1999년 카자흐스탄, 러시아 연방, 미국 간 협정 제9조(3)에 규정된 것과 같은 맥락인데, 이 협정은 러시아가 카자흐스탄의 바이코누르 우주선발사기지(Baikonur Cosmodrome)에서 미국 특허우주선을 발사할 경우 그 관련 기술의 보호에 관한 것이다. 중국국립우주국(China National Space Administration: CNSA)이 관계 국가와 체결한 협정들 역시 분쟁해결 수단으로 단지 협상과 협의만을 규정하고 있다.[59)]

1998년 ESA와 NASA간의 양해각서는 손해가 발생할 경우 당사자들은 1972년 책임협약에 따라 책임을 지도록 규정하고 있음이 특기할 만하다. 이와 관련해서는 일찍이 1974년 캐나다와 미국 협정에서도 발사에 기인한 청구가 상호 받아들일 수 있는 방법으로 신속히 해결되지 않을 경우에는 양 정부는 신속하고 공정한 해결에 이르도록 책임협약 제15조의 규정된 바와 같이 청구위원회의 설치를 신중히 검토해야 한다는 규정을 둠으로써 책임협약의 내용이 분쟁해결의 한 절차로서 언급된 바 있는데 이러한 사례들은 동 책임협약의 규범적 가치를 제고하는데 도움이 될 것으로 평가된다.

기술 및 과학프로젝트를 위해 지금까지 체결된 가장 중요한 국제적 협력은 미국, 러시아, 일본, 캐나다, 14개의 ESA 회원국들을 포함한 유럽의 참가국들 사이에 체결된 1998년 ISS(국제우주정거장) 협력에 관한 정부간 협정(Intergovernmental Agreement: IGA)이 될

---

58) http//edms, esa, int/index. html/
59) http//www.cnsa.gov.cn/ index. asp.

것이다. 이 협정은 러시아가 당사자가 아니었던 1988년의 ISS 협정을 후에 대체한 것이다.[60] ESA의 세부적인 의무들은 1998년 ESA와 NASA가 체결한 ISS 협력에 관한 양해각서에서 출발한다. ISS 계획은 국제과학기술협력 면에서 볼 때 전례가 없는 거대한 것이다. 또한 그것은 국제적 수준에서 지금껏 수행된, 가장 비용이 많이 드는 계획으로 기록되었다. ISS의 개발은 2001년에 미화로 600억 달러가 소요되는 것으로 평가되었으며, 유럽은 그 중 미화로 약 35억 달러 정도의 기여를 하였다. 또한 ISS 개발 후 10-15년 동안 그 운용 및 이용을 함에 있어서 참여자들이 지출해야 할 비용도 동일할 것으로 예상된다. ISS를 운용하는 비용은 2006년 이후 매년 미화 50억 달러를 넘을 것으로 보인다.[61]

ISS의 법적 체계는 1972년 책임협약과 같은 현행의 국제 우주법 조약들에 규정된 우주활동에 관한 기본적인 책임법규들을 인정하고 있다. 그러나 그것은 한편 최근 양자 및 다자간 우주협정들에 널리 도입되고 있는 '책임의 상호포기' 현상의 가장 좋은 예에 속하기도 한다. IGA에 수립된 '책임의 상호포기' 원칙은 5개의 참가주체들 또는 그들의 관련된 주체들(계약자, 하도급자, 이용자, 고객) 중 어느 누구도 ISS 활동의 결과로 입은 손해에 대해서 다른 참가국 또는 그와 관련된 주체에 대한 배상청구의 개시를 금지하고 있다. 이와 관련한 IGA 제16조의 주요규정을 요약해 보면 다음과 같다.

> "1. 이 조항의 목적은 우주정거장을 통한 우주의 개발, 탐사 및 이용에의 참여를 촉진시키기 위하여 참가국 및 관련 주체에 의한 책임의 상호포기를 수립하는 것이다. 이 책임의 상호포기는 이 목적을 달성하기 위하여 넓게 해석되어야 한다.
>
> 2. (a) 각 참가국은 책임의 상호포기에 동의하는데, 이 동의는 보호되는 우주운용으로부터 발생한 손해에 대하여 아래(1, 2, 3)와 같은 실체 내지 자연인에 대한 모든 청구를 포기함으로써 이루어진다. 이 상호포기는 손해를 야기한 자연인, 법인 또는 재산이 보호되는 우주운용에 관련되고, 손해를 입은 자연인, 법인 또는 재산이 보호되는 우주운용에 연루됨으로써 손해를 입은 경우에만 적용된다. 상호포기는 다음과 같은 주체에 대한 청구의 법적 근거가 무엇이든, 손해에 대한 어떤 청구에도 적용된다.
>
> (1) 다른 참가국
>
> (2) 다른 참가국의 관련된 주체
>
> (3) (1), (2)의 고용인

60) 현재 ESA회원국은 전부 18개국에 달하나 ISS계획에의 참가는 선택적 프로그램이므로 ESA의 경우 11개국만 참가하고 있다. ISS는 그 밖에 미국, 러시아, 일본, 캐나다 등이 참여하고 있는 총 15개국의 국제협력 Project이다.

61) David, L, "New ISS Study Warns of Increased Operating Costs",(19 February 2002). http://www.space.com/news/spacestation/rand_study_020219.html.

(b) 덧붙여 각 참가국은 계약이나 기타 방법에 의하여 그 참가국과 관련된 주체들에게 다음과 같이 요구함으로써 위의 3.(a)에 규정된 책임의 상호포기를 그 관련 주체들에까지 확대해야 한다. 즉,

1. 위의 3.(a)(1) 내지 (3)의 법인이나 자연인에 대한 모든 청구를 포기한다.
2. 그들(참가국과 관련된 주체들)의 관련 주체로 하여금 위의 3.(a)(1) 내지 (3)의 법인이나 자연인에 대한 모든 청구를 포기하도록 요청한다.

(c) 의심의 여지없이 이 책임의 상호포기는 책임협약에 규정된 책임에 대한 상호포기를 포함하는데, 이 책임협약상의 상호포기는 손해를 야기한 자연인, 법인 또는 재산이 보호되는 우주운용에 관련되고, 손해를 입은 자연인, 법인 또는 재산이 보호되는 우주운용에 연루됨으로써 손해를 입은 경우에 발생한다.

(d) 이 조항의 기타 규정들에도 불구하고 이 책임의 상호포기는 다음과 같은 경우에는 적용되지 않는다. 즉,

1. 참가국과 그 관련 주체 사이의 청구 또는 관련 주체들 사이의 청구
2. 자연인의 사망, 신체적 피해 또는 기타 건강 손상에 대해서 그 자연인, 그 재산, 유족 또는 대리인(대리인이 참가국인 경우를 제외하고)에 의한 청구
3. 고의에 기인한 손해에 대한 청구
4. 지적재산 청구
5. 참가국이 3(b)에 따라 책임의 상호포기를 그 관련 국가에까지 확대하지 못함으로 인하여 발생한 손해에 대한 청구."[62]

각 참가국은 자신의 계약자 및 하도급자와의 계약으로 이 상호포기를 이행해야 한다. 그러나 책임의 상호포기에 대한 몇 가지 예외가 있다. 참가국과 그 관련 주체 사이에 발생한 청구, 예컨대 ESA와 그 이용자 중의 하나 사이에 발생한 청구는 다른 참가국들을 관련시키지 않을 계약이나 하도급계약으로 다루어질 것이다. 책임의 상호포기에 대한 또 다른 예외는 IGA 제16조 (d)에 포함된다. 사실상 ISS 이용자들은 ESA와의 계약의 일부로서 당사자 간의 책임포기(inter-party waiver of liability)에 동의하도록 요구받을 것이다. 이것은 각 당사자가 ISS 활동으로부터 발생한 손해에 대하여 중재나 판결 청구를 하지 않겠다는 내용일 것이다.

분쟁해결은 ISS 프로젝트에 관하여 1985에서 1988년까지 협상하는 동안 가장 이론이 분분한 문제 중의 하나였다. 어떤 동반자 국가는 이러한 크기의 국제적 프로젝트가 정당하게 수행되려면 구속력 있는 중재에 호소함으로써 법적 확신이 마련되어야만 한다고 주

62) 1999 Intergovernmental Agreement. art.16.

장하였다. 반면 미국은 이 프로젝트의 거대함과 엄청난 경제적 비용 때문에 가능한 한 가장 낮은 수준에서 분쟁을 해결하는 것이 당사자들에게 이익이라고 주장하였다. 미국은 이 수준을 국가 간의 공식적인 협의 단계보다 이전의 단계로 간주하였으며 따라서 구속력 있는 중재에 호소하는 것은 불필요하다고 주장했다.

앞의 분석으로 여러 가지 결론이 도출된다. 이러한 양자협정과 협력사업에 기초한 협정에서 어떤 분쟁해결 장치를 특별히 선호하는 것은 없다. 많은 협정들이 ISS 프로젝트의 협상 경험에 기반을 두고는 있었지만, 협의와 중재와 같은 분쟁해결 장치에 호소하기 위해 만들어진 충분한 예외들이 존재했던 것으로 보인다. 또한 국제적 동반자를 가진 큰 규모의 협력 프로젝트에서 분쟁을 중재나 또 다른 분쟁해결 시스템에 맡길 가능성은 일반적으로 새로운 별도의 협정 체결에 달려있다. 그러나 그러한 새로운 협정으로 가는 과정은 당사자 사이에 또 다른 분쟁을 야기할 수 있다는 점을 유의하여야 할 것이다.

IV. 우주분쟁해결을 위한 최근의 국제적 노력

우주시대가 개막된 이래 국제사회는 우주활동에 관한 갈등과 분쟁을 해소하기 위해 다각적인 노력을 계속해 왔다. 본 장에서는 그 속에서 특히 중요한 기여를 해 온 것으로 판단되는 IISL(The International Institute of Space Law)이나 ILA(International Law Association) 등에서의 성과를 바탕으로 개관해 보고자 한다.

1. The International Institute of Space Law(IISL)

국제우주법학회(IISL)는 1960년 설립되었다. 이 학회는 국제우주비행연맹에 의해 1958년 창설된 우주법에 관한 상임위원회를 대체한 것이다. IISL의 목적은 우주법 분야에 있어 국가 및 연구소간의 국제협력과 우주법과 우주사회과학의 발전과 우주사업의 법적 사회과학적 측면에 관한 다양한 학회의 조직과 경쟁을 장려하는 것이다. IISL의 회원은 개인과 우주법 발전에 기여하여 학회에서 선출한 회원으로 구성된다.[63]

IISL은 Sputnik 1호가 발사된 다음 해인 1958년에 최초의 학회를 개최했다. 그때부터 법학자들은 우주사업으로부터 발생하는 분쟁의 해결을 위한 방안을 모색하고, 심의하고

63) http://www.iafastro-iisl.com/main%20pages/organization.1htm.

제안해왔다. 또한 동 학회에서는 우주선에 의해 발생된 피해보상을 위해 특별국제기금의 창설로부터 우주사업으로 인해 발생하는 분쟁해결을 위한 특별재판소의 창설까지 다양한 법적 문제들이 논의 된 바 있다. 그런 과정에서 1980년에 우주법 분쟁을 위한 새로운 중재재판소의 설립이 제안되었다. 이 중재재판소는 책임협약하에서는 청구를 제기할 수 없는 개인이나 기업에도 개방되도록 하였고, 만약 동 협약이 개정된다면 책임(liability)의 제한적 개념이 책임(responsibility)이라는 더욱 확장된 개념으로 넓혀져야 한다고 제안되기도 하였다.

실제로 IISL은 우주활동으로부터 벌어지는 분쟁의 평화적 해결을 위한 새로운 해결책에 대해 사려깊고 창조적으로 제안하는 법학자나 실무자들과 함께 지대한 역할을 해왔다는 점은 부인할 수 없는 사실이다. 특히 IISL의 많은 회원들이 ILA의 우주법위원회에도 소속된 점을 고려해 볼때 IISL은 1998년의 Taipei Final Draft Convention에서 그들의 방식에 기초한 창조적 아이디어를 위한 기름진 토대를 제공했다고 볼 수 있다.

2. International Law Association(ILA)

국제법협회(이하 ILA)는 1873년 브뤼셀에서 설립되어 국제 공사법에 대한 연구, 교육 및 발전, 비교법 연구, 법의 통일 및 법의 저촉 해결을 위한 제안서 작성, 국제적 이해 및 친선의 증진 등을 주된 임무로 하면서 UN의 수많은 특별기구들과 함께 국제비정부간기구로서의 자문적인 지위를 갖고 있다.[64] ILA는 주로 산하의 국제위원회(International Committees)를 통해 활동하는데, 이 위원회는 국제법 발달에 관한 범세계적 논의를 위하여 정기적으로 포럼을 준비한다.

여기서는 우주법 분쟁의 처리에 커다란 실마리를 제공하고 있는 타이페이 협약 초안의 내용을 간단히 정리해 보고자 한다.

일찍이 협약 초안은 UN 해양법협약과 그 부속서의 분쟁해결절차를 바탕으로 작성된 것으로 평가되고 있다. 그것은 협약내용과 절차가 지난 10여년간의 국제회의와 토의를 거쳐 도출해낸 최근의 국제적 성과물을 반영한 것으로 판단되기 때문이다.

ILA는 1994년 부에노스아이레스와 1996년 헬싱키 회의를 거쳐 1998년 타이페이 회의에서 "우주활동에 관련된 분쟁의 해결에 관한 협약의 최종 초안"을 채택하였다.[65]

타이페이 협약 초안 제1조에 따르면 동 협약은 당사국과 국제기구에 의해 수행되는,

64) Constitution, International Law Association, http://www.ila-hg.org/html
65) ILA Report of the 68th Conference Taipei, Republic of China, 1998, pp.249~267

우주에서의 모든 활동과 우주에 영향을 주는 활동에 적용된다. 또한 그것은 당사국에 대해 우주조약(The Outer Space Treaty)에 규정된 국제적 의무의 적용에 관해서 확인하면서 국가의 지속적인 감독 의무를 통해서 사적 당사자 및 비정부 당사자에게도 국가에 대한 책임의 집중원칙을 일관되게 규정하고 있다.

동 협약에 규정된 비구속적 해결절차는 협상(negotiation)이나 기타 분쟁해결의 평화적 수단 혹은 화해(conciliation)에 초점을 맞추어 의견을 교환하고 갈등을 해소하도록 의무를 부과하고 있다.[66]

구속적 해결절차는, 비구속적 절차에 대한 방법으로 해결되지 않을 때, 어떤 분쟁당사자의 청구에 의해서도 개시될 수 있다. 이 절차는 아래와 같은 방안가운데에서 우선순위에 대한 고려없이 선택할 수 있도록 하고 있다.[67] 즉,

1. 만약 국제우주법재판소가 설치될 경우 그러한 재판소
2. ICJ
3. 동 협약 규정에 의거하여 설치되는 중재재판소

동 협약은 몇몇 규정들을 통해서 중재재판소와 국제우주법재판소의 절차에 관하여 광범위하게 인정된 내용들을 포함하고 있다.

절차의 선택은 당사자가 협약의 최종 초안에 서명하거나 인준하거나 또는 선언이라는 수단에 의해 동의를 할 때 이루어질 수 있다. 유효한 선언에 포함되지 않는 분쟁에 관련된 당사자는 분쟁해결수단으로서 중재를 인정한 것으로 간주된다.[68] 당사자들이 동일한 절차를 받아들일 경우에는 분쟁은 그 절차에만 맡겨져야 한다. 그러나 만약 분쟁당사자들이 그들 사이의 분쟁해결을 위하여 동일한 절차를 받아들이지 않는다면 그들 사이에 별도의 방법에 동의하지 않는 한 중재에만 맡겨질 수 있다. 과학적 내지 기술적인 문제에 관하여 동 협약의 규정은 법정 내지 재판소에 두 명의 기술 전문가의 지원을 받도록 하고 있지만 그들에게 투표권이 인정되는 것은 아니다.[69]

한편 동 협약은 넓은 범위에서 다양한 방법으로 적용될 수 있는 여지도 있는가 하면 협약의 일정 조항이 배제되는 경우도 있을 수 있다. 이것은 다수의 당사국들이 동 협약체제에 동참하도록 할 가능성을 높여 주게 될 것이다. 그러나 당사자들이 또 다른 평화적

---

66) Taipei Final Draft Convention, Art.4.
67) Ibid. Art. 6 1)
68) Ibid. Art. 6 2)
69) Ibid. Art. 8.

분쟁처리절차에 따르기로 이미 합의를 했고 그 절차가 구속력 있는 결정을 수반한다면 그러한 합의가 무효화되지는 않는다.70)

요컨대 타이페이 협약 최종 초안은 우주활동을 위한 실행 가능한 분쟁해결의 틀을 세우는데 상당한 유용성이 있는 것으로 평가되고 우주활동 과정에서 발생가능한 분쟁의 해소를 위해 진일보한 내용을 마련하고 있는 것으로 보인다. 그러나 한편으로 협약초안은 국가 및 국제기구외에도 우주의 상업적 이용의 본격화와 더불어 날로 증가하고 있는 우주활동에 종사하는 개인과 소규모의 상업적 기업의 현실을 고려하여 그들로 하여금 접근하기 쉽고 당사자의 입장을 배려할 수 있도록 하는 문제에 좀 더 비중을 두고 다루어야 할 과제를 안고 있다고 할 수 있다. 그런 점에서 협약은 전통적 형태의 주체인 국가와 정부간 국제기구 위주의 이분법에만 매달리려 하지 말고 여타 다른 참여주체에 대해서도 보편적으로 적용할 수 있는 장치를 마련해야 할 필요가 있는 만큼 장차 우주활동을 위한 포괄적인 분쟁해결의 골격을 발전시키는데 좀 더 과감한 노력을 기울여야 할 것으로 보인다.

3. Other Organization

전술한 ILA와 IISL의 틀 밖에서 다른 조직들도 국제우주법의 분쟁해결의 미래에 대해 다각도로 논의가 진행되어 왔고 특히 지난 1979년 Council of Advanced International Studies에 의해 조직된 우주법에 있어 분쟁해결에 관한 원탁회의가 아르헨티나의 Cordoba에서 열린 바 있는데 동 회의에서는 다음과 상당히 의미있는 5개 항의 결정을 제시하였다.

1. 양자든 다자든 미래의 모든 국제 협정은 분쟁해결을 위한 조항을 포함해야 한다.
2. 우주법 분야의 특별한 문제들을 관할하는 협약은 강제조정(compulsory jurisdiction) 규정을 두어야 한다.
3. 모든 판결(judgement)과 중재재정(awards)은 최종적이고 구속력이 있어야 한다.
4. 판결과 중재재정의 인지와 실행을 보장할 수단이 설립되어야 한다.
5. 우선 이들 결정의 영역은 국제공법의 주제에 제한된다.

이 회의에서는 현존하는 분쟁의 해결을 위한 협약이나 적정한 절차를 갖는 일반 우주법 재판소에 대한 합의는 없었지만 다음 몇 가지 항목의 책임협약 관련조항의 개정안도 제안된 바 있다.

---

70) Taipei Final Draft Convention, Article 1(1), 1(2), 1(5).

1. 보상만을 심사하는 현재의 청구위원회(Claims Commission)를 대체하여 적절한 판결을 할 수 있는 법적 체제가 시급히 필요하다는 것에 특히 비중을 두어야 한다.
2. 국제법적 방어 수단의 기본적 원칙으로서 판결(a sentence)이나 결정의 재정(an award of a decision)의 보장된 실행이 있어야 한다.
3. 분재해결에 적용할 법규가 미리 제정되어 있어야 한다.

그밖에도 동 회의에서는 재판소의 어떠한 결정도 피해자의 사회적, 문화적, 경제적 그리고 다른 조건들을 고려해야 한다는 주장도 제시하고 있다.[71]

또한 같은 해에 뮌헨에서 열렸던 국제 Colloquium에서의 결론중 하나에서도 제3자에 의한 강제적 해결이 궁극적으로 우주법상 분쟁해결의 필수적 방식이 될 것이라는 점을 강조하였다.[72] 그렇지만 이 경우 앞서의 논의에서도 여러 차례 드러났듯이 국가들은 현재 적용되는 규정에 관한 합리적 명확성이 있는 우주법 분야에서만 이 방식을 받아들여 질 것으로 예상되고 있다. 이는 우주법상 논쟁의 여지가 있는 경우에 있어서는 구속력있는 해결방식의 수용을 꺼리고 있다는 현 국제사회의 현실을 도외시할 수 없다는 점에 기인하는 것이다.

V. 결어

오늘날 우주에서의 활동은 날로 증가하고 있다. 따라서 우주개발과 탐사 및 이용에 관련하여 각국간에 이해관계의 충돌과 인적·물적 피해가 늘어날 가능성도 증대될 것임은 어렵지 않게 예상할 수 있는 문제이다.

특히 우주법상의 분쟁은 전문적, 기술적 성격을 띠고 있을 뿐만 아니라, 우주개발 기술이 발전된 선진국과 개발도상국가와의 이해관계의 차이가 매우 크다는 점에서 독특한 측면이 있다. 예컨대 미국과 러시아를 비롯하여 우주선진국들은 인공위성과 우주선, 우주정거장 등을 지속적으로 발사하고 있고 그러한 과정에서 경우에 따라 우주물체의 기능이 상실되어 인간들이 제어할 수 없는 우주파편으로 남아 지구로 낙하할 경우 인명과 재산상의 손해를 발생시킬 가능성이 높다. 이러한 손해에 대한 책임문제와 관련하여 실제로 분쟁이 발생하였을

71) Cocca, A.A., "The what Extent Are Future Procedures for the Settlement of Space Law Dispute considered Necessary?", in Böckstiegel, K.H., (ed.) Settlement of Space Law Disputes: The Present State of the Law and Perspectives of Future Development, 1980, p.139.
72) Gerandine Meishan Goh, op.cit., p.73.

경우 해양법 분야에서는 1982년 해양법 협약에 따라 분쟁해결절차에 관해 다양하고 상세히 규정하고 있다는 사실에 대비해 볼때 우주법 분야에는 이를 해결할 절차가 상당히 미약하다. 특히 Cosmos 954호 사건의 경우 두 관련국이 책임협약의 당사자임에도 불구하고 공식적으로 책임협약 절차에 의하지 않고 분쟁을 해결하였다. 이같은 점을 고려하면 우주활동과 관련된 분쟁해결절차의 보완과 관련우주법의 제정작업이 특히 요망되는 것이다.

전술한 분석들은 초기부터 우주와 관련된 평화적 분쟁해결이 다양한 법률 문서들에서 반복적으로 언급되었음을 보여준다. 또한 우주법을 포함한 국제법 안에서 분쟁의 평화적 해결을 위한 현 체계를 구체화하기 위한 노력도 지속적으로 진행되어왔다. 결정된 체계가 실질적 이용을 하는데 크게 기여하지는 못했을 지라도 이러한 체계들은 지금까지는 우주에서의 상당부분의 업무수행에 긍정적 역할을 한 측면도 있다. 그렇지만 장차 우주활동이 복잡하게 된다면 현 체계는 미래에 발생할 많은 분쟁들을 효과적으로 해결할 수는 없을 것이다. 국제우주법은 이와 관련하여 항공이나 해양과 관련한 다른 국제법과는 구별되는 특성이 있다. 다른 분야의 국제법에서는 국제적 입법이 실행되기 전에 국가의 규정과 내부의 관습이 그 토대를 닦아 온 경우가 많았다. 그에 비해 우주사업과 관련한 분쟁해결을 위한 조항들은 주로 국제법적 차원에서 시작되었다. 그러나 현재까지 채택된 방법론은 그렇게 하지 않았으면 법적 분쟁으로 이끌 수 있는 갈등을 최소화하거나 해결하는데 주력해 왔다. 이점은 국내법과는 달리 국제법은 법적절차에 의해서 자동적으로 강제하기가 어렵다는 사실에 기인하는 것이다.

이러한 사정을 감안해 본다면 전술한 국제법협회 제68차(1998)회기에서 채택된 Taipei 최종 협약초안은 좋은 참고가 될 수 있을 것이다. 그러나 여러 가지 이유로 인해 현재 각국들은 앞에서 살펴본 협약안을 선뜻 채택하려고 하지 않는다. 1967년 우주조약은 분쟁에 관한 특별한 해결책을 제시하고 있지는 않으나, 제3조 전반부에서 다음과 같이 규정하고 있다. 조약의 당사국은 국제평화와 안녕을 유지하고 국제적 협력과 이해를 증진시키기 위해 UN 헌장의 내용을 포함하여 국제법 원칙에 따라 우주공간과 달 기타 천체를 탐사해야 한다고 규정하고 있다. UN헌장의 이 정신에 따라 헌장 제33조에서는 다양한 해결책 즉 교섭, 심사, 중개, 조정, 중재, 사법적 해결, 지역기구에의 의뢰 등 선택할 수 있는 분쟁의 평화적 처리 방안을 제시하고 있다. 이러한 UN헌장상의 방법이 우주분쟁에서도 적용가능하리라고 보지만 새롭게 채택된 해양법의 분쟁해결 절차를 참고할 때 예컨대 달조약의 천연자원 탐사와 관련된 우주법에 있어서도 유사한 규칙이 발전될 수 있을 것이다. 달조약의 규정내용으로 인해 탐사가 가능하게 되었을 때 달의 천연자원 탐사를 통제할 국제기구 창설이 예견되며, 따라서 탐사와 이용에 관한 특별한 분쟁해결방안이 그러한

범위내에서 마련될 수 있으리라고 기대된다.[73)]

그런데 최근의 우주활동 증대에 대비하여 발생가능한 각종 분쟁을 평화적으로 해결할 방안이 절실히 요구되고 있는 상황이나 현재 우주 강대국 및 일부 우주력이 있는 국가들은 쉽게 분쟁해결기구 창설에 동의하지 않고 있음은 주지의 사실이다. 그렇지만 다른 국제법분야의 일반적인 준칙의 발전 및 분쟁해결기구 창설에서 보듯이 이제 머지않아 우주분야에서도 구체화된 분쟁해결체제가 성립되어야 할 것이며 아울러 지역적으로도 우주활동에 대한 1차적 분쟁이나 갈등해소 제도를 마련하는 것이 필요한 시점에 와 있다고 생각된다.[74)]

이 점에서 1998년의 Taipei에서 채택된 분쟁해결을 위한 ILA의 협약 초안은 각 영역별로 우주에서의 분쟁이나 갈등을 해소하기 위한 장치마련의 시금석으로서 커다란 진전으로 생각되며 이는 앞으로 추가적인 논의를 통해 우주분쟁 해결에 중요한 기반을 제공할 것으로 보인다. 또한 잠재적으로 분쟁발생 가능성이 높은 우주 활동국가들 가운데 특히 우주선진국들이 구속적인 분쟁해결 절차를 꺼려한다는 점은 앞서 논한 바 있는데, Taipei 협약초안에 의하면 그러한 실정을 감안하여 우주활동 과정에서 야기되는 분쟁을 선택에 따라서 해결할 수 있도록 여러 가지 분야별 국제 메카니즘을 마련하고 있다는 사실이 특기할 만하다. 즉, 당사자들은 이 협약을 서명하거나 비준 또는 가입할 때 동 협약의 해석이나 적용에 관한 문제를 해소하기 위한 방안 중 새로이 설립되도록 제안된 국제우주법재판소나 기존의 ICJ(국제사법재판소) 그리고 중재재판소 등 3가지 구속력 있는 절차 중에서 하나 또는 그 이상을 선택적으로 채택선언 할 수 있도록 하고 있는 바 이것은 지금까지의 우주활동에 따른 분쟁의 해결 절차에 비해 상당히 의미있는 규정을 두고 있는 것으로서 긍정적으로 평가된다. 또한 1999년의 UNISPACE-Ⅲ Technical Forum은 UN COPUOS와 UN Office of Outer Space Affairs가 다른 관련 국제적 단체들 즉 UNCITRAL뿐 아니라 특히 ITU, WTO 등과도 상호 연대와 조정을 증진시켜야 한다고 권고한 바 있다. 이러한 UN기구들은 우주활동과 우주의 상업적 이용의 확대와 관련하여 증가하는 법적 분쟁의 해결을 위한 효율적 도구를 마련할 계획을 수립하도록 요구받고 있다.

한편으로 이러한 추이를 감안하여 전술한 바와 같이 앞으로 동북아시아를 비롯해 각 지역적 분쟁해결기구의 창설도 적극 고려해 보아야 하며 나아가 우주활동의 특수성이나 전문성에

73) H. L. van Traa-Engelman, Commercial Utilization of Outer Space, Kluwer Academic Publishers, 1993, p.356-357.

74) 남미의 스페인어 사용국들 사이의 기구, Instituto Iberoamericano de Derecho Aeronautico y del Espacio y de la Avicion Comercial에서도 이미 우주 활동의 상업적 측면을 인식하게 되었고 그런 관점에서 동 기구에서는 분쟁해결 및 상업적 우주활동의 골격내에서 실질적인 논의을 시도한 바 있다. International Law Association, London Conference (2000), Space Law Committe Report 참조.

비추어 장차 국제적 합의에 기초하여 해양법 재판소의 예에 비추어 그것을 모델로 한 우주법 재판소의 설치, 운영을 차제에 적극적으로 고려해 보는 것이 타당할 것으로 사료된다.

결국 이제 미래의 분쟁해결은 '원시적인 분쟁해결방법'(jungle law)에서 객관적인 제3당사자에 의한 분쟁해결방향으로 이동해 가는 것이 필연적 추세라고 할 수 있을 것이고 이러한 제3당사자에 의한 해결방안은 절차적으로 중요한 것만이 아니라 국제적 분쟁해결방향의 바람직한 관행으로서 법의 질적 측면의 발전에도 심대한 영향을 미칠 것으로 보이는 바 이를 위한 국제사회의 지속적 노력이 필요하다.

참 고 문 헌

김두환, 일본의 발사장 실태조사를 통해 국내 우주센터 건설에 반영할 안전 확보 구축에 관한 사전 조사연구, 항공우주연구원 보고서, 2001.

김선이, "우주사고와 손해배상", 항공우주법학회지, 제16호, 2002.

박헌목, "우주에 있어서 천체의 탐사와 개발에 관한 소고", 경성법학, 제10호, 경성대학교 법학연구소, 2001. 10.

신성환, "국내 인공위성 발사에 따른 영공과 우주공간의 경계에 대한 항공·우주법적 고찰" 항공우주법학회지 제15호, 2002.

이영진, "달의 탐사와 이용에 관한 국제법적 규제", 법학연구, 제18권 1호, 2007.

______, "위성발사활동에 따르는 법적규제". 법학연구, 제14권, 2003.

山本草二, "宇宙開發", 去來社會と法, 現代法の 諸問題, 筑摩書房, 1975.

龍澤邦彦, 宇宙法 システム, 中央學院大學 地方自治硏究 センター, 2000.

Diederiks-Verschoor, I.h.Ph., "Legal Aspects Affecting Telecommunications Actives in Space", Telecommunications & Space Journal, vol.1, 1994.

Edelson, B.L. and Pelton, J,N., "Can Intelsat and Intersputnik cooperate?" Space Policy No.5, 1989

Kopal, V., "Evolution of the Main Principles of Space Law in the Institutional Framework of the United Nations", Journal of Space Law, Vol.12, 1984

TereKhov, A.D, "UN General Assembly Resolutions and Outer Space Law", 40 Proc. coll. Law of outer Space, 1997

Bruce A. Hurwitz, State Liability for Outer Space Activities in Accordance with the 1972 Convention on International Liability for Damage Caused by Space Objects, M. Nijhoff Pub., 1972,

Carl Q. Christol, The Modern International Law of Outer Space, Pergamon Press, 1984,

G. I, Tunkin, Theory of International Law

Gerandine Meishan Goh, Dispute Settlement in International Space Law, Martinus Nijhoff Publishers, Leiden, 2007

H. L. van Traa-Engelman, Commercial Utilization of Outer Space, Kluwer Academic Publishers, 1993

Jasentuliyana, N, International Space Law and the United Nations, A publication on the occasion of the Third United Nations Conference on the Exploration and and Peaceful Uses of Outer Space (UNISPACE Ⅲ), July 1999, Vienna, Austria.

N.M. Matte, Aerospace Law, Telecommunication, Satellites, Butterworths, 1982

Ogunsola O. Ogunbanwo, International Law and Outer Space Activities, M. Nijhoff, 1975

Pamela L. Meredith and George S. Robinson, Space Law : A Case Study for the Practitioner, M. Nijhoff Pub., 1992.

Constitution, International Law Association, http://www.ila-hg.org/html

Convention on the International Maritime Satellite Organization 1143 UNTS 105, 1976

ICJ Report, 1949

ILA Report of the 68th Conference Taipei, Republic of China, 1998

International Law Association, London Conference (2000), Space Law Committe Report

International Telecommunications Union, Final Acts of the Plenipotentiary Conference, Nice 1989

Legality of the Threat or Use of Nuclear weapons, Advisory Opinion, lCJ Rep, 1996

Military and Paramilitary Activities in and against Nicaraqua, ICJ Rep. [Merits]

Operating Agreement Relating to the International Telecommunications Satellite Organization, 523 UST 3813, TIAS No. 7532, 1971.

PCIJ, Series A, No. 12

Proceedings of the workshop on Space Law in the Twenty-First century, UNISPACE Techniacl Forum, July 1999

3. 우주폐기물과 지구 및 우주환경의 보호

이 영 진

I. 서론

일찍이 인간이 우주개발의 가능성을 시사해온 이후 20세기가 열리자 제정 러시아의 우주과학자 「콘스탄틴 치올코프스키」가 '반동추진을 이용한 우주탐험' 논문을 발표하면서 보다 과학적인 우주개발의 실증이 나타나기 시작하였다. 이후 50년이 지난 1957년에는 드디어 소련이 세계 최초로 Sputnik 1호 인공위성을 우주로 성공리에 발사함으로써 인류는 우주개척 100년, 우주시대의 개막 반세기를 맞이하게 되었다.

그로부터 다시 반세기가 지나는 동안 1969년 달표면에 인류의 역사적 거보를 내딛는 등 우주과학기술은 비약적인 발전을 이루어 왔고 이제 세계 각국은 우주를 상업적·평화적 목적뿐만 아니라, 군사적 목적으로도 이용하기 위하여 치열한 경쟁을 벌이고 있다. 또한 과거 미국, 소련을 중심으로 선진 강대국에 의해 독점적으로 행해지던 우주활동도 이제는 중국, 일본, 유럽 등의 새로운 우주강국을 비롯하여 개발도상국을 포함한 다수의 후발국가들도 우주 영역을 확보하고자 하는 각축전에 뛰어들고 있는 상황이다. 최근에는 우주왕복선을 운용하고, 우주정거장을 설치하며, 화성 및 기타의 천체에 우주 탐사위성을 발사하고, 레이저 등 우주전쟁 무기를 실용화하는 단계로까지 진전이 이루어져 왔음은 주지의 사실이다.

우리나라에서도 우주기술 개발의 역사는 미국과 러시아 등 선진국에 비해 40년 이상

뒤늦은 1990년대로부터 출발하였으나 21세기 들어서는 본격적으로 우주 개발 선진국 진입을 위한 국가우주개발 중장기계획(2000-2015)을 수립하는 한편 항공우주연구원을 중심으로 산,학,관 동체제하에 본격적인 우주개발을 추진하기 위한 이정표를 마련한 바 있다. 이를 발판으로 우리나라에 있어 가장 최근의 우주개발 족적은 역시 여러번의 실패와 연기 등 우여곡절을 겪으면서도 3번의 시도 끝에 나로우주센터에서 우리로켓인 나로호 발사체에 실어 과학위성의 발사에 성공하였다는 사실일 것이다. 나로호 발사과정에서는 2013년 1월 30일 16시 로켓의 발사성공 이후 위성의 궤도진입뿐만 아니라 다음날인 1월 31일 3시 27분 KAIST 지상국과 위성 간의 비콘 신호(Beacon, 응급신호발생기)수신까지 성공함으로써 이제 한국은 독자기술로 인공위성을 자국에서 쏘아 올려, 이른 바 Space Club에 가입한 11번째 국가가 되었다.

선후진국을 막론하고 발사장을 세워 독자적으로 위성을 쏘아 올린다는 것은 한편으로는 권리뿐만 아니라 우주의 탐사와 이용에 있어서의 책임도 더불어 감당해야하는 우주시대의 일원이 된다는 것을 의미하며 1990년대 이후 국제사회의 관심사가 되어온 우주윤리의 문제에도 관심을 가져야 한다는 과제를 공유하게 되는 것이다. 지난 반세기동안 세계 각국에서 쏘아올린 인공위성 등 각종 우주물체들로 인하여 우주환경을 오염시키는 우주폐기물이나 잔해들이 기하급수적으로 늘어나고 특히 지구궤도에 널린 수만 개 이상의 고장난 위성과 파편 쓰레기들은 우주관측과 위성 송수신에 오류를 일으키거나 우주정거장이나 위성 등 우주비행체와 충돌위험을 야기하고 있다. 예컨대 지난 2009년 2월 기능정지된 위성들인 미국 이리듐사의 통신위성 이리듐 33호와 러시아의 코스모스 2251호의 충돌은 수많은 파편과 더불어 현재도 운용중인 국제우주정거장(ISS)과 그 탑승우주인에게도 심각한 위협이 될 수 있으며[1] 또한 2007년 1월 중국에 의한 자국위성 파괴실험은 보다 커다란 우주의 남용 사례로서 우주의 안전을 저해한다는 점에서 국제적인 비난을 불러 일으켰다. 특히 최근에도 지난 2013년 11월 발사한 한국의 278억원짜리 과학기술위성 3호가 옛소련 위성 파편과 100m이내의 충돌위기를 가까스로 모면한 위험을 맞기도 한 바 있다.[2]

이렇듯 우주이용의 비약적 증대 및 각국의 이기적인 우주의 난개발 내지 남용으로 인한 국제사회의 우려가 높아지고 있는 가운데 일찍이 2000년 UNESCO 과학기술윤리위원회(COMEST)에서 “우주는 신화에서 꿈의 공간으로, 이제는 현실의 공간으로 바뀌고 있

---

1) Ram Jakhu, “Question of Liability in Cosmos 2251 and Iridium 33 Collision in Space”, 한국항공우주법학회 논문집, 2009. 10, pp.169~170.

2) 조선일보 2014년 9월 15일자.

다"는 상황을 강조하며 우주폐기물, 위성의 전자감시, 우주의 상업적 개발, 우주정보의 공개 등을 구체적으로 언급하면서 우주의 탐험과 개발은 모든 인류를 위해 자유롭게 이용되어야 한다는 기본 방향을 재확인한 <우주 정책윤리> 보고서를 발간했던 사실은 많은 시사점을 우리에게 던져주고 있다.[3)]

일반적으로 각종 우주비행체는 발사단계 혹은 궤도상에서 정상적 작동에 실패하거나 위성체의 수명이 다하는 경우도 대부분 우주공간에 버려지게 된다. 이런 관점에서 보면 인류의 우주개발 역사는 다양한 우주물체와 부산물로 지구와 우주환경에 일종의 쓰레기를 양산해온 그림자도 함께 드리우고 있는 것이다.

이와 관련하여 오늘날 국제사회에서는 각종 환경오염으로부터 지구상의 생물과 무생물을 포함하여 그들에게 악영향을 주는 생태계를 보호하고 규제함을 목적으로 하는 법의 총체로서 국제환경법이 국제법의 일부로서 정립해가고는 있으나 아직은 어디까지 그 범위에 포함시킬 수 있는 것인가에 관해서는 논란이 있는 것이 사실이고 합의에 도달하는데 까지는 앞으로도 상당한 시일이 소요될 것으로 본다.[4)] 넓은 의미에서 볼 때 우주활동으로 인해서 지구표면이나 대기 및 해양오염 등 다방면에 걸쳐 인간의 환경에 부정적인 영향을 끼칠 수 있는 것이므로 이점에서 지구상의 환경보호의 논의의 연장선상에서 우주환경 보호의 문제도 국제환경법 규범의 범주에 포함시킬 수 있을 것이다.[5)]

본고에서는 이상의 여러 상황들에 관한 문제의식을 바탕으로 특히 우주 폐기물 등 우주환경보호문제와 관련하여 커다란 파장을 불러일으킨 2007년 중국의 의도적 위성 파괴 실험을 중점적으로 분석해 보면서 우주 폐기물과 관련된 법적 문제와 우주활동으로 인한 우주공간의 환경문제 등에 관한 국제적 대처 특히 UN의 활동과 성과 등을 중심으로 논의를 해 보고자 한다.

---

3) 한겨레 2003년 6월 11자.
4) Alexandre C. Kiss and Dinah Shelton, International Environmental Law, 2nd ed, 2000, p.1.
5) 이영진, "우주에서의 환경오염 방지를 위한 국제법적 규제", 항공우주법학회지, 제24권 1호, 2009, p.156.

II. 우주폐기물의 개념 및 현황

1. 개념 및 유형

우주폐기물이란 지구궤도에 떠돌고 있거나 대기권에 재진입하는, 기능이 정지된 각종 인공의 물체와 그 파편 및 부품 등을 의미한다.[6] 이러한 폐기물은 다양한 요인으로 발생하게 되는데 우주비행사나 승무원들이 고의적으로 버리거나 혹은 부주의로 흘린 물건, 우주비행체로부터 분리된 로켓상단동체나 위성렌즈 보호용 캡 및 위성 덮개 등은 물론이고 발사과정에서 떨어져 관련부품들, 충돌이나 의도적 파괴로 발생한 잔해, 기능이 정지되어 방치하거나 수명이 다한 위성, 나아가 고체연료에서 배출되는 그으름이나 로켓 및 위성의 페인트 조각 등에 이르기까지 이들이 대표적인 우주폐기물이라 할 수 있을 것이다. 이상의 우주 잔류물들이 영구적으로 지구 궤도를 선회하는 것은 아니나 만유인력이 그 물체들을 지구의 대기권으로 끌어들이기 전까지는 지구궤도에 잔존해 있게 되며 이것들은 인간의 우주활동에 위협을 가하는 주요 원인으로 작용하고 있다는 점을 주목할 필요가 있다. 폐기물들은 대체로 알미늄 재질이 많아 지구로 재진입할 때 대기권을 통과하면서 마찰열에 의해 90% 정도는 연소되어 버리지만 나머지의 잔해가 지표면에 추락하는 경우도 종종 있는 바 지난 45년 사이에 평균적으로 하루에 하나의 등록된 우주폐기물이 지구로 재진입하였다는 통계도 있다.[7] 이러한 관점에서 문제가 되는 우주의 인공 잔류물들은 그 진행상태나 끼치는 영향에 의거하여 지구표면에 추락하는 잔해, 지구궤도상의 다른 우주물체와 충돌하는 잔해, 통신과 원격탐사 등을 방해하는 잔해 등으로 구분하기도 하고 그것들이 지구궤도에 존재하는 형태에 따라 비활성 잔해, 활성잔해, 파쇄잔해, 미세잔해 등 4가지 구분 방식을 취하기도 하며[8] 잔류물의 발생원인(sources)에 따라 궤도상의 크고 작은 폭발이나 충돌로 인한 잔해, 분실되거나 혹은 버린 장비들로 인한 잔해, 로켓발사과정에서 발생하는 부스터(boosters) 등에 의해 야기되는 잔해 등을 들 수 있는데 이 또한 심각한 위험요인중의 하나이며 실제로 아리안(Ariane)) 발사체로 인해 우려했던 사고가 발생한 사실도 있다.[9]

---

6) IADC Space Debris Mitigation Guidelines 02-01(2007 개정).

7) 정찬모, “우주폐기물의 논의 동향 및 우리나라의 대응방향”, 국제법 동향과 실무, Vol.8, No.1·2, 2009, p.32.

8) Robert C. Bird, “Procedural Challenges to Environmental Regulation of Space Debris”, 40 American Business Law Journal, 2003 Spring, p.638.

9) Sourabh Kaushal, Nishant Arora, “Space Debris and Its Mitigation”, SPACE FUTURE,

이처럼 우주폐기물 문제가 1980년대 이후부터는 본격적인 우주환경 문제로 인식되기 시작하였던 바 이 우주폐기물의 경우 우주쓰레기, 우주잔해, 우주파편 등 현재 논자에 따라 다양한 용어로 각각의 단어가 주로 그 발생 원인에 따라 뉘앙스가 있고 아직 공식적인 용어의 통일이 이루어지지 않은 관계로 본 논문에서는 원칙적으로 우주 폐기물로 사용하되 발생원인 등 사항에 따라 부분적으로 혼용하기로 하고 통칭하는 의미로는 우주잔류물(Space Debris)이란 명칭을 사용하고자 한다.

2. 우주폐기물 현황개요

미국의 국방성이 운영하고 있는 우주관찰 네트워크(SSN)는 지구저궤도를 도는 우주물체의 경우 지름 5cm까지, 지구정지궤도의 경우는 지름 30cm정도까지 물체의 윤곽과 이동방향 및 속도를 거의 정확하게 확인, 추적하고 있으며 이를 목록화하여 대외적으로 공표하고 있다. 동 SSN에 따르면 우주물체의 수는 2006년 9,948개, 2007년 말에는 12,456개로 증가하였고, 2010년에는 15,090개로 해마다 커다란 증가추세를 보이고 있다. 이 가운데 약 7%정도만이 정상적으로 작동하는 위성 등 우주물체이고 그밖에 나머지 절대 다수가 우주를 떠도는 각종 우주잔류물들이다.[10] 특히 2007년 이후 우주파편이 대폭 늘어나게 된 이유는 바로 중국이 2007년 1월 중거리 탄도탄미사일의 요격을 통해 ASAT실험을 행하여 자국위성을 파괴한 부산물의 결과이다. 당시 SSN은 2008년 2월에 앞서의 실험에서 발생한 우주폐기물 2,317개를 새로이 목록화한 바 있다.[11]

SSN에서 추적이 되지 않는 작은 우주폐기물은 측정기관에 따라 차이가 나긴 하나 지름 1-10cm 정도 크기의 물체가 약 30만 개 정도가 존재하며 보다 미세한 물체의 경우는 수십억 개가 지구저궤도에 밀집되어 떠돌고 있는 것으로 알려져 있다. 이들은 그 크기가 작지만 초속 수 km이상 최고 제1 우주속도(초속 8km)의 빠른 속도로 움직이기 때문에 이와 충돌하는 우주 비행체는 심각한 피해를 당할 수 있다. 그나마 1cm 미만의 미세한 잔류물은 우주비행체를 보다 견고히 제작해 나감으로써 어느 정도 대응이 가능하다고 하고 또 10cm 이상 물체의 경우 목록화된 SSN 정보에 의거해서 지상관제나 조종 등으로 궤도를 수정하여 충돌을 회피할 수도 있다고 보지만 문제는 전술한 바 탐지나 대처가 불가능한 중간 크기의 물체들이 지구궤도에서 고속으로 돌고 있다는 사실로 인한 위험에

2010, pp.2~3.

10) 西井 正弘,臼杵 知史 編, テキスト國際環境法, 박덕영, 오미영 역, 2013, p.328.

11) Space Security 2008, Project Ploughshares, 2008, p.29.

제대로 대응할 방법이 마땅히 없다는 데에 있다고 볼 수 있다.[12]

통상적으로 우주공간은 광대무변하여 그 크기에 비해서는 위성이나 우주비행체의 수는 압도적으로 적으므로 그 충돌의 위험은 그리 높지 않다는 주장도 있고 실제로 그 피해 사례가 극히 적은 것은 사실이다. 그러나 앞서 우리나라의 과학기술위성 3호가 가까스로 충돌위험을 모면한 사례에서 보듯이 다양한 목적의 우주개발이 가속화되어 가고 있는데다가 최근에 와서는 인위적인 우주폐기물의 양산 등과 관련하여 그러한 우주폐기물의 발생추세는 머지않은 미래에 이 문제가 인간의 우주활동에 커다란 걸림돌이 될 조짐을 보이고 있다. 실제로 예컨대 미국의 우주왕복선들도 여러 차례 1mm 안팎의 우주파편과의 충돌로 인해 유리창을 많은 비용을 들여 교체한 바도 있고 1997년에는 미국 오클라호마에서 한 여성이 추락하는 우주물체에 맞은 사실이 있었으나 크게 다치지는 않은 것으로 밝혀졌다.[13] 위성이나 우주정거장 같은 우주물체들은 1cm 정도의 우주폐기물과의 충돌에는 견딜 수 있도록 설계되어 있다고는 하나 작은 파편조각이라도 우주비행체 외부에 장착되어 있는 태양전지판이나 카메라 렌즈, 망원경 반사체 등에 충돌하여 파괴되거나 오작동을 일으킬 수 있는 것이다. 이러한 문제점들은 특히 우주공간의 탐사와 이용과정에서 위성의 운용에 적합한 지구궤도는 방송, 통신이나 지구관측, 정찰, 군사적 이용, 기산관측 등 각각의 목적에 따라 이용하는 궤도가 한정되어 있기 때문에 일정한 궤도에 위성의 배치가 집중될 수 밖에 없다는 사실과도 관련이 있다. 지상 약 400km 정도의 궤도가 적합한 국제우주정거장의 경우 SSN의 정보에 의거하여 최근 우주 폐기물과의 충돌을 피하기 위해 1-2년 간격으로 그 궤도를 수정하기도 하였는데 특히 2009년에는 이 같은 궤도 변경을 3차례나 시도하였다.[14] 이는 우주폐기물의 증가추세가 현실화 되고 있음을 나타내는 증좌라고 할 수 있을 것이다.

실제로 우주환경이나 폐기물에 관한 문제들이 상당기간동안 과학적 연구와 논의의 대상이 되어온 것은 사실이나 주지하다시피 우주개발의 초기단계에서는 우주활동을 위한 기본 규칙제정을 위한 법적 성격의 규명이나 우주탐사와 이용에 필요한 기준을 마련하는데 주안점을 두어왔다. 따라서 결과적으로 우주활동과정에서 야기될지 모르는 환경훼손의 문제나 위험요소들은 국제우주법의 발전이라는 맥락에서도 우선순위에서 밀렸다는 사실을 지적하지 않을 수 없다. 그러나 우주의 상업적 이용이 본격화되고 우주여행과 같은 개인적 우주 여행이나 관광이 활성화되기 시작했다는 사실과 지금까지 우주폐기물이 우

---

12) 西井 正弘,臼杵 知史 編, op.cit., p.329.

13) 정찬모, op.cit., p.32.

14) NASA, Orbital Debris Quarterly News, Vol.14, No.1, 2010, p.2.

주활동의 양적인 증가와 더불어 늘어났다는 시각외에도 임무실패나 상호 충돌 및 고의적인 파괴나 폭발 등으로 인해 기하급수적으로 증가하고 있다는 사실을 고려할 때 과거에는 뒷전에 밀렸던 우주폐기물 양산에 따른 안전 문제가 차츰 우선적 관심의 대상으로 부각되고 있는 바 이러한 추세는 최근의 UN이나 EU 행동규범 등 갖가지 국제협력과 규범화차원의 노력들을 통해 확인할 수 있을 것이다. 이런 관점에서 이하에서는 최근 중국에 의한 위성파괴와 관련한 적법성 여하와 국제사회의 우주폐기물에 대한 경감 등 대응 노력과 과제 등을 살펴보고자 한다.

III. 중국에 의한 위성파괴와 우주법규범

1. 사건의 개요

2007년 1월 11일 중국은 중거리 탄도 미사일(a kinetic kill vehicle)에 탑재한 무기로 자국의 인공위성 '풍운1C'[15]을 폭파했다. 풍운1C가 폭파된 것은 고도 865km이며, 초속 8km이상의 속도로 충돌이 일어나 위성은 완전히 파괴되었고 그 폭발로 인한 파편은 200~4000km 고도까지 확산되었다.[16] 이 충격에 따라 수많은 우주폐기물이 발생하였음은 물론이다. 이와 관련하여 당시 미국이나 일본을 포함하여 세계 각국에서 많은 비판이 일었고 이 문제에 대한 국제사회의 관심이 높다는 것을 엿볼 수 있었다. 이는 한편으로 1987년 이래 미국과 구소련이 합의한 위성격추 무기의 실험유예 원칙의 근간을 흔들리게 할 수 있는 일로써 이는 향후 지구 저궤도의 우주 폐기물을 20% 증가시키는 처사일 뿐만 아니라 역사상 단시간에 가장 커다란 우주폐기물의 증대를 초래했다고 평가되며 앞으로 적어도 수십년 이상 우주활동을 위협한다는 문제를 야기한다고 지적되고 있다.[17]

이 실험에 대해 중국은 사전에 어떠한 국제기관이나 국가에도 연락이나 통고를 하지 않았고 실험 후에도 얼마간 공식적인 발표를 하지 않았다. 나중에 중국 측은 이 실험에 대해 어떤 국가를 향한 것도 아니고 어떤 국가에게도 위협이 아니라며 우주공간을 평화적으로 이용한 것이라는 사실을 강조한 바 있다.

15) UN 사무총장에 등록된 이 위성에 관한 내용에 대해서는 다음의 관련 문서를 참조. UN Doc. ST/SG/SER. E/359, 24 August 1999, p.3.

16) NASA, Orbital Debris Quarterly News, Vol.11, Issue 3, July 2007, p.3.

17) Setsuko Aoki, "Space Arms Control: The Challenge and Alternatives", Japanese Yearbook of International Law, No.52, 2009, p.211.

이와 같은 상황에서 대량의 우주폐기물을 발생시킨 이번의 행위가 국제법 특히 우주조약에 위반되는가라는 관점에서 논한 사람은 거의 없었던 것으로 보인다. 우주폐기물은 앞에서 본 바와 같이 중대한 문제라고 주장되고 있음에도 불구하고 여전히 증가하고 있으며 특정 궤도를 이용할 수 없게 되는 캐스케이드 효과(cascade effect)도 우려되고 있다.[18] 이제 우주공간의 상업적 이용이 앞으로 더욱 증가할 것이므로 이러한 문제의 중요성도 더 높아지고 있다는 것은 자명하다. 물론 과거에 미국이나 소련도 ASAT(Anti-Satellite) 실험을 한 적이 있었던 것은 사실이나 이와 관련하여 군사적 측면을 포함하여 기존의 우주조약에 위반한 행위라는 항의는 별반 없었고 이번 실험도 마찬가지로 위법이 아니라는 일반적 시각이 있다는 것도 부인하기 어렵다. 그러나 현재는 당시에 비해 우주폐기물에 관한 연구도 비약적으로 진보하여 그 위험성에 대한 인식도 훨씬 높아졌고 이와 같은 상황에서 대량의 우주폐기물을 발생시킨 이번 행위를 종래와 동일하게 해석하여 단순히 위법이 아니라고 치부해 버리기에는 상당한 문제가 있다.

본고에서는 이번 중국에 의한 자국위성의 폭파실험이 기존의 국제우주법 규범, 특히 우주조약(달과 기타 천체를 포함한 우주공간의 탐사 및 이용에서의 국가활동에 대한 원칙에 관한 조약)에 위반되는지 여부에 대해 검토해 보고 동 파괴실험이후 개최된 UN COPUOS 과학기술소위원회에서 우주폐기물 경감에 관한 가이드라인이 UN에서 최초로 해석된 바 있으므로 이와 관련하여 UN의 동향 및 가이드라인의 내용을 평가해 보고 그 특징과 앞으로의 과제에 대해서도 언급해 보고자 한다.

2. 의도적인 위성 파괴의 위법성

(1) 서언

일반적으로 우주물체를 인위적으로 파괴시키는 경우는 다음의 3가지 정도의 의도를 가진 것으로 생각할 수 있다.[19] 첫째, 위성을 지구에 재돌입시킬 때 안전을 도모하기 위한 하나의 선택이다. 둘째, 탑재물의 기밀을 유지하기 위한 목적이 게재되어 있다. 이것은 원

18) 발견자의 이름을 따서 케슬러 신드롬이라 불리기도 한다. space debris의 밀도가 어느 값을 넘으면 이후 새로운 발사를 하지 않아도 서로 충돌함에 따라 space debris의 수가 자동적으로 증가하는 현상을 말한다.

19) 加藤明, "space debris 發生防止技術と宇宙機の 設計標準", 計測と制御, 第41卷 第8号, 2002, p.570. 또한 IAA의 설명에 따르면 의도적인 파괴는 대체로 국가의 안전보장에 관련된 것이라 생각된다고 언급하고 있다. 실제로도 그 대부분이 국가의 기밀유지를 위한 폭파일 가능성이 높은 것으로 판단된다.

래의 착륙과정에서 예정한 바대로 정식적인 재돌입이 불가능해진 경우, 자국의 정찰위성이 비우호국에게 회수되는 경우를 대비하여 국가기밀에 관한 정보를 빼앗기지 않기 위한 수단으로 행해진다.[20] 셋째, 군사실험이다. ASAT 실험에서 볼 수 있듯이 군사실험의 일환으로서 지상에서 미사일을 발사하여 위성을 파괴하는 일이 전부터 행해지고 있었다. 이와 같이 의도적인 위성 파괴는 각국의 이익을 고려하여 안전 도모를 위해 행해지는 것과 자국의 안보 등 국가이익을 위해 행해지는 것으로 나눌 수 있다.

과거에 의도적으로 우주물체를 파괴하는 것은 우주폐기물을 발생시키는 가장 큰 원인이었으며 이와 같은 행위에 대해서도 각국에서 큰 반발이 없이 묵인되어 온 경향이 있었다. 그러나 동 문제는 1994년 UN COPUOS 과학기술소위원회에서도 정식 의제가 되어 논의를 진행하는 등 우주폐기물 문제에 대한 관심이 점차 높아지게 되었다. 이런 분위기에 힘입어 1997년 이후부터 의도적인 파괴는 거의 행해지지 않았고 그 비율도 감소하는 추세에 있으며 현재는 로켓추진 과정이 가장 큰 발생 원인을 제공하고 있는 것으로 보인다. 이것은 의도적으로 위성을 파괴함으로써 우주폐기물을 불필요하게 양산시켜서는 안 된다는 인식이 각국에 어느 정도 침투되었다는 사실을 보여주는 것이라 할 수 있다.

(2) 우주공간 자유의 원칙 위반문제

의도적인 파괴의 위법성을 논하는데 있어서, 우주조약에서의 관련 규정은 제1조이다. 동 조약 제1조는 우주공간자유의 원칙을 규정하고 있다. 이 원칙에 따라 모든 국가는 자유롭게 우주공간을 이용할 수 있다. 그러나 이것은 절대적인 권리가 아니라 권리의 행사가 국가의 국제의무위반을 일으키거나 주어진 목적 이외에 행사하는 경우는 원칙의 남용이 될 수 있다.[21] 따라서 위성을 파괴하는 행위는 우주활동의 자유로 인정되는 권리인가, 아니면 목적을 벗어난 권리의 남용인가를 검토해 볼 필요가 있다. 우주활동자유의 원칙에는 일반적으로 다음 3가지 정도의 기본전제가 존재한다고 본다. 첫째, 모든 국가의 이익을 위해 행해져야 한다는 것, 둘째, 타국의 이익을 존중해야 한다는 것, 셋째, 국제법에 따라 행하여야 한다는 것이다. 그러므로 적어도 이들에 반하는 행위는 우주활동자유의 원칙의 남용으로 볼 소지가 있다.[22]

첫째의 전제는 우주조약에서 달과 기타 천체를 포함한 우주공간의 탐사 및 이용은 모

20) Howard A. Baker, Space Debris: Legal and Policy Implications, 1989, p.5.

21) 龍澤邦彦, 宇宙法 システム, 中央學院大學 地方自治研究センター, 丸善プラネット, 2000, p.62.

22) 池田文雄, "宇宙天體條約の 基本構造", 國際法外交雜誌 第67卷 第1号, 1968, pp13~14.

든 국가의 이익을 위해 … 행해지는 것이며, 전인류에 인정되는 활동분야라는 점을 명시하고 있다는 사실에 기반을 두고 있다. 이 규정은 어떠한 우주활동도 발사국만의 이익을 위한 것이 아니라 모든 국가의 이익을 위해 행해져야 한다는 것을 나타내고 있다.[23] 여기서 우주활동은 일반적인 유익성을 가질 필요가 있다는 것을 전제로 하고 있다고 생각되는데 우주활동을 할 경우, 거기에는 자국의 이익뿐 아니라 다소 일반적인 유익성이 요구되며, 그것이 인정되지 않는 활동은 우주조약의 원 취지에 반한다는 생각이다. 본건에 있어서 위성의 의도적 파괴는 우주폐기물의 수를 대폭적으로 증가시켰을 뿐 아니라 특히 충돌빈도가 높은 궤도상이라는 점을 고려하면 타인의 자유로운 이용을 잠재적으로 상당히 저해한다는 점에서 문제가 된다는 사실을 부정할 수 없다. 이후 원자로를 탑재한 위성과 충돌하여 2차 재해를 일으킬 위험도 있었다. 실제로 충돌에 따른 손해가 발생하지 않았다 하더라도 타인의 이용을 저해할 가능성이 높다면 이번 폭파는 우주공간자유의 남용이라고 평가할 수 있을 것이다.

두번째 타국의 이익 존중의 의무는 제9조에 기초한다. 제1문은 앞서 제1조와 제3조에서 설명한 모든 국가의 이익을 위해 우주공간을 탐사 및 이용하는 경우의 국제협력의 원칙을 바꿔 말한 것이다. 타국의 이익을 상당히 고려한다는 이 원칙을 이행하는 것이 제9조 제2문에서 제4문의 규정이라고 볼 수 있다.[24] 즉, 제9조 제1문에서 규정한 '국제협력의 원칙'과 '타국의 이익존중의 원칙'의 구체적인 행사형태가 제2문에서 제4문에서 규정한 내용이며 그런 점에서 무제한으로 이들 원칙을 확장할 수는 없는 것으로 생각된다.

그런데 여기에서 문제는 기존에도 다수 행해졌던 의도적인 위성파괴와 이번의 그것을 명확히 구별하는 기준을 이 규정만 가지고 유도할 수 있을 것인가 하는 점이다. 엄격하게 어떤 고도에서 어느 정도 양의 우주폐기물이 발생하고 그것이 어느 정도의 기간에 걸쳐 지구의 주변궤도상을 선회하면 남용이 된다는 명확한 기준이 존재하지 않는다는 한계가 존재하는 것이다.

이와 같이 우주공간자유의 원칙의 남용이 인정되는 경우는 매우 제한적으로 신중히 판단해야할 사안일 것이나 기본적으로는 우주조약 내의 다른 규정에 반하는 행위는 남용으로 봐야할 것으로 판단된다. 따라서 생각컨대 일반적으로 다른 이용자를 배제하거나 피해를 야기할 수 있는 방법으로 우주공간을 이용하는 것은 우주공간자유의 원칙에 반한다고 할 것이다.

---

23) The Outer space Treaty, Art. 1.
24) The Outer space Treaty, Art. 9.

3. 우주폐기물과 우주환경문제

인공위성을 고의적으로 파괴함에 따라 많은 우주폐기물이 발생하게 된 것은 우주공간의 환경문제 관점에서는 어떻게 평가되는가? 우주조약의 기초단계인 1960년대에도 우주폐기물 문제는 일부에서 그 위험성이 제기되고 있었으나 지금처럼 중요한 문제라고는 인식되고 있지는 않았다. 우주조약에도 우주폐기물이라는 단어는 없고 그것을 규제하는 것을 목적으로 한 조항도 찾아볼 수 없다. 그러므로 이 문제와 관련해서는 많은 학자들이 우주환경의 오염을 다룬 우주조약 제9조에서 이 문제를 해결할 여지가 있는지 모색하고 있다. 동 조항은 다음과 같이 규정하고 있다.

> 「조약의 당사국은 달과 기타 천체를 포함한 우주공간의 유해한 오염 및 지구외물질의 도입으로부터 발생하는 지구환경의 악화를 피하도록 달과 기타 천체를 포함한 우주공간의 연구 및 탐사를 실시하고, 필요한 경우 이 목적을 위한 적절한 조치를 채택하여야 한다.」[25]

이 제2 단락은 우주공간에서는 유해한 오염을, 지구의 경우는 지구외물질의 도입에 의한 환경의 악화를 각각 피하는 것을 체약국에 요구하고 있다. 우주폐기물은 대체로 지구상에서 발사한 물체에 기인하는 것으로 이를 지구외 물질로 간주할 수는 없을 것이다.[26] 따라서 여기서는 우주폐기물을 오염물질이라 할 수 있는 것인가와 그리고 유해한 오염에서 말하는 '유해'의 판단기준에 대해 논란이 될 수 있다. 첫번째 논점에 대해 ILA(국제법협회)는 일단 우주폐기물은 오염물질이 아니라는 입장을 보이고 있지만[27] 학설에서는 견해가 나뉘고 있는 것으로 보인다. UN 우주공간평화이용위원회에서도 우주폐기물이 오염물질인지에 대한 명확한 입장을 보이지 않고 있어 앞으로의 논의를 기대할 수밖에 없다. 현재의 논의상황에서 보면 우주공간에 대량의 파편이 떠다니는 것에 대해 이것을 명백히 오염이라고 평가하기는 어려울 것으로 생각된다. 그러나 NASA의 폐기물계획사무국(The NASA Orbital Debris Program Office)에서는 중국이 실시한 지난번 실험에 의해 발생한 우주폐기물구름은 지구주변의 저고도궤도에서 지난 50년간 발생한 유일하고 최악의 오염(contamination)이었다고 평가했다.[28]

---

25) The Outer space Treaty, Art. 9 para.2.

26) 松掛 暢, 'スペスデブリに對する宇宙關聯條約の適用可能性', 法學雜誌 第51卷 第2号, 2004, pp.48~49.

27) ILA, International Instrument on the Protection of the Environment from Damage Caused by Space Debris, Art. 1 (b), at http://www.uni-koeln.de/jur-fak/instluft/draft3.html.

우주조약 제9조 제2 단락에서 그 대상으로 삼는 것은 '유해한 오염'이다. '유해한'이라는 말은 오염이 각각 유해하다는 사실을 강조하기 위한 것이 아니라 유해한 오염과 유해하지 않은 오염을 구별하기 위한 것이라고 생각되어 진다. 따라서 저번의 위성파괴로 발생한 우주폐기물구름이 오염이라고 평가하는 것이 가능하다고 해도 그것이 단순한 오염에 지나지 않을 경우에는 본 조항의 적용대상이 되지 않을 것이다. 따라서 '유해한'이라는 말이 무엇을 의미하는지를 명확히 해둘 필요가 있다. 학설에 따라 예컨대 Cocca의 경우 우주공간 및 천체가 지금까지 전혀 오염되어 있지 않았으므로 그것을 보존하기 위해서는 모든 노력을 기울여야 하며, 그 기준은 극도로 엄격한 것이어야 한다고 주장하였다.[29] 이것은 우주환경의 보호를 중시하는 입장에 속하는 것이며, 이 경우 오염이라고 인정된 경우는 대부분 '유해한 오염'으로 분류될 가능성이 높게 될 것이다. 이에 대해 우주공간에서 인류가 장래에 행하는 활동 및 실험에 악영향을 줄 수 있는 오염이라야 유해하다고 인정하는 학자도 있다.[30] 이들은 인류의 실제적인 활동을 기준으로 한 입장이라 할 수 있다.

요컨대 '유해한 오염'여부에 대해 아직도 충분한 논의를 거쳤다고 보기는 어려울 것 같고 그런 맥락에서 이번 위성파괴 실험에 의해 발생한 폐기물구름이 제9조 제2문의 적용대상이 되는지에 대해서는 여전히 견해가 엇갈리고 있다. 다만 폐기물구름을 오염이라고 판단한 최근 NASA 폐기물계획사무국의 평가를 참고하고 그리고 지구저궤도의 폐기물은 20%이상 증가시키고 길게는 수백년까지의 기간에 걸쳐 지구주변의 궤도상을 선회하며 우주활동을 위협할 것이라는 예상을 하고 있다는 관점에서 보면 이번 중국의 위성파괴 실험에 의해 '유해한 오염'이 일어났다고 해석하는 것이 가능하지 않을까하고 생각된다.

그런 관점에서 즉, 유해한 오염을 일으키고, '필요한 경우'라고 인정된다면 각 체약국은 조약 제9조에 의거하여 적절한 조치를 강구해야 할 것이다. 그런데 여기서의 '필요한 경우'란 어떤 경우를 말하는 것인가, 그리고 '적절한 조치'란 어떤 조치인가에 대해서는 조약규정에서 침묵하고 있다. 이에 대해 학설상에서는 여러 가지 견해가 나오고 있다. 우선 '적절한 조치'에 대해 Gorove는 언제, 어떤 경우에 필요한 조치가 요구되는지를 체약국이 각자 결정해야 한다는 견해를 제시하였다.[31] 마찬가지로 Baker도 제9조의 조문규정상으로는 체약국의 주관적 판단에 맡겨 있다고 명기되어 있지는 않지만 국제적 협의에서 요구되는 '상당한 이유'의 요건을 고려하면 객관적인 기준을 설정하는 것은 적절하지 않다

---

28) NASA, Orbital Debris Quarterly News, Vol.11, Issue 3, July 2007, p.2.

29) Report by Maureen Williams, "International Space Committee," in The International Law Association, Report of the 64th Conference, 1991, p.158.

30) Ibidem, p.158. and Howard A. Baker, supra note 20), p.95.

31) Report by Maureen Williams, supra note 29), p.161.

고 하였다.[32] 그렇다면 여기서 주관적 판단을 기준으로 하여 실제로 적절한 조치가 취해지지 않았다 할지라도 그것이 중국이 자국의 판단에 기초한 것인 한 이것이 조약에 반드시 위반된 것은 아니라고 할 수밖에 없다는 문제가 있다. 그러나 이 실험과 관련하여 국제사회의 관심과 인식이 높아져있고 이미 잠재적 위험성을 지지고 떠다니는 우주폐기물의 양과 사용 빈도수가 높은 궤도에서의 폐기물 확산을 고려해 본다면 이미 '필요한 경우'라고 판단해야 될 개연성이 크다. 필요한 경우의 요건을 만족했다고 하면 '적절한 조치'를 취할 의무가 발생한다. 그 구체적인 내용에 대해 예를 들어 적절한 국내적 조치를 취하는 것을 의미한다는 견해가 있다.[33] 조약규정 속에 명기되어 있지 않은 이상 어떤 조치를 강구해야 하는지는 각국에 맡겨져 있다고 해석해야 한다. 그러나 우주폐기물과 관련하여 말하자면 이제 각국의 완전한 자유재량으로 결정할 수 있는 사안은 아니다. 이미 우주폐기물의 경감을 목적으로 한 IADC(국제기관간 우주폐기물 조정위원회, 이하 IADC로 칭함) 가이드라인[34]이 작성된 바 있으므로 이것이 강구해야 할 조치인 것으로 봐야 할 것이다. '적절한 조치'에 기초한 것은 아니지만 실제로 국내 기관을 통해 IADC 가이드라인에 따른 우주폐기물의 경감조치를 이행하고 있는 국가도 있다는 사실이 중요한 시사가 될 것이다.[35]

동 가이드라인에서는 의도적인 파괴실험을 하는 경우라 할지라도 우주폐기물이 장기간 궤도상에 남지 않을 수 있는 낮은 고도에서 행하는 것을 권장하고 있다.[36] 중국은 IADC에 참가하고 있으므로 이와 상응하는 적절한 조치를 취해야 하며 그런 점에서 가이드라인에 위반했다는 평가도 가능할 것이다. 그러나 문제는 장기간이 어느 정도의 시간을 요하는 것인지, 어느 정도의 고도까지가 낮은 고도인지에 대한 구체적인 기준이 나와 있지 않은 만큼 중국이 '적절한 조치'를 취하지 않았다고 해석하는 것에 대해서는 보다 신중한 판단이 요구된다.

32) Howard A. Baker, supra note 20), p.98.
33) Report by Maureen Williams, supra note 29), p.160.
34) Inter-Agency Space Debris Coordination Committee, "IADC Space Debris Mitigation Guidelines," U.N. Doc. A/AC. 105/C.1/L.260, 29 November 2002, [hereinafter IADC Guidelines]
35) Report of the Scientific and Technical Subcommittee on its forty-fourth session, U.N. Doc. A/AC/ 105/890, 6 March 2007, para. 90.
36) IADC Space Debris Mitigation Guidelines, 5.2.3.

4. 우주공간의 군사적 이용과 위성 파괴

중국이 실시한 위성파괴가 우주폐기물을 양산한 군사실험이었다는 것은 부인할 수 없는 사실이다. 따라서 동 파괴 실험과 관련하여 우주조약에는 ASAT를 금지하는 규정은 없는지, 우주공간의 군사적 이용은 허용되는지의 문제도 함께 검토해볼 필요가 있다. 전자에 대해 우주조약에는 일정 무기의 배치를 금지하는 규정이 있고 이는 핵무기 및 그 밖에 모든 종류의 대량파괴무기를 운반하는 물체를 지구주변 궤도에 배치하지 않는다는 내용을 담고 있다.[37] 이번 실험에서 핵무기는 탑재되지 않은 것으로 판단된다. 따라서 ASAT를 '대량파괴무기'로 볼 수 없다면 이 규정에 위반한다고 해석할 수는 없을 것이다. 일반적으로 대량파괴무기의 파괴효과는 '대량'의 정도와 '파괴'의 성질과 범위에 관련된다는 것은 명확하고, 광범위하게 사망자나 중상자를 발생시키는지 또는 무차별적이고 중대한 손해를 포함한 대규모 황폐를 일으키는 중대한 것이어야 한다. 이런 점에서 일반적으로 ASAT는 '대량파괴무기'로 간주되지 않는다. 이번 실험도 지상에서 탄도미사일을 쏘아 1대의 인공위성을 파괴한 것에 지나지 않는다. 이것을 '대량파괴무기'로 해석하는 데는 분명 무리가 있다. 단, 대량파괴병기의 능력은 기술의 진보와 그것이 사용되는 상황과 환경에 따라 평가되어야 한다. 위성을 파괴함으로써 발생한 우주폐기물을 이용하여 그 주변의 우주물체를 무차별적이고 대량으로 파괴하는 것이 가능하다면 그것은 또 다른 부류의 대량파괴무기로 간주될 여지가 있다고 생각되지만 이것은 별개의 문제로 다루어야 할 것이다. 각 국가의 인식도 ASAT는 우주조약에 위반된다고 생각하지 않는다. 과거에 미국과 소련은 일련의 군축회담을 통해서 ASAT를 금지하는 문제를 협의하였지만 실질적인 성과는 거두지 못하였다. 또한 이 교섭과정에서 ASAT는 우주조약에 위반되지 않는다는 양측의 합의도 있었다고 전해진다.[38] 학설에서의 '대량파괴무기'의 해석이나 각국의 의견으로 미루어 보면 분명히 ASAT는 우주조약에 위반되지 않는다고 할 수 있다. 그러나 ASAT문제는 군축과는 별개로 우주공간의 환경보호라는 측면에서 개별국가의 자제력이 요구되는 분야이며 이와 관련하여 미국의 우주정책도 모든 우주부문에서의 실험에 있어 우주 폐기물의 발생을 최소화 내지 삭감할 것을 공언한 바 있다.[39]

한편 만일 ASAT가 '대량파괴무기'라는 해석이 가능하다 해도 이번 실험은 제4조 제1항에 위반된다고 볼 수 없다. 여기서 금지되고 있는 것은 핵무기를 포함한 대량파괴무기

37) The Outer space Treaty, Art.4.
38) Bruce A. Hurwits, The Legality of Space Militarization, 1986, pp.127~128.
39) 김종복, 신우주법, 한국학술정보, 2012, p.254.

를 지구를 도는 궤도에 올려놓는 행위 및 우주공간에 배치하는 것이다. 본 건의 경우, ASAT의 궤적을 보면 대상이 되는 위성을 향해 일직선으로 비행하였다. 이것을 두고 단순히 우주공간의 통과이며 지구를 도는 궤도상에 놓거나 우주공간에 배치했다고 해석할 수는 없다. 따라서 ASAT를 사용한 것은 우주조약에 위반되지 않는다고 해석할 수 밖에 없다.[40)]

다음으로, 우주공간을 군사적으로 이용하는 것이 허용되는가? 이것에 관련된 법규는 우주조약 제4조 제2항이다. 「달과 기타 천체는 오로지 평화적 목적을 위해 조약의 모든 당사국에 의해 이용되는 것으로 한다」고 규정한다. 여기서 평화적 목적을 위해 이용되는 공간적 범위는 '달과 기타 천체'이며 '우주공간'이라고 되어 있지 않다. 우주조약에서는 우주공간 전체를 나타낼 때 일반적으로 '달과 기타 천체를 포함한 우주공간'이라는 표현을 이용하고 있다.[41)] 그기에 비해서 본 조문에서는 '달과 기타 천체'라는 용어를 사용하고 있으므로 우주공간 전체를 나타내는 경우와는 명확히 다르다고 봐야 한다. 조약의 기초과정에서도 인도 등 수개국의 대표는 우주공간 전체를 오로지 평화적 목적을 위해 이용해야 하며, 그 취지를 조문에 반영하도록 주장했음에도 불구하고 그 주장이 받아들여지지 않았던 사실을 주목할 필요가 있다.[42)] 이러한 과정상의 전후 경위를 고려하면 우주조약은 우주공간 전체를 오로지 평화적 목적을 위해 이용하도록 제한하고 있지 않다고 해석된다.[43)] 따라서 중국이 위성파괴실험을 통해 우주공간을 군사적으로 이용한 것이라는 측면만 감안한다면 우주조약에 반드시 위반되지는 않는다고 할 수 있다.

이 실험 후 개최된 우주공간평화이용위원회에서는 우주공간에 무기를 도입하는 것은 우주폐기물의 확산을 통해 유인우주비행, 우주인프라, 우주활동 등에 미치는 위협보다 더 큰 위험을 주는 것이라는 우려를 표명하였다.[44)] 그런데 여기서도 중국이 위성파괴 ASAT 실험을 한 것이나 우주공간을 군사적으로 이용한 것이 우주조약의 취지에 반한다는 주장은 보이지 않았다. 현재도 ASAT 및 우주공간의 군사적 이용이 우주조약에 위반되지 않는다는 각국의 인식을 확인할 수 있는 징표이기도 하다. 그렇지만 우주폐기물 문제와 관

---

40) 단, ASAT 병기를 전개 또는 배치하는 것이 국제법 또는 우주조약의 취지에 반한다는 견해도 부분적으로 약간은 존재하는 것으로 알려져 있다.

41) Bin Cheng, Studies in International Space Law, 1997, pp.527~528.

42) 조약의 기초과정에서 우주공간을 평화적 이용의 대상으로 해야 하는지에 관한 심의 경과; 池田文雄, "宇宙軍事化と法", 二十一世紀の國際法, 成文堂, 1986, pp.144~148.

43) 단, '평화적 이용'의 해석은 현재 '비군사'가 아니라 침략을 동반하지 않으면 상관없다는 '비침략'을 의미한다는 견해가 유력하다. 따라서 우주공간도 평화적 이용의 대상 범위내라고 해석하는 것이 가능하다 해도 우주공간의 비군사적 이용은 '평화적'의 해석이 변경되지 않는 한 달성되기 어렵다고 본다(Bin Cheng, Studies in International Space Law, 1997, pp.529~532).

44) U.N. Doc. A/62/20, 2007, para.121.

련하여 ASAT 실험은 우주환경을 황폐화시키는 것이기 때문에 타국의 자유로운 우주 탐사 및 이용 활동을 저해할 뿐 아니라 결과적으로 공동이익과 국제우주협력의 원칙에도 반하는 것이므로 국내적으로 적절한 조치뿐만 아니라 국제적으로도 궤도상의 위성파괴를 금지하는 국제적 합의가 조속히 이루어져야 할 것이다.[45)]

IV. 주요 국제기구에서의 논의동향과 평가

1. UN COPUOS의 논의동향

UN에서 우주와 이용에 관한 논의의 중심은 COPUOS인 바 1994년 이래 우주폐기물 관련 문제 논의를 주도해 온 것은 과학기술소위원회였다. 중국의 위성파괴실험이 행해지고 약2개월 후 개최된 COPUOS 과학기술소위원회회의에서는 장기간 궤도를 선회하는 우주폐기물을 발생시키게 될 수 있는 space system의 파괴는 그것이 의도적인 것인지 여부에 상관없이 이번 회기에 동 위원회에서 채택된 가이드라인에 따라 행해져야 한다는 의견이 표명되었다.[46)] 이것은 암묵적으로 이번 실험을 비판한 것이라 보이지만, 여기서는 그 이상의 논란은 없었던 것으로 보인다. 동 과학기술소위원회는 1999년 우주폐기물에 관한 기술보고서를 발간하고[47)] 이어서 2003년 우주폐기물 작업반을 설치하면서 IADC의 가이드라인 내용과 개념에 근거하되 우주에 관한 UN과 원칙을 고려하면서 권고 가이드라인을 작성토록 의뢰하였다. 그 결과 IADC의 가이드라인보다는 기술적으로 덜 엄격하면서 우주임무를 고려하여 약간의 예외도 허용하는 권고적 성격의 가이드라인을 기초하게 되었다. 여기서 주목되는 것은 'COPUOS의 우주폐기물 경감 가이드라인'이 2007년 과학기술소위원회에서 만장일치로 채택되었다는 사실이고 이는 COPUOS 본회의에서 확인된 후 역시 2007년 말 UN총회 결의를 통해 승인되었다.[48)] 중국도 찬성표를 던졌다.

이번 가이드라인은 그에 따른 성과이다. 회원국과 국제기구는 국제적 이행절차 및 각자의 고유한 집행절차에 따라 우주폐기물의 경감에 있어서 가능한 최대한도로 동 가이드

45) 龍澤邦彦, 宇宙法 システム, 中央學院大學 地方自治硏究センター, 丸善プラネット, 2000, pp.122~123.

46) Report of the Scientific and Technical Subcommittee on its forty-fourth session, U.N. Doc. A/AC. 105/890, 6 March 2007, para. 85.

47) U.N. Doc. A/AC. 105/720.

48) UN G.A. Resolution 62/217 of 21 December 2007, para. 26.

라인을 이행하는 자발적 조치를 취하도록 하고 있는 바 이하에서는 범세계적으로 수용되는 행동지침 필요성의 인식하에 채택된 COPUOS의 우주폐기물 경감 가이드라인의 내용을 요약해 보기로 한다.

2. 우주폐기물 경감 가이드라인

이하의 가이드라인은 우주선과 발사체에 관한 임무 계획, 설계, 제조, 운영(발사, 임무, 처분)의 각 단계에서 고려되어야 한다.[49)]

· 가이드라인1 : 통상적인 작업 중에 방출되는 우주폐기물의 제한

우주시스템은 통상적인 작업 중에 폐기물을 방출하지 않도록 설계되어야 한다. 만일 이것을 실현할 수 없다면 폐기물의 방출이 우주환경에 미치는 영향을 최소한으로 해야 한다.

우주활동의 초기 수십년 동안 발사체 및 우주선의 설계자들은 특히 센서커버, 분리메커니즘, 전개부품을 포함한 수많은 임무수행 관련 폐기물을 지구의 궤도상에 의도적으로 방출하는 것을 인정하고 있었다. 이와 같은 폐기물에 의한 위협을 인식함에 따라 폐기물의 원인을 줄이기 위한 효과적인 설계가 이루어지고 있다.

· 가이드라인2 : 작업 중의 분리 가능성 최소화

우주선 및 궤도상에 있는 발사기체는 우발적인 분리가 일어날 수 있는 고장모드(failure mode)를 피하도록 설계되어야 한다. 이와 같은 고장으로 이어지는 상황이 발견된 경우는 처분 및 저장되어 있는 모든 에너지를 배출하는 조치(passivation)가 분리를 피하도록 계획되고 실행되어야 한다. 과거에도 추진계나 동력시스템의 고장과 같은 우주시스템의 기능부전에 따라 분리를 초래한 바 있다.

· 가이드라인3 : 궤도상에서의 우발적 충돌가능성 제한

우주선이나 발사체의 설계 및 임무내용을 전개할 때 우주시스템의 발사단계 및 궤도상에 있는 동안 다른 물체와의 우발적인 충돌 가능성을 예측하여 줄이도록 해야 한다. 궤도

49) 이하의 내용은 Space Debris Mitigation Guidelines of the Committee on the Peaceful Uses of Outer Space UN, A/62/20, pp.47~50에 근거하여 요약, 기술한 것이다.

데이터가 충돌 가능성을 보이면 발사시간을 조정하거나 궤도상에서 회피행동을 취하여야 한다. 우발적인 충돌은 이미 몇 번 확인되었다.

많은 연구들에 따르면 우주폐기물의 수와 양이 증가하고 있으며, 앞으로 가장 새로운 우주폐기물의 원인은 충돌에 의한 것일지도 모른다. 충돌회피조치는 몇몇 가맹국과 국제기구에 의해 이미 채용되고 있다.

· 가이드라인4 : 의도적인 파괴 및 다른 유해한 활동의 회피

충돌의 위험성이 증가한 것은 우주 활동에 위협이 될 수 있다는 것을 인정하고 궤도상의 우주선 및 발사체를 의도적으로 파괴하거나 장기간 잔류하는 우주폐기물을 생성하는 등의 유해한 활동은 피해야 한다.

의도적인 파괴가 필요한 경우는 잔존파편의 궤도수명을 줄이도록 충분히 낮은 고도에서 행해져야 한다.

· 가이드라인5 : 탑재된 연료를 원인으로 하는 임무종료 후의 분리가능성 최소화

우발적인 폭발로부터 다른 우주선 및 발사체의 위험을 줄이기 위해 임무종료 후의 처분으로 탑재된 연료는 소진시키거나 위험을 없애도록 해야 한다.

지금까지 카탈로그에 기록된 우주폐기물의 대부분은 탑재연료가 남은 채로 방치된 우주선과 발사체의 파편에서 유래한다. 가장 효과적인 감축조치는 임무가 종료된 후 우주선과 발사체에 남아 있는 에너지를 배출하는 것이다. 잔류추진제, 압축유체(compressed fluids), 전기저장기의 방전을 포함하여 모든 형태의 저장에너지를 제거하는 것이 요구된다.

· 가이드라인6 : 임무종료 후 저궤도에서 우주선과 발사체의 존속기간 제한

저궤도를 통과하는 궤도상 활동이 끝난 우주선과 발사체 궤도에서 제거되어야 한다. 이것이 가능하지 않으면 저고도 궤도상에 장기간 존재하지 않는 궤도상에 처분되어야 한다.

저고도 궤도에서 물체를 제거하기 위한 가능한 해결책을 결정할 때, 지구 표면에 도달하는 폐기물이 위험물질에 의해 일어나는 환경오염을 포함하여 사람들이나 재산에 과도한 위험을 초래하지 않도록 상당한 고려가 이루어져야 한다.

· 가이드라인7 : 임무종료 후 우주선과 발사체의 정지궤도 장기간 존속 제한

정지궤도를 통과하는 궤도상에서 그 활동이 끝난 우주선과 발사체는 정지궤도에 장기간 간섭을 피할 수 있는 궤도상으로 이동시켜야 한다.

정지궤도상 또는 그 주변에 있는 우주물체는 정지궤도에 간섭하지 않도록 정지궤도보다 높은 궤도상에 이동시킴으로써 장래의 충돌 가능성을 줄일 수 있다.

3. 우주폐기물 경감 가이드라인에 대한 평가와 과제

COPUOS의 우주폐기물 경감 가이드라인은 IADC 가이드라인을 참고로 작성되었으므로 내용은 매우 유사하다. 그러나 이번에 작성된 가이드라인은 IADC 가이드라인에 비해 엄격하지 않을 것을 전제로 작성되었으므로 내용 면에서는 IADC에 비해 다소 완화되어 있다. 예를 들어, IADC 가이드라인의 경우 지구상에 물체를 재돌입시킬 때는 그것에 관한 정보를 통지하도록 요구하고 있다. 그러나 이번에 채택된 가이드라인의 경우 과도한 위험을 갖지 않도록 상당히 고려되어야 한다는 것일 뿐, 어떠한 조치를 해야 하는지에 대해서는 각국에게 맡겨져 있다.[50] 우주환경을 보존하기 위해서라면 적어도 IADC에 참가한 국가의 경우는 보다 엄격한 IADC 가이드라인에 기초한 우주폐기물 경감조치를 강구하는 것이 바람직할 것이다. 또한 이 가이드라인은 마찬가지로 현행 국제법하에서 법적인 구속력이 없다. 따라서 일반적으로 이 가이드라인에 위반됐다 하더라도 국제법에 위반된 것이라고 판정할 수는 없다. 그러나 이번에 채택된 가이드라인에 대해서는 안전한 우주환경에 대한 신뢰를 촉진시키는 것으로 현행 우주조약을 보충하는 것이 될 것이라는 평가도 있어[51] 긍정적인 측면도 있는 듯하다. IADC가 우주폐기물 경감을 위한 국내 우주담당기관간 협력체제로서 일종의 국제포럼임을 감안하면 이것은 최초의 UN이라는 국제기구 차원의 우주폐기물 경감을 위한 지침이라는 의미에서 이 가이드라인은 문제 해결을 위한 중요한 첫 걸음이라 평가할 수 있다.

이후 UN을 비롯하여 국제사회가 풀어야 할 우주폐기물의 문제가 하나 둘이 아니겠지만, 우선은 이번에 채택된 경감 가이드라인을 법적 구속력을 갖도록 추진해야 할 것 인지 여부를 검토를 해야 할 것이다. 이것은 기왕에 COPUOS에서도 지적된 바 있다. 이 문제와 관련해서는 이미 가이드라인이 작성되기 전부터 우주활동국 중에는 독자적으로 나

50) IADC Guidelines, supra note 55, 5.3.2.

51) Report of the Legal Subcommittee on its forty-sixth session, U.N. Doc. A/AC. 105/891, 2 May 2007, para. 24.

름의 경감조치를 하고 있는 국가도 있고 따라서 현 국제공동체의 여건하에서 법적 의무를 부과하는 것은 적절치 않다는 견해도 있을 수 있다. 이것에 대해서는 가이드라인의 이행상황 및 우주폐기물이 우주활동에 미치는 영향 등을 고려하여 장차 시간을 두고 법적 구속력을 가져야 하는지를 논의해가야 할 것이다.

또 하나의 과제는 현재의 우주폐기물 경감조치 대상은 앞으로 새롭게 생성되는 우주폐기물의 양을 가능한 줄이는 것이다. 자연정화기능만으로는 대폭 줄어들 것을 기대할 수 없기 때문에 이미 존재하고 있는 우주폐기물을 어떻게 감소시킬 것인지도 검토해갈 필요가 있다. 이미 존재하는 우주폐기물의 제거는 각국이 독자적으로 하는 데는 한계가 있고 국제사회의 협력이 불가피하다. 기술적인 문제와 더불어 경제적, 법적 문제도 해결해가야 한다. 따라서 과학기술소위원회뿐만 아니라 법률소위원회에서의 논의도 필요하게 되었다. 우주폐기물의 경감조치가 법률소위원회에서 다뤄지기 위해서는 기술적인 기준이 어느 정도 확립되어야 국제적인 원칙을 형성할 수 있게 되는 것인데[52] 이와 관련해서는 법률소위원회에서도 2009년 이후부터는 우주폐기물의 경감조치에 관한 국내적 메카니즘을 통한 정보교환 문제를 의제로 채택하여 논의를 해 오고 있다.[53]

4. EU 우주활동 행동규범

우주폐기물 문제는 앞서 지적한 바와 같이 일찍이 우주선진국 및 우주관련 국제기구에서 그 심각성을 고려하여 국제적인 대처방안이 요구되고 있던 차에 2007년 중국의 자국위성 파괴와 미, 러 폐기 위성들의 우발적 충돌 등 잇따른 우주폐기물의 대폭적인 확산이 발생하여 우주활동의 커다란 위험요소로 부각되었다. 또한 이와 관련하여 UN과는 별도로 EU 이사회는 2008년 우주활동에 관한 행동 규범 초안을 채택한 바 있다.[54] 우주폐기물의 경감과 우주물체에 대한 위해 방지 등의 필요성은 증대되고 있으나 UN 5개 조약을 비롯한 기존의 우주관련 국제법규범이 최근의 우주활동을 규제하는데 법적 흠결과 한계를 내포하고 있고 새로운 조약체결은 그 합의 및 발효에 이르기 그 절차나 협상과정을 고려하면 상당한 시간이 필요할 뿐만 아니라 성공을 보장하기 어렵다.[55] 따라서 엄격한 의무를 부과하기보다는 우주활동의 현안과 관련하여 미래에 달성하고자하는 목적을 반영

---

52) Maureen Williams, “Space Debris: The Academic World and the World of Practical Affairs,” Proceedings of the 44th Colloquium on the Law of Outer space, 2001, p.300.
53) 西井 正弘, 臼杵 知史 編, テキスト國際環境法, 박덕영, 오미영 역, 2013, p.336.
54) EU Doc. 16560/08, PESC 1595, CODUN 59, Brussels, 3 Dec. 2008 4. 12, p.1.
55) 한국항공우주연구원, 우주활동 행동규범 검토회의 자료, 2012, p.7.

하여 당사자의 행동에 상당한 융통성을 부여하는 이런 류의 행동규범의 제정도 현 시점에서 나름의 유용성이 있다고 할 것이다. 특히 조약체결에 이르게 되더라도 현실적으로 국가간의 양보와 타협의 결과 실효성이 부족한 조약이 될 가능성이 크다는 점을 감안한다면[56] 이것도 하나의 대안이 될 수 있을 것으로 본다.

EU 우주활동에 관한 행동 규범은 2008년의 초안이후 주요 우주활동국가들과의 협의와 의견 수렴을 거쳐 수정안을 채택하였는데[57] 그 중 우주폐기물 문제와 관련된 주요조항의 내용을 축약해서 언급해 보면 다음과 같다.

- 각 서명국은 기존의 우주관련 규범을 준수함은 물론 과학적, 상업적, 군사적 활동의 수행과정에서 우주의 평화적 탐사와 이용을 촉진하고 우주를 분쟁 지역화하는 것을 예방할 국가적 책임을 부담[58],
- 우주에서의 사고 가능성, 우주물체 충돌 또는 우주의 평화적 탐사와 이용을 위한 타국의 권리에 대한 해로운 간섭을 최소화하기 위한 정책과 절차의 수립 및 시행하고, 직간접적으로 우주물체의 피해 또는 파괴를 야기할 의도의 모든 행위의 자제하며, 우주물체 충돌 위험을 최소화하기 위한 적절한 조치 마련[59]
- 우주물체의 의도적 파괴 또는 장기 잔존 우주폐기물을 야기하는 활동을 자제하고, UN 우주 폐기물 경감 가이드라인(UN 결의 62/217)의 이행을 위해, 각국의 국내절차에 따라, 적절한 정책과 절차 또는 다른 효과적인 조치의 채택과 이행[60]
- UN 우주물체등록협약과 UN 총회결의에 따라 우주물체 등록[61]
- 안보와 국방, 사고 예방, 우주폐기물 저감 등 관련 우주정책과 전략 등 사용가능하고 적절한 정보를 공유(년 단위)[62]

이들은 IADC 가이드라인에 부합하면서도 좀 더 구체적인 행동지침을 제시하고 있다. 이 행동규약은 강제력이 없고 자발적 준수에 따른다고는 하나 이를 준수하지 못하는 경우 그 사실에 관해 해명하고 기록으로 남길 것이 요구된다.

현재 우주폐기물이 다른 우주물체와 충돌하거나 의도적인 파괴의 확률은 그리 높지 않

56) 앞서의 UN COPUOS 가이드라인이나 UNIDROIT 우주자산 의정서(2012년 채택, 약10년 소요)의 경우도 하나의 예에 속한다고 평가된다.
57) EU Doc. 17175/08, PESC 1697, CODUN 61, Brussels, 11 Oct. 2010.
58) The revised draft Code of Conduct for Outer Space Activities. Art. 2.
59) Ibid. Art. 4.
60) Ibid. Art. 5.
61) Ibid. Art. 6.
62) Ibid. Art. 8.

다고 보지만 경우에 따라서는 심각하고, 치명적일 수도 있다. 국제사회가 우주폐기물에 대한 관리를 서두르는 것은 발사된 우주물체의 수가 증가함에 따라 우주폐기물이 지속적으로 증가 추세에 있고 적절한 감축조치 없이는 장래에 큰 재앙이 예고되기 때문이다. 2005년 당시 어림잡아 1/3정도의 수명을 다한 정지궤도 위성체가 안전한 처분궤도로 옮겨진 것으로 알려졌다. 다른 1/3정도의 위성체는 이동은 시도되었으나 충분히 안전하지 못한 위치로 옮겨졌으며, 나머지 1/3은 이동이 시도조차 되지 않고 그냥 방치되고 있는 것으로 파악되었다.[63)]

이런 관점에서 우주선진국 및 우주관련 국제기구에서 일찍이 그 심각성을 인식하고 그에 대처하고자하는 여러 가지 형태의 지침(Guidelines), 행동규범(Code of Coduct), 주요 우주활동국의 국내지침 등 다각적인 방안을 마련하여 현재 시행하고 있는 것이며 유럽의 우주폐기물 경감 행동규범이나 UN의 가이드라인도 그 중의 하나로 볼 수 있다. 이번에 EU 주도하에 추진하고 있는 '우주활동 행동규범'도 구속력이 없는 신사협정에 준하는 문서이긴 하지만 여기에 동참하는 국가가 늘어나서 국제사회에 정착된다면 장래에는 UN의 입법작업을 통하여 구속력이 있는 조약으로 발전할 가능성도 있다.

다만, 중국과 러시아는 미국이 개발, 배치를 진행하고 있는 미사일방위(MD) 체제에 제동을 거는 속내를 포함하여 "우주 공간에의 무기배치금지조약"을 별도로 제안함으로써 EU 행동규범안과는 거리를 두었다는 점을 주목할 필요가 있다. 현재 우주개발의 국제적 구도하에서 EU의 국제행동규범이 효과를 거두려면 러시아나 중국이 참가해야 실효를 거둘 것으로 판단되지만 이들 국가는 정보 공개를 꺼려 참가하지 않을 가능성이 높다.[64)]

V. 결론

중국은 IADC 우주폐기물 경감 가이드라인을 준수할 의사를 표명한 바 있고 기존에 COPUOS 과학기술소위원회의 멤버이기도 하면서 우주에서의 군사활동 금지에 관한 조약체결에도 관심을 드러내기도 하였다. 그러나 2007년 중국위성체의 파괴는 이상과 국가적 실리의 이중성을 잘 보여주고 있다.

이와 같은 실험을 하면 대량의 우주폐기물이 발생하고 우주환경에 막대한 영향을 미칠

63) 정찬모, op.cit., p.46.

64) 이영진, 우주활동행동규범 초안에 대한 검토의견, 한국항공우주연구원 우주활동 행동규범 대책회의, 2012, p.3.

것을 쉽게 예상할 수 있었을 것이다. 어떠한 이유가 됐든 대량의 우주폐기물 장기에 걸쳐 지구주변 궤도상을 선회하도록 만든 행위는 허용되지 않는다. 단, 이 실험에 의해 위성의 의도적인 파괴에 대한 국제사회의 관심이 높아진 것은 확실하다. 어느 국가든지 이후 이러한 실험을 한다면 국제사회의 비판을 받을 것을 각오해야 한다. 그런 의미에서 이번 실험에 의해 불가피한 경우를 제외하면 군사목적에 의한 우주공간의 의도적인 위성의 파괴는 사실상 금지되는 분위기가 조성되고 있다고 할 수 있다.

이번 실험에 대해 법적으로 어떤 비판이 가능한가? 앞에서 언급한 바와 같이 ASAT실험을 한 것도, 의도적으로 위성을 파괴한 것도, 그것 자체는 반드시 우주조약에 위반된다고 할 수 없다. 군사적 측면에서도 우주조약의 체약국은 우주공간에서 ASAT를 포함한 군사적인 이용을 할 수 있고, 그 점에서도 문제는 없었다. 유일하게 비판이 가능하다고 한다면 국제적 협의가 개최되지 않았다는 점일 것이다. 그러나 최근 수년간 각국의 우주폐기물에 대한 관심의 고양과 실제로 지구 주변에 떠돌고 있는 위성 등 우주비행체의 숫자를 고려하면 어떠한 형태의 조치라도 취할 필요가 있었다고 생각된다. 비판의 대상은 중국뿐만 아니라 미국도 비난받을 소지는 있다. 미국은 실험실패를 포함하여 중국이 ASAT 실험을 한다는 사실을 미리 알고 있었다. 제9조 제4문에 따라 미국은 협의개최 요청도 할 수 있었지만 실제로는 하지 않았다. 이것은 어디까지나 권리이지 의무가 아니다. 따라서 미국은 단순히 권리를 행사하지 않은 것으로 문제를 정리할 수도 있다. 그러나 이후의 우주활동에 미치는 영향을 고려하면 실험 후 우려를 전달하는 것이 아니라 실현될지 여부와는 별개로 실험전에 협의 개최를 요청했어야 바람직할 것으로 본다. 우주환경 관점에서 특히 고려되어야 하는 것은 전술한 cascade효과의 영향으로 인해 자칫하면 궤도 전체를 사용할 수 없게 되는 문제까지 감안해 보아야 할 것이란 점이다.[65] 아직까지는 그런 우려가 없지만 이후 우주공간의 이용방법 여하에 따라 상황이 달라질 수도 있을 것이다.

요컨대 오늘날의 국제법적 규범구조하에서 우주활동 국가와 종사자들의 확대와 상업화의 진행, 직접적 규제를 꺼리는 우주활동국가들의 비협조와 국익위주의 우주 정책 등으로 인해 갖가지 비효율적 현상이 나타나고 있다는 점은 주지의 사실이다. 특히 최근 국제적으로 주된 관심사로 부각되어 있는 우주폐기물의 경우, 조약이 체결되었던 1960, 70년대에는 폐기물이 많지 않아서 우주물체의 반환 등이 주된 관심사였으나 다수국가의 본격적 우주개발 참여와 그에 따른 다양한 형태의 우주활용기술이 지구 뿐만 아니라 우주자체의 환경문제에 대해서도 영향을 초래하여 커다란 우려를 야기하게 되었다.

따라서 현 상황하에서는 우주활동과정에서 발생하는 우주폐기물이 우주 및 지구환경에

---

65) 八坂哲雄, 宇宙の ゴミ問題, 裳華房, 1997, p.90.

야기하는 심각한 위험으로 등장되고 있는 바 오늘날 국제사회는 이 문제에 관해서도 현재의 우주법체제가 과연 실효적인 역할을 하고 있는가에 대한 의문을 제기하고 있다. 여기에 현실적 측면을 고려하여 가이드라인이나 행동규범, 지침, 표준, 권고 등으로 불리는 연성법(soft law)규범들이 우주활동 참여국들에 대해 각국의 내부적인 사정에 입각하여 국제협력과 협의 등을 통하여 다소의 융통성을 발휘할 여지를 줌으로써 나름의 역할을 담당하여 왔다고 볼 수 있다.

이런 현상은 향후에도 당분간 지속될 것으로 보여 지는 바 UN COPUOS의 우주폐기물 경감 가이드라인이나 최근 EU를 중심으로 제안되어 미국, 일본 등의 호응을 얻어 추진되고 있는 앞서의 '우주활동행동규범'도 이러한 맥락에서 평가하여야 할 것이다. 이제 국제사회는 협심하여 현행의 국제 우주법규범으로 극복하기에는 우주폐기물 문제가 한계에 다다랐음을 인정하는 기초위에 장차 특정 궤도에 한정되지 않고 지구주변 궤도 자체를 자유롭게 이용할 수 없는 상황이 초래되기 전에 각국의 우주환경에 대한 관심이 더욱 높아질 것을 기대하는 바이다.

참 고 문 헌

1. 국내문헌

김종복, 신우주법, 한국학술정보(주), 2012.

박원화, 정영진, 우주법 제3판, 한국학술정보(주), 2012.

이영진, "우주에서의 환경오염 방지를 위한 국제법적 규제", 항공우주법학회지, 제24권 1호, 2009.

이영진, 우주활동행동규범 초안에 대한 검토의견, 한국항공우주연구원 우주활동 행동규범 대책회의, 2012.

정찬모, "우주폐기물의 논의 동향 및 우리나라의 대응방향", 국제법 동향과 실무, Vol.8, No.1·2, 2009.

조선일보 2014년 9월 15일자.

한겨레 2003년 6월 11자.

한국항공우주연구원, 우주활동 행동규범 검토회의 자료, 2012.

2. 외국문헌

Alexandre C. Kiss and Dinah Shelton, International Environmental Law, 2nd ed, 2000.

Bin Cheng, Studies in International Space Law, 1997.

Bruce A. Hurwits, The Legality of Space Militarization, 1986.

EU Doc. 16560/08, PESC 1595, CODUN 59, Brussels, 3 Dec. 2008 4. 12.

EU Doc. 17175/08, PESC 1697, CODUN 61, Brussels, 11 Oct. 2010.

Howard A. Baker, Space Debris: Legal and Policy Implications, 1989.

IADC Guidelines, supra note 55, 5.3.2.

IADC Space Debris Mitigation Guidelines 02-01(2007 개정).

IADC Space Debris Mitigation Guidelines, 5.2.3.

Ibid. Art. 4.

Ibid. Art. 5.

Ibid. Art. 6.

Ibid. Art. 8.

ILA, International Instrument on the Protection of the Environment from Damage Caused by Space Debris, Art. 1 (b), at http://www.uni-koeln.de/jur-fak/instluft/draft3.html.

Inter-Agency Space Debris Coordination Committee, "IADC Space Debris Mitigation Guidelines," U.N. Doc. A/AC. 105/C.1/L.260, 29 November 2002, [hereinafter IADC Guidelines]

Maureen Williams, "Space Debris: The Academic World and the World of Practical Affairs," Proceedings of the 44th Colloquium on the Law of Outer space, 2001.

NASA, Orbital Debris Quarterly News, Vol.11, Issue 3, July 2007.

NASA, Orbital Debris Quarterly News, Vol.14, No.1, 2010.

Ram Jakhu, "Question of Liability in Cosmos 2251 and Iridium 33 Collision in Space", 한국항공우주법학회 논문집, 2009. 10.

Report by Maureen Williams, "International Space Committee," in The International Law Association, Report of the 64th Conference, 1991.

Report of the Legal Subcommittee on its forty-sixth session, U.N. Doc. A/AC.

105/891, 2 May 2007, para. 24.
Report of the Scientific and Technical Subcommittee on its forty-fourth session, U.N. Doc. A/AC. 105/890, 6 March 2007, para. 85.
Report of the Scientific and Technical Subcommittee on its forty-fourth session, U.N. Doc. A/AC/ 105/890, 6 March 2007, para. 90.
Robert C. Bird, "Procedural Challenges to Environmental Regulation of Space Debris", 40 American Business Law Journal, 2003 Spring.
Setsuko Aoki, "Space Arms Control: The Challenge and Alternatives", Japanese Yearbook of International Law, No.52, 2009.
Sourabh Kaushal, Nishant Arora, "Space Debris and Its Mitigation", SPACE FUTURE, 2010.
Space Debris Mitigation Guidelines of the Committee on the Peaceful Uses of Outer Space UN, A/62/20.
Space Security 2008, Project Ploughshares, 2008.
The Outer space Treaty, Art. 1.
The Outer space Treaty, Art. 9 para.2.
The Outer space Treaty, Art. 9.
The Outer space Treaty, Art.4.
U.N. Doc. A/62/20, 2007, para.121.
U.N. Doc. A/AC. 105/720.
UN Doc. ST/SG/SER. E/359, 24 August 1999.
UN G.A. Resolution 62/217 of 21 December 2007, para. 26.

西井 正弘,臼杵 知史 編, テキスト國際環境法, 박덕영, 오미영 역, 2013.
加藤明, "space debris 發生防止技術と宇宙機の 設計標準", 計測と制御, 第41巻 第8号, 2002.
龍澤邦彦, 宇宙法 システム, 中央學院大學 地方自治研究センター, 丸善プラネット, 2000.
池田文雄, "宇宙天體條約の 基本構造", 國際法外交雜誌 第67巻 第1号, 1968.
松掛 暢, 'スペスデブリに對する宇宙關聯條約の適用可能性', 法學雜誌 第51巻 第2号, 2004.
池田文雄, "宇宙軍事化と法", 二十一世紀の國際法, 成文堂, 1986.

4. 中國空間法發展過程中的問題與改善方案

李 永 镇 · 润 泽

第一章 聯合國空間規則制度概述

1957年人類第一次涉足太空的腳步，加快了聯合國對太空行為進行規制的步伐。從本質上說，各國的外空發射，僅是對外太空的利用，因此就決定了聯合國對外太空的規範，是對外空利用行為的規則。五十多年來，雖然人類對外太空的探索取得了舉世矚目的成就，對社會發展起到了舉足輕重的促進作用，但是仍然存在許多有待商榷的問題。專門解決這些問題的規範，其滯後性不僅制約了各國對太空的有序利用，也制約了各國空間法律制度與空間技術的協調發展。

第一節 聯合國空間法[1]概述

聯合國為了規範各國探索和利用外太空的行為，與1958年專門成立了外空委員會。外空委員會成立後，陸續制定了一系列有關外空利用的條約或協定。這些條約和協定構成聯合國規範各國探索或利用外空行為的主要規範。

1) 立法權是特定的國家機關依法享有的創制、修改、補充和廢止法律的權力，是國家權力體系中最重要、最核心的權力。享有立法權是進行立法活動的前提。立法活動是行使立法權的過程和表現。從這個角度看，聯合國並不具有立法資格。但是，筆者遵循慣例，仍舊將多國之間制定條約或協定的行為稱為“立法”，制定的條約或協定所形成的規則稱為“法律制度”。

Ⅰ.《外太空條約》[2]概述

《外太空條約》(Outer Space Treaty)是國際空間法的基礎，號稱"空間憲法"，規定了從事航天活動所應遵守的基本原則。[3]該條約不僅是聯合國對各國空間行為進行規範的依據，也是各國空間行為的準則。

第一，共同利益&自由探索和利用原則

該原則確認無論國家社會意識形態如何，社會發展程度高低都有權對外太空進行利用，但是在利用時必須以全人類共同利益為宗旨。所有國家在平等的，不受任何歧視的基礎上根據國際法，自由探索和利用外太空(包括月球和其他天體)和自由進入天體的所有區域，各國要促成並鼓勵國際合作。《外空條約》還進一步明確規定外太空是全人類的共同財產而非個別國家的私有財產，因此確立了各國利用外空的基礎。

第二，不得據為己有原則

《外空條約》第二條明確規定"各國不得通過主權要求，使用或佔領等方法以及其他任何措施，把外太空(包括月球和其他天體)據為己有"。[4]主權(Sovereignty)是一個國家對其管轄區域所擁有的至高無上的、排他性的政治權力。簡言之，為"自主自決"的最高權威，也是對內立法、司法、行政的權力來源，對外保持獨立自主的一種力量和意志。[5] 使用是指使人員、器物、資金等為某種目的服務。先占則泛指用其他方式佔據某領域或某事物。

---

2) 《外太空條約》全稱《關於各國探索和利用包括月球和其他天體在內外太空活動的原則條約》。1966年12月19日聯合國大會通過，1967年1月27日在蘇、英、美三國首都開放簽署，1967年10月10日生效。有85個國家批准或加入。中國於1983年12月30日加入。主要內容有：各國皆有探索和利用外太空的自由；各國不得將外太空據為己有；不得在繞地球的軌道上、天體(星球)、外太空設置大規模毀滅性武器；禁止在天體上建立軍事基地和進行軍事演習；利用外太空應避免對地球環境產生不利影響等。

3) http://www.baike.com/wiki/《外太空條約》訪問時間：2014年8月17日。

4) http://www.baike.com/wiki/《外太空條約》訪問時間：2014年8月17日。

5) 讓·博丹(1530年—1596年)被認為是現代主權概念的創始者，他在1576年所著的論《共和六書》裡形容主權是一種超越了法律和國民的統治權，這種權力由神授或自然法而來。從這裡他也先行定義了君權神授說，並指出"主權是一個共和國所擁有的絕對和永恆的權利"。主權是絕對的，至高無上的，因此是無法被分割的，但也並非不受任何限制：它只在公共的領域行使權力，而不是在私人的領域。它也是永恆的，因為對它的擁有者而言，主權並沒有存在期限(而掌權者則有其期限)。換句話說，主權並非一個人的財產，在本質上無法割讓。

《外空條約》的上述規定其實質是禁止各國通過主權要求、使用和先占三種方式對外太空(包括月球和其他天體)據為己有，意為對發展中國家外空技術發展和外空行為提供可能。從實質上說是共同利益原則和自由探索利用原則的延伸。

第三，限制軍事化原則

《外空條約》第四條[6]確立不得將核武器及大規模殺傷性武器在外空部署。從內容上看，該條款是和平利用外太空的規定。其目的是防止涉足太空的國家在太空部署空間武器，並引起發達國家之間的空間軍備競賽，對其他發展中國家增加軍事威脅。

第四，保護外空環境原則

《外空條約》規定各締約國探索和利用外太空(包括月球和其他天體)，應以合作和互助原則為准，進行外空活動應妥善照顧其他締約國的同等利益。各締約國從事研究、探索外太空，應避免使其遭受有害的污染，以及地球以外的物質，使地球環境發生不利變化。任何締約國如果認為另一締約國計畫在外太空進行的活動或實驗，可能對和平探索和利用外太空產生潛在的有害幹擾，應要求就這種活動或實驗，進行磋商。

Ⅱ.《營救協定》概述

《營救宇航員、送回宇航員和歸還發射到外太空的物體的協定》(簡稱《營救協定》)，是關於救援和營救外太空宇航員的相關制度。[7] 主要對發生災難事故後降落在地球表面的宇航員和宇航器，每個締約國獲悉或發現太空船、宇航員在其管轄的區域、公海以及不屬任何國家管轄的其他地方，發生意外，處於災難狀態，有進行緊急或非預定降落時的救援和營救義務。[8] 可以明顯看出《營救協定》規定

6) 第四條各締約國保證：不在繞地球軌道放置任何攜帶核武器或任何其他類型大規模毀滅性武器的實體，不在天體配置這種武器，也不以任何其他方式在外太空部署此種武器。各締約國必須把月球和其他天體絕對用於和平目的。禁止在天體建立軍事基地、設施和工事：禁止在天體試驗任何類型的武器以及進行軍事演習。不禁止使用軍事人員進行科學研究或把軍事人員用於任何其他的和平目的。不禁止使用為和平探索月球和其他天體所必須的任何器材設備。

7) 參見《營救協定》第一條，聯合國大會第2345(XXII)號決議，1968年12月03日。

8) http://wenku.baidu.com/link?url=-S9JajR0KPz4U-e1Qku0leUU1PPoIIT65b2Pfo8i-vkyGit-ufSz

的實質內容僅僅指宇航器和宇航員發生事故，處於災難狀態且降落到地球表面的時候，各締約國有救援和營救的義務。對其他搭乘者則無此救助義務。

Ⅲ. 《責任公約》[9]概述

1972年聯合國和平利用外太空委員會[10]繼締結外空條約、外空營救及送回協定之後，又制定了《空間物體造成損害的賠償責任公約》(簡稱《責任公約》)對宇航器發射國發射的空間物體對有關人員、國家等造成損害時，應當承擔國際法責任。[11]《責任公約》規定了絕對責任制度和過錯責任制度兩種責任制度，[12] 而且責任公約規定只有發射或促使發射外空物體之國家、外空物體自其領土或設施發射之國家，才能成為責任主體。因此，空間物體造成的"損害"是否適用《責任公約》賠償，需要通過國籍聯繫進行判斷。

Ⅳ. 《登記公約》[13]概述

《登記公約》主要規定了射入外太空物體的發射國國內登記制度，特別是強制性的國際登記制度，其實質主要就是規定登記國的義務，並有助於在國際法的框架內加強對各國射入空間物體的管轄。

每個登記國應在切實可行的範圍內盡速向聯合國秘書長供給有關登入其登記冊

---

daS-3PhTMseqKUNshLHvwSjgTRvA-AIeiRsiNjXv6S8ik63MW64tve 訪問時間：2014年9月25日17:21

9) 參見1972年《責任公約》第二條，第2777(XXVI)號決議，1972.09.01

10) 聯合國和平利用外太空委員會(COPUOS)是根據1959年聯大第1472號決議建立的，簡稱外空委，現有包括中國在內的67個成員國。聯合國維也納辦事處外空司是外空委的秘書處。外空委的宗旨是制定和平利用外空的原則和規章，促進各國在和平利用外空領域的合作，研究與探索和利用外空有關的科技問題和可能產生的法律問題。外空委員會下設科學技術小組委員會和法律小組委員會，由外空委全體成員國組成。委員會及兩個小組委員會每年各舉行一屆會議，審議聯大提出的有關外空問題；成員國提出的外空報告和問題。會議一般在上半年舉行，以便向下半年舉行的聯合國大會提交報告、建議和決議案。外空委及其兩個小組委員會以協商一致方式做出決定。

11) 按照1971年11月聯大決議(第2777號)的建議，1972年3月29日，以美、英、蘇三國政府作為條約的保管政府,對"一切國家"實行開放簽字。

12) 《責任公約》第二條規定"發射國對其空間物體在地球表面，或給飛行中的飛機造成損害，應付絕對賠償責任"，此條規定的是絕對責任。責任公約第三條規定"發射國對空間物體在地球表面以外的地方對另一國或對第三國的空間物體，或其所載人員或財產的損害，只在過失的情況下承擔賠償責任。" 此條規定的就是過錯責任制度。

13) 該條約於1974年11月12日經聯大第3235號決議通過，1975年1月14日開放供各國簽署，1976年9月1日正式生效。

的每一個外空物體的基本情報。[14] 不難看出登記過向聯合國秘書長提供的有關射入外空物體的基本軌道參數和一般性功能是核心內容。

V. 《月球協定》[15]概述

《關於各國在月球和其他天體上活動的協定》，簡稱《月球協定》規定，對月球和除地球以外的其他太陽系天體的利用僅限於和平目的，不得在月球和其他天體上實施武力和敵對行為，締約國不得將核武器和其他相當的大規模殺傷性武器部署在月球內部、表面、環月軌道及飛繞、飛向月球的軌道上，不得在月球上建立軍事基地、裝置和防禦工事、試驗任何武器和進行軍演。[16] 其目的就是在制度上禁止締約國將月球和其他天體軍事化。同時還規定月球上的自然資源屬全人類共同所有，不屬於任何國家、組織和個人；在平等的基礎上，各締約國均有權開發利用月球及其資源，不得帶有任何歧視；月球資源應當由各締約國公平分享，並應照顧發展中國家和對月球開發做出貢獻的其他國家。

第二節 聯合國空間法缺陷

I. 《外空條約》的缺陷概述

第一，《外空條約》規定的共同利益原則因發達國家與發展中國家，特別是一些落後國家的經濟發展水準和科技力量嚴重滯後的國家，嚴重失衡。發達國家在涉足太空以後的幾十年裡已將近地空間資源佔據，發展中國家的太空活動能力已經受到極大的牽制。僅從這個角度來看，《外空條約》規定的共同利益原則和自由探索原則在現實條件中無法得到有效執行，解決這一問題的途徑只能依賴落後國家的快速發展並逐步縮小南北國家之間的差距。

第二，《外空條約》規定的不得據為已有原則在現實中也難以實現。發達國家利用在科技上佔有的優勢，已經涉足外空，並認為外空猶如無主地，主張應當適用於無主地的先占原則，其已通過“先占”取得了所謂的“外空財產權”。所以，發達

14) 《登記公約》第四條規定，登記的內容為：(a)發射國或多數發射國的國名(b)外空物體的適當標誌或其登記編號(c)發射的日期和地域或地點(d)基本的軌道參數，包括交點週期、傾斜角、遠地點、近地點(e)外空物體的一般功能。

15) 1979年12月5日，第34屆聯合國大會未經投票通過了《月球協定》， 1979年12月8日開放供簽署，1984年7月11日生效。

16) 參見《指導各國在月球和其他天體上活動的協定》，聯合國大會，1979年12月5日通過。

國家的主張與發展中國家的主張存在原則性衝突，造成這一原則在事實上也不能得到有效實施。

第三，《外空條約》規定禁止將核武器和其他大規模殺傷性武器在地球軌道和外太空的任何區域部署，卻沒有禁止其他低殺傷性武器在外空的部署。眾所周知，發達國家在外空部署武器的意圖不僅明顯而且突兀。 發達國家不僅還擁有軌道殺傷武器，而且也具備從地球表面向外空發射核武器或大規模殺傷性武器的能力。如果將向外空發射的運載工具上安裝核彈頭，其攻擊效果和對近地空間的核污染與在軌運行的核武器的毀傷效果並沒有差異，而《外空條約》卻沒有將這種這一極有可能發生的情形規定在內。

第四，眾所周知，人類的航空活動必然對外空造成環境污染。自從人類發射第一顆人造地球衛星，至今已有五十多年的時間，空間技術在此期間飛速的發展並取得了巨大的成就。但是與此同時，人類的空間活動也製造了數以億計的空間碎片(也稱為太空垃圾)。[17]目前，在軌道上運行的人造衛星、航空站和飛船數以千計，其中不少已經報廢。限於各國經濟和科技水準，不可能將每一個廢置不用的航天器推回大氣層焚毀或使其降落在地表不危及人類生命財產的安全地帶。這些廢置的航天器常年在地球軌道上不受控制地運行，極易與其他正常工作的航天器發生碰撞造成重大的安全事故和財產損失。污染外空環境的主要物質是空間碎片和核輻射。眾所周知，沒有法律責任的規則，必將得不到有效實施。《外空條約》雖然規定了各國保護外空環境的責任與義務，但是卻沒有相應的懲處機制。因此，條約僅僅是一個宣導性文件。這樣的結局必然導致《外空條約》的軟法現象的發生。

Ⅱ. 《營救協定》的缺陷概述

從《營救協定》的內容來看，存在兩方面的缺陷。

第一，救助區域。外空行為不僅僅存在於外空，也延續到大氣層甚至地球表面。因此，事故發生的危險和災難不可能僅僅在地球表面發生，也可能發生在大氣層或外太空。而且從發生概率上看，在大氣層或外太空發生的幾率遠遠大於在地球表面發生的幾率。因此，救援和營救宇航員的義務區域，在條約中規定的過於狹窄，從而影響條約的實際效果。 因此，應當擴大締約國救助義務法範疇，不在對事故和危險發生區域進行規制，只要發生了意外事故或者處於危險狀態，有

17) International Instrument on the Protection of the Environment from Damage Caused by Space Debris.

關締約國就負有營救義務。

第二，救助對象。2001年4月28日，美國的鄧尼斯·蒂托搭乘“聯盟”TM32號飛船從哈薩克拜科努爾航空發射場出發，到國際空間站上旅遊觀光，8天后的5月6日平安返回地面，成為世界上首位太空遊客，拉開了太空旅遊觀光的序幕。

這是歷史性的一步，打破了此前太空僅有宇航員訪問的記錄。從法律角度來看，無論是太空人還是普通民眾，其生命的價值並無差異。因此，《營救協定》對救助物件的規定已明顯滯後於時代發展要求。

Ⅲ. 《責任公約》的缺陷概述

在二十世紀八十年代以前，所有的航空發射活動均由國家發起，國家成為相關責任主體符合當時的實際需要。但是，近年來私營組織也開始涉足航空發射活動，然而這種活動並非由國家發射或者國家促成。所以，《責任公約》的規定，最終承擔損害賠償責任的主體只能是國家顯然已經不合時宜。[18]

《責任公約》規定“發射國依本公約負責給付之損害賠償額應依照國際法及公正與衡平原則決定。該條規定的過於原則，相關標準並不明確，因此在實際中難以得到執行。

Ⅳ. 《登記公約》缺陷概述

從《登記公約》中不難看出登記的內容涉及到國家安全和國防安全。因此，勢必造成在執行中的操作難度較大，實施效果必然不盡人意。

而且《登記公約》規定的自願登記主要依賴於締約國對空間法和聯合國大會決議的遵守，令人堪憂的是加入《登記公約》的國家屈指可數。並且在實際的航空發射活動中，發生的登記行為是在發射之後，這樣就存在登記事項會發生變化，導致登記事項與實際發射情形不符的情況。

Ⅴ. 《月球協定》缺陷概述

不可否認《月球協定》規定共同利益原則願望的美好性。但是，所有公平、平等的現實，必須依靠科技和經濟的強大。經濟和科技貧弱的國家，將無法享受上述權利。因此，《月球協定》規定的共有、公平、平等、分享原則，只是概括性規定。若要得到有效執行，必須各個國家都具備經濟和科技的強大背景和條件。

---

18) Nathan C. Goldman, American Space Law International & Domestic.

第二章 美俄空間法概述

最初規制外空利用的法律性主要是國際法，國內的空間立法還比較鮮見。

1958年美國率先制定了規範空間行為的《國家航空航天法》，此後，阿根廷、澳大利亞、比利時、巴西、加拿大、法國、德國、英國、日本、俄羅斯等國家陸續制定了有關空間活動的國內法。[19] 因此出現了國際空間立法和國內空間立法並存的局面。[20]從各國制定的調整空間行為的空間法整體上看，美國和俄羅斯制定的較為齊備，形成了一整套法律規範體系，它們均把空間法上升到國家戰略高度，顯示了空間大國對於外空法律制度的高度重視。

如欲準確把握中國空間立法的狀況，除了準確掌握相關國際公約以外，還需掌握在世界上空間法具有代表性的美俄兩國的空間立法，[21] 以期正確認識中國空間立法的狀況。

第一節 美國的空間法立法

從1952年至1961年艾森豪[22]當政時，美國就已經開始制定太空計畫。[23] 其目的是希望能夠外空長時間、可持續，甚至永久性駐留。1961年到1963年肯尼迪[24]當政時美蘇爭霸也到了關鍵階段，[25]蘇聯強勢擴張，美國則處於戰略守勢。蘇聯縮小了

19) 這些調整外空活動的國內法從調整對象來看，主要是包括四個方面：一是確立空間活動基本法律制度全面、統一的空間法；二是管理有關從事空間活動的專門機構的法律；三是專門針對空間活動特定事宜的法律；四是專為實施國際條約義務而制定的法律。

20) 規制外空活動的國際法與國內法的關係：一方面，各國是為了本國利益的基礎上制定調整外空行為的國內法；另一方面，各國的外空活動仍受國際法的規制。

21) 由於國家間有關空間立法的條約或協定，已在第二章中進行了闡述，因此在闡述美俄空間法體系淵源時，將不再闡述國際條約或協定這一形式。

22) 1952年艾森豪威尔代表共和黨競選總統成功當選總統，1956年連任。於1961年1月20日離任總統。

23) NSC5520, “U.S. Scientific Satellite Program”, May 20, 1955, MS00498, DNSA.

24) 約翰·費茲吉羅德·肯尼迪(John Fitzgerald Kennedy)美國第35任總統，任期從1961年1月20日開始直到1963年11月22日在德克薩斯州達拉斯市遇刺身亡為止。

25) 美蘇爭霸分為三個階段，第一階段是二十世紀五十年代中後期到六十年代初。這一階段蘇聯的綜合國力與美國還有明顯的差距，重點體現在軍事實力上；第二階段是從六十年代中期到八十年代初，這一階段的特點是蘇聯強勢擴張，美國則處於戰略守勢，蘇聯不僅縮小了與美國的實力差距，還在軍事實力上一舉超過美國；第三階段是八十年代中期到蘇聯解體，這一階段雷根上臺後有效復興了美國的經濟，以此為基礎扭轉爭霸中被動防守的不利局面，蘇聯則是全面收縮，美國重新獲得優勢。

與美國的實力差距，特別是在軍事實力上一舉超過美國。為了取得決定性的勝利，肯尼迪總統提出在二十世紀六十年代末將太空人送上月球的"阿波羅"計畫。1981年至1989年里根[26]執政時，則提出了星球大戰計畫。 [27]奧巴馬總統執政期間在2010年頒行了新的《美國國家空間政策》，以增強美國的空間產業競爭力。

Ⅰ. 美國空間立法機構

空間法的發展離不開研究機構的研究，因此瞭解空間法的研究機構是深入研究空間法的基礎。因此，全面掌握美國空間法研究機構是把握美國空間法的前提。從實踐來看，美國具有目前最先進的航天活動管理體制。最高層，又稱決策層為總統和國會，具有最高決策權、最高立法權、航天活動的預算審查權；由國防部和美國太空總署(NASA)組成計畫管理層。國防部負責軍用航天活動，NASA負責民用航天活動，商業航天活動則由其他行政部門或航天工業公司負責。實施層則由工業界、科研機構、大學等組成。

第一，太空總署[28]

美國的國家太空總署(National Aeronautics and Space Administration, NASA)是美國聯邦政府的下屬行政機構，負責制定、實施美國的民用太空計畫與開展航空科學暨太空科學的研究。1958年7月29日，美國總統艾森豪威尔簽署了《美國公共法案85-568》，創立了國家航空和太空管理局，取代了其前身美國國家航空諮詢委員會(NACA)，並於1958年10月開始運轉。美國國家航空暨太空總署負責美國的太空探索，例如登月的阿波羅計畫、太空實驗室以及太空梭等。在太空計畫之外，美國國家航空暨太空總署還進行長期的民用及軍用航空研究，並注重于利用先進

26) 羅奈爾得·威爾遜·雷根(Ronald Wilson Reagan) 1911年2月6日出生於伊利諾州坦皮科2004年6月5日逝世於加州洛杉磯貝賴爾。1981年至1989年任第40任美國總統。

27) 戰略防禦倡議，亦稱星球大戰(Strategic Defense Initiative, 亦稱Star Wars Program, 簡稱SDI。)，是美國在二十世纪九十年代研議的一個軍事戰略計畫，該計畫源自美國總統羅奈爾得·里根在冷戰後期(1983年3月23日)的一次著名演說。"其核心內容是：以各種手段攻擊敵方的外太空的洲際戰略導彈和外太空航天器，以防止敵對國家對美國及其盟國發動的核打擊。其技術手段包括在外太空和地面部署高能定向武器(如微波、鐳射、高能粒子束、電磁動能武器等)或常規打擊武器，在敵方戰略導彈來襲的各個階段進行多層次的攔截。美國的許多盟國，包括英國、義大利、西德、以色列、日本等，也在美國的要求下不同程度地參與了這項計畫。

28) 有學者稱其為國家航空航天局。

的機械任務探索太陽系中的的所有天體，並利用天文觀測台及相關計畫研究天體物理學中的主題。美國太空總署，直接參與或間接參與了美國空間立法活動，是美國空間立法的重要參與者之一。

第二，聯邦通信委員會

聯邦通信委員會(Federal Communications Commission，FCC)是獨立的政府機構，直接對美國國會負責，於1934年由COMMUNICATION ACT建立，它負責常規的州際、國際通信，如：電視機，電線、衛星、電纜方面的工作，涉及美國50多個州、哥倫比亞以及美國所屬地區，為確保與生命財產有關的無線電和電線通信產品的安全性，FCC 的工程技術部(Office of Engineering and Technology)負責委員會的技術支援，同時負責設備認可方面的事務。許多無線電應用產品、通訊產品要進入美國市場，都要求取得 FCC 的認可。FCC委員會調查和研究產品安全性的各個階段以找出解決問題的最好方法，同時FCC也包括無線電裝置、航空器的檢測等。在空間立法方面，美國聯邦傳播委員會是美國空間立法重要的參與者之一，為美國空間立法起到了重要的作用。

第三，研究機構

美國和其他國家一樣，高等院校和科研所是空間科學發展的中堅力量。但是，在美國除了部分普通高校設置了空間研究所之外，美國還設置了眾多的專司空間研究的研究機構。比較重要的有蘭利研究中心、路易士研究中心、艾姆斯研究中心、愛德華空軍基地飛行研究中心以及戈達德航天飛行研究中心等。這些機構成為美國空間立法提出了重要依據和標準，甚至直接提供了空間法文件草案。

Ⅱ. 美國空間法體系

美國空間活動雖然晚於俄羅斯，但是美國空間法發展歷程漫長、淵源多元、體例合理的特點，內容涵蓋了民用和軍用方面的內容，[29] 覆蓋了教育科研、試驗生產、發射運行及空間應用等與空間活動相關的各個領域，形成涉及了空間發射、載人航天、通信導航、衛星遙感等集行政法、民法、商法、經濟法、刑法於一體的空

29) 美國空間法用了單獨一分編的篇幅，特別規定商用內容，但是筆者主張應將其歸入民用部分內容。

間制度。2010年頒佈了《美國法典》,[30] 導致美國民用和商用空間制度的法律淵源發生了巨大的變化。可以說該法典的頒佈實施是美國空間法律制度發展演變的分水嶺。從法律淵源上來看，存在聯邦法律、行政法規和地方立法三個層次的法律淵源，還包括大量的部門管理文件，從性質上說管理部門的文件雖然不是法律，但是對於調整美國的空間活動卻起著重要作用。當前來看，美國主要的空間立法框架主要包括美國國家航空和宇宙航行局的法律制度、衛星通訊法律制度、商業發射法律制度、商業遙感法律制度、空間技術出口法律及空間判例制度等。

第一，《美國法典》[31]

美國眾議院法律修訂顧問辦公室[32]提出美國法律修訂的議案，指出美國應當進行空間法的編纂[33]並得到美國國會的通過。《美國法典》共五十一編，分為制定法(positive law)和非制定法(non-positive law)兩種，空間法相關內容作為第五十一編單獨一編。“制定法”部分[34]的法律是國會通過並生效的，本身就屬於聯邦法。而“非制定法”部分[35]是對已經通過生效的聯邦法規進行編撰然後列入法典。由於《美國法典》由國會通過頒佈，不論是制定法部分還是非制定法部分，都具有同樣的法律地位和效力，都是正式的法律淵源，[36] 美國“國家航天和商業航天方案”

---

30) 2010年底由國會頒佈的《美國法典》第五十一編是一個單獨的、專門的航天法，是美國最重要的、最核心空間制度。

31) 1875年美國將聯邦立法檔加以集中、修訂和分類編排，出版了《聯邦法律彙編》。《美國法典》摘錄了1875年出版的《法律修訂彙編》以及《聯邦法律彙編》中仍然有效的法律文件，綜合整理成15個篇名共4卷，於1926年彙編成第一部《美國法典》公開發行。此後將每年頒佈的法律文件綜合整理出版一卷。《美國法典》是聯邦法律唯一的官方編撰，具有法律效力，但不包括條約、部門規章和州立法。

32) 該辦公室的根本職責就是維護和發展《美國法典》。

33) 法律編撰不同於法律彙編，法律編纂是指對屬於某一類的或某一部分法的全部規範性法律檔進行整理、審查、補充、修改，或者在此基礎上編制一部新的系統化法律的法律創制活動。法律編纂不同於法律彙編，它並不是一項單純的技術性活動，而是一種重要立法活動，並且，這項活動只能由有關國家立法機關進行。法律彙編是指將規範性法律檔按照一定的目的和標準進行排列彙編成冊的一項規範性法律檔案系統化的整理歸類活動。法律彙編並不改變規範性法律檔的內容，不對法律規範進行加工，因此，法律彙編本身不屬於立法活動，主要是一項技術性整理和歸類活動。

34) 例如《美國法典》第十編“武裝部隊”部分，因為編撰入法典之前，這部分法律已經以“武裝部隊”為名並經由國會頒佈。

35) 該部分是出於編撰的需要增設，標題及內容本身並沒有單獨通過國會審查，形式上也會有相應的調整和變化。例如第四十二編“公共健康和福利”部分，內容雖然都是正式頒佈並實施的法律，但就這個標題自身而言，在進入法典之前，並不存在。

36) 兩者的區別僅是歷史的，而不是現在的。

部分隸屬制定法部分。[37] 美國空間法編不僅是一部獨立的法律，也是美國空間法體系中最重要、最系統、最全面的法律淵源。

第五十一編內容的立法結構體竭力與美國空間法發展規劃保持一致。分為總則、[38]一般專案和政策、[39]管理、[40]航天航空的科研與教育、[41]商業項目、[42]地球觀測、[43]進入太空[44]七個分編。該編將零散分佈的美國空間法集中一處，使其更具條理性，不僅提高了立法品質，也為聯邦法院和州法院的引用提供了方便。《美國法典》第五十一編的頒佈有力的促進了美國航天商業活動的發展，推動了美國空間立法乃至世界空間立法的發展都具有極其重要的意義。

第二，聯邦單行立法

自2009年開始，美國國會陸續頒佈了的一些涉及到航天管理部門的許可權、撥款和其他相關問題的單行立法，是美國空間法律體系的重要組成部分。[45] 從實踐情況來看，還有一些尚處在審議階段的聯邦立法提案，在實踐中也對美國空間活動產生了影響。因此，也應將其作為美國空間法體系的重要組成部分。[46] 此外，由議員或國會研究機構提出的立法提案和法律質詢，雖然還沒有進入立法審議，也對美國空間活動的發展產生了重要影響。因此，這些聯邦法律文件也有可能成為未來美國航天法律體系的組成部分。[47]

---

37) 法案編號為“公法111-134”。

38) 該部分屬於定義部分。

39) 該部分是國家航空航天專案、責任部分。

40) 該部分屬於撥款、預算和決算、合同和採購、管理和評審、國際合作與競爭、獎勵、安全、衛生保健及其他相關內容的部分。

41) 該部分屬於授權的與大學合作的國家空間項目、外空的生物醫學研究部分。

42) 該部分主要規定了空間商業、商業性可重複利用的外空運輸、外空商業競爭、空間商業化辦公室、外空商業發射活動、外空運輸基礎設施許可等內容。

43) 該部分主要規定了陸地遙感政策、遙感、地球科學內容。

44) 該部分主要規定了太空梭和替代品的利用、商業航天的價格政策、外空探索主動權、載人航天獨立調查委員會、國際空間站、近地物體、發達國家為了安全利用外空的合作等內容。

45) 最近幾年的聯邦單行立法例包括公法110- 417: 2010, 2011財政年的亨特鄧肯國防授權法案(2009, 2010)、公法111-151:衛星電視發展法案(2010)、公法111-175:衛星電視發展及地方保護法案(2010) 公法111-267:國家航空航天局授權法案(2010)、公法112-55:鞏固和進一步持續撥款法案(2012)等。

46) 例如2011年2月提出的廢除“禁止支出與國家航空航天管理專案終止相關費用措施”、2011年5月的加強美國衛星工業法案和2011年7月的太空梭從業人員安置法案。

47) 例如，2011年國會研究服務機構(CRS)提出的關於適用全球定位系統監視機動車輛的立法、2011年美國政府問責局 (GAO)對眾議員提出的有關國家科技政策辦公室與中國雙邊活動中的經費使用的合法性審查所做出的答覆等。

第三,《聯邦規則法典》

《聯邦規則法典》是美國管理性規則的彙編, 制定主體是各聯邦部門和機構。因此,《聯邦規則法典》在性質上屬於行政法規彙編。管理性規則往往是對國會制定的聯邦法律進行的有效解釋, 這種解釋的前提必須有國會的授權。《聯邦規則法典》由美國國家文件案記錄局聯邦登記處發行, 效力低於國會制定的《美國法典》, 但是在美國的法庭上可以直接援引, 作為判決的依據。[48)]

第四, 州立法

美國法律分為聯邦法和州法律, 根據美國憲法規定, 除了明確授予國會的立法權, 其餘的立法事項都歸屬州立法權範疇。地方立法體現了地方與聯邦之間的關係, 州政府對空間規定成為美國空間法律體系的重要組成部分, 對於完善美國空間法體系具有重要的意義。[49)]

第五, 部門管理文件

雖然美國政府部門的立法需要國會或法律的明確授權, 但美國政府制定的政策和文件沒有國會或法律的授權, 因此既不不屬於聯邦立法, 也不屬於州立法。但是這些政府文件和政策對美國空間活動的管理起著至關重要的作用, 因此也應當屬於美國空間法體系的重要組成部分。

---

48) 2006年《聯邦規則法典》第十四編第三章"運輸部聯邦航空局商業航天運輸", 規定了空間發射和空間運輸的基本管理制度, 是美國空間法的重要組成部分。

49) 近幾年州立法主要有, 佛羅裡達州：關於航天飛行的通知與同意法案(2008)、航天企業責任(2011)；夏威夷州：關於航天發展的議案(2008)、關於旅遊的議案(2009)；維吉尼亞州：關於航天活動免稅法案的修改(2008)、阿拉斯加州:關乎航天公司更名的法案(2009)；新墨西哥州：關於航天飛行通知與同意的法案 (2010)；德克薩斯州：航天活動的有限責任 (2011)等。

第二節 俄羅斯的空間立法

作為世界上首先將衛星送入太空的國家，不僅俄羅斯的外空探索引人矚目，其空間立法體系也比較成熟和科學，建立了非常完善的體系，培養了許多世界馳名的國際空間法學家，為整個人類的空間立法事業做出了非常重要的貢獻。

從俄羅斯外空發展軌跡來看，外空計畫與其他國家相比具有自己的特色。俄羅斯聯邦總統具有類似美國航天管理體制中決策層的作用。現俄羅斯聯邦航天局(RSA)就是按1992年總統命令組建的，既是政府機構，又負責發展整個俄羅斯的航天技術。在軍用、民用和商業航天的關係上，俄羅斯航天管理體制由軍民統一轉變為軍民分制，1998年再轉變為軍民統一。1999年俄羅斯聯邦組建航空航天局(RAKA)，最終結束了俄羅斯航空航天分立管理的歷史。

Ⅰ. 俄羅斯空間研究機構

第一，國家航天局[50)]

俄羅斯國家航天局不僅是俄羅斯空間活動的領導機構，還是俄羅斯空間立法研究的主持和領導機構。俄羅斯的《航天活動法》就是在該機構的直接領導和主持下完成的。在蘇聯剛解體的時候，一度缺乏資金進行各項計畫，直到最近才有所改善。該局一直爭取進行的計畫包括登月計畫和與國際太空站的合作計畫。從實踐來看，國家航天局是俄羅斯空間立法的重要諮詢機構和直接參與者。

50) 俄羅斯在1992年2月25日發佈的185號總統命令，組建了俄羅斯航空航天局。航空航天局在性質上屬於聯邦的行政機構，主要職責是實行國家的空間政策，並協調和管理空間活動領域的企業及組織的活動，實施有戰略意義的軍用火箭技術、軍用航空和火箭/空間技術、實驗航空學工作以及實現俄聯邦空間規劃和發展俄民用航空技術的聯邦專門計畫。俄羅斯航空航天局實行局長負責制，局長由俄羅斯聯邦政府任免。並設由局長、副局長、部門負責人以及主要科學家和專家組成的委員會。局長任委員會主席，委員會成員需由局長提名並經俄聯邦政府批准。航天局還設有科學技術委員會作為集體諮詢機構，由局、科學院領導成員、科學家和設計師、資深專家以及國防部、其它有關聯邦行政當局的機關、航空與空間工業組織的代表和獨立專家組成。

第二，俄羅斯科學院[51)]

俄羅斯科學院是俄羅斯有關實踐性立法活動的主導性研究機構，也是俄羅斯空間法研究的權威機構，於1724年在聖彼德堡成立。1917年俄國十月革命勝利後，科學院成為國家科學組織，並於1925年更名為蘇聯科學院。1991年蘇聯解體，蘇聯科學院重新更名為俄羅斯科學院。俄羅斯科學院是俄羅斯聯邦的最高學術機構，是主導全國自然科學和社會科學基礎研究的中心，也是俄羅斯空間立法的重要力量。

第三，高等院校

俄羅斯的高等院校培養大量的空間法人才，從事著空間法的立法實踐和基礎研究工作，保證了俄羅斯的空間法研究始終處於世界領先水準。在這些高等院校中最有代表性的就是莫斯科大學、俄羅斯民族友誼大學、莫斯科國際關係學院和莫斯科法律科學院等。

Ⅱ. 俄羅斯空間法體系

俄羅斯聯邦空間立法始於上世紀九十年代初期，1993年8月20日頒佈的《航天活動法》是俄羅斯空間活動的基本規範。該法旨在促進俄羅斯經濟、科學和技術發展，鞏固國防和國家安全以及進一步發展俄聯邦的國際合作。俄羅斯的《航天活動法》與俄聯邦憲法、國際法公認原則和準則以及加入和批准的國際協定構成了俄聯邦對空間活動進行管理的整個法律規範體系。從總體上來看，俄羅斯有關空間法體系要包括以下幾個層次：

第一，俄羅斯憲法[52)]

俄羅斯憲法是整個俄羅斯的根本性法律，第四條明確規定俄羅斯聯邦憲法和聯

51) 在蘇聯時期，俄羅斯國家科學院負責協調全國科學活動，以便按照國家計委編制的國民經濟發展計畫要求，確定國家科學研究的總方向。同時，全面指導各加盟共和國科學院、高等院校和國家其他研究單位重大自然科學和社會科學的研究工作。

52) 俄羅斯聯邦現行憲法的制定，經歷了兩個階段：蘇聯解體前階段和解體後階段。前階段的憲法改變了俄羅斯蘇維埃聯邦社會主義共和國的國家性質，宣佈要建立三權分立的總統制共和國。後一階段的憲法即1993年通過的俄羅斯聯邦現行憲法。現行憲法確認了蘇聯劇變、俄羅斯獨立的事實。

邦法律在俄羅斯聯邦全境擁有至高無上的地位。

第二，俄羅斯《航天活動法》

俄羅斯《航天活動法》是專門針對空間活動的母法，也是世界上所有國家空間立法實踐中第一部有關國家空間活動的母法。1993年制訂和頒佈，並在 1996年進行了修訂。《航天活動法》是俄羅斯進行外空活動的典型立法。後來又經過多次修訂，儼然已成為俄羅斯的空間活動的根本大法，其效力僅次於《俄羅斯憲法》。

第三，俄羅斯總統令[53)]

俄羅斯總統令是俄羅斯具有規範效力的規範文件，效力高於政府令，並且是政府令的淵源。自俄羅斯獨立以來，頒佈了3個涉及國家航天活動的總統令，而且都在經過長期適用後逐步上升為國家法律的形式。

第四，俄羅斯政府令[54)]

政府令在俄羅斯立法體系中具有重要地位，涉及航天活動的政府令有13個。從實質上看這些政府令是總統令的具體化，是俄羅斯國家空間活動的行政文件，保證了俄羅斯國家空間研究和探索活動的有序進行，是俄羅斯相對完整的立法體系的重要組成部分。

第五，規章制度

規章制度是俄羅斯最為龐雜的空間規範體系，涉及空間活動的規章制度已經超過200個，內容涉及俄羅斯空間活動的各個具體環節和內容，是俄羅斯空間活動規則體系的重要組成部分。

第六，國際條約和協定

俄羅斯加入了許多國際條約和協定，並與其他國家簽訂了多個雙邊及多邊條約。並

53) 例如：1998年4月頒佈的《俄聯邦國家獎勵總統法令》。

54) 例如：1996年2月頒佈的《俄聯邦政府批准空間活動許可條例的決議》、1999年7月頒佈的《俄聯邦政府關於俄宇航局問題的決定》等。

且俄羅斯憲法第十五條明確規定"普遍公認的國際法原則和準則及俄羅斯聯邦國際條約是俄羅斯聯邦法律體系的組成部分。如果俄羅斯聯邦加入的國際條約確立的原則不同於國內法律規定，則適用國際條約規則。"[55]

第三章 中國空間立法現狀

二十世紀六十年代初期中國"兩彈一星"[56]開始研製時，中國才真正拉開外空活動的序幕。此後，安徽廣德發射升空的生物火箭，開啟了中國空間科學研究先河。1970年4月，中國第一顆人造地球衛星由甘肅酒泉航天發射場發射並成功進入預定軌道，2003年10月，中國第一艘載人航天飛船"神舟五號"在酒泉發射成功，使中國成為世界上第三個有自主能力開展載人航天的國家。中國空間技術和空間立法的發展離不開中國空間科研機構和科研人員。從總體上看，中國從事空間科研的科研機構，進行技術研究的眾多，但是從事空間法律體系構建的機構和人員則較為匱乏。

第一節 中國空間管理體制

從歷史來看，中國的空間技術研究機構是毛澤東在1968年親自部署下成立的，但是由於新中國剛成立不久，軟硬件都不具備。就是在這樣的背景下，中國開始了空間探索的腳步。但是，中國空間立法的腳步卻遠遠落後於空間技術的探索。[57]

Ⅰ. 國防部第五研究院時期(1956.10-1964.11)

中國中央人民政府認為新生的共和國政權要在世界舞臺上得到生存和發展，必須要用現代化的武器裝備建設強大的國防，於是在1956年8月成立了國防部五局，同年10月8日成立了國防部五院。1957年3月五局撤銷，機構和職能都合併到五院，也就是後來所稱的"老五院"。老五院屬於部隊建制中央軍委直接領導，具體的管理和實施都由"五院"承擔。

---

55) http://baike.baidu.com/view/1676993.htm?fr=aladdin 訪問時間：2014年7月2日23:45

56) 事實上，兩彈一星最初指的是原子彈、導彈和人造衛星，後來隨著氫彈、中子彈等的相繼誕生，"原子彈"逐漸演變為核武器的合稱即今日所指稱的核彈

57) 1968年2月20日，經毛澤東主席批准，中國空間技術研究院(China Academy of Space Technology, CAST)成立，掀開了中國空間事業發展新的一頁。

Ⅱ. 第七機械工業部時期(1964.11-1982.4)

1964年全國人大第三屆第一次會議上，通過了成立第七機械工業部的決議，即國防部第五研究院改稱第七機械工業部，由部隊編制轉變為國務院的一個部委。此期間，第七機械工業部承擔著航天活動的政府管理職能和企業的管理和實施職能。

Ⅲ. 航天工業部時期(1982.4-1988.7)

1982年全國第五屆人大第22次會議，通過了關於國務院機構改革問題的決議，航天工業部的稱謂取代了第七機械工業部。真正意義上的中國航天科技工業管理體制初步形成。中央成立國防科學技術工業委員會，隸屬於中央軍委建制，受國務院、中央軍委雙重領導，是代表國家對航天科技工業進行統一管理的部門，也是所屬的航天工業部的領導機關，開始統一管理軍用航天活動和民用航天活動。

Ⅳ. 航空航天工業部時期(1988.7-1993.6)

1988年全國第七屆人大第一次會議，通過國務院機構改革方案，撤銷航天工業部。將航天、航空兩大工業部門合併為航空航天工業部。這是航天科技管理體制的一次重要改革，目的是要減少臃腫的管理層級，建立統一的航空航天管理部門，為減少多頭管理、實現政企分離奠定了基礎。

Ⅴ. 中國航天工業總公司時期(1993.6-1999.7)

1993年全國八屆人大一次會議，批准撤銷航空航天工業部，中國航天工業總公司(國家航天局)正式成立，中國航天開始走向企業化道路。國務院序列中繼續保留國防科工委，仍屬軍隊建制，由國務院、中央軍委雙重領導，初步實現了航天科技工業由政府行政部門向市場經濟實體的轉變。中央軍委建制下的國防科工委作為武器裝備的主管部門，工作重心側重於武器裝備的發展，對航天企業民品的發展以及在改革調整中暴漏出的新問題和新困難沒有給予應有的重視，也缺乏解決這些問題的能力和手段。在國防科研、武器裝備建設、政府與軍隊、企業與軍兵種、供給與需求、立法進程等方面，體制不順、職責不清、管道不暢、處斷不利等問題突出地表現出來。

Ⅵ. 中國航天科技集團公司、科工集團公司時期(1999.7-今)

經國務院批准，中國航天工業總公司在1999年7月分立為中國航天科技集團公司和中國航天機電集團公司(後改稱中國航天科工集團公司)，形成了科學嚴密的組織管理體系和適應航天市場化發展需要的管理模式。在此之前，國務院對航天科技工業的管理部門進行了重大的改革，成立了新的國防科工委，屬於政府序列，原來由軍委建制下的國防科工委管理的職能以及國家航天局承擔的政府職能，全部劃歸新的國防科工委管理。國家將航天的規劃、標準、政策、法規、監督五大職能作為政府職能賦予新成立的國防科工委(國家航天局)。與此同時，以原來的國防科工委為基礎，合併了隸屬於總參的裝備部，成立了中國人民解放軍總裝備部，由中央軍委直接領導，由原來管理者的身份轉變為需求方的身份。

2008年3月，國防科工委被撤銷，職能由國防科技工業局承擔，其上級管理部門為工業和信息化部。

第二節 中國空間立法研究機構

由於中國目前立法體制的原因，中國空間法發展研究機構主要分佈在高校，而立法機構僅僅是將研究機構根據其授權所起草的專家建議稿進行審議，自身並不進行空間法的起草工作。與現在相比此前中國對空間法的立法發展並未得到足夠的重視，自從2008年以後才有所改善。目前哈爾濱工業大學、北京航空航天大學、深圳大學、中國政法大學國際法學院和北京理工大學法學院為本科和研究生開設專門的宇宙法課程。

Ⅰ. 北京航空航天大學空間法研究所

2002年北京航空航天大學依託在航空航天和知識產權領域的特殊優勢，設立了“宇宙法研究所”，主要從事宇宙法的研究。目前主要研究人員有高國柱副教授、李斌副教授、薄守省博士等。

Ⅱ. 哈爾濱工業大學空間法研究所

2005年哈爾濱工業大學空間法研究所成立，目前的研究人員有趙海峰教授、李濱教授、法比歐· 特隆凱蒂副教授、欒吉平副教授和侯瑞雪博士等。研究所成立後出版了《國際空間法教程》教材，並於2006年創刊出版了中國空間法領域的第一個學術刊物《空間法評論》。

Ⅲ. 北京理工大學空間法研究所

2007年北理工空間法研究所成立，主要研究人員有李壽平教授、副所長王國語博士、羅麗教授和龔向前副教授等。

北京理工大學空間法研究所建立了目前中國最為完備的空間法資料中心，該所還主編了《中國空間政策與法律文件彙編》一書。

Ⅳ. 中國政法大學航空法與空間法研究中心

2007年中國政法大學航空法與空間法研究中心成立，主要研究人員為副主任凌岩教授和副主任李居遷副教授。

政法大學航空法和空間法研究中心在2007和2008年先後兩次主辦了航空法和空間法國際學術論壇，組織國內外專家學者就航空法和空間法的學術問題進行交流。

Ⅴ. 深圳大學空間政策與空間法研究中心

2007年深圳大學空間政策與空間法研究中心成立，研究人員是尹玉海教授。

尹玉海教授從事空間法研究起步較早出版專著《航天開發國際法律責任研究》，並主編或撰寫國際空間立法文件及教材。

除上述機構外從事空間法研究的高校還有華東政法大學、西北政法大學、湖南師範大學等。

第三節　中國空間法體系由於中國歷史發展現實狀況的限制，中國早期的空間立法主要是行業文件，[58] 立法基本處於空白，更無法形成空間法體系。這些指導性文件為中國的空間活動指明了方向，促進了中國航天產業的發展。但是，在性質上仍是計劃性的，不具有空間法的性質。1978年12月中國開始改革開放，尤其是九十年代中後期，中國空間技術迅速發展和衛星商業發射活動的增加，相關法律的空白與法律關係的處理造成的矛盾日漸突出。在1998年國防科技工業委員

58) 例如：1956年3月，中央人民政府制定的《1956-1967年科學技術發展遠景規劃(草案)》；1958年8月，國務院制定的《噴氣與火箭技術發展綱要》

會[59]改組成立後，中國的空間立法才逐步走上了正軌，並且向聯合國做出加強外空立法工作的承諾。[60]

國內航天未來的發展趨勢同樣對航天立法提出了迫切要求，我們只有建立建全完善的航天活動法律體系，才能夠維護國家的戰略安全和在外太空的合法權益，才能夠打破技術壁壘、開展國際合作交流，才能夠引導航天科技工業健康發展，為實現從航天大國邁向航天強國構建良好的法治氛圍。

從總體上看，目前中國的空間立法數量少，法律空白多，可操作性差，與中國的空間能力極不協調。並且，空間立法僅僅停留在行政法規層面，並非法律文件。像其他國家的空間活動一樣，中國的空間活動和活動規制也分為民用和軍用兩個領域，並進行了涇渭分明的嚴格分離。[61] 因此，本文將中國空間法律文件，首先以國內法和國際法為標準進行區分，將國際空間法進一步劃分為中國已經加入的國際條約或多邊協定(或雙邊協定)，將國內空間立法進一步劃分為空間立法[62]和政策文件。並將國內空間立法進一步劃分為軍事領域的空間立法和民用領域的空間立法。

I. 中國空間法的國際法部分

i. 國際條約

1966年12月19日《關於各國探索和利用包括月球和其他天體在內外太空活動的原則條約》在聯合國大會通過，1967年1月27日在蘇、英、美三國首都開放簽署，1967年10月10日生效，中國於1983年12月30日加入。該條約規定各國皆有探索和利用外太空的自由；各國不得將外太空占為己有；不得在繞地球的軌道上、天體

---

59) 中華人民共和國國防科學技術工業委員會(簡稱"國防科工委")，由中國人民解放軍國防科學技術委員會、國務院國防工業辦公室和中央軍委科學技術裝備委員會合併而成，屬軍隊序列，同時也作為國務院的一個組成部委。1998年3月機構改革時，原國防科工委改組為總裝備部，另成立一個屬政府部門的國防科工委。將原國防科工委管理國防工業的職能、國家計委國防司的職能，以及各軍工總公司承擔的政府職能，統歸新組建的國防科學技術工業委員會管理。同時，將各軍工總公司改組為若干企業集團，並保留了國家航天局和國家原子能機構。

60) 參見聯合國檔A/AC.105/932

61) 中國調整民用空間活動的法律有《空間物體登記管理辦法》、《民用航天發射專案授權管理暫時辦法》與《審批管理程式》以及《國防科技工業民用專項科研管理辦法》；真正意義上的軍用空間立法是《中國導彈及相關物項和技術出口管制條例》及《管理清單》、《中國軍品出口條例》 以及《軍品管理出口清單》等。

62) 該處所指的立法是廣義上的立法。

(星球)以及外太空放置大規模毀滅性武器；禁止在天體上建立軍事基地和進行軍事演習；利用外太空應避免對地球環境產生不利影響等內容。

1988年11月8日中國第七屆全國人民代表大會常務委員會第四次會議訣定加入1968年生效的《營救宇航員、送回宇航員和歸還射入外太空的物體的協定》(簡稱《營救協定》)、1972年生效的《空間物體所造成損害的國際責任公約》(簡稱《責任公約》)以及1976年生效的《關於登記射入外太空物體的公約》(簡稱 《登記公約》)三個外太空公約或協定。

到目前為止，中國加入了聯合國外空委及其法律小組委員會自成立以來已制定的除1984年生效的《指導各國在月球和其他天體上活動的協定》(簡稱《月球協定》)以外的國際公約或協定。

ii. 協定

中國不僅積極加入聯合國的條約或協定以外，還積極參與國際合作，簽訂了眾多的雙邊和多邊空間活動協定，對中國開展空間活動的具體權利和義務進行了明確，同時也為中國進行國內的空間立法提供重要的法律淵源。2001年至2005年，中國與阿根廷、巴西、加拿大、法國、馬來西亞、巴基斯坦、俄羅斯、烏克蘭、歐洲空間局、歐盟委員會簽署了《和平利用外太空合作協定》以及 《空間專案合作協定》； 2005年至2006年，中國又與孟加拉、印尼、伊朗、蒙古、巴基斯坦、秘魯、泰國、土耳其九個國家簽署了《亞太空間合作組織公約》。但是，在國內航天立法方面，中國並未很好地落實已經加入的國際條約、多(雙)邊條約，甚至沒有系統的航天立法，導致中國在國際航天領域的作用不能暢快發揮，沒有推動國際立法的助力，並且很容易受到航天強國的種種制約和限制。

Ⅱ. 國內空間活動立法

目前中國的立法基本上採用條塊分割的方式，所以空間立法也採取這種分散的立法模式，國防科工局和解放軍總裝備部等部門都參與了職權範圍的空間規則的制定。因此中國的空間立法活動將空間活動明顯分為軍用和民用領域，體現在空間立法方面也體現為軍用和民用立法兩大領域。

i. 空間立法軍用領域

中國在軍事領域的空間立法，主要有1998年1月1日起施行的《中華人民共和國軍品出口管理條例》，[63]目的是為了加強對軍品出口的管理。該條例所稱的"軍品出口"是指用於軍事目的的裝備、專用生產設備及其他物資、技術和有關服務的貿易性出口，並規定國家實行統一的軍品出口管理制度，禁止任何損害國家的利益和安全的軍品出口行為，依法保障正常的軍品出口秩序，國家對軍品出口實行許可制度，由國家軍品出口的主管部門或者由國家軍品出口主管部門會同國務院、中央軍事委員會的相關部門審查批准。[64]該條例頒佈後為了進一步規範軍品出口秩序，原國防科工委和解放軍總裝備部在2002年11月1日頒佈了《軍品出口管理清單》對軍用衛星和運載火箭做出進一步的嚴格界定。為了加強對導彈及相關物及技術出口的管制，維護國家安全和社會公共利益，國務院於2002年8月22日制定並頒佈了《中華人民共和國導彈及相關物項和技術出口管制條例》以及相應的導彈及相關物和技術出口管制清單，規定國導彈及相關物和技術出口實行許可證件管理，防止可用於運載大規模殺傷性武器的導彈的擴散。

ii. 民用空間立法領域

在民用空間立法領域，承擔立法研究工作的機構是國防科工局的前身中國國防科學技術委員。為了建立健全國內航天活動的法律法規，強化國家對空間活動的管理，保護國家在參與國際合作中的合法權益，中國國防科學技術委員於2001年2月8日發佈了《空間物體登記管理辦法》，這是中國關於規範民用航天領域的第一部國內法規。該辦法適用於在中國境內發射的所有空間物體或中國作為共同發射國之一而在國外發射空間物體，並進一步指出"空間物體是指進入外太空的包括人造地球衛星、載人飛船、深空探測器、空間站、運載工具及其部件以及其他人造物體"，而對於高空探測火箭和彈道導彈等"短暫穿越外太空的人造物體則不屬於空間物體範疇。"[65] 為了規範民用航天發射專案管理，促進民用航天產業健康發展，2002年12月21日起正式施行了《民用航天發射授權管理暫行辦法》，明確界定了民用航天發射專案"是指非軍事用途，在中國境內的衛星等航天器進入外太

63) 2002年10月15日國務院和中央軍事委員會對該條例進行了修訂，自2002年11月15日起施行。
64) 參見《中國軍品出口管理條例》第14條。
65) 參見《空間物體登記管理辦法》，第2條。

空的行為，以及中華人民共和國自然人、法人或其他組織已擁有產權的或者通過在軌交付方式擁有產權的衛星等航天器在中國境外進入外太空行為。”[66]並規定由原國防科工委對民用航天發射專案實行統一規劃和管理，負責民用航天發射項目的審查、批准及監督。因此，原國防科工委於2002年6月20日公佈了《民用航天發射專案許可(審批程式)》，明確了審理、審查、審定、批准、告知等五個環節，形成了一套完整的許可證審批管理體系。

隨著空間活動民用技術的發展，中國2002年8月18日發佈的《國防科技工業民用專項科研管理辦法》，將原屬於國防科技工業領域的民用航天活動及軍轉民技術開發科學研究等活動做了界定，使民用航天發射步入了法制化的發展軌道，為中國商業航天發射活動提供了堅實的法律保障。

iii. 政策性文件

為了更好的探索外太空，擴展對地球和宇宙的認識；和平利用外太空，促進人類文明和社會進步，造福全人類，滿足經濟建設、科技發展、國家安全和社會進步。中國政府自2000年開始發佈中國未來五年的空間發展規劃，由於該規劃文本系白色封面，因此成為中國空間白皮書。《白皮書》每五年發佈一次，正文由五部分組成，包括中國航天事業的發展宗旨與原則、未來五年主要任務、發展政策與措施、國際交流與合作等。[67]《中國空間白皮書》在中國發佈的政策文件中具有重要地位，是中國空間政策的風向標。除了白皮書以外中國發佈的空間政策性文件還有2000年發佈的《國防科技工業產業政策綱要》、2002年發佈的《國防科技工業民用專項科研管理辦法》、2007年發佈的《“十一五”空間科學發展規劃》、2007年發佈的《航天發展“十一五”規劃》、《“十一五”民用遙感衛星應用技術研究專案指南》、《國防科工委關於鼓勵國內用戶使用中巴地球資源衛星資料的若干意見》以及《國防科工委關於中巴地球資源衛星01/02/02B星國內資料管理規則(試行)》等。

除了上述政策文件，還有部分對外保密的文件[68]對各軍工集團從事民用航天產品的研發也起到了重要的指導作用。

---

66) 參見《民用航天發射專案授權管理暫行辦法》，第2條。

67) 參見中國國家航天局網站http://www.cnsa.gov.cn/n615708/n620168/n750545/79483.html 訪問時間：2014年7月12日22:42

68) 例如：《民用航天科研專案立項管理辦法》、《民用衛星工程研製管理暫行辦法》等。

第四章 中國空間立法不足與出路

立法必然與政治體制相適應，中國空間立法也必然與中國的政治體制相適應。中國空間立法始於二十世紀六十年代，經歷了中國法律虛無主義時期，中國十一屆三中全會後的恢復時期，直到九十年代後期才轉入快速發展期，商業空間發射服務也逐漸展開，為完善空間立法提供了難得的契機。但是，計劃經濟體制下形成的舊的空間立法模式仍在運行，出現了實踐中的航天主管部門地位弱化，而國防科工委又無法全面調整航天活動的弊端。

第一節 中國空間立法的不足

受特定歷史條件的影響，中國的空間立法在二十世紀八十年代以前尚處於空白階段。在二十世紀八十年代，受機構改革和中國整體立法狀況滯後的影響，空間立法沒有得到充分的重視。二十世紀九十年代後，中國的空間技術應用進入了一個新階段，但由於中國空間活動商業化的推進速度較慢，加之立法體制也存在問題，致使中國現行的空間立法仍處於起步階段。全面客觀瞭解中國空間法，才能正確認識中國空間法。只有這樣才能校正中國空間法的發展方向，促使中國空間法更快更好的發展。

I. 缺乏國際條約配合法

中國政府分別於1966年和1988年加入了聯合國除《月球協定》以外的四大條約，並且認真的履行了條約規定的義務。從理論上說中國應當將國際條約規定的義務在國內法中予以規定，並以此規範政府、企業和所有從事航天活動的法人、自然人的行為。這樣還可以避免美、俄等航天大國國內空間法的不良影響，並使中國的國際地位得以提高。但事實上，中國現有的空間立法，並沒有對中國加入的四個國際條約所賦予的義務進行明確規定，甚至沒有提及國際合作的條款。這樣的情況導致中國加入的四個國際條約在中國的適用，沒有國內法依據。

Ⅱ. 缺乏高位階法律

2000年3月15日中國第九屆全國人民代表大會第三次會議通過，2000年7月1日起施行的《中華人民共和國立法法》規定，中國的法律體系分為憲法、法律、行政法規和地方性法規以及部門規章和行政規章。上述不同層次的法律形成了中國層級不同的法律體系。

審視中國的空間立法，中國的空間立法僅存在于行政規章的層次，在法律層級、行政法規或地方法規層級尚未有空間立法。並且中國專門規定空間活動的立法僅有當時的國防科學技術工業委員會制定發佈並負責解釋的《空間物體登記管理辦法》和《民用航天發射授權管理暫行辦法》兩個法律文件。雖然也存在規範空間活動的其他相關法規，但是並非專門性規定，僅僅是與空間活動存在聯繫，更不是專門的空間立法。中國作為航天大國需要法律對空間活動進行規制，這是建設社會主義法治國家的必然要求。中國目前存在的調整空間活動的規則很難與國際公法、國際條約和慣例及其他航天大國內的基本法、普通法相匹配。因此，中國應儘快由全國人大或全國人大常委會制定空間法增強空間立法的效力。

Ⅲ. 存在立法空白

法律的制定必須依據社會現狀，雖然具有一定的前瞻性，但是前瞻的程度受社會發展和立法者的前瞻能力的限制。社會不斷發展進步，新事物不斷出現必然導致既定法律的滯後，不能完全適應形勢的需要。既定法概念的內涵不再適應社會發展或者產生了立法者未曾預見的社會現象。因此，要根據實際情況對原有的法律進行修訂和完善。

2013年6月11日"神十"成功發射，中國的載人航天技術達到世界領先水準，中國向太空夢想又邁進了一大步。除了傳統空間應用領域外，空間科技的二次應用對中國的空間法律建設提出了新的要求。但是中國已經參加的國際公約和協議在中國並不能直接作為法律依據，因此就需要從立法和司法上進行完善。

此外，中國在諸如商業發射、空間知識產權、空間保險、空間環境保護、發射物體的回收以及空間商業旅遊等方面都缺乏相應的國內立法，為解決上述新問題中國應加快國內空間立法進程，彌補立法空白。

中國現有的空間立法中也存在一些立法空白。例如《空間物體登記管理辦法》對"空間物體"的範圍採取列舉的方式進行規定，就不可避免地遺漏了能夠在空氣空間和外太空自由轉換的飛行器。其次，該辦法雖規定了強制性登記制度，卻沒有規定違反的懲罰措施，因此造成沒有強有力的執行機構保障登記的軟法現象。

Ⅳ. 尚未形成體系

中國國內的空間立法數量較少，而且僅是部門規章。這樣的空間立法局面造成與中國空間事業快速發展的需求嚴重脫節，尤其沒有制定統一的空間法律。

法律體系(Legal System)通常是指不同層級的法律規範有機組合而形成的有機聯繫的統一整體。中國的空間法的層級比較單一，且缺乏最重要的基本法。

因此，中國的空間立法的殘缺不全根本談不上完善的空間法律體系。[69] 從中國現有的空間立法內容看僅對導彈武器、衛星飛船的軍用領域進行調整，對出口控制和技術轉移控制等方面進行了明確規定，對於商業衛星發射服務、空間損害賠償、航天人員[70]營救等方面還沒有相應的空間立法，嚴重阻礙了中國空間立法與國際空間立法的融合和對接。

第二節 中國空間立法不足的原因

原因和結果是揭示客觀世界中普遍聯繫的事物具有先後相繼、彼此制約的一對範疇。原因是指引起一定現象的現象，結果是指由於原因的作用而引起的現象。因果關係作為客觀現象之間引起與被引起的關係，客觀存在，並不以人們主觀為轉移。為了準確瞭解事物的現象，就必須在遵循事物普遍聯繫的基礎上，將瞭解對象從普遍的聯繫中進行孤立地考察。借助這種邏輯方法，我們可以獲知中國空間法發展瑕疵的原因，以獲得完善空間法最經濟的方法。[71]

I. 社會體制不完善

中國空間科技工業起步是新中國建國後不久，當時新中國實行計劃經濟體制，政府部門完全主導了空間法的發展。空間政策的規範性文件大多數在二十世紀八十年代後期才出現。當時的政策性文件僅僅是行業指導，不具有法的特性並且較為分散，彼此之間缺乏關聯性和協調。當時的政策文件基本都涉及軍事發展，也基本未對外公佈，直到二十世紀九十年代末期國防科技工業委員會成立後，中國

69) 法律體系，法學中有時也稱為“法的體系”，是指法律規範按照不同的法律部門分類組合而形成的一個呈體系化的有機聯繫的統一整體。

70) 筆者認為營救的範疇不應僅限於太空人，對航天的其他人員也應該納入的營救的範疇。

71) 有學者提出立法經濟學概念，筆者認為立法經濟學如果存在的話也僅僅存在立法層面，而法的執行和司法層面的經濟效益分析卻難以有一個恒定的標準，在執法和司法領域很難存在統一的法經濟學。

制定的空間政策才開始正式對外發佈。縱觀看，中國的空間活動始終以政府為主導，以軍事為核心的局面，不僅國外資本難以進入空間領域，就連中國的民間資本也很難進入中國的空間領域。致使中國當前的空間活動商業化的進程難以快速推進，制約了中國空間活動的社會化，商業化發展。

Ⅱ. 法律虛無主義

眾所周知，中國的法制建設和法學研究經歷了諸多的曲折環節。在解放前基本上實行的是西方資產階級的法學教育，解放後則全面轉向社會主義法律主義，接憧而至的是法律虛無主義。十一屆三中全會以後才進入了法治和法學的複生、發展。空間法的開端正是中國法律虛無主義盛行期，受孔[72)]孟[73)]思想的影響，統治階級並未重視法律維護社會秩序的作用。[74)] 對空間立法的重視不而一個法概念不具有普適性的話，這個概念還是否具備存在的價值值得商榷。

夠，立法理論研究不足，缺少綜合性的專業素質、政策研究水準和較豐富的航天實踐經驗的研究人員。中國空間立法的研究工作不僅起步較早，而且研究隊伍力量比較薄弱，直到二十世紀九十年代以後才提上議事日程。總體看，空間立法的研究範圍、程度都與美國、歐盟存在很大差距。

Ⅲ. 立法規劃瑕疵

立法體制(legislative system)是立法機關設置及其立法權限劃分的體系和制度，即有關法創制的許可權劃分所形成的制度和結構，它既包括中央和地方關於法的創制許可權的劃分制度和結構，也包括中央各國家機關之間及地方各國家機關之間關於法的創制許可權的劃分制度和結構。中國現行立法體制是特色甚濃的立法體制。從立法權限劃分的角度看是中央統一領導和一定程度分權的，多級並存、多類

72) 孔子，名丘，字仲尼。山東省曲阜市南辛鎮人。春秋末期著名的思想家、政治家、教育家，儒家學派的創始人，開創了私人講學的先河。孔子宣導以禮樂教化來提高人民的道德素質，將遵守社會等級秩序及其行為規範變為一種自覺，從而達到國泰民安的目的，其中心思想便是對人民施行道德教化，以令人主動地心悅誠服，而不是靠嚴刑峻法來迫使人民畏敬。

73) 孟子，名軻，字子輿，山東省鄒城市人，中國戰國時期偉大的思想家、教育家，儒家學派的代表人物。孟子主張法先王、行仁政；學說上，他推崇孔子，反對楊朱、墨翟。孟子繼承並發展了孔子的思想，但較之孔子的思想，他又加入自己對儒術的理解，有些思想也較為偏激。德治也是孟子大力提倡的政治主張，對傳統政治影響巨大。“以德為主，以刑為輔”也是孟子尊崇的基本原則。

74) 其實後世的非正統玄學也有法律虛無主義的色彩。

結合的立法權限劃分體制。最高國家權力機關及其常設機關統一領導，國務院行使相當大的權力，地方行使一定權力，是中國現行立法權限劃分體制突出的特徵。中國的空間立法採取就是多個部門分散立法的模式，國務院、國防科工委、解放軍總裝備部、高等院校等眾多部門和機構都參與空間立法。當然，基本都是在各自的職權範圍內，規定本部門所涉空間活動事項，缺乏統一的協調規劃。[75] 中國這種多個部門分散立法的立法模式，導致每個與空間活動有關的部門都有立法權限，但最終使每個立法部門難以一致，立法難以協調。

Ⅳ. 國際義務轉化鏈中斷

美國著名國際法學者傑克遜教授認為，“條約在國內法中的適用”可以分為三個層面的問題：第一，條約是否可以無須轉化，直接併入國內法成為國內法體系中的一部分；第二，可援引性問題，即個人能否在國內法院援引條約來主張權利；第三，規範等級問題，即當條約與國內法相互衝突時，何者優先。中國憲法未對條約在中國的適用做出明確的規定，《締結條約程式法》僅規範締結條約的程式問題，也未對條約在中國的適用做出明確的規定。[76] 在空間法國際條約方面，中國採用了將條約規定轉化為國內法以間接適用的做法。[77] 由此可知，涉及空間制度的條約能否在中國直接適用，取決於中國具體的法律規定，國際條約在中國的效力及實現方式並不明確。

第五章 中國空間立法的發展展望

空間科技進步使利用外空的行為呈現出多樣化趨勢，中國空間立法嚴重滯後於中國快速發展的空間技術與空間活動。應當說發達國家的空間立法和國際空間立法為中國的空間立法提供了寶貴的素材和經驗。雖然中國的空間立法僅停留在理

75) 民用航天活動制度由國防科工委領導的國家航天局制定；軍事航天活動制度由國防科工委制定，太空軍事活動制度由解放軍總裝備部制定。在實踐中，經常會出現多個相關部門聯合發文的現象。

76)《民法通則》、《民事訴訟法》、《行政訴訟法》規定在民事、民事訴訟、行政訴訟等領域，如果符合法律規定的條件，條約可以被直接適用。

77) 例如中國於1995年制定了《民用航空法》，其中有關民用航空器權利的規定就與1948年《國際承認航空器權利公約》的內容完全一致。

論研究階段，但是通過空間立法研究，提出相應的完善對策，必定能推動中國空間立法的進一步完善。

第一節 中國空間法的完善動因

社會規則理論研究的驅動力在於對社會規則完善的期望，這種期望的價值體現就在於研究成果的立法轉化。而能否轉化取決於理論研究時對社會規則完善動因的準確理解，因此準確把握社會規則的完善動因是進行社會規則完善的基礎。

Ⅰ. 維護國家安全

空間領域已經成為國家安全的戰略制高點，自美國總統羅奈爾得·裡根在冷戰後期(1983年3月23日)提出“星球大戰”後，外太空軍事化和武器化越演越烈。2010年4月22日美國X-37B無人太空戰機在佛羅裡達州首次升空試飛，拉開了空間軍備競賽的序幕。今天空間武器已然成為國家安全的安全閥。因此，中國必須用空間法保障利用外太空的權益，以維護中國的國家安全，並為中國在空間進行必要的反導和反衛星提供國內法的支援。

Ⅱ. 保障外空權益

地球人口日益增長、地球資源日益消耗，中國工程院院士杜祥琬主張，繼海洋、陸地和大氣層之後，太空已成為人類可利用資源的“第四疆域”，中國應對此領域給予更多關注。中國是否能進入這個新領域，尋求新的生存空間和外空資源，如何開發、利用外空資源，能否應對外國的幹擾破壞，必須有相應的法律保障，才能維護中國航天活動的合法權益。美國、俄羅斯、阿根廷、義大利、法國、日本等國家都已經制定了本國的空間國內法，其目的就是為了維護外太空資源權益。中國也應制定自己的空間法，以維護本國的合法權益。

Ⅲ. 履行國際義務

中國空間活動逐步增多，造成糾紛或分歧的幾率將越來越大。如果沒有相應的法律作為保障，將造成沒有合適的法律解決糾紛的困境，就會使中國在劇烈的國際競爭中處於被動局面。雖然中國已經簽署了聯合國通過的有關外太空的國際條約，但是沒有制定相應的國內法保障。如果中國制定空間法，將有利於在規範國內航天活動的同時，更好的履行國際義務。

Ⅳ. 促進部門協調

中國空間事業迅速發展的背後，眾多的部門和人員，如何協調配合是中國空間事業發展面臨的重大問題。然而由於中國缺乏空間國內法，造成中國空間事業發展的各個部門各自為政的不利局面，嚴重制約了中國空間事業的發展。由於中國空間國內法的缺失，造成中國空間發展的軍事領域和民事領域的不銜接缺乏有力保障，制定空間國內法則可以更好規範中國空間產業的有序協調發展和部門協調。

第二節 中國空間法的發展完善

外空法的發展受到國與國之間綜合實力、發展水準、外空能力等許多方面的制約和影響。在綜合考量相關國際立法的基礎上，吸取發達國家空間立法的優點，筆者認為，中國的空間立法應當以制定國際條約配合法、頒佈高階位法律以及利用多層次立法手段彌補中國空間國內立法的空白，實現建立協調完善的空間立法。為此中國應當加從以下四個方面著手進行國內立法，以期完善現有空間法的不足。

Ⅰ. 加快條約國內法轉化

國際條約和國內法的關係問題，實質上是國家如何在國內執行國際條約的問題，也就是主權國家如何履行國際法義務的問題。國家是國際條約的制定參與者或自願承認並加入者，那麼國家既然承認了國際條約，就有義務使其在本國範圍內予以實施。從權利義務的邏輯關係上說，國際外空條約既賦予國家權利，也課以國家義務。維也納公約規定當事國不得以援引其國內的規定為由而不履行條約。但是國際條約要在國內得以實施還必須有國內法的確認，才能對一國的自然人和法人產生強制力，因此，國際條約只有轉化為國內法才能得以強制力的保障實施，從作用論上說國內法是國際條約得以在國內實施的中繼器。[78]《登記公約》

78) 為實施外太空的國際條約義務專門制定國內法的立法例有：義大利頒佈實施的《關於實施

規定空間物體登記冊的內容專案以及保持登記冊的條件，由登記國決定。79)因此，登記國有必要制定國內法，規定空間物體進行登記所需載明的內容，登記所應遵循的條件及其相應的程式，登記後產生的法律效果等。

由此看來，制定國內法以轉化國際條約義務也是國際條約的應有之義。

Ⅱ. 制定並頒佈空間法

中國現行的空間法體系從內容上來看，不僅過於簡單而且可操作性較差。中國應當根據實際需要對於現行空間法體系中未作明確界定的、未提及的、存在爭議或模糊不清的規定進行規定。但是一個不容忽視的事實是中國空間法學界對某些空間法的重要概念的研究還不到位，因此迫切需要加強空間法的基礎研究以便為空間立法部門提供強有力的理論支撐。

中國應該從實際出發建立綜合性的航天法為基礎，以行政法規及部門規章為配套的較為完善的航天法律體系。為了適應中國空間事業的快速發展，中國在制定空間立法時還必須考慮一定的超前性，並須真實反映中國空間科學技術的發展水準，並能夠進一步促進中國空間事業的可持續發展。所以中國必須打破現存的部門割據的立法體制和立法模式，由全國人大或全國人大常委會制定綜合性法律。

為實現實質上由全國人大為主的立法模式，中國應當切實改革現行的空間管理體制參考美、俄等航天大國的航天活動管理體制，統一制定中國的空間法。

Ⅲ. 理順部門關係

現在的中國空間活動呈現出多頭管理、多元參與的現象，造成中國空間部門各自為政，不便協調，因此，為了統一中國空間活動管理機構，完善管理體制機制，應當將空間活動主管部門和承擔航天產品生產的企業進行合併，並將航天活動的立法權進行集中。只有如此，才能克服中國目前存在的推諉扯皮的現象，迅速提高空間立法的效率。因此，要明確中國航天主管部門和國防航天主管部門的職責，強化其管理職權。並且切實做到政企分開，使所有參與中國空間活動的主體，必須服從國家航天活動主管部門的管理，，履行法律賦予的權利，承擔相應

空間物體所造成損害之國際責任公約的法律》、西班牙頒佈實施的《根據聯合國1974年公約在西班牙建立射入外太空物體登記簿的法律》以及加拿大頒佈實施的《關於實施國際空間站協議的法律》。

79) 參見《登記公約》第2條第3款。

的義務。使不同的航天主管部門根據自身的職責許可權，充分實現溝通與協作，只有這樣才能最大程度的促進中國空間技術的良性發展。

Ⅳ. 加強國際合作

目前的外空國際合作，主要依據國際公約、協定或雙邊條約等國際規則。因此在空間活動的合作方面中國需對國際空間合作補充性規定。但是應當以和平開發和利用空間資源，為全人類謀取福利為宗旨，以平等互利、優勢互補、取長補短、共同發展為基礎。中國在制定國內空間法時要明確當國際公約有關規定與國內法相關規定衝突時的解決方案。特別需要秉承《關於開展探索和利用外太空的國際合作促進所有國家的福利和利益並特別要考慮到發展中國家的發展的宣言》的核心要求促進各國的利益，堅持公平合理符合各方利益，並特別顧及發展中國家需要的原則開展國際合作。堅持獨立自主並尋求和平的多邊合作等。

第六章 結論

空間科學技術的不斷進步產生了一系列新的法律問題，而解決這些問題不僅需要發展和完善國際空間法，更需要制定相關國內空間法，並且制定國內空間法已經成為各空間大國維護本國權益的普遍選擇。而中國的空間立法與中國空間技術相比存在明顯的滯後性，直到今日還沒有法律位階的國內空間法，嚴重制約中國空間事業的正常發展。國內立法是履行國際條約義務的重要方式，在中國空間技術快速發展的今天，國內空間立法的重要性不可忽視。中國應順應外空國內立法的發展趨勢，儘快制定出一部綜合性的，法律層級的空間基本法，並對現有立法進行修改和完善，進而解決中國空間立法層級低、立法存在空白以及各空間機構之間缺乏協調性等問題。無論是從依法治國，還是從發展航天事業的角度考慮，中國空間活動的國內法已經到了非立不可的程度。

关键词 ‖ 空間科學技術，聯合國空間法，國際空間法，中國空間法，立法體制

접수일(2014. 11. 30), 심사일(2014. 12. 17), 게재확정일(2014. 12. 23)

參考文獻

1. 中文文獻

單行本

尹玉梅：《美國空間法律問題研究》，中國民主法制出版社，2007年版。

李壽平，趙雲：《外太空法專論》，光明日報出版社，2009年版。

李廣民：《國際法》，清華大學出版社，2006年版。

肖光輝：《法理學》，中國政法大學出版社，2011年版。

徐能武：《外太空國際關係研究》，中國社會科學出版社，2010年版。

馬呈元：《國際法》(第二版)，中國人民大學出版社，2008年。

高國柱：《外太空法前沿問題研究》，法律出版社，2011年版。

張楊：《美國外太空政策研究》，東北師範大學出版社，2009年版。

淩岩：《國際空間法新論》，法律出版社，2006年版

黃卉：《航空法律彙編》，法律出版社，2009年版。

趙海峰：《空間法評論》，哈爾濱工業大學出版社，2009年版。

趙雲：《外空商業化和外空法的新發展》，智慧財產權出版社，2007年版。

劉紀原：《各國空間法彙編》，中國國際戰略學會安全戰略研究中心，2008年版。

學位論文

王晶：《空間活動商業化及其法律制度分析》，哈爾濱工業大學，2008年。

張亮：《論外太空商業活動對國際法的挑戰》，湖南師範大學，2007年。

張靜：《論指導外太空自然資源開發的國際制度》，外交學院，2010年。

郭深：《人類外空活動與外空環境的法律保護》，蘭州大學，2007年。連續出版物

工存恩：“日本航天法:宇宙基本法”，《衛星應用》，2008年，第3期。

王國語：“歐洲空間新政策中‘合作與競爭’的理念及實踐”，《河北法學》，2010年，第2期。

吳曉丹：“國際空間法的現狀與發展趨勢[”，《北京航空航天大學學報》，2008年 第3期。

李星磊：“關於發展空天飛機的幾點思考”，《吉林師範大學學報》2011年第6期。

李壽平：“外空軍事化利用及其法律規制”，《法商研究》，2007年第3期。

於純海：“俄羅斯聯邦空間立法概述”，《黑龍江省政法管理幹部學院學報》，2007年 第3期。

夏春利："論空間資產的定義",《北京理工大學學報》, 2011年第1期。
馬偉："美國反恐戰爭對國際法的影響",《經濟與法》, 2001年第1期。
張永義："聯合國的世界主義",《湘潭大學學報》, 2010年第3期。
曾皓："論領上法的新發展—以國際司法判例為視角",《湘潭大學學報》, 2010年 第3期。
楊彩霞："美國2010年國家空間政策的深度分析",《中國航天》, 2010年 第11期。
趙光元："周恩來法治觀的發展脈絡與思想內容探析",《湘潭大學學報》, 2011年 第1期。
趙海峰："中國法上的和平利用外太空",《北京理工大學學報》, 2010年第6期。
劉基餘："空天飛機的應用展望",《衛星與網路》, 2010年第6期。
聶資魯："聯合國和平利用外太空委員會",《法學雜誌》, 2008年第6期。

2. 英文文獻

Bin Cheng. Studies in International Space Law. Clarendon Press Oxford, 1997.
Bob Walker. The Future of Space Policy. Edward L. Hudgins. Space: the Free-Market Frontier. Cato Institute, 2002.
Delbert R, Terrill Jr. The Air Force Role in Developing International Outer Space Law. Air University Press, 1999.
Geretn E. Cooperative Security and Intrastate Conflict. Foreign Policy, 1994.
Glenn H. Reynolds, Robert P. Merges. Outer Space Problems of Law and Policy. Westview Press, 1997.
H. Yoshida. The Meaning of Japan's Space Commercialization Efforts. Space Policy. 1992.
J. Monserrat Filho. Private, State and International Public Interests in Space Law. Space Policy. 1996.
Julisn Hermida. Legal Basis for a National Space Legislation. Springer Science &Business Media, 2004.
Kazuto Suzuki. Administrative Reforms and the Policy Logics of Japanese Space Policy. Space Policy. 2005.
Kazuto Suzuki. Transforming Japan's Space Policy-Making. Space Policy. 2007.
Masakazu Toyoda. Basic Plan for Space Policy. Highlighting Japan Through

Articles. 2009.

Peter Malanczuk. Akehurst's Modern Introduction to International Law. Routledge, 1997.

T. Nomura. Japan's New Long-Term Vision Creating a Space Age in the New Century. Space Policy. 1995.

Yumiko Myoken. The Bill of Basic Space Law. Science and Innovation Section British Embassy. 2008.

5. 국제사회의 국방우주정책과 시사점

조 홍 제

I. 연구 배경 및 필요성

최근 세계 각국은 우주공간을 현대전에서의 중요한 군사작전 영역으로 인식하고 우주개발을 가속화하고 있다. 특히, 동북아에서는 중국, 일본을 비롯한 각국의 우주력 강화가 진행되고 있으며, 향후 미래전에 우주력이 중요한 요소가 될 것으로 전망된다. 이에 따라 우리 한국도 우주를 군사적으로 활용하기 위한 기반을 단계적으로 마련하여 미래전에 대비할 필요성이 대두되고 있다.

한국의 국방부는 2012년 「국방우주력 발전 기본계획서」를 작성, 이에 근거하여 국방우주력을 구축하고 있다. 21세기 전쟁양상 변화에 따라 우주력이 매우 중요한 역할을 할 것으로 예상된다. 특히, 최근에는 북한의 핵실험과 미사일 발사 등으로 한반도 안보에 상당한 위협요인이 될 것이며, 이에 대한 사전 정보획득과 정밀타격 능력 확보가 필요할 것으로 예상된다. 북한의 핵무기 능력이 소형화 수준에 이르는 등 한반도 안보환경이 날로 악화됨에 따라, 이를 대비한 국방우주력 구축이 시급하다. 北 이동식 미사일 발사대 등의 움직임을 조기에 탐지할 수 있는 감시·정찰전력으로서 정찰위성 배치가 시급하며, 北 핵·미사일 발사 대비 독자적 조기경보위성 구축 필요하게 되었다. 아울러 국가 우주개발 중장기계획에 반영되어 있는 '한국형 독자 항법위성' 군 활용계획 수립도 절실히 필요하다. 또한, 국방 우주력 조기구축을 위한 관련 기관간 협력도 중요하며, 국방 우주력 발전 계획서 및 체계 확립 기반 마련도 필요하다.

이같은 배경하에 본 연구는 먼저, 주요 국가의 국가우주정책과 군사적 우주전략을 분석하고 이를 토대로 한국의 국방우주정책 방향을 제시하고자 한다.

II. 주요국가의 우주정책 및 우주 안보전략

1. 미국

(1) 개요

미국은 전세계 우주개발 산업을 주도하고 있으며, 지구관측 시스템, 위성궤도 발사 및 복구시스템, 우주선 등을 배치·운용하고 있다. 미국은 상업적 우주개발 능력 활용이 우수하며, 미래 우주기술 선도 국가이다. 2011년 미 국방부는 우주산업의 합리화 및 개발지원 강화를 위한 국가안보 우주전략을 최초로 발표하였다.

(2) 미국의 우주군사전략

2011년도 발간된 미국의 우주군사전략은 향후 10년 동안 우주전략의 지침으로, 주요내용은 전략환경과 전략목표 및 추진전략으로 구성되어 있다.

미국은 우주화 관련하여 전략환경 변화를 다음과 같이 분석하였다. 먼저, 우주는 미국 안보에 결정적인 요소이며, 새롭게 대두되는 위협들을 인식하고, 미국의 힘을 세계적으로 투사하고, 작전을 수행하고, 외교적 노력을 지원하며, 세계경제를 역동적으로 만드는 데 필수적인 요소이다. 또한, 더 많은 국가와 비국가 행위자들이 이러한 우주의 중요성을 인식하고, 자체적인 우주능력과 대응능력 강화를 추구하고 있다. 그리고 우주 영역에 있어서 기회와 도전에 직면하고 있으며, 현재와 미래의 전략적 환경은 우주역량에 의해 좌우되므로 우주는 복잡하고, 도전받고 있으며, 치열한 경쟁이 이루어지고 있다고 분석하였다.

이같은 전략환경하에 미국은 전략목표를 다음과 같이 설정하고 있다. 국가우주안보전략은 미국의 우주안보 활동 및 노력 강화로 얻는 혜택을 통해 국가 우주정책이 문제없이 수행되도록 뒷받침하는 것이다. 또한, 미국 국방·정보당국은 군사적 운영, 정보 수집을 위해 우주에 지속적으로 의존하고, 우주에서 미국의 리더십을 유지하면서 도전받는 우주환경에 적극적으로 대처해야 할 것이다. 미국의 우주전략은 국가우주정책의 원칙과 목표에 기반을 두고 국가안보전략에 따라 전략적으로 접근하는 것이다. 국가의 우주안보목표는 우주안전, 안정, 안보강화와 우주에서 오는 전략적 국가 안보이익을 유지하고 강화하며 미국의 국가안보를 지원하는 우주산업 기반을 활성화하는 것이다. 또한, 사고, 분쟁, 의도적 개입을 최소화할 수 있는 안전한 우주환경을 추구하고 각 국가들이 올바른 국제행동규범 하에 책임 있는 우주활동을 하는 안정된 우주환경을 구축하고, 각 국가들이 자위권이라는 기본적 권리를 주장할 필요 없이 우주에 접근하고 우주운영혜택을 향유할 수 있는 우주안보 환경을 구축하는 것이다. 아울러, 평시·위기시·분쟁시에 관계없이 우주접근 및 우주능력을 활용할 수 있는 미국의 안보환경을 구축할 것이며, 우주에서 미국의 경쟁력을 지속적으로 유지할 수 있도록 미국 우주안보산업의 근본적인 활동, 시스템, 획득절차, 기술혁신, 우주전문가 양성 및 우주산업 기반을 개선하는 것이다. 탄력적이고 유연하며 튼튼한 우주산업기반은 모든 우주활동의 토대가 되어야 하며, 미국의 경쟁적 이점을 가능하게 하는 기술과 시스템 혁신에 관한 의견을 제시할 수 있는 유능한 전문가가 포함되는 우주산업기반을 구축할 것이며, 우주시스템 개발자, 운영자, 분석자들은 의견을 제시하고 참여하며 21세기의 국가우주안보능력을 위한 중책을 담당하는 것이다. 이러한 전략적 목표를 달성하기 위해 다음과 같은 전략적 접근방법을 추진하고 있다. 먼저, 국가우주안보전략은 국력의 모든 요소를 고려하고 우주에서 활발한 미국의 리더십을 중시하고 있다. 국가 우주안보목표를 충족시키기 위해 미국은 상호 연관된 전략적 접근방법을 추구할 것이며, 우주의 책임감 있고 평화적이며 안전한 사용을 촉진하며, 발전된 미국의 우주능력을 제공한다. 또한, 책임 있는 국가, 국제기구, 그리고 민간회사들과 협력을 강화하고, 미국 국가안보를 지탱하는 우주기반에 대한 공격을 예방·억지하며, 공격을 격퇴하고 악화된 환경 하에서도 효율적으로 작전을 수행하는 능력을 확충하고자 한다.

미국의 '국가안보우주전략서(NSSS)' 주요 내용

▶ **목적 : 미국의 우주리더십 회복**

- 미국의 우주리더십은 글로벌 경제의 이익을 창출하고, 국가안보 증진, 국제협력 강화, 과학적 진보 및 삶의 질 향상에 기여하나, 최근 전략환경의 변화로 리더십의 도전에 직면한 바, 우주리더십을 유지·활성화하기 위한 대응방안 필요

▶ **분석 : 전략 환경 변화 분석에 따른 대응 방안**

- 우주공간의 밀집(Congested) : 전 지구적 우주활동 증가와 중국의 ASAT 실험 등으로 우주공간 사용 시 경쟁과 사고위험 증가

  ☞ 제도 정립, 우주상황인식 역량 강화, 투명성 및 정보공유 활성화
- 도전요인 증가(Contested) : 우주활동을 방해할 수 있는 능력이 증가함에 따라, 미 우주전력과 우주안보에의 위협요인 발생

  ☞ 국제규범·투명성·신뢰구축 지원, 공격행위 방어, 우주전력의 상호운용성·호환성·통합성구비 필요, 위협식별 및 방어력 확보
- 치열한 경쟁(Competitive) : 국제우주시장에서 미국 기업의 경쟁력 및 기술적 우위 쇠퇴

  ☞ 기술역량 증진, 수출통제 및 획득 절차 개선, 산업기반 육성

▶ **추진전략** : 우주활동을 통한 국가안보 유지·증진

- 전략목표 : 우주공간의 안전·안정성 및 안보 강화, 국가안보 유지·향상, 우주산업 기반의 활성화
- 추진지침 : 제도(획득/수출통제 등), 산업, 기술, 인력, 교육, 대내외 협력(부처/민간/국제), 교리, 정보, 전술 등에 대해 다층적 전략 수립

  ① 책임 있고 평화적이며 안전한 우주공간 이용 ② 미 우주역량 향상
  ③ 국가·국제기구·민간기업과 협력 제고 ④ 우주 인프라 공격 방어
  ⑤ 필수 임무 기능 보장

- 행방법 : 세부 사업에 대한 타당성과 경제성 평가 및 비용, 효과, 위험 분석을 통한 이행 계획 발전

(3) 미국의 우주안보관련 조직

우주 안보관련 국방부 산하 조직은 우주작전을 수행하는 전략사령부(통합사령부 산하), 우주기반 정보를 총괄하는 국가정찰국(NRO)[1], 우주 또는 미사일 관련 연구개발을 담당하는 국방고등기술연구소(DARPA) 및 탄도미사일방어연구소(BMDO)[2], 그리고 각 군 산하 우주 핵심기술 및 체계개발을 담당하는 연구기관을 보유하고 있으며 기타 관련 조직으로 구성되어 있다.

전략사령부의 사령관은 '합참 비전(Joint Vision)'과 '국가안보우주종합계획(National Security Space Master Plan)'을 기반으로 'Space Planning and Requirements System'을 수립하는데, 여기에는 우주사령부의 비전, 임무수행 개념, 요구능력 등이 세부적으로 작성되어 있다. 전략사령부의 우주작전 임무는 JFCC Space, USSTRATCOM Space Control and Space Surveillance, Human Space Flight Support에서 수행하며, 기존의 육군 우주사령부, 해군 우주사령부, 공군 우주사령부, 해병대 우주사령부가 통합('02.10.1)[3]된 조직이다.

한편, 국가정찰국(NRO)은 미 국방부 산하기관으로 첩보위성 제작 및 운용을 담당하고 이로부터 수집한 영상정보와 신호정보 등을 국방부 산하 국가안보국(NSA)과 미 중앙정보국(CIA)에 제공한다. 구성원은 DoD 및 CIA 인력으로 공동 편성되며, 국장은 백악관 국가정보국장과 협의하여 국방부장관이 임명한다.

특히, NRO은 군, 정보기관에서 공동운영 가능한 위성 개발(Key-hole, Space Radar 등)하며, 국방부는 무기체계 운영을 위한 위성 등의 우주전력을 개발(SBIRS[4] 등)한다.

국방고등기술연구소(DARPA)는 1957년 구 소련이 세계 최초의 인공위성 "스푸트니크(Sputnik) 1호"를 발사한 것에 자극을 받아 1958년 미군의 우주력 강화방안으로 설립되었다. 현재 DARPA는 우주분야 뿐만 아니라, 전 국방과학기술분야에 걸쳐 군사화가 미흡한 기술분야의 개발, 개발위험도가 높더라도 발전 가능성이 있는 기술, 장래성 있는 기술의 개발 및 검증하는 임무를 수행하고 있으며, 별도의 예산을 지원받아 운영되고 있다.

---

1) NRO : National Reconnaissance Office. 1961년 CIA와 미군의 정찰업무를 조정하기 위해 설립되었으나 1992년 국방성이 처음으로 존재를 시인하기까지 비밀조직으로 활동
2) 국방고등기술연구소(DARPA)와 탄도미사일방어연구소(BMDO)는 국방부 연구개발 총괄 및 과학기술 정책·기획을 수립하는 획득기술군수차관실(연구개발국) 산하기관임
3) 외국 군구조 편람, 2009.
4) SBIRS: Space based Infra-Red System

(표) 미국의 기관별 우주전력 개발 분야

DoD 및 각 군	NRO	NASA
군 전용 우주기반 정보체계 및 우주 무기 개발 관리	DoD와 CIA용 공동 소요 대상 우주기반 정보체계 ◦장비·인프라 개발 총괄 ◦정보관리 ◦국장은 국방장관이 임명 ◦직원은 DoD/CIA 공동 편성	과학기술 목적 우주개발 (달, 화성, 우주탐사 등)

2. 일본

(1) 일본의 국가우주정책과 전략

일본은 최초에는 평화헌법 정신에 따라 1967년 우주의 평화적 이용원칙 공표, 우주의 군사화에 반대하는 입장을 표명하였다. 그러나, 2008년 우주기본법 제정하여 방위목적을 위한 우주 이용 가능성 열어 놓고, 우주기본계획, 방위계획대강 등에 우주의 군사적 이용을 위한 방침 등을 표명하였다. 일본의 경단련 등도 우주산업 개발과 관련하여 정부가 보다 적극적으로 우주개발에 나서 주기를 요망하는 정책 제언을 발표하기도 하였다.[5)]

(2) 일본의 우주안보정책 방향과 군사적 이용

일본은 지난 2008년 5월, 고성능 정찰위성 등 위성의 군사적 이용을 합법화하는 '우주기본법'을 제정(방위목적의 군사이용을 허용하고 자위대가 최첨단 전용위성을 보유할 수 있도록 함), 미사일 발사를 탐지하는 조기경보위성과 정찰위성을 2015년까지 도입한다는 구체적 계획도 포함하고 있다. 특히 일본은 종전의 '비군사적' 입장을 수정하였다. 그 배경은 북한의 탄도 미사일 공격 능력 향상에 대비하여 다층적이고 지속적인 방호체제 구축을 자위대 체제정비의 주요목표로 설정하였다.[6)]

그리고 2008년 우주기본법을 제정하여 국가안보목적의 우주개발 추진 조항을 명시하

5) 日本経済団体連合会、国家戦略としての宇宙開発利用の推進に向けた提言, 2010.4.12.
6) 2014년 일본 방위백서

였다. 그 내용은 비침략적이며, 군사적 이용이 가능하다는 헌법해석의 변경을 도입하였으며, 방어적 성격의 우주 군사이용의 근거를 마련하였다. 아울러 고성능 정찰위성 및 미사일 감시, 통신감청 위성 등 도입 및 독자개발의 발판을 마련하였던 것이다.

(3) 일본의 우주방위전략과 대응조치

앞에서 본 바와 같이 우주기본법상의 안보조항을 신설하였다. 일본은 종래 국가차원의 우주에 관한 기본전략의 부재라는 상황인식하에 2008년 우주기본법의 제정 및 시행하였던 것이다. 동법 제14조는 일본의 안전보장에 이바지하는 우주개발 추진을 위해 필요한 시책을 강구할 것을 규정하였으며, 동법 제4장에 근거, 우주개발을 총괄하는 우주개발전략본부를 설립하고 본부장을 총리로 하여 그 지위를 격상시켰다. 우주개발전략본부는 우주산업의 진흥, 국방목적을 포함한 우주개발을 포함하여 일본의 우주개발체제 개편을 주도하게 되었다.

(표) 일본의 기관별 우주전력 개발 및 이용

	IGSC	JAXA
비익무기 경우와 같이 우주무기개발 관련 조직은 미상	내각정보실 경찰청과 자위대 공동운영 우주기반 정보체계	◦문부성 소속기구 ◦우주관련 연구 개발 총괄
추정 : - 예산은 문부성 - 기획·통제는 비선조직 - R&D는 JAXA 등 정부산하 및 업체연구소	◦정보관리	
	◦책임자는 자위대 소속, 부책임자는 경찰청 소속	

최근 일본은 주변국 중 중국, 북한 위협을 계기로 일본 안보정책의 포괄적 기본지침인 국가안전보장전략과 방위계획대강을 확정하였다. 국가안전보장전략을 공식 채택한 것은 패전이후 최초이며, 새로운 안보이념으로 적극적 평화주의로 전환, 이는 집단적 자위권 행사의 배경으로 작용하면서 군사력 강화를 추진하는 명분이 되고 있다. 특히 신방위계획대강상의 국방우주전략은 우주공간의 안정적 이용확보 및 안전보장분야에 대한 활용을 적극 추진을 강조하면서 우주재군비 등을 포함한 방위계획대강을 확정하였다.

그리고 2015년 1월 JAXA도 일본의 안전보장상 우주의 중요성이 증대되고 있다는 인식하에 안보환경변화에 따른 신 우주기본계획을 결정하였다. JAXA는 동 기본계획의 첫 장에서 일본의 우주안전보장 확보를 위해 각 위치정보, 위성 원격탐사, 방송통신, 우주운송시스템의 강화 추진을 강조하고 있다.

3. 중국

(1) 개 요

중국은 2000년대에 들어서 우주개발의 중요성을 매우 높게 평가하면서 적극적으로 우주개발을 추진하고 있다. 우주개발은 초정밀 기술들이 종합적으로 결합되는 과학기술력과 막대한 예산이 소요되는 경제력 등 다양한 국가역량을 투입해야 하는 국가의 '총체적 국력'임을 인식하고, 우주의 국방력에서 중요성 급증하고 있다고 인식하고 있다. 미래전의 핵심인 첨단무기체계 활용에 항공우주 부문의 기술이 절대적으로 필요하다고 인식하고 있다. 이에 따라 중국은 2003년 유인우주선 선저우(神舟) 5호 발사, 2007년 10월 첫 달 탐사위성인 창어(女-常娥) 1호 발사에 성공하였으며, 2020년 달착륙을 목표로 우주개발을 적극적으로 추진하고 있다.

중국의 우주개발 목표를 보면, 정치적으로는 대내적으로는 국민통합과 공산당의 권위회복 기회이며, 대외적으로는 미국의 독점적 우주지배와 군사적 패권에 대한 도전하고자 노력하고 있다. 또한 군사적으로는 우주에서 정찰·감시기능을 확보함으로써 중국의 군사력을 과시하는 한편 미래 우주전쟁 대비하고자 노력하고 있다.

(2) 중국의 우주군사전략

중국의 우주군사력 발전의 배경은 중국은 우주개발을 통해 국방현대화 달성 목표로써 중국의 우주개발은 기본적으로 군부와 긴밀한 협력과 군사적 목적 하에서 개발하고자 한다[7]. 또한, 현대전에서 승패의 관건은 우주에서의 전력 우위 확보로 판단함으로써 1990~91 걸프전을 계기로, 미국의 가공할 전쟁수행능력이 정찰·통신·정보 등 우주에서의 위성 활용 능력으로 파악하였으며, 1980년대 후반부터 '전략국경' 개념 도입하여 우주군사력 개발에 박차를 가하고 있다. 과거 영토, 영해, 영공을 의미하는 지리적 국경을 넘어서

7) Stacey Solomon, "China's Space Program: the great leap upward," *Journal of Contemporary China*, 15(47)(May 2006) pp.315-317.

우주를 새로운 전략공간으로 파악하고 있다. 중국의 21세기 군사전략 변화에서 주목할 것으로 우주군사력의 증강 및 우주군사전략의 등장이라고 볼 수 있을 것이다. 중국은 우주전 승리를 위한 핵심개념으로 우주상에서 기동력 확보를 들고 있다. 우주작전의 기동성은 제한된 시간과 기상, 그리고 지상영역이라는 제한이 없는 고도상에서 우주선을 신속하게 전개할 수 있는 능력을 말하는 것으로, 높은 고도에서 작전할 수 있는 능력은 탐색과 통신분야에서 중요한데, 제한된 환경 하에서는 더 높은 고도에서 보다 광범위한 영역을 탐사, 통신할 수 있다는 점을 중시하고 있다. 일정 고도이상에서 활동할 수 있는 능력은 우주선이 주권이나 항공기에 부과되는 제한을 넘어서는 것으로 전 지구를 커버할 수 있게 된다는 점이다. 또한 통합작전 수행이 가능하다는 점을 들고 있다. 우주장비는 지·해·공 전(全)영역을 통합하는 작전을 할 수 있도록 연계되어 있어, 우주장비는 지상무기 체계의 효과를 배가시킬 수 있다. 우주장비는 지원기능을 제공함으로서 합동성 강화에 기여할 뿐 아니라 공격과 방어능력을 강화시키는 것이다. 특히 우주는 전장환경 인식, 정밀타격, 미사일 방어, 정보전, 항공작전에 있어 매우 중요하다 점이다. 아울러 우주력을 통해 전쟁 전 과정에서의 타격이 가능하다는 점을 깊이 인식하고 있다. 우주장비 활용을 통해 전쟁의 기획, 실행, 평가에 이르기까지 전 영역에서 완벽한 공격이 가능, 즉 감시정찰, 항법, 통신 그리고 지휘통제를 지원하고 우주상 무기를 활용하여 지상과 우주 목표물 타격이 가능하며, 목표물에 따라 지상레이저 무기, 공대지 전자파 무기, 우주선 등을 포함한 다양한 무기사용 가능하다는 점을 인식하고 있다. 우주군사전략의 개념과 관련하여 중국육군 소장 쉬허쩐(許和震)은 "우주군사전략은 우주작전을 성공적으로 수행하고 우주전쟁을 승리로 이끌기 위해 수립하는 것이며, 우주작전이란 적대적 쌍방이 우주공간에서 또는 우주공간을 이용하여 군사적 대항활동을 전개하는 것"이라고 밝히고 있다. 중국은 이러한 개념에 입각, 탄도탄 탐지, 군사통신, 반위성무기 개발 등 모든 분야를 망라한 우주군사전략 수립 모색하고 있다. 따라서 우주군사전략은 서열상 국가전략과 국방전략의 하위개념의 구도를 가지고 있지만 일반 군사전략의 하위개념이 아니라 독립적 군사전략이며, 나아가 국가전략 수립에 직접 영향을 미치는 것으로 파악하고 있다.

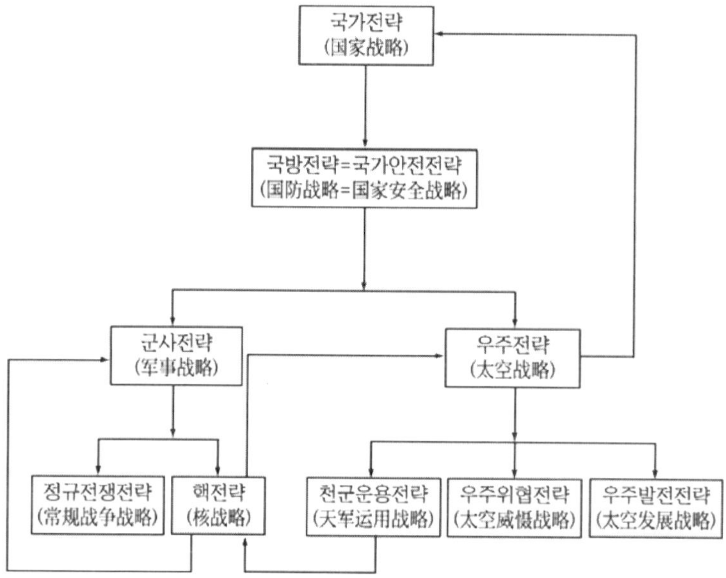

(그림) 중국의 군사전략과 우주전략

【출처: 장건지, 하옥빈.『쟁탈제천권』(북경: 해방군출판사, 2008), p. 182.】

이같은 전략하에 중국의 우주군사력 발전에 대해 공표한 적은 없지만 상당한 정도의 우주군사력을 보유한 것으로 평가되고 있다. 앞에서 본 바와 같이 중국은 '전략적 국경'의 개념을 도입, 우주선점을 통해 영역을 확대할 수 있다는 판단 하에 우주개발과 우주군사력 증강에 우선적으로 투자하고 있다. 1990년대 들어 중국 인민해방군 우주군사력의 발전 방향을 정보지원(information support)과 전투(battlefield combat)로 정의하고 실제 전투에 앞서 정보지원 강화를 주요 목표로 설정하고 무기체계를 발전시키고 있다. 또한, 2007년 1월 KT-1 미사일 지상발사로 865km 상공의 자국의 기상위성 '펑윈-1C'(FY-1C) 격추 성공시키는 등 반위성무기 실험 성공으로 통신첩보 수집, 전장감시 등의 분야에서 열세를 극복하고, 지상에서 미사일을 발사해 목표위성을 파괴하거나, 지상이나 공중의 무기체계에서 발사되는 레이저나 에너지빔을 이용하는 방법, 공격용 위성을 발사하여 주변 위성을 공격하는 방법, 모(母)위성에서 초소형 기생위성을 표적위성에 달라붙게 하여, 폭파하거나 기능을 저해하는 방법 등 다양한 수단을 연구하고 있다. 위성항법 시스템 분야에서도 중국은 자체적 위성 항법시스템 '베이더우(北斗)' 구축을 추진하고 있다. 현재 중국은 미국이 제공하는 GPS를 활용하고 있지만, 위치정보를 미국체계에 의존하는 것은 자국 안보에 치명적이라고 판단하고 있다. 2007년 '베이더우 1' 시스템 구축 완료하고 4개의 항법위성을 발사하였으며, 2020년까지 '베이더우-2' 구축 계획에 따라 약 30기의 정지, 비정지궤도 항법위성을 지상 2만 km에 쏘아 올릴 계획이다.

또한, 우주군을 창설할 계획을 가지고 있다. 중국은 우주군사력 강화 차원에서 독립 우주군(獨立天軍) 창설 추진하고 있는 바, 우주군의 주요 활동 근거지는 지상, 우주, 달을 중심으로 하는 위성 등으로 이에 따라 병종도 '지구기지우주군', '천상기지우주군', '별기지우주군'으로 구분한다. 독립우주군 지휘체계는 총사령부 하에 전략발전부, 작전부, 종합정보부, 기술장비부, 운수부, 공병부, 근무보장부 등 7개 주요 직능별 참모부서로 구성하고자 한다. 우주군 발전구상을 보면, 1단계(~2015)로 육·해·공중·우주를 포괄하는 군사용 정보·통신체계를 자주적 건설하고, 2단계(2015~2030)로 효과적인 위성무기시스템 통해 상대방의 우주무기체계 요격 능력을 확립하며, 3단계(2030년 이후)로 우주에서 지상 목표물을 직접 타격할 수 있는 우주무기 체계를 완비할 계획을 가지고 있다.

4. 러시아

(1) 개 요

과거 우주강국이었던 러시아는 구 소연방의 붕괴 이후 체제전환기 경제악화로 항공우주분야가 침체되어 왔다. 그러나 2000년대 이후 국제유가 상승으로 경제회복단계에 들어서면서 국가위상 유지와 더불어 우주정책에 다시금 주목하고 있다. 러시아정부는 2005년부터 일련의 국가우주정책문서들을 발표하고, 조직과 예산을 정비하여 우주관련 분야의 정책을 추진하고 있다. 러시아의 군사우주정책 부문에 대한 관심은 이미 현대전의 변화를 예견한 군사혁신전략을 기반으로 하고 있다. 국가위상 제고와 현대전에서 우주자산 필요성이 증대한다는 실질적 이유로 러시아는 2000년대에 들어 군사우주정책을 주도하기 시작하였지만 실제적으로 군사우주 부문의 개발과 발전에 박차를 가하기 시작한 것은 2008년 조지아전의 항공전 실패에서 비롯되었다고 인식하고 있다. 2008년 러시아-조지아전 이후 러시아는 대대적으로 전 국방장관 세르듀코프(Anatoly Serdyukov) 주도로 군사개혁을 시작했으며, 군사우주정책 발전을 추구하고 있다. 우주산업을 비롯해 우주·지상 인프라를 위한 군의 제도적 구조를 재조직함으로써 기반을 강화하고자 노력하고 있다. 특히, 우주의 활용이 국가의 세력·위상이라고 판단하고 러시아는 우주 강대국으로서 우주개발을 적극 추진하고 우주의 군사적 가치를 중시하고 있다. 따라서 최근에는 군사우주분야에서 압도적인 역량과 운용력을 지니고 있는 미국과의 격차를 축소하기 위해 노력하고 있다. 2015년 8월 러시아는 항공우주군사력의 효율성 향상을 위해 공군, 방공군, 대공미사일 부대 등 산재한 군조직을 항공우주군(VKO)으로 통합하고, 공군사령관 본다레프(Viktor Bodarev)가 항공우주군 사령관을 겸하고 있다.

(2) 러시아의 우주군사정책과 전략

러시아의 우주 군사전략의 목표는 국가안보를 위한 군사우주에서의 우위성과 정보우위성을 확보하는 것이다. 과거 군사적인 측면에서 수적 우위성 강조와는 달리 오늘날에는 수행되는 "정보-타격 작전"에서 보듯이 우주에서 우위성과 정보 우위성을 확보하는 것이 필요하다. 이를 위해 정보우위, 항공우주에서의 우위, 현대전에서 승리를 위한 우주기반의 명령·통제체계 확보, 통신, 조기경보, 미사일 타격의 복합적 체계와 적의 미사일을 차단하는 능력을 확보하는 것이다. 또한, 정보 및 지휘통제체계의 지능화를 실현하는 것이다. 전방위 정보정찰 능력 확보로 지상, 해상, 공중과 우주공간에 배치된 각종 정찰 감시수단이 모든 군사적 타겟을 발견, 식별하는 것이다. 그리고 새로운 통신수단의 발전으로 신속하고 정확하게 통신 지원(C4I 체계 발전)하는 것이다. 아울러, 현대전에서 우주자산의 중요성 증대로 우주의 군사적 가치가 증대되고, 전쟁에서의 승리를 위해서는 군사력, 우주공간과 정보우월성을 확보해야 하며, 이를 위해서는 군사우주자산의 중요성이 비등하고 있다는 점에 착안하여 우주자산 확보를 추구하고 있다. 독자적 우주접근 자산 확보를 위해 구소련의 중심 군사우주발사센터였던 바이코누르우주기지가 연방 해체로 카자흐스탄에 속하게 됨에 따라 플레셰스크 우주기지 외에 러시아의 우주기지로 보스토치니 우주센터 건립을 추진하고 있으며, 대기권을 넘어선 우주의 군사적 사용을 위해 군사위성, 발사능력 등을 발전시키고 군사위성과 발사체의 개선을 통한 정보우위를 확보하고자 한다. 또한, 군사우주 운용능력을 확보하고자 한다. 네트워크 중심전, 정찰-타격 복합체계의 가동을 위한 인프라 구축과 운용능력을 강화하고자 한다. 2008년부터 시작된 러시아 군개혁에서 2011년 항공우주방위군(Aerospace Defense Forces)을 구축하고, 정찰과 항공경보체계의 통합, 적의 타격체계 타겟팅 대신 적의 정찰, 전자전 능력, 명령·통제, 데이터처리, 정보분배체계에 중점을 두고 있다. 그리고 위기시 적의 우주자산이 작동할 수 없도록 러시아는 ASAT프로그램 운영을 통해 대우주능력을 강화하고자 하고 있다.

이같은 전략하에 현재 러시아는 상당한 수준의 군사적 우주 역량을 보유하고 있다. 먼저 러시아는 군사적 목적으로 5가지 위성군을 보유하고 있다.

러시아는 4기의 조기경보 위성(Early Warning: EW) 위성을 보유하고 있다. 타원궤도의 US-K(Oko 위성) 3기와 지구정지궤도 US-KMO(Oko-1) 1기에 의존한다. 러시아는 3세대 EW위성으로 US-KMO 배치, 이는 ICBM만이 아니라 SLBM 발사까지 추적이 가능하다. 새로운 세대의 위성으로 EKS(Edinaya Kosmocheskaya Systema: 통합우주체계)를 운영하고 있다. 신호정보(Signal Intelligence) 위성으로 러시아는 13기의 US-PU 위성을 발사하였다. 2006년 4월 발사이후 더 이상 발사하지 않고 Pion-NKS로 대체 예정이다. 첼리나(Tselina) 위성은 US-PU(850Km)보다 두 배나 높은 궤도에 배치하고 있다. 1984년 이래 소련/러시아는 25기의 첼리나-2를 발사하였다.

광학정찰(Optical Reconnaissance) 위성은 1990년대와 2000년대 군사광학정찰위성으로는 Yantar, Orlets, Arkon 위성이 운영되고 있으며, 얀타르(Yantar)계 위성은 거의 필름방식(Newman위성 제외)으로 Resurs-DK, Kobalt-M, Persona 위성이 작동되고 있고, 오를렛-1, 오를렛-2 위성, Arkon/Araks 계 위성, Kondor 위성 : 콘도르위성은 최초의 군사 레이더-이미지 위성으로, 2013년 6월 최초로 콘도르를 성공적으로 궤도에 안착시켰으며, 신 스파이위성으로 2013년 4월 Lavochikin 우주항공연구·제작사는 국방부로부터 5기의 고해상 전자광학 정찰위성이 신청되었다.

항법(Positioning, Navigation, Timing: PNT) 위성으로, 러시아는 2종의 항법체계—Parus(1974)와 GLONASS(1982)—가 사용되었으며, 현재는 GLONASS만 사용되고 있다. 파루스 위성은 초기에는 해군에서 주로 사용되었으나, GLONASS 도입 이후에는 민용으로 운영(데이타 중계가 기본 기능)되고 있다. GLONASS위성은 궤도에 29기의 위성 보유, 24기 작동, 4기는 여유분, 1기는 시험 비행 중이다. 2020년까지 30기를 보유할 계획이다. 현재 네트워크는 GLONASS 2세대인 GLONASS-M과 3세대인 GLONASS-K1으로 구성(GLONAASS-K1은 2011년 2월, 2013년 12월에 2호 발사)된다. GLONASS-K위성의 수명은 10년이다. 한편, 통신(Communication) 위성은 군에 지침 전달, 명령·통제, 최소비용으로 적정량의 정보 전달에 중요하며, 러시아 통신위성의 근간은 통합통신위성시스템(ESSS)이라고 볼 수 있다. 첫 단계에서는 지구정지궤도의 라두가(Raduga)위성, 타원궤도(HEO)의 Molniya위성, 지상의 Kristall-type으로 구성되어 있다. 러시아는 현재 제2단계 ESSS위성을 개발, 배치하였다. ESSS-2는 Kristall, Liven, Zerkalo, Tsentavro, Start 지상 합체와 Raduga 후속체, Molniya후속체(Meridian 위성)로 구성되었다. 이같은 군위성 운영과 더불어 새로운 기지-Akvarel 지구정보체계-를 건설중에 있다. 2014년 Roscosmos는 러시아의 가장 거대한 정보위성체계로 개발을 시작하였다. 이는 국가 전체에 산재된 기지의 복합체이다. 기지는 군사 레이더, 무선기술, 시각정보체계 등의 중심지로 기능을 하고 있다.

러시아는 발사체 분야에서 輕·中·重 3급의 탑재능력을 가진 발사체를 생산하고 있다. 현재 운용되는 발사체로는 프로톤(Proton), 소유즈(Soyuz), 제니트(Zenit) 로켓[8]이 있다.

새로운 발사체로 '앙가라' 로켓으로 대체가 예정되어 있다. 러시아는 1994년부터 앙가라 로켓 개발에 착수하였으며, 2014년 플레세츠크 우주기지에서 시험 발사하였다. 이와 더불어 2018년 완공예정인 보스토치니 우주센터를 발사기지로 사용할 예정이다. 앙가라로켓은 친환경 산소-케로신 RD-191 엔진을 장착할 것이다.

또한 러시아는 대위성무기 프로그램(Anti-satellite Weapons Program)을 운영하고 있다. 1983년 이래 러시아는 궤도위성 요격에 대한 일방적 모라토리움을 준수하면서, 러시아는 우주에서의 무기배치에 반대하는 반면, 공중 ASAT체계는 지원하였다. 2008년 군축회의에서 PPWT초안 제출로 러시아와 중국은 ASAT 무기를 불법화로 인식하였으나, 조약은 우주무기 조약 기준에 맞는 한 육·해·공 기반의 ASAT무기는 허용된다고 주장하였다. 최근 러시아는 미·중의 최근 대위성체계에 대응해 구소련의 항공기지에서 ASAT체계를 복원하고 있다. 러시아는 미국의 MD에 대응해 ASAT기술에 다시금 관심을 표명하고 있다. 2011년 러시아 외무차관 랴브코프(Sergei Ryabkov)는 ASAT체계가 미국의 MD에 대한 러시아의 대응방안의 하나로, 미국의 ABM조약 위반에 따라 러시아의 ASAT 무기체계 개발은 정당하다는 입장을 표명하였다. 특히 러시아는 공중기반 ASAT 시스템인 Sokol Eshelon 레이저 ASAT 체계, 동역학 Kontakt Kinetic ASAT 시스템이 있다.

5. 북한의 우주력과 위협

(1) 북한의 핵과 미사일 위협

북한은 지속적으로 핵실험과 미사일을 발사함으로써 우리에게 커다란 위협이 되고 있다. 최근에는 미사일의 사거리 확대와 핵무기의 다종화, 경량화, 소형화 등이 예상되고 있어 한국 안보에 심각한 위협이 되고 있다.[9] 북한은 '90년 이후 구소련과 중국의 미사일기술을 바탕으로 다단계 로켓 노동 1호(약 1,300km)와 대포동 1호(2,500km)를 개발, 현재 대포동 2호(6,700km) 등을 지속 개발하고 있다. 1980년대 중반에는 사거리 300km의 스커드-B와 500km급의 스커드-C 단거리 탄도미사일을 작전 배치하였고, 1990년대 사거리 1,000-1,300km인 노동미사일을 시험발사 후 운용 중이며, 2007년부터는 미국의 괌까지 공격 가능한 사정거리 3,000-4,000km의 중장거리 미사일인 탄도미사일을 실전 배치하였다. 북한은 2006년과 2009년의 핵실험에 이어 2013년 2월에 제3차 핵실험까지 감행했으며, 핵탄두의 소형화를 목전에 두고 있는 것으로 판단된다. 한국에 대한 미사일 위협은

---

8) 2013년 7월 발사실패가 있었던 프로톤 로켓은 2020년까지 퇴출예정이다.

9) 북한 핵무기 개발 약사

기본적으로는 북한의 미사일과 재래식 무기 그리고 핵무기를 탑재한 미사일 가능성이 더욱 높아지고 있다. 또한, 한반도를 둘러싸고 있는 주변국의 미사일 위협도 증대되고 있다. 최근 북한은 단거리 미사일 뿐만 아니라 중, 장거리 미사일을 개발하였고 나아가 핵탄두를 장착한 미사일 발사 가능성도 증가되고 있다. 북한의 핵무기 소형화, 경량화를 통해 미사일에 탑재하여 발사할 가능성이 높다.

연 도	개 발 내 용
1955년	핵물리학 연구소 설립
1956년	소련 드브나 원자력 연구센터에 물리학자 30여 명 파견
1959년	조·소 및 조·중 원자력 협정 체결
1962년	영변 원자력 연구소 설치
1965년	소련의 지원을 받아 영변에 연구용 원자로 'IRT-2M'를 설치 가동 시작
1970년	국제원자력기구(IAEA) 가입
1973년	김일성 종합대학과 김책 공업대학에 핵 관련 학과 개설
1974년	IRT-2M 원자로를 개량해서 농축도 80%의 핵연료를 사용하는데 성공
1980년	자체 기술로 5MWe 원자로 건설 착수
1985년	핵확산방지조약(NPT) 가입
1986년	5MWe 원자로 본격 가동
1994년	미국과 제네바 핵합의 체결
2003년	핵확산방지조약(NPT) 탈퇴 ('03.1)
	미·중·북한의 3자회담에서 핵무기보유 시인 ('03.4)
2005년	외무성 성명을 통해 핵무기 보유 공개 선언
2006년	장거리 로켓 대포동 2호 시험발사 ('06.7)
	1차 핵실험 ('06.10)
2009년	장거리 로켓 개량형 대포동 2호 시험발사 ('09.4)
	2차 핵실험 ('09.5)
2010년	미국 핵물리학자 헤커박사를 통해 우라늄 농축시설 공개 ('10.11)
2012년	장거리 미사일 '대포동 3호' 시험발사 ('12.12)
2013년	3차 핵실험('13.3)
2016년	4차 핵실험, 5차 핵실험

예상 핵 능력

중급 기술수준의 북한이 보유 가능한 플루토늄 핵무기 수량

파괴력	5kt	10kt	20kt
필요한 플루토늄 양	2.5㎏	3㎏	3.5㎏
보유 가능한 핵무기의 수	16개	13개	11개

출처: 전성훈, "북한 핵위협 재평가와 한국의 군사적 대비 방향", 『국방정책연구』, KIDA, 2012, p.58.

(2) 북한의 우주개발현황과 실태

북한은 구소련의 우주기술을 이전받아 1970년대부터 우주개발을 시작하였으며, 2012년 12월 12일 평안북도 철산군의 서해 위성발사장에서 은하 3호 발사체(로켓)가 중량 100㎏의 인공위성 ‘명성 3호’ 2호기를 탑재하여 예정된 궤도(고도 500㎞의 태양동기궤도 1)에 진입했다고 보도하였으나, 궤도상에서 위성이 운영되고 있지는 않는 실정이다. 북한은 2009년 4월 5일 은하 1호 발사 실패, 2012년 4월 13일 은하 2호 발사 실패하였다. 그리고 2012년 12월 12일 은하 3호 발사에 성공하였다. 발사는 성공하여 은하 3호 탑재체 광명성은 12월 12일에 발사되어, 궤도진입에 성공하였으나, 위성체는 성공적으로 운영되지 못하였다.

북한의 우주개발은 우주위원회를 통해 추진되고 있으며, 관제종합지휘소의 위치를 정확히 밝혀지지는 않았지만 평양 룡성구역에 있는 것으로 알려지고 있다.

우주관련 인력은 김책공업종합대학에 병설된 단과대학인 기계과학기술대학 우주항공공학과에서 양성되고 있다. 특히 북한은 중학교 5학년 물리 과목에서 인공위성과 우주속도의 기초원리 등을 가르치고 중학교 6학년 천문학 과목에서 천체의 움직임, 우주의 관측에 관한 지식 교육, 인공위성의 종류와 크기, 세계 각국의 위성발사 실적도 취급하고 있다.

북한의 우주기술력과 관련하여 은하 3호 로켓을 중심으로 보면, 은하 3호는 다른 로켓들을 짜 맞춘 모자이크식 발사체일 가능성이 높았다. 제작 과정에서 북한의 독자 기술이나 해외기술을 통해 개량과 개조가 이뤄졌다고 하더라도 여타 우주클럽 가입국 수준의 기술력을 인정하기는 어려운 실정이다. 광명성 3호 위성은 지구 및 기상관측용 위성으로 데이터는 극초단파, 동영상은 X밴드 주파수로 지상에 전송한다고 주장하고 있으나, 해외의 우주 전문가들은 그 성능에 회의적 견해를 보이고 있다.[10)]그러나 최근 발사한 ICBM 화성 14호 발사에 성공함으로써 우주 발사체 기술력은 한 단계 진보한 것으로 평가할 수 있을 것이다.[11)]

이를 평가해보면, 북한의 우주발사체는 장거리 ICBM 개발의 발판이 되고 있으며, 발

---

10) 미국 스탠퍼드대학 국제안보협력센터(CISAC) 무기체계 전문가 닉 한센 박사는 광명성 위성과 관련 “학생들이 과제를 위해 만든 위성보다 못한 성능”라며 “한의 독자 기술로 제작되기는 했지만 어떤 기준으로 봐도 원시적이기 짝이 없어 제대로 작동할지 장담키 어렵다”라고 성능을 낮게 평가하였다.

11) 2017년 7월 4일 북한은 대륙간탄도미사일(ICBM) 화성-14형이며 시험발사에 성공했다고 주장하였다. 북한 관영 조선중앙 TV 보도에 따르면, ICBMDMS 이날 오전 9시 서북부지대에서 발사돼 예정된 비행궤도를 따라 39분간 비행했으며 동해 공해상에 설정된 목표 수역을 정확히 타격했다. 또 시험발사는 최대 고각발사체제로 진행됐으며 주변국가의 안전에 그 어떤 부정적 영향도 주지 않았다. 정점 고도 2802㎞까지 상승해 933㎞의 거리를 비행했다고 밝혔다.

사에는 성공하였으나, 위성 운영에는 한계가 있을 것으로 보인다. 은하 로켓이나 화성 로켓이 실용성 높은 장거리 ICBM 개발의 발판이 된다는 것은 부인하기 힘들다. 로켓기술의 확보가 곧 ICBM 기술의 확보도 아니며, 북한이 정말 핵탄두를 쏠 수 있는 ICBM을 가지려면 지금 그들이 가진 로켓으로 운반 가능한 크기와 중량(500㎏ 이내)의 핵탄두가 필요할 것이다. 은하 3호를 ICBM과 바로 연결시키기 힘든 요인은 ICBM은 지구 대기권 재돌입 시에 생기는 엄청난 마찰열로부터 핵탄두를 보호해야 하나, 북한은 아직 이 부분에 충분한 기술력이 있음을 증명하지 못했다. 그러나 최근 발사한 화성 14호 발사 로켓은 사거리 확대와 더불어 어느 정도 '진입(reentry)'기술을 확보한 것으로 보여진다. 따라서 북한의 우주력을 단적으로 평가하면, 미사일 발사 기술력을 군사적으로 이용하기 위한 시험을 우주의 평화적 이용이라는 명분으로 포장하여 우주개발을 하고 있는 것으로 평가할 수 있을 것이다. 그러나 북한이 지속적으로 우주개발에 집착하는 의도는 내부적 결속력 강화와 국제적 선전을 위한 도구로 활용하기 위한 것으로 볼 수 있으며, 향후에도 지속적으로 위성 개발과 발사 가능성이 높다고 평가할 수 있을 것이다.

III. 한국의 우주정책 및 시사점

1. 한국의 우주정책과 체계

한국은 국가적인 차원에서 우주정책의 비전을 "우주공간의 평화적 이용과 과학적 탐사를 촉진하여 국가의 안전보장과 국민경제 발전에 기여"로 설정하고 있다. 이에 기반하여 목표를, 첫째, 독자적 우주개발능력 강화를 통한 우주강국 실현, 둘째, 지속발전 가능한 우주개발과 활용을 통한 국민 삶의 질 향상, 셋째, 우주산업의 세계시장 진출 확대를 통한 미래 국가경쟁력 확보, 넷째, 우주개발 선진화와 우주활동공간의 확장으로 국가위상 제고에 두고 있다.

우주개발 체계로 주관부처는 우주개발진흥법(2005.5)에 의거, 국가우주개발 역량을 집결하고 우주분야 원천기술 활성화를 통한 기술 자립화를 추진하기 위하여 정부 부처인 교육과학기술부의 주관으로 우주관련 정책을 개발, 수립, 시행하고, 미래부 장관이 주관하는 국가우주위원회[12]에서 주요 정책을 심의한다. 그리고 우리나라는 우주개발 중장기

12) 범정부 차원의 협력을 위하여 각 부처의 차관이 당연직 위원으로 참여하는 15인 이내의 위원으로 구성되어 있으며, 하부에 교육과학기술부 차관이 위원장인 우주개발진흥실무위원회를 운영

계획을 수립, 시행하고 있다.

중장기 계획으로 다음과 같이 위성개발 추진할 예정이다.

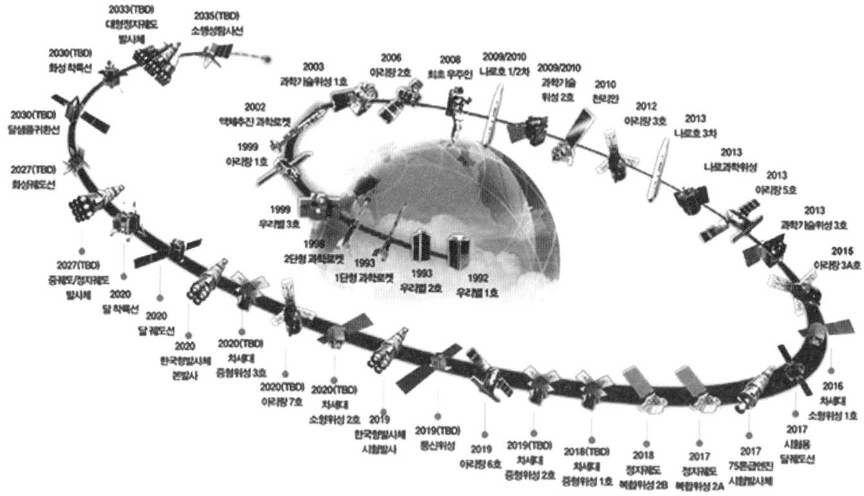

1) 위성영상 획득을 위한 다목적 실용위성의 지속적 개발 : 광학 관측위성은 다목적 실용위성 3호의 수명을 고려하여 7호 개발 착수, 영상레이더 관측위성은 6호 개발을 통해 SAR 탑재체를 국내주도로 개발하고 있다.
2) 기상·해양환경 상시관측 가능한 정지궤도 복합위성 개발을 추진하며,
3) 우주기술 검증, 미래지향적 우주탐사를 위한 소형위성 개발을 추진한다.

추진전략으로 우주핵심기술의 조기 자립화, 위성정보의 활용확대를 위한 체제 구축, 우주산업 역량강화를 위한 민간참여 확대, 우주개발 활성화를 위한 인력양성 및 인프라 확충, 우주개발 선진화를 위한 체제 정비 및 국제협력 다변화에 중점을 두고 추진하고 있다.

한편, 정부는 우주기술 자립으로 우주강국 실현이라는 목표 하에 1) 한국형 발사체 개발을 통한 인공위성 자력발사 능력 확보, 2) 인공위성 개발로 국가안전과 대국민서비스 강화, 3) 우주산업을 통해 창조경제 구현에 기여, 4) 우주 국제협력 강화로 우주개발 촉진 및 국가위상 제고에 중점을 두고 우주개발을 추진하고 있다.

2. 주요국 국방우주정책의 시사점

앞에서 본 바와 같이 오늘날 세계 주요 국가들은 우주력을 안보적 차원에서 매우 중요한 요소로 인식하고 개발과 투자에 박차를 가하고 있다. 1967년 우주기본법 체결 당시 우주의 평화적 이용이라는 측면에 무색하리만큼 우주는 국가안보 목적상 크게 활용되고 있다. 특히 평화적 이용이라는 의미를 다각도로 해석하면서 각국들은 우주의 군사적 이용을 확대하고 있다.

특히, 미국은 세계의 최대 우주 강국으로서 여전히 우주에서의 우월적 지위를 유지하고자 노력하고 있다. 특히, 미국은 조직과 예산 그리고 전략적 측면에서 우주를 매우 중요한 요소로 인식하고 물적, 인적 자원을 투입하고 있다. 미국은 우주를 군사적 영역에서 어떠한 세력에 의해서도 방해받지 않는 우월적이고 배타적 영역으로 인식하고 있다. 미국은 '新 우주정책'('10. 6월)에서 2030년 유인 화성탐사 계획을 발표, '국가안보우주정책'('11. 1월)에서는 미국의 우주 리더십 회복을 선언하고 있다. 감시·정찰, 통신, 항법 전범위에 걸쳐 500여기의 위성을 운용 중이며, 지상 및 우주 배치 우주무기를 개발 중이다. 미국은 우주분야에서 세계 각국의 도전에도 불구하고 다양한 우주개발 능력을 바탕으로 세계 우주개발 선도하고 있다. 對 위성무기체계('07년, 실험성공) 보유, 레이저무기, 기생위성 등 우주무기개발을 지속 추진 중이다. 전략무기 개발 확대, 독자위성항법체계 구축, 對위성요격무기 개발 등으로 방어 및 공격을 위한 우주작전능력 확보가 예상된다.

일본은 2008년 「우주기본법」제정으로 군사목적의 우주개발 근거 마련 및 체계적인 우주개발 확대를 도모하고 있는 것이다. '09년 이후 5년간 34기의 위성 및 고체로켓 개발, '20년 무인 달 탐사 기지 개발 목표로 추진하고 있다. 통신위성 등 40여기의 위성 운영 중이고, 北 미사일시험 발사('98. 8월, 대포동 1호)를 계기로 한반도 정찰을 위해 정찰위성 4기 운용(EO 2기, SAR 2기)하고 있으며, 사용목적에 따라 우주레이저무기의 에너지원으로도 활용 가능한 우주 태양광발전소를 '30년 건설 목표로 추진 中이다. 특히, JAXA 설치법 개정('12년)을 통해 '평화적 우주개발' 조항을 삭제하면서 우주전력 개발을 본격적으로 추진하고 있다. 일본은 우주법제상의 안보관련 규정의 정비하고 우주안보와 관련하여 다양한 국제협력을 추구하고 있다. 최근에는 미일간 우주대화 채널을 열고 JAXA를 총리가 주관하는 조직으로 격상시키고 있다.

그리고 중국은 '58년 이후 우주개발을 국방전략의 일환으로 추진, 달 탐사선('07년 창어 1호, '10년 창어 2호), 우주유영('08년 선저우 7호) 성공 등으로 미국과 러시아로 양분된 우주패권에 도전하고 있다. 정찰, 통신 등 100여기의 위성 운용 中이며, '15년까지 全

지구적 위성항법체계인 베이더우(北斗) 총 30기 구축을 추진하고, '20년까지 우주정거장 완공 목표 추진 中이다. 특히, 중국의 정책은 우리에게 많은 시사점을 주고 있다. 첫째, 우주개발이 지니는 상징성과 복합적 파급효과를 인식하고, 21세기 우주 경쟁에서 방관이 아니라 적극적인 대응태세를 갖추어야 한다는 점이다. 특히 우주개발은 첨단 과학기술에 기초한 것으로 이는 국가의 미래 성장 동력으로 작용할 수 있다는 점이다. 둘째, 우주개발은 한국의 정치·안보적 중요성을 내포하고 있어, 향후 우주 군사화에 대비할 필요가 있다는 점이다. 중국을 비롯해 주변국들의 우주개발이 군사화의 방향으로 치달을 수 있으며, 이는 국제사회의 우려만이 아니라 동북아안보에 위협요소 가능성도 매우 높다. 이에 대비하기 위해 한편으로는 우주의 평화적 이용을 위한 협력과 더불어 한국의 우주역량을 육성해야 할 것이다. 셋째, 우주개발에서의 협력을 주도해야 할 것이다. 우주개발은 기본적으로 막대한 예산과 최첨단기술을 필요로 하는 것으로, 후발주자로서의 한국은 국제적 우주협력에 주력해야 할 것이다. 우주력 기반을 강화하기 위해서 '예산', '기술', '인력' 양성도 절실히 필요하다.

러시아의 우주정책은 소연방붕괴 이후 경제적 침체로 진전되지 못했으나, 2000년 이후 국제유가 상승에 따른 경제 성장과 강대국 복귀를 지향하는 정책과 더불어 발전하고 있다.

러시아는 '05. 10월, '2006 - '2016의 연방우주프로그램' 승인, 우주분야의 위상회복과 세계 우주개발의 주도적 위치로의 재도약을 천명하였다. 정찰, 조기경보, 통신, 항법 등 110여기의 위성 (구소련 포함) 운영 中이고, 전 지구 대상 독자위성항법체계 글로나스 (GLONASS) 구축 ('11년)하였으며, 기생위성, 지향성에너지무기 등 일부 우주무기 개발 성공한 것으로 추정되고 있다.

러시아는 2008년 세계 경제위기와 2014년 우크라이나 사태에 따른 서방의 대러시아 경제·기술제재, 루블화의 평가절하에 따른 어려움 속에서 러시아 우주계획 역시 곤경에 처해 있다. 실제로 루블화 평가절하로 러시아의 모든 우주프로그램은 평균 27%의 비용 증가가 필요한 상태이다.

우주개발계획과 발전전략은 상당한 기간과 대규모 예산이 필요한 국가적 사업이다. 러시아의 경우 우주개발의 핵심적 기관은 Roscosmos(연방우주청)이지만 국방부를 비롯해 많은 기관과의 협력과 더불어 정부의 적극적인 예산지원을 받고 있다. 새로운 우주 강국으로의 도약을 시도하는 한국의 입장에서는 일개 부처가 아니라 국가 차원의 장기적이고 전략적인 추진목표와 계획수행 방안 및 예산 지원에 이르는 기획과 국가차원의 전폭적인 지원이 필요할 것이다. 우주정책은 국가의 위상과 파워와 밀접한 연계를 지니고 있다. 강대국 복귀를 열망하는 러시아에게 우주정책은 매우 중요하다. 러시아의 우주탐험 프로그램을 비롯해 모든 우주프로그램은 구소련시대와 같이 군사적 가치가 최우선적이다. 현대전에서 우주자산의 중요성을 인식하고 있는 러시아는 우주자산, 우주로의 독자적 접근, 방해받지 않는 우주활동 보장을 목표로 하고 있다. 현대전은 이미 러시아 군사이론가들이 언급했듯이 첨단군사기술의 진보로 '네트워크전' 즉 정찰·명령·통제 및 '정찰-타격복합체(RUK)'가 작전 수행하게 될 것이다. 이를 위해서는 새로운 군사기술을 이용한 새로운 '자동제어체계'와 정밀한 '장거리 정밀유도무기'를 상호 결합시킨 '정찰-타격복합체,' 정보기술(IT: Information technology)에 기초하게 될 것이다. 이러한 전쟁 수행을 위해서 항공우주전략은 매우 중요하다. 특히, 북한의 핵과 미사일 위협에 직면한 한국으로서는 그에 대응하기 위해 이른 바 '킬체인' 구축의 과제를 안고 있다. 이에 대비하기 위해 우주자산의 확보와 더불어 우주활동을 위한 국제협력에 이르는 다양한 활동을 전개하고, 이를 위해 우주개발 선진국들과의 협력을 모색해야 할 것이다. 러시아의 사례에서 보듯이 우주자산 구축과 운용능력 확보를 위해서는 장기적인 목표를 위한 장·단기 전략단계를 설정하고, 그를 위한 조직 구축, 예산 확보 등 다양한 활동을 구체적이고 단계적으로 설정할 필요가 있을 것이다. 새로운 작전환경과 불충분한 우주자산을 기반으로 작전을 하기 위해서는 작전계획, 매뉴얼, 지침서 등을 구체화하는 한편 다양한 수준에서 정보획득을 위한 인프라 구축에도 노력해야 할 것이다.

이를 종합적으로 분석해 보면, 미국, 러시아, 중국, 일본 등 우주강국들은 첩보위성 등 국가안보 측면의 필요성에 의해 우주력 건설을 추진하여 왔으며, 점진적으로 민간 수요와 분리하는 방향으로 발전하고 있으나, 국가차원의 법 또는 조직 체계 하에 국방부문과 민간부문의 역할을 명확히 구분하고 있다는 점이다. 부문간의 갈등 또는 혼선에 대해 조정통제 가능하도록 의사결정체계를 수립하고 있고, 민·군간 공통된 우주력에 관한 사항은 국가안보 측면에 우선권을 두어 국방부장관이 관장토록 조직을 운영(예 : 미국의 국가정찰국-NRO, 러시아, 중국 등)하고 있다. 우주력과 관련하여 민·군간에 우주탐사를 비롯한 민간수요의 증가로 상호의존성이 심화되고 있으나, 전반적으로 국가안보에 우선권을 두고 관련 제도 및 정책을 수립 추진하고 있다는 점이다. 또한 북한도 평화적 우주력 건설이라는 명분하에 다양한 미사일을 개발하고 시험을 하고 있어 한반도와 국제사회에 안보적 위협을 던져주고 있다.

이에 비해 우리나라는 국가우주위원회를 장관급이 주관하고 있으며, 안보관련 우주분야에 있어서도 국방부장관의 역할을 상당히 낮게 평가되고 있다는 점을 지적하지 않을 수 없다.

IV. 결론 및 정책적 제언

동북아를 비롯한 세계 각국의 자국의 안보를 위해 우주개발에 박차를 가하고 있으며, 특히 핵개발과 미사일 발사에 열을 올리고 있는 북한의 위협에 대비하기 위해 그 어느 때보다 국방우주정책의 비전과 목표를 수립, 국방우주력을 강화해 나가는 노력이 그 어느 때보다 절실히 필요하다.

따라서 국방 안보분야의 전문가들과 정책 수립자들이 모여서 상호 토의와 연구를 통해 방향성을 설정하고 추진전략을 모색해야 할 것이다.

본 연구에서는 국방우주정책의 비전을 급변하는 안보환경과 다양한 우주위협에 효과적으로 대응할 수 있는 『국가안보를 선도하는 선진 국방우주력을 구현』으로 설정하고자 한다. 그리고 이같은 비전을 달성하기 위해 포괄적 국가안보를 선도하기 위한 유리한 우주안보 환경 조성, 현존 및 미래 안보환경에 능동적으로 대처할 전문화된 국방우주역량 구비, 국가와 사회발전에 기여할 효율적이고 체계적인 선진 국방우주 운영체제 구축, 한·미 연합 우주력 발전 중심 다국가 우주력 발전 협력체 구성이라는 전략목표를 수립하고 실천해 나가야 할 것이다.

이제 우주는 한국 안보에 있어서 필수불가결한 요소임을 인식하고 국방우주력 발전에 매진해 나가야 할 때이다.

참 고 문 헌

미국 국가안보우주전략서(NSSS)

외국 군구조 편람, 2009

2014년 일본 방위백서

전성훈, "북한 핵위협 재평가와 한국의 군사적 대비 방향", 『국방정책연구』,KIDA, 2012.

Stacey Solomon, "China's Space Program: the great leap upward," Journal of Contemporary China, 15(47)(May 2006).

日本経済団体連合会、国家戦略としての宇宙開発利用の推進に向けた提言, 2010.4.12.

제3부
우주법의 주요 쟁점과 과제

6. 우주정거장의 법적 규제

이 영 진

I. 서언

우주정거장(Space Station)은 "인간이 우주공간에 장기간 머무르면서 다양한 활동을 할 수 있도록 우주공간에 설치된 인공구조물"이라고 정의될 수 있다.[1] 이러한 우주정거장은 우주공간에서 지구기원 또는 우주기원의 물질을 이용하여 구축한 인공의 건조물을 말하는 바 이와 같은 것으로는 몇 가지가 거론될 수 있는데 그중 하나가 장기간 궤도를 돌면서 인간이 활동할 수 있게 한 시설로서 종래 러시아가 운용하던 Mir나 현재 유럽, 일본, 미국 등 국가간에 국제협정이 체결되어 약간 명의 우주비행사를 궤도에 상주시키기 위한 복수의 모듈(동)로 된 국제우주기지 및 우주선을 뜻하며 넓게는 우주왕복선도 이러한 범주에 포함된다고 할 수 있다. 또 다른 하나는 천체상에 설립된 인간의 활동기지를 지칭하기도 하고[2] 그밖에 우주식민지(space colony) 등도 여기에 포함시키는 경우도 있으나 이글에서는 첫번째 의미의 우주정거장을 중심으로 살펴보고자 한다.

우주정거장이 지금까지 있었던 인간의 우주활동과 구별되는 특징 중 하나는 어느 누구의 영유에도 속하지 않는 우주공간에 인간이 장기간 머물 수 있도록 한다는 것이다. 그리

1) European Space Agency, Intellectual Property Rights and Space Activities in Europe, sp-1209 (ESA Publisher Division: Nooddwijk, Feb. 1997), p.4.
2) 유병화, 국제법 Ⅱ(서울: 진성사, 1994), p.345.

고 우주정거장에서는 기존의 우주물체에서보다 훨씬 다양한 작업이 진행되고 그 작업의 범위도 기술의 발달에 따라 점점 확대되고 있다.[3)]

이러한 우주정거장의 임무와 목적 달성을 위해서는 우주정거장이 거대한 구조물이어야 하기 때문에 그 건설과 운영에 막대한 재원이 소요된다. 이처럼 막대한 재원의 소요에 따른 각국의 재정적 부담으로 인하여 오늘날 우주정거장 계획은 종래의 어떤 문제보다도 많은 국가가 참여하고 있는 국제협력의 장이 되고 있다. 그 결과 앞으로 건설될 우주정거장에서는 여러 나라의 국민이 같이 거주하면서 작업을 하게 된다.[4)]

우주공간에 준영구적으로 인간이 거주하는 것을 가능하게 하는 우주정거장이라는 개념은 1928년 유럽의 기술자인 Hermann Noordung에 의해 최초로 제시되었다. 이것이 가장 먼저 실현된 것은 1971년 구소련이 발사한 Salyut-1[5)]이다. 이 우주정거장은 1971년 4월에 발사되어 동년 10월에 궤도를 이탈하여 대기중에서 연소하였다. 그 기간동안 인간은 24일간 우주정거장에서 거주하였다. 구소련의 Salyut 우주정거장의 마지막인 Salyut-7은 1982년 4월에 발사되어 1984년까지 237일간의 인간체류라는 기록을 세웠다. 이 정거장은 1986년에 폐기되어 1991년 아르헨티나 상공에 통제되지 않은 채로 진입하였다.[6)]

미국은 1973년 5월에 Salyut의 약 2배에 달하는 Skylab을 발사하였다. Salyut는 우주선이었던 Soyuz를 개조해 만들어진 것이었던 반면에 Skylab은 처음부터 우주정거장용으로 만들어진 것이었다. Skylab은 1980년 6월에 대기중에 진입해 그 파편이 호주에 떨어졌

---

3) NASA의 前소장이었던 James. M. Beggs는 우주정거장이 ① 과학실험과 기술발전을 위한 우주실험소, ② 아래로는 지구를 외부로는 우주를 관찰하는 영구적인 관측소, ③ 화물과 운송기기가 도착하고 처리되며 그들의 목적지로 발진하는 수송시설, ④ 화물과 운송기기를 보관하고 필요한 경우 수리하는 지원시설, ⑤ 대규모 구조물을 조립하고 검사하는 조립공장, ⑥ 다음 발진을 위하여 화물과 부품을 궤도상에 보관하는 저장시설, ⑦ 지원장비를 조립하여 상업적 기회를 증대시키는 생산시설의 기능 등을 수행한다고 정의하였다. Civil Space Station - Senate Hearing 98-523, before the Sub-Committee on Science, Technology and Space of the Committee on Commerce, Science and Transportation, 98th Congress, 1st Sess. 15 November, 1983, serial No.98-48 (US GPO Washington D.C., 1984). ISS 계획의 일환으로 일본과 캐나다의 정부기관, ESA와 미국이 체결한 우주정거장에 대한 양해각서에서는 위에서 든 기능 외에 "영구적인 달기지, 화성 유인우주선, 유인우주탐사, 지구정지궤도에서의 유인과학통신 설비, 그리고 무인천체탐사와 같은 미래의 임무를 위한 본부"를 우주정거장의 기능에 추가하였다. EAS 홈페이지는 현재 건설중인 ISS의 기능으로 다양한 (물리, 화학, 인간정신, 우주과학, 지구과학을 포함) 연구소, 대규모 관측소, 혁신적인 실험센타, 우주공간의 영구적 거점과 지구궤도를 벗어난 우주의 인간개발을 위한 초석을 그 기능으로 들고 있다. http://www.estec.esa.nl/spaceflight/iss.html

4) ESA Home Page, Ibid.

5) Manned Space Stations, ESA Publication SP-1137, Nov. 1990, p.74 ; Cambridge Encyclopedia of Space, ed. M. Rycroft, (Cambridge etc., 1990), pp. 268-270.

6) Manned Space Stations, pp.77-78 ; Cambridge Encyclopedia, pp.269-270 ; Space News, Feb. 11-17, 1991, p.4, p.21.

다.[7] 이때까지 유인우주선이 3번 방문하였으나 Skylab이 운영되던 대부분의 기간은 구소련의 Salyut들처럼 사람이 거주하지 않은 채로 있었다. 유럽은 1983년 11월 첫 번째 Spacelab을 미국의 우주선에 실어 발사함으로써 우주정거장 경쟁에 참가하였다. Spacelab도 역시 대부분의 기간을 무인상태로 지냈다. 이와 같이 이때까지의 우주정거장들은 모두 비교적 짧은 기간동안 우주에 존재하였고 그 생애의 대부분을 인간이 거주하지 않은 상태로 있었으므로 인간의 영구적인 우주거주를 향한 우주정거장 계획에 있어서는 첫 단계에 머물렀다고 할 수 있다.[8]

본격적인 우주정거장은 구소련의 Mir 발사에서 시작되었다. 러시아 우주인인 Valeri Polyakov 박사는 1994년 1월 8일부터 1995년 3월까지 연속 14주를 포함하여 총 22주를 Mir에 머무르는 기록을 세우기도 하였다. Kbant1, 2 Kristal Module, 원거리탐사를 위한 Sofora 안테나 등의 거대한 구조물이 지구상에서 제작되어 Mir에 도킹하거나 Mir상에서 조립되어 설치되었다. Mir가 운영되는 동안 세계 10여 개국에서 이 우주선을 방문하였다. 그 중에서도 Mir에서 제작된 Coca Cola의 광고는 우주정거장의 꿈을 전 세계인에게 재인식하게 하는 중요한 계기가 되었다.[9]

한편 미국을 중심으로 한 ISS 계획도 꾸준히 진행되고 있다. 이 계획은 인간의 영구거주를 위한 우주정거장을 만든다는 목표를 공식적으로 천명한 1984년 레이건 당시 미국대통령의 대 의회 메시지에서 시작되었다. 이 계획의 천명 후 미국은 주요 서방선진국들을 이 계획에 참여하도록 초청하였다. 1988년 9월에 미 항공우주국(National Aeronautics and Space Administration; NASA), 캐나다 우주국(Canadian Space Agency; CSA), 그리고 유럽우주국(European Space Agency; ESA)은 우주정거장 계획을 위한 조약을 체결하였다.[10] ESA를 통하여 유럽국가들 중에는 영국과 스위스 등 11개국이 이 계획에 참가하였다. 일본정부와 NASA는 1989년 3월에 우주정거장 계획을 위한 조약을 체결하였다. 동서간의 긴장완화로 인한 우주에서의 군사경쟁 의식의 약화, 미국의 재정적자 해결을 위한 노력 등으로 인하여 이 계획이 위기를 겪기도 했지만, 1993년 미 의회는 우주정거장 건설에 매년 21억불, 총 174억불에 달하는 장기 예산사용을 승인하였다. 그 후 브라질도 이 계획에 참가하였고 1996년에는 러시아가 이 프로그램에 참여하여 서로의 기술과 시설을 공유하기로 함으로써 신 IGA 협정체제가 성립되었다.

---

7) Manned Space Stations, pp.78-80 ; Cambridge Encyclopedia, pp.262-265 ; Space News, Jan. 21-Feb. 3, 1991, p.36.
8) Manned Space Stations, pp.88-92 ; Cambridge Encyclopedia, pp.278-283.
9) http://www.maximov.com/Mir/mirhistory1.html,http://www.osf.hq.nasa. gov/mir
10) A. Farand, "Space station coopreation: Recent Development.", ADAS, 1997, pp.441~448.

새 우주정거장은 본체 길이만 88m에 태양전지판 날개 길이가 1백8m(미르호 본체 길이는 약 10m). 축구장 2개를 합쳐놓은 어마어마한 크기이기 때문에 지상에서도 비록 별처럼 보이기는 하지만 육안으로 관찰할 수 있을 것으로 생각된다. 우주인이 활동가능한 실내 공간만 보잉 747기 실내의 2배. 건설 후 20년간 사용될 국제우주정거장 안에서는 평균 7명의 우주인이 지상 4백㎞의 우주에 장기체류 하면서 장기 우주체류가 인체에 미치는 영향, 천체탐사 등 무중력 상태를 이용한 다양한 실험 및 관측이 펼쳐진다.

이는 냉전종결로 우주개발이 평화적 이용의 장으로 변했음을 상징하는 프로젝트다. 1984년 로널드 레이건 당시 미국대통령이 제안한 이 계획에 책정된 예산은 4백억달러(약 53조원). 전체 무게가 4백~4백50t이나 되는 모듈과 자재 운송을 위해 43차례의 우주선 발사가 필요하다. 미국과 러시아의 우주인들은 모듈을 연결하고 태양전지판 등을 조립하기 위해 1백44회에 걸쳐 1천8백여시간의 우주유영을 해야 한다. 2000년 1월 초대 선장인 빌 셰퍼드 미 해군대령과 러시아 우주인 2명이 정거장에 체류하면서 각종 공사 작업을 시작하면서 우주정거장 건설 사업은 본궤도에 오르게 되었다. 우주정거장 완공목표는 당초 2003년에서부터 이후로 연장되었고 투입예산도 1000억 달러이상으로 대폭 증가한 것으로 파악되고 있다.

국제 우주정거장은 다양한 우주 실험에 독보적인 환경을 제공하게 된다. 예를 들어 중력의 영향을 거의 받지 않는 상태에서 강도는 높으면서 무게는 엄청나게 가벼운 새로운 물질을 만든다든지, 효능이 높은 고순도 의약품을 제조한다든지 하는데 필수적인 공간이 되는 것이다. 장기적으로는 우주의 신비를 푸는 우주 과학의 전당으로 자리매김할 수도 있다. 반물질을 연구하고, 우주에서 날아오는 각종 신비한 전파를 분석하는 일 등이 여기에서 행해지게 된다. 한편으로는 우주 식민지 개척을 위한 달 또는 화성 탐사선들이 머물러 갈 임시 정거장으로, 또는 아예 우주정거장으로 부품을 날라 우주선을 조립하는 일도 가능할 전망이다.

이렇듯 오늘날 국제적인 협력으로서의 ISS 프로그램의 구조는 참여하고 있는 모든 정부들의 상호 합의에 기초하여 세워졌고 NASA와 각국 정부의 입장을 표명하고 있는 우주기구들과 연계되어 우주개발에 관한 이해와 협조의 연장선상에서 탄생한 냉전이후 대표적인 국제협력 사례의 하나로 평가되고 있다.

이와 같은 우주정거장 계획은 국제적 성격의 우주구조물이라는 점과 인간의 장기적 거주라는 특수한 상황에 의거하여 기존의 우주물체와는 또다른 의미에서 여러 가지 법적 문제를 야기시키고 있다. 따라서 이는 국제 우주정거장 프로그램의 진행과 운용과정에서 발생할 수 있는 우주공간 자유의 원칙이나 영유금지, 평화적 이용 등 기본적 원칙과의 충돌가능성에서부터 관할권 및 지적 소유권 그리고 국제적 책임과 분쟁해결문제에 이르기까지 다양한 법적 요소를 내포하고 있는 것으로 파악되는 만큼 이하에서는 우주정거장계획 최근 진행동향을 살펴보고 특히 1998년 체결된 국제정거장에 관한 정부간 협정 및 일련의 양해각서들을 중심으로 국제정거장과 관련된 법제도적인 측면을 분석, 정리해 보고자 한다.

II. 우주정거장계획의 최근 동향 및 기본 구성요소

1. 최근 동향 개관

2004년 1월 14일 부시 대통령은 우주탐사를 위한 새로운 비전(이하 우주탐사비전)을 제안한 바 있고, 같은 해 2월 NASA는 앞서의 대통령 선언에 기초하여 정부 부처간 다각적인 논의를 거쳐 태양계 탐사를 위한 새롭고 과감한 체제를 '우주탐사 비전(The Vision for Space Exploration)'을 통하여 제시하였다. 동년 6월에 2004년 1월14일 대통령이 서명한 정책명령에 따라 설치된 위원회(Commission)는 새로운 우주탐사 비전의 수행에 대한 사항을 점검하고 권고사항을 담은보고서 'Report of the President's Commission on Implementation of United States Space Exploration Policy'를 발간하였다.[11] 부시 대통령의 우주탐사 비전의 궁극적인 목적은 견실한 우주 탐사 프로그램을 통해 미국의 과학, 안보 및 경제 분야 이익을 추구하는 것이다. 이 목적을 달성하기 위해 (가) 태양계와 우주의 지속가능하고(sustainable) 감당 가능한 비용(affordable)의 무인/유인프로그램을 수행하고 (나) 2020년까지 달 유인미션을 시작으로 화성과 타 행성으로의 유인탐사진행을 준비하며 (다) 유인 우주탐사를 지원하기 위한 혁신적인 기술, 지식 및 기반시설을 개발하고 (라) 국제협력과 민간기업의 참여를 확대하도록 하고 있다. 또한 NASA의 Administrator에게 관련된 타정부기관과 협력하여 비전 수행을 위한 장기계획, 프로그램 및 활동에 대한 책임을 부여하였다. 이러한 프로그램은 계량가능한 성과물 도출을 중심으로 구성하고 사용 가능한 재원과 축척된 경험 및 기술을 바탕으로 수행하도록 하고 있다. 지구저궤도에서의 활동으로는 우주왕복선을 콜롬비아 사고조사위원회의 권고사항에 의거하여 가능한 신속히 복귀시켜 국제우주정거장을 완성한 후 퇴역시키도록 하고, 국제우주

---

11) 강상훈, 미국 우주탐사 2004비전, 정책 및 집행, 항공우주산업기술동향 2권2호 (2004), pp. 20~29.

정거장에서의 연구활동은 미국의 국제협약상 의무사항을 이행하면서 한편 우주탐사 비전 목표 성취에 기여할 수 있도록 한다. 우주탐사 프로그램의 효율성을 향상시키기 위해 NASA는 우주 비전에서 언급된 유인/로봇 미션을 가능케 하는 새로운 우주역량 개발을 계획하고 있다. 이의 일환으로 국제우주정거장을 2010년까지 완성하고 생명우주분야연구를 강화하여 2016년까지 다른 세계로의 유인탐사를 지원하기 위해 필요한 연구를 마무리 짓도록 하고 있다. 우주왕복선은 2010년 국제우주정거장 완성과 함께 은퇴 시켰으며, 승무원과 화물의 운반은 다른 발사체를 사용할 계획이다. 승무원의 우주교통수단으로는 새로운 승무원 탐사비행선(Crew Exploration Vehicle)개발을 계획하고 있다. 승무원 탐사비행선의 설계는 우주탐사 미션에 제시된 미래 유인 우주탐사의 필요에 따라 설계될 것이며, 무인자동시험비행을 수행하여 그 후 여러 차례의 향상된 시험비행을 통해 2014년까지 완전 운용 가능하도록 하는 것을 포함한다. 또한 NASA는 우주탐사비전을 성공적으로 수행하기 위해 조직체계로 개편하고, 우주탐사 비전에 대해서는 단기 및 장기적으로 재원지원이 가능하도록 하였다. 차후 3년간 연간예산은 5% 증액, 그 후 2년간은 1% 증액을 계획하고 있다. 또 우주탐사비전에 기여하지 않는 기존의 프로그램의 증액을 억제하고 우주왕복선을 은퇴시켜 수조원의 예산을 절약하는 방안을 마련하고 나아가 지속적으로 추진될 우주작업의 비용을 줄이기 위한 혁신에 집중하여 우주탐사비전 실현을 위한 재원을 확보해 나가도록 추진하고 있다.

한편 2010년 연초에 열린 기자회견 석상에서 유럽우주기구(ESA, European Space Agency)의 장자크 도르뎅(Jean-Jacques Dordain) 국장은 국제우주정거장(ISS)의 수명을 2016년 이후로까지 연장시키고 싶은 의도를 밝혔다. 연장 기간은 파트너들 간의 합의가 이루어져야 할 것이지만 최소한 2020년까지로 결정될 가능성이 큰 것으로 평가되었다. 미국, 러시아, 유럽, 일본, 캐나다 등 프로젝트의 파트너인 5개국 우주기구의 대표들은, 국제우주정거장의 운명을 결정하고 이 문제를 마무리 짓기 위해서 일본에서 회동을 한 바 있다. 어쨌든 현재의 우주 정거장이 영원히 지속될 수 없음은 자명하며, 관계자들은 이를 계승할 대안 마련에 총력을 기울일 것이다. 미 항공우주국 나사(NASA)는 오바마 대통령의 우주 프로그램 재개 계획이 아직 발표되지 않고 있음에 따라서 이 문제에 대한 공식적인 의견을 내놓지 못하고 있다. 부시 대통령 당시에 계획되었던 미국의 탐사 프로젝트는 오바마 정부의 어거스틴(Augustine) 위원회에 의해 어느 정도 재고될 것으로 보인다. 반면에 유럽우주기구의 입장은 보다 명확하다. 즉 ESA는 '국제 협력관계를 보다 긴밀하게 하고 협력 파트너를 확대시켜야 한다. 우주의 유인탐사는 세계적 차원의 문제가 될 것이기 때문이다'라고 하고 있다.

국제우주정거장 프로젝트가 1984년에 국제협력을 통해 시작되었을 때, 프로젝트 추진의 이유로서 내세워진 명분은 요약컨대 우주정거장의 과학적 이용이었다. 이러한 측면에서 본다면 이는 실패한 것으로 평가되고 있다. 물론 정치적, 기술적 관점에서는 우주정거장은 성공작으로 보인다. 방법과 규격이 서로 다른 여러 나라들을 함께 일하게 함으로써 가장 성공적인 정부간 협력 사례의 하나로 꼽히게 된 것이다. 과학계의 우주 정거장에 대한 무관심은 프로그램 시행 초기로 거슬러 올라간다. 과학계는 각각 수십 내지 수백 억의 예산을 잡아먹을 프로젝트에 대해 별로 열광하지 않았다. 그러다 보니 2008년 유럽우주기구는 우주정거장의 과학적 활용을 위한 아이디어 제안서를 공모할 수 밖에 없는 상황에 처하기도 하였다. NASA의 경우에도 장기간 무중력 실험을 실현하기 위해서 과학적 목적의 이용 요구를 만족스럽게 충족시키지 못한 것으로 평가되고, 더구나 국제우주정거장에 투자할 것으로 판단되었던 제약기업을 비롯한 일부 산업부문이 노선을 바꾼 것으로 알려짐으로써 계획에 차질이 빚어지기도 하였다.

그럼에도 불구하고 우주정거장이 지구 관측을 위한 훌륭한 역할을 함은 부인할 수 없는 사실이다. 가장 최근에 있었던 제안서 공모는 기후변화 연구계의 관심을 끄는데 성공하여 유럽우주기구는 20여 개의 제안서를 접수했다. 우주정거장은 기후학자들과 환경문제 전문가들에게 기후와 지구 관측을 위한 특별한 장소가 된다. 그 궤도는 많은 기후 현상의 현장인 적도지역과 북/남반구의 열대와 온대 지방을 포함하는 북위 51°와 남위 51° 사이의 넓은 지대를 덮고 있기 때문이다. 국제우주정거장은 또한 달이나 화성을 향한 유인 탐사라는 장기적인 비전에서 연구와 기술개발을 위한 독보적인 플랫폼으로 간주된다. 그것은 달이나 화성을 향한 유인탐사의 출발지로, 그리고 저궤도의 과학, 상업적 목적의 이용의 증가를 지원하기 위해 매우 유용할 수 있을 것이다. 또한 우주비행사의 건강 부분에 있어서 중요한 진보가 우주정거장에서 이루어질 수 있을 것으로 기대된다. 인간을 우주에 장기적으로 보낼 때 야기될 수 있는 위험은 국제정거장에서 미리 실험하지 않고는 한계 수준을 알아낼 수 없을 것이란 점을 고려하면 자명한 사실이다.

2. 기본구성요소

우주정거장은 각 참가주체가 설치하는 우주정거장 전용시설과 더불어, 다음의 비행요소 및 우주정거장용 지상요소로 되어 있다.[12)]

12) 1998年 2月 24日 [民生用國際宇宙基地のための協力に關する日本國政府とアメリカ合衆國航空宇宙局との間の了解覺書] 第2條4項.

① CSA를 통해 캐나다가 제공하는 우주정거장 기반요소로서의 이동형 서비스시설(MSC)과 추가적인 비행요소로서의 특수목적 정밀 Manipulator
② ESA를 통해 유럽각국이 제공하는 이용요소로서의 여압실험실(기본적인 기능장비품을 포함), 우주정거장에의 보급 및 추가적인 능력을 제공하는 그 외의 비행요소
③ 일본정부가 제공하는 이용요소로서의 일본실험동(JEM)과 우주정거장으로 보급을 하는 그 외의 비행요소
④ RSA를 통해 러시아정부가 제공하는 서비스동 및 그 외의 동을 포함한 우주정거장의 기반요소, 이용요소로서의 실험동(기본적인 기능장비품을 포함) 및 설치형 탑재물의 장착설비, 우주정거장에의 보급 및 추가적인 능력을 제공하는 그 외의 비행요소.
⑤ NASA를 통해 미국정부가 제공하는, 주거동을 포함한 우주정거장기반요소, 이용요소로서의 실험동(기본적인 기능장비품을 포함) 및 설치형 탑재물의 장착설비, 우주정거장에의 보급을 하는 그 외의 비행요소.

이와 같은 우주정거장의 각 구성요소는 법률상 개별 우주물체의 복합체로 간주된다. 따라서 우주물체등록조약에 따라 각 참가주체는 자기가 제공하는 비행요소를 우주물체로서 등록한다. 또한 유럽참가주체에 있어서는 해당 참가주체의 이름으로, 동 참가주체를 위해 행동하는 ESA가 등록책임을 맡고 있다. 그런데 다음의 이유에서 후술하는 우주정거장에 관한 정부간 협정은 관할권과 관리권 행사 및 기지의 이용에 관해 복잡한 메커니즘을 설정하고 있다. 즉 우주정거장이 확대될수록 새로운 물체로 생각되어 새롭게 등록하는 것은 생각하기 어렵다는 것과 우주정거장에 공동으로 주어진 목표의 실현을 위해 각 모듈의 등록국가가 권한을 행사한다는 단순한 시스템을 넘어 적절한 조약에 의한 모든 모듈에 적용 가능한 공통의 규제를 행하는 것이 우주법조약의 취지와 정신에 합치하며 국가의 권한과 우주기지 전체의 균형 잡힌 기능이라는 두가지 필요성을 동시에 충족시키게 될 것이기 때문이다.[13]

13) 龍澤邦彦, 宇宙法 システム, 中央學院大學 地方自治研究センター, 2000, p.160.

III. 국제우주정거장 협정상의 주요 법적 문제

1. 서언

앞서 본 바와 같이 우주정거장이 가진 특성 등으로 인하여 우주정거장 계획은 나름대로 독특한 법적인 문제를 제기하고 있고 현재의 우주법에는 이러한 우주정거장에 대해 합의된 일반적 기본원칙도 없고 특별한 사건 발생시 적용할 효과적인 국제기구도 존재하지 않는다. 따라서 이하에서는 장래 발생할 법적 문제와 관련하여 국제정거장에 관한 정부간 협정 등이 체결된 과정을 우선 간단히 살펴보고 이어서 규정의 주요내용을 중심으로 간략히 분석해 보려고 한다.

원래 70년대 이후 소련이 Salyut 1호를 필두로 유인우주정거장계획에 중점을 두고 우주개발을 해왔던 것에 비해 미국은 Space shuttle개발에 우선순위를 부여했던 것으로 판단된다. 그러나 Reagan 정권 하에서 국제적인 유인우주정거장계획이 세워져 1988년 9월 29일 워싱턴에서 「국제우주정거장에 관한 정부간 협정」(IAISS)이 체결되어 우주정거장계획이 본궤도에 오르게 되었다. 1991년 소 연방의 해체 후 이미 우주공간에서의 장기체재와 우주구축물에 관한 풍부한 노하우와 데이터를 가진 러시아를 계획에 포함시키는 것에 대한 필요성이 인식되어, 1993년 12월 6일 우주정거장참가주체가 공동으로 러시아를 계획에 참가하도록 초청하였고 1993년 12월 17일 러시아연방정부는 이것을 수락하였다. 이후 1995년 러시아와 미국간에 잠정협정이 체결된 바 있는데 동 협정은 러시아의 참가에 의해 재설계되어 우주정거장에 관하여 계획단계의 완료와 새로운 협정체제의 수립까지 우주정거장의 설계, 개발, 운용 및 이용에 관한 계획에 러시아를 포함하기 위한 것이었다. 이를 토대로 1998년에는 「민간 국제우주정거장에 있어서의 협력에 관한 캐나다정부, 유럽우주기구의 가맹국정부, 일본국정부, 러시아연방정부 및 미국정부간의 협정」[14] (이하, IGA라 칭함)이 정식으로 체결되어 ISS 프로젝트가 본격 가동되었다.

이러한 IGA 체제를 지탱하는 기본적 원칙은 장기적인 국제협력의 기반을 구축하고 있는 파트너십이다.[15] 여기서의 파트너십 원칙은 계획참가국들의 공평한 참여 및 그들 의견의 사업운영에 대한 반영 그리고 소수 참가주체의 이익보호(기본적으로는 결정채택의

---

14) Agreement among the Government of Canada, Government of member State of the European Space Agency, the government of Japan, the Government of the Russian Federation, and the Government of the United states of America concerning Cooperation on the International Space Station.

15) IGA Art. 1 1).

과정에서의 합의와 분쟁해결의 협의를 중시한다)를 목적으로 하고 있다.[16] 여기서는 이러한 원칙이 어떠한 형태로 우주기지의 법제도 전체를 반영되고 있는지 IGA 내용의 분석을 통해 간단히 살펴볼 것이다.

2. 관할권 문제

가장 시급한 법적 문제는 관할권 문제이다. 일회적인 우주선이나 무인 인공위성과는 달리 장기간 인간이 거주하고 대규모적인 건설이 필요한 우주정거장에 현재의 관할권 제도를 적용하기에는 부적절한 면이 있다. 우주물체에 의한 손해배상의 문제와 우주정거장과 관련하여 발생하는 사건에 대한 관할권 문제가 대표적인 예이다. 우주정거장이 현재 진행중인 국제우주정거장(International Space Station: ISS)계획의 참가국[17]들은 기존의 우주 조약 외에 우주정거장에 관한 전술한 협정(IGA)[18]과 여러 가지 양해각서(MOU)를 체결하여 그에 의거하여 우주정거장과 관련된 법적 문제를 규율하고 있다.

우선 각 참가주체(우주정거장계획 참가국정부)는 우주조약 제8조 및 등록조약 제2조의 규정에 따라 자기가 등록하는 요소 및 자국민인 우주정거장상의 인원에 대해 관할권 및 관리권을 보유하며 이들 권한의 행사는 IGA 및 MOU 관련규정이나 이러한 것으로부터 만들어진 절차적 기구에 의해 행해진다. IGA는 의사 영토성 원칙과 국적의 원칙을 채택하고 있으며 비행요소의 등록국과 승무원의 국적국이 각각 관할권 및 관리권을 행사하게 된다. 만일 어떤 참가주체의 국민인 승무원이 타 참가주체에게 등록되어 있는 요소상에 있는 경우에는 어느 쪽 참가주체가 관할권 및 관리권을 행사할 것인지 문제가 된다. 일반적으로는 우주조약 제8조에 기초하여, 또한 승무원의 현재 실제 거소(居所)를 중심으로 관할권 행사에 관한 특별한 합의가 없는 경우, 요소의 등록국이 이들 권한을 행사해야 할 것으로 본다. 관할권의 행사에 관해서 분쟁이나 문제가 있는 경우에는 현존하는 분쟁해결 시스템을 원용해서 해결해야 할 것이다. IGA는 이러한 관할권 문제의 기초가 되는 등록 문제에 관하여 각 당사국별로 개별적으로 우주물체를 등록하도록 규정하고 있고 다만 유럽연합의 경우에는 ESA가 대행하는 것으로 하고 있다.[19]

16) 龍澤邦彦, op. it, p.159.

17) 참가국은 미국, 캐나다, 일본, 러시아, 유럽국가(벨기에, 덴마크, 프랑스, 독일, 이탈리아, 네델란드, 노르웨이, 스페인, 스웨덴, 스위스, 영국)로 총 15개국이다.

18) IGA는 ESA 회원국, 캐나다, 일본 등 ISS 계획에 참가하는 국가들 사이에 우주정거장의 건설, 운영과 관련된 여러 가지 법적인 문제를 규율하는 기본틀로서 만들어진 협정이다. 우주정거장 각 부분의 등록을 어떻게 할 것인가, 우주정거장의 각 부분과 그곳에 거주하는 자에 대한 관할권은 누가 행사할 것인가, 손해배상의 문제는 어떻게 처리할 것인가 하는 문제 등을 규정하고 있다.

그런데 형사관할권에 대해서 IGA는 일반적 관할권과는 별개의 규정을 가지고 있다는 점이 특이하다.[20] IGA에 따르면 각 참가국은 어떠한 비행요소 상의 승무원이든 자국민인 자에 대해 형사재판권을 행사할 수 있다. 궤도상의 위법행위로 ①타 참가국의 국민의 생명 또는 안전에 영향을 미치는 것 또는 ②타 참가국의 비행요소 상에서 발생하거나 그 비행요소에 손해를 미치는 사건에 대해 제일의적으로 형사재판권을 갖는 것은 사건의 용의자의 국적국인 참가국이며, 이 경우 사건에 의해 피해를 받은 참가국의 요청에 따라 이 국가와 소추에 대해 각각의 국가가 가진 문제사실에 대해 협의해야 하며 각 참가국은 위법행위의 처리에 대하여 협조해야할 의무가 있다고 하여 참가국의 의무를 규정하고 있다.

3. 지적 소유권 문제

지적소유권에 관한 법률의 적용에 대해서 IGA는 원칙적으로 준영토성의 원칙에 기초하여 보호되어야 할 중요한 가치로 파악하고 관련 규정을 두고 있다. 여기서 지적소유권이란 1967년 7월 14일 세계지적소유권기구(이하, WIPO)설립조약에서 규정하는 내용들 즉, 미술 및 학술의 저작물, 실연가의 실연, 레코드 및 방송, 인간의 활동의 모든 분야에서의 발명, 과학적 발견, 의장, 상표, 서비스·마크 및 상호, 그 외의 상업상의 표시 및 부정경쟁에 대한 보호에 관한 권리 그리고 산업, 학술, 문예 또는 미술분야에서의 지적활동에서 발생하는 기타 모든 권리를 말한다.[21] 지적소유권에 관련된 법률의 적용에 있어서 우주정거장의 비행요소상에서 이루어지는 활동은 준영토적 효력을 인정하여 해당 요소의 등록국의 영역내에서 이루어진 것으로 간주된다. 참가국, 그 협력기관 또는 관계자에 의한 타 참가주체의 비행요소상에서의 활동 참가는 그 자체로는 지적소유권 관련 활동에 대한 관할권을 변경하거나 이것에 영향을 미치지 않는다는 것으로 본다.[22]

ESA에 등록된 요소 상에서 이루어지는 지적소유권에 관한 활동에 대해서는 모든 유럽 참가국도 자국의 영역 내에서 이루어진 것으로 간주할 수 있다. 이 점에 관하여 독일은 1991년 7월 13일 법률에 의해 「저작권 및 공업소유권에 관한 독일법에 관하여 유럽우주기구(ESA)에 등록된 요소에서 이루어진 활동이 동법이 적용되는 영역 내에서 이루어진

19) The Registration Treaty, Art. 2.

20) Andrew D. Watson, William G. Schmidt, Legal Issues Surrounding the International Space Station, http://www.usafa.af.mil/dfl/journal/volume7/watson.html.

21) WIPO 설립조약 제2조

22) Anna Maria Balsano, "L'Arence Spatiale Europeenne: propriete intellectuelle et cooperation internationale" dans "Research and Invention in Outer Space Liabillity and Intellectual Property Rights.", said Mosteshar (Editor), International Bar Association, 1995, p.174.

것으로 간주한다」고 규정하였다. 영국도 동일한 법적 조치를 취하는 것을 검토하고 있다.[23)]

둘이상의 유럽참가국에서 보호되고 있는 지적소유권을 가진 자는 ESA의 등록요소 상에서 이루어진 해당소유권에 관한 동일한 권리에 대한 동일 침해행위에 대해, 해당 유럽참가국의 어느 하나의 국가에서만 구제를 받을 수 있다. 둘이상의 유럽참가국이 ESA의 등록요소상 침해행위를 자국의 영역상에서 행한 것으로 간주했기 때문에 해당 침해행위에 대해 둘이상의 다른 소유자에 의한 소송이 제기된 경우, 재판소는 먼저 제기된 소송의 결과가 나오지 않는 한, 나중에 제기된 소송절차를 일시적으로 중단할 수 있다. 둘이상의 소송의 경우, 어느 한쪽의 소송에 대한 판결내용이 실현된 경우는 동일한 침해행위에 기초한 분쟁중의 또는 장래의 소송에 의한 추가된 손해의 회복은 불가능하다. 또한 IGA 제21조 5항에 의하면 ESA의 등록요소 상에서 이루어지는 활동에 대해 지적소유권의 실시를 위한 허락이 어떤 유럽참가국의 법률에 기초하여 그 유효성이 인정되어 있는 경우, 다른 유럽참가국도 그 유효성을 인정해야 하며 이 허락의 조건이 지켜지고 있는 한, 어떤 유럽참가국에서도 침해의 구제를 받을 수 없다. 이것은 다른 국가에서의 특허권자들 간의 동일한 발명에 대한 소송을 금지하는 취지로 규정된 것으로 판단된다.

IV. 국제책임과 분쟁해결

1. 국제책임의 원칙 및 대상

우주조약 제6조는 조약의 당사국은 우주에서 국가행위에 대한 국제적 책임을 진다고 규정하고 있다. 그리고 국가통제를 받는 개인 및 회사와 같은 비정부적 존재의 행위에 대해서도 국가가 책임을 진다. 아울러 1972년 책임협약에서도 우주조약 규정의 원칙을 답습하면서 보다 진일보한 비교적 상세한 책임 관련규정을 두고 있다. 그러나 우주책임분야에 있어 3가지 문제점이 있다. 그 첫째는 우주정거장에 거주하고 있는 경우의 행위에 대한 법적용의 불확실성을 들 수 있다. 만약 책임협약 제7조에서 미국 우주조종사가 다른 미국 우주조종사 혹은 외국 조종사의 부주의로 사망하게 되었을 때 미국 조종사의 가족은 책임협약하에서 미국은 발사국가이기 때문에 손해배상소송을 제기할 수 없을 것이다. 두 번째 문제는 손해를 발생시키는 자에 대한 규정이 미약하다는 것이다. 우주조약과 책

23) 龍澤邦彦, op. it, p.163.

임협약은 우주에서 개인에 의해 야기되는 손해보다 우주물체에 의해 야기되는 손해에 초점을 맞추고 있다. 그러나, 우주정거장에 있어서는 고의 또는 부주의한 행위로 인해 발생되는 개인적 피해가 더 많을 가능성이 있다.[24)]

또한 이 경우 국제책임의 대상이 되는 활동은 「보호되는 우주활동 (Protected Space Operation」을 뜻하는 바, IGA나 MOU 및 그 시행규칙은 ISS와 연관된 모든 발사체 및 탑재물 즉, 발사체에 탑재되거나 발사체에서 사용되는 재산 및 우주정거장에 탑재되거나 우주정거장에서 사용되는 재산과 관련된 모든 활동을 포함하여 적용되는 것으로 규정하고 있으며 장소적인 측면에서는 지구상에서 이루어지는 활동과 우주공간에서 이루어지는 활동 및 지구와 우주공간을 이동 중인 활동 등이 모두 그 대상에 포함되는 것으로 보아야 한다.[25)]

그밖에 책임문제와 관련하여 IGA는 우주정거장 계획 참가국 및 관계자간 책임의 상호포기원칙(Cross-Waver of Liability)을 도입하였다. 종래 NASA는 국제협력에 의한 우주개발을 해 나가는데 있어서 책임의 상호포기 원칙을 협력협정에 삽입하는 것을 관행으로 하고 있었던 바 IGA에서는 이를 하나의 원칙으로 채택했다. 즉 참가국은 책임에 관한 상호포기에 합의하고 이 합의에 기초하여 앞서의 보호되는 우주활동과정에서 발생한 손해에 대한 청구를 모두 포기하는 것으로 하였다.[26)] 이는 ISS를 통한 우주공간의 탐사 및 이용에의 참가를 장려하는 목적에서 고안된 제도라고 할 수 있다.

2. 발사 및 부품관련 법적 문제

ISS는 현재 국제적인 협력하에 건설되어 있는 유일한 우주정거장이므로 이와 관련하여 체결된 IGA와 MOU는 이 계획에 추가로 참가하려는 국가들이나 혹은 새로운 국제적 우주정거장 계획을 추진하려는 국가에게 중요한 선례가 된다. 그러나 ISS 계획과 관련하여 체결된 IGA와 MOU에는 기존의 우주법 체계와 통합적으로 이해하기 어려운 문제점이 있으며 또한 우주정거장과 관련하여 제기될 수 있는 문제점들 중에서 언급되지 않은 문제도 있다.

우주정거장이 우주공간에 설치되고 장기간 우주에서 활동하게 되는 구조물이지만 이와

---

24) Glenn H. Reynolds and Robert P Merges, Outer Space, Westview Press, 1997, pp.299-300.
25) IGA Art. 16 2).
26) IGA Art. 16 3).

관련된 활동 중에는 지구상에서 일어나고 그 효과가 지구상에 한정되는 것도 적지 않다. 우주정거장을 구성하는 부품과 서비스의 제공 등 건설과정에서는 물론이고 우주정거장에서 생산된 물건의 거래와 우주정거장에서의 작업을 위한 물품의 준비 등 운영과정에서도 지구와 항상 유대관계를 지닌다.

우선 건설단계에서의 법적 문제를 보자. 우주정거장의 부분을 이루게 될 물품과 건설에 필요한 서비스의 거래는 지구상에서 이루어지고 그 직접적 효과도 지구상에 한정된다. 이 단계에서의 우주정거장과 관련된 거래행위는 다른 일반적인 건설과 관련된 거래와 차이가 없고 일반적인 거래에 적용되는 기존의 법에 의하여 규율된다. 우선 사법적인 측면에서 보면 이러한 거래가 국내적으로만 이루어진다면 그것은 국내법에 의해 규율되고 국제적으로 이루어진다면 국제사법에 의해 그 준거법을 결정하면 된다.[27]

다만 계약의 쌍방이 사인이 아니고 판매자나 구매자의 일방 혹은 쌍방이 정부라면 소위 국가면제(state immunity)라는 국제법원칙의 적용가능성이 문제될 수 있다. 그런데 거래는 본질적으로 상품이나 용역을 판매 또는 구매하는 것이므로 비권력적 행위(jure gestionis)의 특성을 가진다. 따라서 법정지국이 여전히 절대적 국가면제 원칙을 적용하는 국가가 아니라면 국가 면제에 의해 재판관할권은 부인되지 않을 것이다. 그러나 해당국가가 판결을 자발적으로 이행하지 않으면 강제집행의 면제문제가 다시 제기된다. 강제집행은 해당국가에 특정한 재산이 있어야 가능하므로 이러한 국가와 상업적 거래를 하는 회사나 다른 국가는 그들과의 계약상 의무가 법원에 의해 강제되지 못할 위험이 있다는 것을 고려해야 한다.[28]

다음으로 우주정거장의 건설과 운영을 위해 부품을 발사하는 것과 관련된 문제를 살펴보자. 우주물체의 발사는 그 공급측면에서 보면 우주활동 중에서 가장 상업화되고 민영화된 영역중의 하나이다. 미국에서는 NASA를 제외하고도 오래 전부터 Martin Marietta, Hughes, McDonnell Douglas와 같은 사기업이 자신들의 로켓을 이용하여 인공위성을 발사하는 서비스를 제공하여 왔다. 유럽은 반사영화(半私營化)된 회사인 Arianespace사를 설립하여 상업적 발사 서비스를 제공하고 있다. 구 소련과 중국도 아주 저렴한 가격으로 발사서비스를 제공하고 있다. 특히 중국은 최근 우주정거장 건설을 추진중이라고 전문가들이 밝혔다.[29] 이들과의 계약을 통하여 우주정거장의 부품을 발사한다면 그 용역계

27) 많이 적용되는 국제사법의 원칙은 계약의 효력은 당사자의 자치나 혹은 당사자가 정하지 않으면 계약체결지의 법이 준거법이 된다는 것이다. 그리고 불법행위에 의한 손해배상이 문제되는 경우에는 불법행위지의 법이 일반적으로 적용된다.

28) 최태현, 외국과 사인간의 분쟁에 대한 국내법원의 관할권에 관한 연구 - 국가면제의 제한을 중심으로, 서울대 박사학위논문, 1991, pp.207-221.

약에 대한 법적인 문제는 일반적인 계약관계에 관한 법원칙을 통하여 해결하게 된다. 즉 국내적인 계약인 경우에는 해당국가의 국내법을 통하여, 국제적인 계약인 경우에는 국제사법을 통하여 준거법을 정하고 이에 따라 해결하면 된다.[30)]

그런데 우주정거장의 발사와 관련해서는 상업적인 발사 서비스를 이용할 가능성은 아주 적다고 본다. 왜냐하면 우주정거장 사업의 단기적인 이익이나 장기적인 사업전망이 불확실하기 때문에 공급자측에서 상업적 동기로 발사서비스에 참여할 가능성은 아주 낮기 때문이다. 수요자 측에서도 기술적 신뢰성이 낮다는 것과 우주정거장 계획은 복잡하므로 가능하면 단순한 명령구조를 원한다는 것 때문에 상업적인 발사서비스의 이용을 꺼리고 있다. 실제로 ISS 계획에서도 발사될 우주정거장 부품은 각국의 우주기관을 통해서 발사될 것이고 구체적으로는 미국의 우주왕복선을 이용하여 수송될 것으로 계획하였고 현재 예정된 공정에서 약간 지연되고는 있지만 우주정거장 건설은 큰 차질 없이 진행되고 있다. 그러나 만약 현재의 구조조정과 예산삭감의 분위기로 인해 우주정거장 계획이 재정적인 어려움에 처한다면 상업적 발사서비스의 이용이 고려될 수도 있다.

한편, 우주정거장과 관련하여 상업적인 발사서비스는 다른 측면에서 수요와 공급을 창출할 수도 있다. 우주정거장으로의 여행이나 우주정거장을 이용하기 위하여 사기업이 우주정거장을 방문하거나 설비를 이용하는 것 등이 이미 실용화 단계에 와 있다.

3. 분쟁의 해결

우주정거장계획에서 미국은 동 계획의 기술적인 특성과 의무적 중재절차가 국내법에 적합하지 않는다는 등의 이유로 분쟁해결방법으로서 협의를 주장하였고, 유럽은 의무적 중재조항이 당사자에게 제3자의 개입을 피하고자 그 해결에 힘쓰게 한다는 장점을 가지고 있어 조정, 중개 후 중재를 부탁하는 방안을 주장하였으나 최종적으로 협력기관을 이용한 협의제도(consultation)가 채택되었다. 참가주체는 우주정거장협력에서 발생한 어떠한 문제에 대해서도 상호 협의할 수 있다. MOU 차원에서는 참가주체가 MOU에 규정하는 절차에 따라 협력기관 간의 협의를 통해 문제해결을 위해 최선의 노력을 하지 않으면

---

29) 중국은 유인 우주선의 발사 성공에 뒤이어 우주정거장 건설도 계획하고 있는 바 외국 전문가들은 선저우호를 발사와 일련의 성능개선 조치가 장차 우주정복 및 우주정거장 건설 노력에 필수적인 절차로 삼고 있다고 분석했다. 주하이 AFP=연합, 2000.11.9

30) Fans von der Dunk, “Pandora's Box? The Basic Legal Framework for Doing Business with a Space Station : An Inventory of Problems,” in legal Aspect of Space Commercialization (K. Tatsuzawa ed.), (ICP Japan : Japan, 1992), p.122.

안 된다.[31] 타 참가기관에 의한 검토를 필요로 하는 문제는 각 참가기관의 장관이 지명한 자를 협의에 포함하도록 하고 있다. IGA 규정에 따르면 협의요청을 받은 참가주체는 신속히 이것에 따르지 않으면 안 된다. 협의를 요청하는 참가주체가 협의대상이 모든 참가주체에 의한 검토를 하는 것이 적합하다는 취지로 미국에 통보할 경우 미국은 실행 가능한 가장 빠른 시일내에 모든 참가주체가 참가하는 다수국간 협의 회의를 소집해야 한다. 협의에 의해 해결할 수 없었던 모든 문제는 관계 참가주체가 합의하는 해결절차인 조정, 중개 또는 중재에 회부하도록 한 점은 IGA 및 MOU에 있어서 모두 동일하다.

V. 결론

국제우주정거장(International Space Station/ISS) 계획은 1986년에 쏘아 올렸던 러시아의 우주정거장 미르(Mir)가 낡아 수명이 다하게 되면서 건설을 기획하여 1998년 11월 20일 러시아가 우주정거장 전체구조물의 한 부분인 자랴 모듈을 우주에 쏘아올림으로써 시작되었다. 미국, 러시아, 프랑스, 독일, 이탈리아, 영국, 벨기에, 덴마크, 스웨덴, 스페인, 노르웨이, 네덜란드, 스위스, 일본, 캐나다 등 세계 15개국(EU외)에서 참여하여 건설하였고 완성된 우주정거장은 최소한 2016년 이후까지 사용할 수 있을 것으로 예상된다. 현재 가장 크고 유일한 우주정거장으로 시속 27740Km의 속도로 하루에 지구를 15.78회 공전하고 있다. 로켓에 실려 우주로 발사된 여러 장치들이 우주공간에서 조립되고 있는데 현재 6개의 실험실을 갖추고 우주인이 7~10명 정도 머무를 수 있는 규모로 건설중이다. 2008년 4월 우리나라 최초의 우주인인 이소연 박사도 이곳에서 머물면서 과학실험을 수행한 바 있다.[32]

이소연 박사가 러시아의 소유즈 우주선으로 남들이 만들어 놓은 우주정거장에 10일간 다녀오는 비용만도 260억원에 달한다. 이는 결코 적지 않은 비용이며 이에 대한 비판적 여론도 있었던 것이 사실이다. 그러나 러시아가 천문학적인 예산으로 개발을 완료한 소유즈 발사체의 단순 생산을 통한 1회 발사 비용만 해도 2,000~3,000억 원이 소요된다고 하는 점을 고려하면, 국제우주정거장 건설은 차치하고라도 만약 우리의 자력 우주발사체를 개발해 유인우주활동을 하는 경우에는 조 단위의 예산이 소요될 것이다. 따라서 이런 관점에서 보면 러시아와의 국제협력을 통한 우주인 사업 추진이 우리가 최소의 투자로 유

31) IGA Art. 21 1).
32) http://100.naver.com/print_100php?id.

인우주개발에 접할 수 있는 적절한 선택이었다고 생각한다.[33)]

앞에서 ISS 건설계획의 추진과정과 그와 관련된 제반 법적 문제를 IGA의 내용을 중심으로 살펴보았다. 동 계획의 사례나 러시아의 국제 협력을 통한 우리나라 우주인 사업의 예에서 볼 수 있듯이 앞으로는 우주개발 사업의 특수성과 관련하여 국제 협력은 중요한 화두로 등장하게 될 것이고 ISS사업과 관련한 IGA는 국제 협력 추진의 중요한 선례가 될 것으로 본다. 이런 사실을 감안할 때 국제우주정거장 협정은 종래의 우주법에서 볼 수 없었던 상당히 새로운 법제도를 내용으로 하고 있다. 또한 대상영역이 우주공간에서 이루어지는 우주활동이라는 점에서 지상에 적용되는 법과 다를 수 있고 우주개발의 진전에 따라 새로운 법제도가 형성될 수도 있다고 본다. 이러한 점에서 ISS와 관련한 국제협력관련 법제도는 아직도 형성과정 중에 있다고 할 수 있을 것이고 앞으로도 법적으로 많은 보완이 필요할 것으로 보인다. 다만 우선순위에 있어서는 사후적 분쟁해결에 치중하기보다는 분쟁예방차원과 파트너십 존중의 입장에서 법적 명확화에 두어야 할 것으로 보는 견해가 타당한 것으로 보인다.[34)]

최근 미국은 달 탐사를 위한 국제협력개발 사업도 추진하고 있다. 참여국은 크든 작든 자국의 분담 가능한 범위 내에서 참여할 수 있는 길을 열어놓았다. 우리로써는 이러한 국제적 협력사업에 동참하면서 적은 비용으로 선진국의 활동을 접해나가는 것이 바람직한 선택으로 생각한다. 예컨대 앞서 살펴본 국제우주정거장 사업의 경우나 유럽이 주도하여 상업화 서비스를 앞두고 있는 갈릴레오 위성항법시스템 사업의 경우에도 한국은 참여할 기회를 얻지 못하였다. 개발이 완료된 이후 참여하려면 기술적 접근은 불가능하고 활용을 함에 있어서도 높은 비용을 지불하고 제한적으로 이용할 수 있을 가능성이 많다.

이제부터라도 '중세유럽이 해양을 지배하여 세계의 주도권을 장악했던 것처럼 21세기에 미국이 우주를 지배하여야만 세계 지도력을 유지할 수 있다'고 한 미국 럼스펠트의 주장을 음미해 보며 미래를 준비하기 하기 위해서는 앞을 내다보는 비전이 있어야 할 것으로 사료된다.

---

33) 황진영, "한국최초의 우주인과 우주개발", 미래전략연구원 특별기고, 2008. 4. 8, p.3.
34) 김종복, "국제 우주정거장 제도의 법적 고찰", 항공우주법학회지, 특집호, 한국항공우주법학회, 2007, p.31.

참 고 문 헌

1. 국내문헌

강상훈, 미국 우주탐사 2004비전, 정책 및 집행, 항공우주산업기술동향 2권2호, 2004.

김종복, "국제 우주정거장 제도의 법적 고찰", 항공우주법학회지, 특집호, 한국항공우주법학회, 2007.

유병화, 국제법 Ⅱ, 서울: 진성사, 1994.

최태현, 외국과 사인간의 분쟁에 대한 국내법원의 관할권에 관한 연구 - 국가면제의 제한을 중심으로, 서울대 박사학위논문, 1991.

황진영, "한국최초의 우주인과 우주개발", 미래전략연구원 특별기고, 2008.

2. 외국문헌

A. Farand, "Space station coopreation: Recent Development.", ADAS, 1997.

Andrew D. Watson, William G. Schmidt, Legal Issues Surrounding the International Space Station, http://www.usafa.af.mil/dfl/journal/volume7/watson.html.

Anna Maria Balsano, "L'Arence Spatiale Europeenne: propriete intellectuelle et cooperation internationale" dans "Research and Invention in Outer Space Liabillity and Intellectual Property Rights.", said Mosteshar (Editor), International Bar Association, 1995. ESA Home Page.

European Space Agency, Intellectual Property Rights and Space Activities in Europe, sp-1209 (ESA Publisher Division : Nooddwijk, Feb. 1997).

Fans von der Dunk, "Pandora's Box? The Basic Legal Framework for Doing Business with a Space Station : An Inventory of Problems," in legal Aspect of Space Commercialization (K. Tatsuzawa ed.), (ICP Japan : Japan, 1992).

Glenn H. Reynolds and Robert P Merges, Outer Space, Westview Press, 1997.

IGA Art. 1 1).

IGA Art. 16 2).

IGA Art. 16 3).

IGA Art. 21 1).

Manned Space Stations, ESA Publication SP-1137, Nov. 1990, ; Cambridge Encyclopedia of Space, ed. M. Rycroft, (Cambridge etc., 1990).

Manned Space Stations, ; Cambridge Encyclopedia, ; Space News, Feb. 11-17, 1991.

Manned Space Stations, ; Cambridge Encyclopedia, ; Space News, Jan. 21 - Feb. 3, 1991.

Manned Space Stations, ; Cambridge Encyclopedia.

The Registration Treaty

1998年 2月 24日 [民生用國際宇宙基地のための協力に關する日本國政府とアメリカ合衆國航空宇宙局との間の了解覺書] 第2條4項.

龍澤邦彦, 宇宙法 システム, 中央學院大學 地方自治研究センター, 2000.

http://www.estec.esa.nl/spaceflight/iss.html

http://www.maximov.com/Mir/mirhistory1.html,

http://www.osf.hq.nasa. gov/mir

http://100.naver.com/print_100php?id.

7. 우주잔해 손해에 대한 국제책임

김 동 욱

I. 서 론

ESA(European Space Agency: 유럽우주기구)는 2008년 4월 15일에 LEO(Low Earth Orbit: 저지구궤도)에 떠있는 우주물체들을 묘사한 컴퓨터 합성 영상을 언론에 공개했다[1]. 그동안 지구 주위에 존재하는 우주물체에 대한 내용이 신문이나 각종 매체에 뉴스로 보도된 적은 많았으나 그렇게 많은 우주물체의 존재가 영상으로 발표된 것은 필자가 조사한 바로는 이번이 처음이다. 이 영상을 보면서 놀라지 않는 사람은 거의 없었을 것이다. 문자로 접하는 것보다 눈으로 보는 것이 더욱 실감이 나기 때문이다.

이 영상은 LEO에 떠있는 우주물체만을 묘사한 것으로 실제로는 다른 궤도에도 우주물체들이 많이 존재한다. 다른 궤도에 떠 있는 물체까지 포함해서 영상화한다면 더욱 심각하게 보일 것이다. 그런데 이 영상에 나타나 있는 물체들은 현재 기술적으로 확인이 가능한 것들이며, 그들 중 대부분은 현재 그 기능을 상실한 물체들이다. 놀라운 것은 이 영상에 나타나지 않는 물체들, 즉 확인을 할 수 없는 물체들이 훨씬 더 많은 것으로 추정된다는 사실이다. 그러한 물체까지 포함해서 영상화한다면 아마도 지구는 보이지도 않을 것이다.

---

1) 한겨레, 2008년 4월 16일자.

해석의 여지는 있지만 확인이 가능하든 불가능하든 그 '기능을 상실한 물체'를 우리가 흔히 지칭하는 '우주잔해(space debris)'[2]라고 할 수 있다.

1950년대부터 오늘날에 이르기까지 50여 년 동안 인류는 인공위성 비롯한 다양한 우주물체를 우주를 향해 쏘아 올렸다.[3] 그러한 우주물체의 대부분은 지구궤도에서 임무를 수행하다가 수명을 다했으며, 지금 이 순간에도 궤도상에서 운용되고 있다[4]. 이러한 과정 내지 과정 후에는 다양한 종류의 우주잔해들이 양산되기 마련인데, 이 잔해들은 중력에 의해 지구로 떨어지기도 하지만 상당수는 오랜 기간에 걸쳐 지구궤도에 궤도잔해(orbital debris)로 남아있게 된다. 그리고 지구로 떨어지는 잔해들은 대부분 대기권에서 연소되어 없어지지만 일부는 연소되지 않고 지구상의 일정 지점으로 떨어지기도 한다. 이러한 우주잔해들은 주로 페이로드를 궤도에 위치시키기 위해 사용된 로켓 본체나 폐기된 위성, 그리고 이들의 폭발 및 또 다른 물체와의 충돌로 인해 발생하는 것으로 보인다.

우주잔해가 국제법적으로 문제가 되는 것은 손해를 일으키기 때문인데 그 손해의 형태는, 첫째 지구궤도를 비롯한 우주에 남아있는 잔해가 운용 중인 타국의 우주물체에 충돌하여 손해를 입히는 경우, 둘째 우주잔해가 중력에 의해 대기권에 돌입하였으나 연소되지 않고 지상으로 떨어져 타국의 인명이나 재산에 손해를 입히는 경우, 셋째 타국의 통신 및 원격탐사를 방해하는 경우를 들 수 있다.[5] 첫째의 경우는 둘째의 경우에 비해 과거에 실제로 발생한 사례도 상당수 있고 앞으로도 발생할 가능성도 더 크다. 셋째의 경우는 본 논고에서 논외로 한다.

앞서 언급했다시피 ESA가 공개한 영상자료는 LEO의 우주물체를 묘사한 것으로서 그곳에는 운용 중인 인공위성 등의 우주물체와 우주잔해가 함께 나타나 있는데, 그 대부분은 우주잔해이고 확인이 불가능한 우주잔해는 훨씬 더 많은 것으로 추정된다. LEO 이외의 여러 지구궤도에서도 인공위성을 비롯한 우주물체들이 운용되고 있으며, 우주잔해들도 함께 존재한다.

LEO이든 다른 궤도이든 우주잔해는 현재 운용 중인 인공위성 등과 수적으로 양적으

---

2) 'space debris'는 우주쓰레기, 우주잔존물, 우주파편, 우주폐기물 등 여러 가지로 번역되고 있고 통일된 용어가 없다. 따라서 본 논문에서는 '우주잔해'로 번역하였다. 'space debris' 중 특히 궤도상에 존재하는 잔해를 지칭하는 용어는 'orbital debris'로서 '궤도잔해'로 번역하였다.

3) 통계에 의하면 1957년부터 2006년 12월 말까지 32개의 국가와 6개의 국제기관 내지 다국적기업이 총 5,736기의 인공위성을 발사하였다. 한국항공우주산업진흥협회, "세계의 항공우주산업", 2007, p.103. 도표 참조.

4) 2007년 현재 전 세계 인공위성은 상용위성 429기, 군용위성 141기, 총 570기가 운용되고 있다. 한국항공우주산업진흥협회, "항공우주", 2007 여름호, 61-62면 참조.

5) Diederiks-Verschoor, "An Introduction to Space Law", Kluwer Law and Taxation Publishers, 1993, p.117.

로 비교할 수 없을 만큼 많이 존재하기 때문에 운용 중인 우주물체에 손해를 입힐 가능성이 많다.

우주잔해가 지상으로 떨어져 손해를 야기하는 경우는 그다지 많이 알려져 있지 않지만 그 가능성만큼은 충분히 예측할 수 있다. 본문에서 좀 더 자세히 언급하겠지만, 18년 전 우주로 발사되었던 미국 우주물체의 잔해가 최근에 호주의 한 지역에 떨어져있는 것이 발견되었다는 NASA의 보도[6]가 있었다. 이를 미루어볼 때 우주잔해가 지상으로 떨어져 손해를 야기할 가능성은 충분히 있다.

특히 우주잔해에 의한 손해는 우주활동을 비롯하여 우주산업의 발전에 커다란 장애요소가 될 수 있다. 천문학적인 비용이 들어가는 인공위성이 우주잔해의 충돌로 인해 기능이 저하되거나 상실되고도 구제 받기 쉽지 않다면 그 손해는 엄청날 것이다. 우리나라도 현재까지 여러 기의 인공위성을 보유하고 있고 앞으로도 보다 많은 위성을 보유할 계획을 갖고 있는데, 우주잔해로 인해 우리의 위성이 손해를 입을 가능성은 얼마든지 있다.[7]

타국의 우주물체에 손해를 입히는 경우이든 타국의 지상손해를 입히는 경우이든, 손해를 끼친 우주잔해가 누구의 소유인지 또는 어떤 발사체에서 떨어져 나온 것인지 등이 확인이 되는 경우도 있고 확인이 전혀 불가능한 경우도 있을 것이다.

손해를 야기한 우주잔해에 대해 누가 책임(responsibility)을 지고 있는지 확인할 수 있는 경우에는 그 손해에 대한 책임 부여가 가능해 보인다. 그러나 이 경우에도 현행 국제법상 그 손해에 대한 구제 가능성에 대해 몇 가지 문제점들이 존재한다. 본문에서는 그러한 문제점들을 다루고자 한다.

한편 확인이 불가능한 경우에는 현재 그 손해에 대해 책임을 부과할 수 있는 국제법규가 없다. 즉 사후구제책이 없는 것이다. 다만 우주잔해를 줄이거나 회피하거나 사전에 예방하기 위한 규칙이나 지침 등은 존재한다. 그러나 본고에서는 미확인 우주잔해로 인한 손해의 사후구제책에 관한 여러 가지 이론들을 소개하고 이에 대해 검토해보고자 한다.

---

6) Orbital Debris Quarterly News(NASA Orbital Debris Program Office), (Volume 12, Issue 4) October 2008, p.3.

7) 최근 한 과학논문에 의하면 2007년 1월 11일 중국의 Feng Yun 위성 격추로 발생한 잔해가 우리나라 다목적 실용위성 3호와 충돌할 가능성이 4년 동안 약 4,000회 이상이 될 것으로 분석하고 있다. 이재은 외, "우주파편에 의한 저궤도 위성의 손상확률 분석", 한국우주과학회지, 제24권 제2호, 2007, p.143.

II. 우주잔해의 개념

1. 우주잔해의 정의

인간이 만든 우주상의 모든 물체 중 95%가 우주잔해로 평가되고 있다.[8] 따라서 '우주잔해'가 무엇인지를 명확히 하는 것이 필요하다. 그러나 이러한 우주잔해를 실질적으로 다루고 있는 조약은 전무하다. 다시 말하면 인간이 만든 거의 모든 우주물체는 그 법적 지위가 규정되지 않은 것이다.[9] 다만 이에 대해 다양한 견해들이 존재하고 있을 뿐이다.

가령 우주잔해를 자연적으로 생성된 것과 인간에 의해 만들어진 물체를 모두 다 포함하는 개념으로 보는 경우가 있다.[10] 자연과학적으로 보면 올바른 접근방식이라고 할 수 있겠지만 그러나 자연적으로 생성된 잔해에 의해 피해를 입는 경우에는 손해배상을 청구할 수 없다는 점에서 자연적으로 생성된 잔해는 제외시키는 것이 바람직할 것으로 보인다.

한편 우주잔해란 "인간에 의해 만들어진 지구선회물체로서, 허가받거나 허가 받을 것으로 기대할 수 있는 의도된 기능 내지 어떤 다른 기능을 하거나 회복할 것으로 합리적으로 예상할 수 없는, 기능을 상실한 물체(any man-made Earth-orbiting object which is non-functional, with no reasonable expectation of assuming or resuming its intended function or any other function for which it is or can be expected to be authorized)"라고 하는 견해가 있다.[11] 이 견해는 자연적으로 생성된 물체를 제외하고 인간에 의해 만들어진 물체만을 우주잔해에 포함시켰다는 점에서 설득력이 있는 듯하다. 그러나 '지구선회'(earth-orbiting)'의 의미가 현재 선회하고 있는 것에 국한되는 것인지 아니면 선회의 목적까지 포함하고 있는 것인지가 명확하지 않다. 만약 선회의 의미를 좁게 해석하게 되면 선회하고 있지 않은 물체, 예컨대 선회하다가 지구 대기권으로 재진입하여 지상으로 낙하하는 폐기된 위성이나, 일반적으로 물체가 일정궤도에 올랐을 때부터 선회가 시작된다고 볼 때 궤도에 오르기 전에 발사체에서 떨어져 나간 조각들은 선회하는 것이 아니므로 이때의 물체는 우주잔해가 아닌 것이 된다. 그러나 궤도를 선회하다가 지상으로 낙하하는 폐기 위성은 NASA에서도 우주잔해로 취급하고 있다[12]는 점에서 이 정의

8) Nandasiri Jasentuliyana, "International Space Law Challenges in the Twenty-first Century", 5 Singapore Journal of International and Comparative Law, 2001, p.19.
9) Ibid.
10) Spacesecurity.org, "Space Security", Canada, 2007, p.21.
11) Diederiks-Verschoor, op.cit, p.118.
12) Orbital Debris Quarterly News(NASA Orbital Debris Program Office), (Volume 12,

는 한계가 있다. 다만 우주물체를 발사한 후 궤도에 오르기 전[13]에 그 우주물체 등에서 떨어져 나간 조각을 우주잔해라고 할 수 있는가에 대해서는 명확하지 않은 듯하다.

그러한 면에서 UN COPUOS(Committee on the Peaceful Uses of Outer Space)의 과학기술소위원회(Scientific and Technical Subcommittee)의 우주잔해에 관한 기술보고서에 언급된 우주잔해의 정의는 좀 더 명확한 것으로 보인다. 즉 우주잔해란 "그 소유자를 확인할 수 있든지 못하든지 상관없이, 지구궤도 있거나 대기권으로 재진입하는, 그 파편과 부분을 포함하여 인간에 의해 만들어진 모든 물체로서, 허가받거나 받을 수 있는 의도된 기능 내지 어떤 다른 기능을 할 수 있거나 회복할 수 있을 것으로 합리적으로 예상할 수 없는, 기능을 상실한 물체(all man-made objects, including their fragments and parts, whether their owners can be identified or not, in Earth orbit or re-entering the dense layers of the atmosphere that are non-functional with no reasonable expectation of their being able to assume or resume their intended functions or any other functions for which they are or can be authorized)"를 의미한다는 것이다.[14] 이 정의에 의하면 우주잔해는 궤도에서 선회하고 있거나 적어도 지구 대기권 밖에서 존재하다가 지구로 떨어지는 물체로 해석이 된다. 따라서 이 견해에 의하면 우주잔해는 대기권 밖에서 생성되는 것만을 의미하고 우주물체를 발사하다가 공역에서 떨어져나간 조각과 같이 대기권 내에서 생성된 조각은 우주잔해가 아닌 것이다. 결국 기능을 상실한 물체가 어느 곳에서 생성되었는가에 따라 우주잔해이냐 아니냐가 결정된다고 보는 것이다. 그러한 면에서 우주잔해에 대한 UN COPUOS의 정의는 상당히 구체적이다. 그러나 지구궤도와 대기권의 구분이 명확하지 않은 상태에서 어느 곳에서 생성되었는가를 기준으로 우주잔해인가의 여부를 결정하는 것이 타당한 것인지에 대해서는 여전히 의문이다.

따라서 어느 장소에서 생성되었는지를 구분하지 않고 '인간에 의해 만들어진 우주물체 중 발사 이후, 허가받거나 받을 수 있는 의도된 기능 내지 어떤 다른 기능을 할 수 있거나 회복할 수 있을 것으로 합리적으로 예상할 수 없는, 그 기능을 상실한 물체'는 모두 우주잔해로 보는 것이 필자의 견해이다.

Issue 4) October 2008, p.3. 참조.

13) 예를 들면 우주(outer space)가 아닌 공역(air space)을 말한다.

14) U.N. Doc. A/AC.105/720, 1999, p.2.

2. 우주잔해의 종류

우주잔해의 정의에 대해서는 여러 가지 견해가 있지만 우주잔해의 종류에 대해서는 일반적으로 정지된 페이로드, 손상되지 않은 잔해, 파쇄된 잔해, 극소립자 등 네 가지로 나누고 있다.

(1) 정지된 페이로드(Inactive Payloads)

정지된 페이로드는 주로 정위치유지작동(station-keeping operation)을 하게 하는 추진제가 고갈되거나 제대로 작동하지 않아서 더 이상 조종할 수 없는 위성이다. 즉 우주를 떠돌아다니는 죽은 위성을 의미한다.[15] 페이로드는 발사의 존재이유(raison d'etre)로서 로켓과 페이로드를 궤도에 위치시키기 위해 사용되는 상단부(upper stage)와는 구별된다. 미국 SSN(Space Surveillance Network: 우주감시망)은 현재 거의 3,000개의 페이로드를 추적하고 있는데, 그 중 단지 몇 백 개만이 활동 중인 위성이고 나머지는 잔해, 즉 정지된 페이로드이다.[16]

(2) 손상되지 않은 잔해(Operational Debris)

사용가능한 잔해는 정상적으로 작동하는 도중 우주로 발사되거나 떨어져나간 손상되지 않은 물체나 구성부분을 포함한다. 위성을 발사한 후 궤도에 남아있는 손상되지 않은 로켓의 몸체, 페이로드 분리 하드웨어, 볼트, 쇠띠(strap), 추진제 탱크 등이 포함된다. SSN은 현재 지구 주위의 궤도에 있는 로켓 몸체 약 1,600개와 1,400개의 잡다한 사용가능한 잔해물체를 추적하고 있다.[17]

(3) 파쇄된 잔해(Fragmentation Debris)

폭발, 충돌, 품질저하 등으로 파괴된 우주물체의 부분은 파쇄된 잔해를 생성한다. 170개 이상의 우주물체가 이러한 방식으로 파쇄되었다. SSN은 약 7,300개의 파쇄된 형태의 잔해조각을 추적하고 있는데, 이는 추적이 가능한 잔해 중 가장 많은 양을 차지한다. 이

---

15) Mark J. Sundahl, "Unidentified Orbital Debris: The Case for a Market-Share Liability Regime", 24 Hastings International and Comparative Law Review, 2000, p.128.

16) Michael W. Taylor, "Trashing the Solar System one Planet at a Time: Earth's Orbital Debris Problem", 20 Georgetown International Environmental Law Review, 2007, p.9.

17) Ibid.

러한 잔해의 대부분은 폭발로 인해 생성된다. 예를 들면 1957년부터 1999년까지 57개 로켓의 상단부에서 파쇄잔해가 생성되었는데, 그 이유는 상단부에 남아있던 추진제가 폭발했기 때문이다. 전체 목록화된 잔해의 30%가 이들 폭발로 인해 생성되었다.[18]

우주물체 끼리 또는 자연적 내지 인공적 잔해와의 충돌은 우연적인 것이기는 하지만 역시 이러한 형태의 우주잔해를 생성시킬 수 있다. 그런데 더욱 큰 문제는 국가가 고의적으로 궤도상의 위성을 폭발시키는 것이다.

예컨대 구소련은 여러 가지 정찰위성을 고의적으로 파괴시켰는데, 그것은 다른 국가들이 그 위성을 회수하지 못하게 하기 위해서였다. 1985년 미국은 공중발사위성공격무기를 실험했는데, 이 실험으로 230개의 추적이 가능한 잔해조각이 생성되었다. 1986년에는 2개의 미국 위성을 고의적으로 충돌시켜서 수백 개 이상의 탐지 가능한 잔해를 양산했다.[19]

또한 중국은 2007년 1월 11일에 LEO에서 자신의 낡은 기상위성 중의 하나를 대상으로 위성공격무기(anti-satellite weapon)실험을 하여 그 위성을 파괴시켰는데, 이 실험으로 수천 개의 잔해조각이 생성되었다.[20]

(4) 극소립자(Microparticulate Matter)

극소립자는 그 이름이 의미하는 것처럼 매우 작은 물질로서, 추진과정 중에 완전히 연소되지 않은 연료 입자 및 가스가 주를 이루고 있으며, 보다 큰 잔해의 충돌, 폭발, 품질저하 등으로 극소립자가 만들어질 수도 있다.[21] 물론 우주선 표면이 상하여 떨어진 페인트 부스러기가 극소립자가 되기도 한다.[22]

3. '확인'과 '미확인' 우주잔해

우주잔해의 소유자 내지는 누가 발사한 우주물체로부터 생성되었는지를 아는 것, 즉 우주잔해를 확인하는 것은 매우 중요한 일이다. 우주잔해의 충돌로 인해 손해를 입은 경

---

18) Ibid, p.9-10.
19) Ibid, p.10.
20) SSN에 의하면 2006년 12월 27일에 334개이던 중국의 잔해의 수는 이 실험으로 2007년 3월 28일에는 1,507개로 불어났으며, 실험 후 약 1년이 지난 2008년 1월 2일에는 2,634개로 증가되었다. Orbital Debris Quarterly News(NASA Orbital Debris Program Office), (Volume 11, Issue 1) January 2007, p.7; (Volume 11, Issue 2) April 2007, p.9; (Volume 12, Issue 1) January 2008, p.11.
21) Michael W. Taylor, op.cit, p.11.
22) Mark J. Sundahl, op.cit, p.128.

우에 그 우주잔해를 책임지고 있는 주체가 누구인지를 알아야 구제를 받을 수 있기 때문이다. 만약 우주잔해로 인해 손해를 입었어도 그 잔해에 대해 책임이 있는 주체를 확인할 수 없는 경우에는 현행 국제법상 그 손해를 구제받는 것은 불가능하다.

이러한 확인은 물체의 발사가 정식으로 등록되고 그 물체가 궤도상에서 지속적으로 추적이 될 것을 요한다.[23] 추적은 기술적인 시스템에 의해서 이루어지는데, 현재 미국을 비롯한 여러 국가가 이러한 추적시스템을 갖추고 있다.

현재 가장 포괄적인 추적시스템은 미국의 SSN이다. 이 시스템은 궤도상의 잔해를 가장 체계적으로 추적하고 목록화한다. 이 시스템은 한 개의 전용위성과 전 세계 16개 지점에 있는 30개의 레이더 및 광학감지기로 구성되어 있다. SSN은 단면이 직경 5cm 정도인 레이더를 가지고 LEO에 있는 물체를 추적할 수 있다. 이 시스템은 매일 80,000번을 관측한다.[24]

다른 국가들도 잔해추적능력을 갖고 있지만 미국의 시스템만큼 강력하지는 못하다. 러시아는 미국만큼 체계적이거나 정밀하지는 않지만 그래도 전용 우주감시시스템(Space Surveillance System: SSS)을 가지고 있다. 이 시스템은 우주에 있는 러시아의 조기경보 레이더와 지상 14개 지역에 위치한 20개 이상의 광학 및 전기광학 설비를 이용하여 작동된다. 주로 고도 2,000~40,000km에 있는 물체를 목표로 하며, 매우 낮은 경사에 있는 위성은 추적할 수 없다고 한다.[25]

일본도 궤도잔해를 관측하기 위하여 망원경과 레이더를 사용한다. 2007년 프랑스 관료들이 레이더 데이터를 사용하여 민감한 미국 위성의 위치를 누설하겠다고 협박함으로써 신문에서 크게 다루어진 바가 있다. ESA의 여러 회원국들 역시 궤도잔해연구에 사용될 수 있는 여러 가지 망원경과 레이더를 만들고 있다. ESA는 SSN과 비슷한 능력을 가진 자신의 유럽우주감시체계(European Space Surveillance System)를 개발하기 위한 연구를 시작했다. 게다가 ESA는 SSN이 제공한 정보를 확대시키는데 사용될 수 있는 수많은 잔해추적시스템을 갖추고 있다. 예를 들면 2005년에 ESA는 유럽 추적서비스를 사용하기 시작했는데, 이는 ESA 위성과의 충돌 위험성이 대단히 높은 SSN 목록에 있는 잔해의 궤도를 독립적으로 확인하기 위함이다. 유럽망으로부터 입수된 정보는 SSN의 공식 목록으로부터 얻어진 데이터에 비해 오류가 적다.[26] 중국 역시 1995년 이후 회피기동 계산과 잔해 모델링 수행을 위해 SSN으로부터 입수한 데이터를 이용하면서 자체의 우주물체 목

23) Ibid, p.132.
24) Spacesecurity.org, op.cit, p.27.
25) Ibid.
26) Michael W. Taylor, op.cit, p.13.

록을 유지해왔다.[27]

이처럼 여러 국가들이 우주잔해를 추적하는 시스템을 가지고 있지만 가장 강력한 추적 시스템을 갖추고 있는 미국도 현재 직경 10cm 이하의 잔해를 추적하지는 못한다.[28] 따라서 직경 10cm 이하의 작은 우주잔해는 '미확인'된 채로 남아있는 것이다. 잔해를 책임지고 있는 주체를 확인하지 못하는 것은 현재 국제책임제도의 심각한 문제이다.

III. 우주잔해의 현 실태

1. 우주잔해 현황

미국 SSN이 추적한 우주물체는 2008년 10월 1일자로 총 12,851개인데, 그중 페이로드는 3,190개로서 24.8%이며, 로켓본체를 비롯한 잔해는 9,661개로 75.2%를 차지하고 있다.[29] 그런데 문제는 이렇게 추적이 되는 우주물체 중 잔해의 수가 증가하고 있을 뿐만 아니라 잔해의 비율 또한 꾸준히 증가하고 있다는 것이다. NASA의 자료에 의하면 2006년 3월에 추적된 잔해의 수는 6,483개로서 추적된 전체 우주물체의 68.55%였던 것이 2007년 3월에는 8,076개로 72.5%, 2008년 4월에는 9,502개로 75.2%가 되었다.[30] 이것은 그만큼 운용되고 있는 우주물체 등에 손해를 입힐 가능성이 커진다는 것을 의미한다.

한편 우주잔해는 크기에 따라 직경 10cm 이상의 '큰' 물체, 직경 1mm에서 10cm까지의 '중간' 물체, 직경 1mm 이하의 '작은' 물체의 3가지로 나눌 수 있다.[31] 이들 중 현재 추적을 통해 확인이 가능한 우주잔해는 위에서 언급한 것처럼 직경 10cm 이상이며, NASA의 최근 평가에 의하면 직경 1～10cm 정도의 물체가 100,000개 이상, 그보다 작은 물체는 수백만 개, 혹은 수천만 개가 있을 것으로 추정하고 있다.[32] 즉 미확인 우주잔

---

27) Spacesecurity.org, op.cit, p.28.

28) 미 우주사령부(Space Command)와 러시아는 선회하고 있는 우주물체를 파악하고 추적하고 목록화하기 위하여 1957년 최초의 인공위성 발사 이래로 레이더와 광학감지기 네트워크를 운용해 오고 있는데, 이 네트워크는 직경 10cm-30cm의 잔해를 추적하여 목록화한다고 한다. U.N. Doc. A/AC.105/720, 1999, p.5.

29) Orbital Debris Quarterly News(NASA Orbital Debris Program Office), (Volume 12, Issue 4) October 2008, p.12.

30) Orbital Debris Quarterly News(NASA Orbital Debris Program Office), (Volume 10, Issue 2) April 2006, p.9; (Volume 11, Issue 2) April 2007, p.9; (Volume 12, Issue 2) April 2008, p.9.

31) Mark J. Sundahl, op.cit, p.128-129.

해의 수는 헤아리기가 쉽지 않을 정도로 많다는 것이다.

한편 1995년 미국 국가조사위원회(National Research Council)의 연구에 의하면 잔해가 가장 많이 차있는 궤도 고도는 900~1,000km[33]로서 LEO[34]에 해당한다.

궤도상의 우주잔해는 우주선과의 충돌할 수 있는 잠재성 때문에 우주에의 접근 및 이용의 안전에 위협이 된다. 우주잔해는 LEO에서 초당 7.8km(시속 30,000km 정도)라는 매우 빠른 속도로 비행하기 때문에 지름이 10cm 정도라 할지라도 35,000kg의 트럭이 시속 190km로 달리는 것과 같은 운동에너지를 갖는다. 상대적으로 속도가 느린 GEO(Geostationary Orbit: 지구정지궤도)라 할지라도 시속 1,800km로서 탄알만큼 빠르게 움직인다. 따라서 어떠한 위성도 이러한 파괴적인 힘으로부터 보호받을 수 없는 것이다.[35]

중간 크기와 작은 크기의 잔해조각은 특히 더 위험하다. 왜냐하면 이러한 잔해들은 큰 잔해들보다 더 빠르게 날아다니며 충돌의 폭발력에 의해 어느 방향으로든지 날아갈 수 있기 때문이다. 이러한 속도라면 총알 크기의 조각은 우주정거장을 폭발시키거나 인공위성을 파괴할 수도 있으며, 훨씬 작은 조각일지라도 우주비행사의 옷을 쉽게 관통할 수 있다. 상대적으로 낮은 속도로 날아다니는 작은 입자조차도 오랜 시간에 걸쳐 우주선 구성품의 표면을 침식시킬 수 있다. 염려되는 것은 궤도상의 잔해들의 99%가 직경 10cm 이하의 치명적인 잔해들로 구성되어 있다는 것이다.[36]

2. 우주잔해의 충돌 사례

우주잔해가 우주공간에 있는 인공위성, 국제우주정거장, 우주왕복선 등의 우주물체에 충돌했거나 충돌할 뻔 했던 여러 가지 사례가 있었는데 먼저 인공위성이 피해를 입은 사례는 다음과 같다.

1996년 7월 유럽 Ariane 로켓의 조각이 프랑스의 Cerise 첩보위성에 부딪쳤으며, 일본 Midori 위성이 잔해에 의해 손상된 것으로 보고 있다. 1997년 ERS-1 위성과 CNES 우주선 SPOT-2가 잔해와의 충돌을 피하기 위해 억지로 조작되었다.[37] 러시아 코스모스 1275 군사항행위성이 1981년 7월 갑작스럽게 파손되었는데, 러시아 당국은 공식적으로는 배터

32) Spacesecurity.org, op.cit, p.23; Michael W. Taylor, op.cit, p.16; Mark J. Sundahl, op.cit, p.129 참조.
33) Spacesecurity.org, op.cit, p.24.
34) LEO는 고도 100~1,500km이다.
35) Spacesecurity.org, op.cit, p.21.
36) Mark J. Sundahl, op.cit, p.129.
37) Ibid, p.130.

리 부족 때문이라고 평가했지만, 일반적으로 우주잔해 때문인 것으로 여겨졌다. LEO에 있는 스쿨버스 크기의 인공위성인 Long Duration Exposure Facility는 6년 동안 잔해 또는 운석과 30,000번 이상 충돌했다.[38)]

국제우주정거장 및 기타 피해 사례는 다음과 같다.

1985년 미국의 kinetic energy ASAT 실험으로 250개 이상의 목록화된 잔해조각이 발생되었는데 그들 중 일부는 후에 국제우주정거장에서 1.3km 떨어진 곳까지 근접하였다. 이 실험으로 생성된 잔해의 마지막 조각은 2002년에 궤도에서 이탈했다. LEO에서 선회하던 10년 된 허블 우주망원경의 안테나가 잔해에 의해 구멍이 났다.[39)] 1998년 궤도상의 잔해가 대륙간탄도미사일(ICBM)인 Minuteman 2의 세 번째 단계를 파괴시켰다. 잔해 밀도를 파악하기 위해 궤도상에 설치한 잔해 탐지기에 수천 개의 구멍이 났다.[40)]

우주잔해 때문에 우주왕복선이 피해를 입은 사례는 다음과 같다.

우주왕복선이 18회 비행을 하는 동안 27개의 창문이 잔해에 의해 손상되었으며, 우주왕복선이 7차례에 걸친 임무 수행을 하는 도중 잔해를 회피하기 위해 어려운 기동을 하였다.[41)] 1mm보다 조금 더 큰 잔해조각이 우주왕복선을 여러 번 강타했는데, 처음 33번의 비행에서 왕복선 하부에 붙어있는 타일이 잔해로 인해 손상을 입었고, 임무가 끝날 때마다 여러 개의 방열창이 교체되어야 했다.[42)]

우주잔해가 우주공간이 아닌 지상으로 떨어진 사례들도 있다.

NASA의 궤도잔해에 관한 뉴스에 의하면 최근에 '로켓모터의 외피(solid rocket motor casing)'가 호주의 한 가축 농장에 떨어져있는 것이 발견되었다. 이 우주잔해는 약 18년 전인 1990년 6월 12일에 미국 플로리다의 Cape Canaveral Air Force Station에서 인도의 INSAT-1D 지구정지궤도 우주선을 쏘아 올릴 때 사용되었던 미국 상업용 발사체인 Delta 2의 '로켓모터의 외피'라고 한다. 이 로켓모터는 발사체의 세 번째 단계를 위한 것인데, 이 단계는 페이로드를 저고도궤도에서 GTO(Geosynchronous Transfer Orbit: 정지전이궤도)[43)]로 옮기는데 사용되었다. 이 우주잔해의 실체는 NASA Kennedy Space Center가 그 잔해의 노즐부착점(the nozzle attachment point) 옆에 명백하게 남아있던 일련번호(serial number)[44)]를 추적하여 알아냈다고 한다. 또한 이 뉴스에 의하면 과거 몇

38) Spacesecurity.org, op.cit, p.25.
39) Ibid.
40) Mark J. Sundahl, op.cit, p.130.
41) Ibid.
42) Spacesecurity.org, op.cit, p.25.
43) GTO는 위성을 GEO(Geostationary Orbit: 지구정지궤도)에 도달시키는데 이용되는 궤도이다.
44) 이 잔해의 일련번호는 U.S. Satellite Number 20645, International Designator 1990-051C

년 동안 이와 유사한 로켓모터의 외피가 태국, 아르헨티나에서 발견된 사례들이 있다고 한다.[45] 이 외에도 Delta 2 로켓의 연료탱크가 1997년 미국 텍사스, 2000년 남아프리카 공화국 케이프타운에 떨어진 사례도 있다.[46]

이 사례들은 지상손해를 일으킨 것은 아니지만 만약 이러한 물체가 사람들이 거주하고 있는 지역으로 떨어진다면 상당한 피해가 발생할 수 있을 것이다. 즉, 흔히 있는 일은 아니지만 손해 발생의 위험성은 크다고 볼 수 있는 것이다.

3. 잔해 충돌 위험의 증가

이와 같이 우주잔해의 위협은 현실적으로 존재하고 있는데, 활발한 우주활동으로 인하여 앞으로도 우주잔해가 훨씬 더 증가할 가능성이 크다는데 문제의 심각성이 있다.

예를 들면 우주궤도를 더욱 밀집시킬 프로젝트 같은 것들이다. 국제무선통신을 활용하기 위하여 288개의 인공위성을 지구 주위에 배치하려는 계획이나, Hughes 社와 General Electric 社 등이 계획한 대략 700개의 인공위성을 잔해가 가장 많이 밀집되어 있는 지역에 새롭게 배치하는 것 등이다. 이렇게 되면 두 가지 문제가 발생하게 된다. 첫째 궤도상의 잔해의 경로에 더 많은 위성을 배치하면 충돌의 가능성이 증가할 것이고, 둘째 조각나지 않은 잔해의 생성과 재난 발생 시 조각난 잔해가 생성되어 잔해의 수가 증가하게 될 것이다. 컴퓨터 모델링 프로그램에 의하면 위의 프로젝트 중 단 한 개의 파편이 발생한다 해도 2050년까지 궤도상에서의 파국적인 충돌의 횟수는 3배로 늘어날 것이라고 한다.[47]

미국 정부 역시 국가미사일방어(National Missile Defense)로 알려진 궤도상 미사일 요격시스템 실험을 가속화하려 하고 있다. 이 실험에서는 먼저 ICBM을 발사한다. 그리고 나서 EKV(Experimental Exoatmospheric Kill Vehicle)을 궤도로 보내기 위해 로켓을 발사한다. 로켓이 목표 미사일에 접근하면 EKV가 로켓에서 분리되고 그 미사일과 충돌하게 된다. 그 결과 엄청난 양의 조각난 잔해가 발생하게 되는 것이다.[48]

이와 같은 우주활동으로 인하여 잔해가 증가하게 되면 결국 1978년 도널드 케슬러 박사가 제기한 '케슬러 효과(Kessler effect)'라는 엄청난 결과가 발생할 수 있다. 즉, 우주잔

이다.

45) Orbital Debris Quarterly News(NASA Orbital Debris Program Office), (Volume 12, Issue 4) October 2008, p.3.

46) 한국항공우주산업진흥협회, "항공우주", op.cit, p.51.

47) Mark J. Sundahl, op.cit, p.131.

48) Ibid, p.131-132.

해가 다른 우주잔해나 인공위성 등과 연쇄적으로 부딪쳐 기하급수적으로 숫자가 늘어나면서 지구 궤도 전체를 뒤덮는다는 시나리오이다.[49] 이것은 인류의 우주활동을 아예 불가능하게 만들어버릴 것이다.

이러한 결과를 초래하지 않기 위해서는 현재 존재하는 잔해를 제거해야 할뿐만 아니라 장차 우주물체를 우주공간으로 쏘아 올릴 때에도 가급적 잔해가 발생하지 않도록 해야 할 것이다. 또한 운용 중인 인공위성 등의 우주물체가 잔해에 충돌하지 않도록 하는 회피조치도 필요할 것이다.

그러나 이러한 조치들은 우주잔해로 인한 손해를 줄이거나 발생하지 않도록 하기 위한 사전 예방적인 것이다. 문제는 위에서 언급했던 것처럼 우주잔해가 현존하고 있으며 점점 더 증가하고 있는 추세이므로 손해가 발생할 여지가 많으므로 손해발생시의 사후 구제책이 필요하다는 것이다.

IV. 우주잔해로 인한 손해배상책임

우주잔해로 인해 손해가 발생한 경우에 그 손해를 구제할 수 있기 위해서는 법적인 근거가 있어야 한다. 따라서 과연 그러한 법적 근거가 존재하는지를 파악해야 한다. 특히 우주잔해로 인한 손해를 구제해줄 수 있는 우주관련 국제법이 존재하는가를 살펴보는 것은 매우 중요한 일이다.

현재 몇 가지 우주관련 국제법 중에서 우주물체로 인한 손해에 관련된 조약으로는 1967년 우주조약[50]과 1972년 책임협약[51]이 있다. 그리고 우주물체의 확인과 관련하여 검토해보아야 할 조약으로 1975년 등록협약[52]을 들 수 있다. 그러나 어느 조약도 우주잔해로 인한 손해에 대해 명시적으로 규정한 것은 없다. 따라서 그러한 조약들의 규정이 우주잔해로 인한 손해에 적용될 수 있는가를 살펴보고 문제점은 없는지에 대해 검토해보아야 한다.

49) 중앙일보, 2008년 2월 19일자.

50) Treaty on Principles Governing the Activities of States in the Exploration and Use of Outer Space, including the Moon and Other Celestial Bodies, 1967년 10월 10일 발효.

51) Convention on International Liability for Damage Caused by Space Objects, 1972년 9월 1일 발효.

52) Convention on Registration of Objects Launched into Outer Space, 1976년 9월 15일 발효.

1. 우주잔해에 관련된 현행 국제법상의 문제점

(1) 1975년 등록협약상의 문제점

우주물체로 인하여 손해를 입은 경우에 그 구제를 하기 위해서는 손해를 입힌 우주물체에 대해 누가 책임을 지고 있는가를 확인하는 것이 중요하다. 우주잔해는 우주로 발사된 물체로부터 생성되는 것이기 때문에 그 발사물체를 추적하고 확인해야 하는데, 이것은 그 물체를 등록함으로써 이루어진다.[53] 등록협약은 발사된 우주물체를 일정 발사국에 등록하고 UN에도 등록하도록 함으로써 그 우주물체의 정체를 확인하는데 도움을 주고자 하는 것이다.[54]

그런데 동 협약은 우주물체 등록함에 있어서 기간을 정하지 않고 등록국에 위임하고 있다.[55] 따라서 등록을 하지 않은 상태에서 우주잔해가 발생하면 그 우주잔해에 대해 누가 책임을 지고 있는지를 파악할 수 없는 경우가 발생할 수 있다.

한편 동 협약은 특정 발사국에 등록된 우주물체에 관하여 UN 사무총장에게 제공해야 하는 정보도 매우 적게 요구[56]하고 있다. 더구나 등록된 우주물체에 관한 추가 정보에 대해서는 UN 사무총장에게 제공할 수 있다[57]고 함으로써 그러한 정보를 제공하지 않아도 상관없는 것으로 규정하고 있다. 또한 등록협약은 UN 사무총장에게 '실행 가능한 한(as soon as practicable)', '가능한 한 최대로(the greatest extent feasible)' 정보를 제공하도록 하는 애매한 표현을 사용하고 있다.[58] 이러한 약한 규정 때문에 등록국은 우주물체에 관한 정보를 충분히 내지는 신속하게 제공하지 않는 경우가 발생할 것이고 따라서 우주물체에 관한 정보는 낡은 것이 되기 십상이다. 따라서 UN의 등록부는 제공된 데이터에 의한 어떠한 우주물체의 위치도 확인하지 못하고, 어떤 물체가 아직도 기능을 하는지의 여부도 보여주지 못하며, 특정 국가가 발사한 모든 물체를 목록에 게재하지도 못하게 된다.[59]

---

53) Mark J. Sundahl, op.cit, p.128.
54) 등록협약 전문 참조.
55) 등록협약 제2조 제3항.
56) 등록협약 제4조 제1항.
57) 등록협약 제4조 제2항.
58) 등록협약 제4조 제1항 및 3항, 제6조 참조.
59) Michael W. Taylor, op.cit, p.45.

(2) 1972년 책임협약상의 문제들

1) 우주잔해의 '우주물체' 포함 여부

책임협약은 우주물체 발사로 인한 손해에 대해서 발사국이 책임을 지도록 규정하고 있을 뿐 우주잔해로 인한 손해에 대해서는 규정하고 있지 않다. 따라서 책임협약의 '우주물체'에 우주잔해를 포함시킬 수 있을 것인가가 문제가 된다.[60] 즉 우주물체에 우주잔해를 포함시킬 수 있는 것인지 분명하지 않으며, 따라서 우주잔해에 의해 타국의 우주물체 및 지상 제3자에 손해를 야기한 것에 대해서도 책임협약을 적용할 수 있을 것인지가 문제가 되는 것이다. 책임협약 제1조 (d)[61]는 "우주물체라 함은...그 구성부분을 포함한다"고만 규정하고 있기 때문에 이를 좁게 해석하느냐 넓게 해석하느냐에 따라 우주잔해의 포함 여부가 결정될 수 있다. 학자들은 '운용되고 있는(operational)' 우주선과 인공위성이 책임협약상의 우주물체의 개념에 해당한다는 데에 거의 의견일치를 보이고 있다. 그러나 '기능하지 않는' 우주선이나 인공위성이 우주물체의 개념에 포함되는지에 대해서는 분명하지 않다.[62]

만약 운용되고 있는 우주선과 인공위성만이 우주물체의 개념에 포함된다고 하면 책임협약의 '그 구성부분'도 운용되고 있는 우주물체에 부착되어 있는 것만 포함시키고, 우주잔해와 같이 기능이 정지된 물체는 제외되는 것으로 좁게 해석이 될 것이다. 그렇게 되면 우주잔해가 우주공간상의 타국의 우주물체 및 지상 제3자에 손해를 끼친 경우에는 책임협약을 적용할 수 없을 것이다. 그러나 넓게 해석하여 우주잔해도 우주물체에 포함시킨다면 책임협약상의 책임을 부여할 수 있을 것이다.

2) 손해배상책임 주체

만약 우주잔해를 책임협약의 우주물체에 포함시킨다고 할 경우에는 누가 그 손해에 대해 책임을 지는가가 문제가 된다. 책임협약은 우주물체 발사책임을 발사국에 부과하면서 발사국을 4가지 범주[63]로 나누고 있으며, 등록협약은 발사국이 복수일 경우에 협의 하에

60) David Tan, "Towards a New Regime for the Protection of Outer Space as the 'Province of All Mankind'", 25 Yale Journal of International Law, 2000, p.168.

61) 책임협약 제1조 (d)의 원문은 다음과 같다. "The term 'space object' includes component parts of a space object as well as its launch vehicle and parts thereof."

62) Peter T. Limperis, "Orbital Debris and the Spacefaring Nations: International Law Methods for Prevention and Reduction of Debris, and Liability Regimes for Damage Caused by Debris", 15 Arizona Journal of International and Comparative Law, 1998, p.333.

63) 책임협약 제1조 (c).

한 개의 발사국에 등록을 하도록 규정하고 있다.[64] 그러나 발사책임은 등록협약에 의해 부과되는 것이 아니고 책임협약에 의해 부과되는 것으로 발사국이 복수일 때 그 국가들이 공동으로 또는 개별적으로 책임을 지도록 규정하고 있다.[65] 따라서 우주물체의 개념에 우주잔해가 포함이 된다면 우주잔해에 의해 손해가 발생한 경우에는 책임협약에 의해 그 물체를 발사한 국가들이 공동으로 또는 개별적으로 책임을 지게 된다.

그런데 책임협약 제1조 (b)에 의하면 "발사라 함은 발사 시도를 포함한다."라고만 규정되어 있고 발사의 범위가 특정되어 있지 않다. 따라서 '발사'의 범위를 어떻게 해석하느냐에 따라 우주잔해에 의한 손해배상책임의 주체가 달라질 수 있다. 예컨대 책임협약상의 발사책임을 부과할 수 있는 발사를 '발사한 후 대기권 밖에 도달할 때까지', '일정 등록국의 등록부에 등록을 할 때까지', '발사한 우주물체의 수명이 다할 때까지', '발사한 우주물체를 회수할 때까지' 등으로 해석함에 따라 책임주체가 달라질 수 있을 것이다.

일반적으로 우주활동은 우주물체의 발사로부터 그 회수까지의 사이에 행해지며, 우주물체에 의해 발생한 손해에 대한 배상책임도 이 기간 중 행해진 우주활동에 대한 것으로 보고 있다. 그렇다면 특정 발사국이 등록을 하면서 자신들이 잔해에 대해서 책임을 지겠다고 의사표명을 하지 않는 한 그 인공위성 발사에 참가한 국가들이 공동으로 책임을 져야 할 것이다. 그리고 심지어 그 위성이 수명을 다한 후에도 회수가 되기 전에는 발사국들이 공동으로 책임을 져야 한다. 그러나 과연 이것이 바람직한 것인가 의문이다.

3) 과실책임의 적용 문제

책임협약은 우주물체 발사로 인한 지상 손해에 대해서는 절대책임을 부과하면서, 타국의 우주물체에 손해를 끼치는 경우에는 과실책임을 부과하고 있다.[66]

따라서 궤도에 있는 자국의 인공위성이 타국의 우주물체에 의해 손해를 입는 경우에는 손해를 입은 인공위성의 소유국인 원고가 가해국 측의 과실을 입증해야 한다. 우주잔해도 우주물체에 포함된다고 본다면 역시 마찬가지이다. 여기에서 과실이라는 것이 어떤 경우인지를 생각해보고자 한다. 우주잔해로 인한 손해에 있어서의 과실은 그 우주잔해의 발생을 방지할 의무를 소홀히 했거나 잔해가 발생된 경우에 그것을 제거하지 않았거나 타국의 우주물체에 부딪치지 않도록 회피시켰어야 함에도 그러지 못했거나 하는 것 등이다. 그런데 현재의 기술로는 이러한 예방, 제거, 회피를 쉽사리 할 수 있는 국가는 거의 없으

64) 등록협약 제2조 제2항.
65) 책임협약 제5조.
66) 책임협약 제2,3조 참조.

며 할 수 있다고 해도 엄청난 비용이 들어갈 수 있다. 더구나 잔해의 예방, 제거, 회피를 하도록 하는 국제적 지침이나 규칙 등이 없는 상태에서는 그러한 예방 등의 행위를 하지 않음으로써 손해를 끼쳤다고 하더라도 과실이 있다고 보기는 쉽지 않을 것이다.

한편 원고 국가가 가해국의 과실을 입증했다고 하더라도 가해국의 우주잔해가 충돌을 야기했다는 것을 또다시 입증해야만 한다. 즉 인과관계의 입증 문제이다. 그러나 '교통규칙(rules of the road)'이 없는 우주환경의 독특한 성질 때문에 양 국가 모두는 상대방 국가의 물체가 충돌을 야기했다는 것을 서로 주장할 수 있다.[67]

따라서 현 책임협약에 규정된 과실책임제도는 그 입증의 어려움 때문에 우주잔해로 인하여 타국의 우주물체에 손해를 입힌 경우에 현실적으로 적용하기가 쉽지 않다.

4) 미확인 우주잔해 문제

가장 심각한 문제의 하나로서 책임협약상의 과실책임이든 일반 국제법상의 손해배상책임이든 그 우주잔해에 대해 책임을 지고 있는 주체를 확인할 수 없을 경우에는 책임을 부과시킬 수 없다는 것이다. 등록협약은 발사국으로 하여금 우주로 발사한 모든 물체에 대하여 등록하도록 요구하고 있으며,[68] 추적능력을 가진 체약국에게 자신의 우주물체에 대한 추적 원조를 요청할 수 있도록 규정하고 있다.[69] 그러나 이 협약에 따르는 일은 거의 없었다.[70] 설령 등록협약에 의해 추적이 가능하다고 해도 위에서 언급한 바와 같이 현재 추적을 통해 확인이 가능한 것은 지름이 10cm 이상이 되는 우주물체이므로 그 보다 작은 잔해는 그 소유자 내지는 책임자가 누구인지 알 수 없는 것이다. 따라서 현재의 우주관련 국제법으로는 확인을 할 수 없는 우주잔해에 의해서 궤도 등의 우주에서 손해를 입은 우주물체 및 인명에 대해서는 현실적으로 손해배상이 불가능하다.

2. 손해 구제를 위한 몇 가지 방안

손해를 야기한 우주잔해에 대해 확인이 가능하든 불가능하든 현 우주법 체제에서는 그 손해를 구제하기가 쉽지 않다. 따라서 이하에서는 이미 이를 해결할 수 있는 방안들을 확인이 가능한 우주잔해에 의한 손해와 확인이 불가능한 경우를 나누어서 언급하고자 한다.

---

67) Michael W. Taylor, op.cit, p.46.
68) 등록협약 제2조 제1항.
69) 등록협약 제6조.
70) Mark J. Sundahl, op.cit, p.136.

(1) 확인 가능한 우주잔해에 의한 손해배상

현 책임협약은 손해를 일으킨 우주물체를 확인할 수 있는 경우에만 적용이 가능하다. 그러나 앞서 분석한 바와 같이 우주잔해의 경우에는 확인이 가능하다고 하더라도 그 잔해가 야기한 손해에 대하여 책임협약을 적용하는데 문제가 있다. 따라서 다음과 같이 책임협약상의 몇 가지 개념들을 재정립하고 책임협약의 일부 조항을 개정할 필요가 있다고 본다.

1) '우주물체'에 대한 광의적 해석

필자는 다음과 같은 이유에서 현 책임협약에 규정된 '우주물체'에 우주잔해가 포함되는 것으로 해석하고자 한다.

책임협약은 발사국에 대해서 우주물체의 발사책임을 규정하고 있는데 여기의 우주물체에는 반드시 기능을 하고 있는 우주물체만을 의미하는 것이 아니고 기능을 상실한 우주물체도 포함되는 것으로 봐야 한다. 왜냐하면 우주물체를 발사하다가 공역에서 지상피해를 주는 경우나 궤도에서 타국의 위성에 피해를 주는 경우에는 기능을 하는 물체에 의한 것도 있겠지만 기능을 상실한 우주물체의 조각들에 의한 것도 있을 수 있기 때문이다. 그런데 기능을 하고 있는 우주물체에 의한 손해에만 발사책임을 부여하고 기능을 상실한 우주물체의 경우에는 발사책임을 인정하지 않는다는 것은 형평에 맞지 않을뿐더러 책임협약에서도 이를 전혀 구분을 하고 있지 않다. 따라서 우주물체의 개념에는 기능을 상실한 물체도 포함되는 것으로 넓게 해석하여야 할 것이다.

다만 '기능을 상실한 우주물체'이면 모두 우주잔해로 볼 것인가가 문제이다. 즉 우주잔해를 어떻게 정의하는가의 문제가 남는다.

앞서 설명한 바와 같이 우주잔해에 대한 정의는 다양하지만 '기능을 상실한(on-functional)' 물체라는 점에서는 거의 일치하는 것 같다. 단지 그 잔해가 어느 곳에서 생성되었는가 또는 어느 곳에 존재하는가에 따라 우주잔해로 볼 것인가 아닌가에 차이가 있을 뿐이다. 그리고 '대기권 밖'이나 '궤도에 존재'하는 기능을 상실한 물체를 우주잔해라고 하는 것에도 이견이 없는 것으로 보인다. 따라서 책임협약상의 우주물체에는 적어도 우주에 존재하거나 우주에서 생성된 우주잔해는 포함이 된다고 해석할 수 있다.

단지 우주가 아닌 공역(air space)에서 생성된 기능을 상실한 물체를 우주잔해라고 할 수 있는가의 문제만이 남을 뿐이다. 그러나 공역에서 생성된 기능을 상실한 물체를 우주잔해로 보든 안보든 우주잔해에 의한 손해에 책임협약을 적용시키는 것에는 문제가 없다.

왜냐하면 공역에서 우주물체를 발사하다가 생성된 기능을 상실한 물체를 우주잔해로 보지 않는다고 하더라도 그것은 책임협약상의 우주물체이기 때문이다. 그리고 우주에서 생성되거나 궤도에 존재하는 우주잔해는 일단 책임협약상의 우주물체에 포함되는 것으로 해석이 되기 때문이다.

따라서 현 책임협약상의 우주물체에 대한 정의를 새롭게 하지 않더라도 해석상 책임협약의 우주물체에 우주잔해가 포함되므로 우주잔해에 의한 손해에 대해서 책임협약이 적용된다고 본다.

2) '발사' 개념의 정립

우주조약에 의하면 발사한 우주물체를 등록한 발사국은 그 우주물체가 우주에 있는 동안에 그 우주물체에 대한 '관할권(jurisdiction)'과 '통제권(control)'을 보유하지만 다음과 같은 이유로 그 우주물체에 대한 소유권(ownership)을 갖고 있는 것으로 볼 수 있다. 즉 우주조약에 의하면 우주물체에 대한 소유권(ownership)은 그 우주물체가 우주에 있느냐 지구에 귀환했느냐와 상관없이 소유권자가 갖고 있으며 그 물체가 등록국 밖에서 발견된 경우에는 동 등록국에 반환하도록 규정한 것은 그 등록국의 소유권에 기한 것으로 볼 수 있으므로 우주물체의 등록국은 동시에 소유권도 갖는다고 해석된다.

따라서 우주물체를 등록한 이후에 발생한 잔해에 의한 손해에 대해서는 소유권자인 등록국이 그 배상책임을 지도록 하는 것이 바람직할 것으로 보인다.

한편 일정 궤도에 정상적인 기능을 하고 있는 인공위성이 소유권이 이전된 후 기능을 하다가 수명이 다되어 우주잔해가 된 경우에 타국의 우주물체나 지상 손해를 일으킨 경우에는 누가 책임을 져야 하는가도 문제이다. 현 책임협약의 규정에 의하면 발사국이 책임을 져야한다는 결론이 나온다. 책임협약을 엄격하게 해석하면 이 모든 경우에 있어서 발사국이 책임을 져야하겠지만 그것은 형평에 맞지 않아 보인다. 소유권을 이전할 때에 그 책임에 관한 의사표시가 없었다 하더라도 그 소유권을 넘겨받은 국가가 책임을 지는 것이 바람직할 것이다.

따라서 현 책임협약에서 발사의 개념을 새롭게 하고 다음과 같은 개념이 새롭게 규정되어야 할 것이다. 즉 "발사는 발사시도를 포함하여 발사한 우주물체의 회수까지로 한다"와 "발사된 우주물체가 등록협약에 의해 등록이 된 후에는 등록국가 또는 소유국이 발사책임을 진다"고 하는 내용이다.

3) 과실책임제도의 개선

학자들은 현재의 과실책임제도를 개선하기 위한 방안들을 많이 제시해왔다. 어떤 비평가들은 궤도잔해로 인해 타국의 우주물체에 손해가 발생한 경우에는 과실책임제도가 쓸모없거나 공정하지 않다고 주장하면서 엄격책임으로 전환할 것을 제시하고 있다.[71] 다음과 같은 이유에서 과실책임제도의 수정을 주장하는 비평가들도 있다. 예를 들면 그러한 시스템 하에서는 만약 어떤 국가가 처리궤도를 이용하거나 기타 경감수단을 사용하지 못할 경우에 그 국가는 그 우주물체가 야기한 손해에 대하여 책임을 져야 할 것으로 생각된다. 어떤 학자는 우주잔해를 궤도상에 그냥 내버려 두는 행위 자체도 과실이라고 주장하고 있다.[72] 그러나 원고 국가가 과실을 입증하기가 쉽지 않다. 따라서 잔해생성국가에게 입증책임을 전환시키는 것이 효과적일 수 있다.

한편 과실이 없이 정상적으로 발사를 하다가 잔해가 발생하여 손해를 끼치는 경우도 존재한다. 페이로드를 일정 궤도에 보내기 위해서 사용되는 로켓은 본래의 임무를 다하면 버려지게 되는데 이것은 정상적인 임무를 수행하는 과정에서 발생하는 것으로 현재의 기술로는 어쩔 수 없이 발생하는 잔해라고 본다면 발사국에 과실이 있다고 보기가 힘들 것이다. 그러한 잔해가 지상피해를 입히는 경우에는 책임협약의 절대책임을 부과할 수 있지만 타국의 우주물체에 손해를 끼치는 경우에는 현 책임협약이 과실책임을 부과하고 있으므로 책임협약을 적용할 수 없게 된다. 그러나 분명 엄청난 재산이 피해를 입었는데도 불구하고 그대로 그 손해를 감수해야만 하는 것은 우주활동이 위험을 감수하고 하는 활동이라고 해도 너무 큰 손실이다.

따라서 타국의 우주물체에 피해를 입히는 경우에도 지상피해의 경우와 마찬가지로 절대책임을 부과하는 것이 바람직할 것으로 보인다.

(2) 미확인 우주잔해 손해 구제 방안

미확인된 궤도상의 잔해에 의한 손해가 증가하게 되면 그에 따라 우주 이용의 비용도 증가할 것이다. 국제법이 책임 당사국에게 이러한 비용을 부과할 수 없다면 피해 당사국은 어쩔 수 없이 그 비용을 감수할 수밖에 없을 것이다. 이러한 비용은 대단히 크기 때문에 우주사업은 터무니없이 많은 비용이 들 것이고, 결국 우주활동을 꺼려할 가능성이 크

71) Howard A. Baker, “Space Debris: Legal and Policy Implications”, 1989, p.86-87.

72) James P. Lampertius, “The Need for an Effective Liability Regime for Damage Caused by Debris in Outer Space”, 13 Michigan Journal of International Law, 1992, p.464.

다. 특히 사기업 등에게는 엄청난 부담이 될 것이므로 사기업에게 우주사업에 대한 부담을 덜어주기 위해서는 미확인 잔해의 비용을 내부화(internalizing)하는 체계를 세우는 것이 필요하다.[73)]

이에 대한 방안으로 가장 자주 언급되는 것으로는 '보험(Insurance)'에 의한 해결, 우주배상기금(liability pool)을 마련하는 것, 시장점유율책임(Market-Share Liability) 이론에 기초하여 손해를 배분하는 것 등이 있다.

1) 보험(Insurance)

미확인 우주잔해에 의한 손해를 보장하기 위한 보험에 가입하도록 하는 것이다.

현재 우주운용보험에는 두 가지 유형이 있다. 첫 번째 유형은 위성의 소유자나 운용자에게 그 위성의 기능 손실에 대하여 보상해주며, 위성 수명의 여러 단계에 적용된다. 이런 유형의 가장 일반적인 보험은 발사(launch) 단계, 궤도에서의 임무(in-orbit commissioning) 단계, 궤도에서 수명을 다할 때까지(in-orbit life)의 단계에 적용된다.[74)]

두 번째 보험유형은 발사운용으로 피해를 입은 제3자에 대하여 배상하는 것이다. 미국은 미국 영역 내에서 우주발사를 계획하는 자연인이나 법인에게 교통국(Department of Transportation: DOT) 면허를 취득하도록 요구하고 있다. 면허조건의 하나로 발사운용자는 이러한 유형의 제3자 보험에 가입해야 하며, 위성운용자를 추가적인 피보험자로 지정할 것을 요구하고 있다. 이론적으로 이 보험은 로켓이나 위성에 의해 우주에 있는 다른 물체에 발생한 손해에 적용될 수 있다. 그러나 실제로는 보험의 보상이 발사 후 30일까지만 적용되도록 요구하고 있다.[75)] 이것은 궤도잔해의 양이 이런 유형의 보험에 영향을 미치지 못할 것이라는 것을 의미한다.

여기에서 두 번째 보험 유형은 제3자에게 피해를 입힌 잔해가 확인이 되는 것을 전제로 한다. 따라서 미확인 우주잔해로 인한 제3자 손해의 경우까지 보험에 가입한다면 보험비용에 영향을 줄 것이다. 이는 많은 인공위성의 소유자들 사이에 위험이 확산될 수 있기 때문에 상당히 바람직한 해결책이라고 할 수 있을 것이다. 그리고 보험에 가입한 위성 소유자들의 수가 충분히 많다면 보험료는 여유가 있다. 그러나 잔해의 수가 증가하면 충돌 가능성도 높아질 것이고 결국 보험료도 더욱 오르게 될 것이다. 그렇게 되면 보험료 자체가 우주산업에 커다란 장벽이 될 것이다. 결국 보험은 잔해로 인한 피해 비용을 내부화하

73) Mark J. Sundahl, op.cit, p.137.
74) Federal Aviation Administration, "Quarterly Launch Report 2nd Quarter 2006", p.SR-3.
75) Michael W. Taylor, op.cit, p.22.

지도 못하고 책임 져야 할 당사국들 간에 비용을 확산시키기만 하기 때문에 만족스러운 해결책으로 보기는 쉽지 않다.[76)]

또한 우주잔해는 보험 가입은 과거의 생성된 미확인 우주잔해 손해에 대해 하는 것이 아니라 장래의 발사로 인하여 발생할 미확인 우주잔해 손해에 대하여 하는 것이다. 그러나 우주잔해는 일단 생성이 되면 길게는 수십 내지는 수백 년 동안 궤도에 남아 있게 되며 따라서 이러한 보험 가입은 과거에 생성된 잔해로 인해 손해가 발생한 것에 대해서 장래의 발사국이 그 책임을 부담하게 되는 결과가 된다. 따라서 이 제도를 시행한다면 엄청난 금액의 보험금을 부담하지 않기 위해서라도 발사활동을 꺼려하게 되고 결국 우주활동을 위축시킬 가능성이 많다.

2) 우주배상기금(liability pool) 조성

법학자들이 제시한 또 다른 해결책은 'liability pool'이라고 하는 우주배상기금의 조성이다. 각각의 발사주체는 그 임무로 인해 생성될 가능성이 있는 잔해의 양에 비례하여 기금을 내는 것이다. 따라서 이 기금은 미확인된 궤도상의 잔해에 의한 손해에 대하여 배상을 할 때 사용된다. 이 해결책은 잔해의 비용을 내부화(internalizing)할 수 있기는 하지만, 개별적인 임무로 얼마나 많은 잔해가 생성될지를 발사에 앞서 측정하는 것이 불가능하기 때문에 대단히 불완전하다고 볼 수 있다. 잔해를 생성시킬 수 있는 예기치 못한 일들이 많이 있다. 예를 들면 지구상의 항법장치가 인공위성을 궤도로 이끌 때 오류가 날 수 있다. 만일 충돌이 발생하여 수천 개의 새로운 잔해조각이 생성이 된다면 각 발사 계획에 따라서 그 기업은 그 시점에서 기금을 더 이상 납입할 필요가 없게 될 것이다. 따라서 충돌로 인해 새롭게 생성된 위험의 비용은 내부화되지 않는다. 또한 아직 발생하지지도 않았고 어쩌면 전혀 발생하지 않을 수도 있는 손해에 대해 발사주체에게 돈을 지불하게 하는 것은 공정하지 않다. 예를 들면 어떤 기업은 상당한 양의 잔해를 생성시키지 않고도 인공위성을 발사, 운용, 회수를 할 수 있는 것이다. 그런데 이 해결책에 의하면 그 기업은 궁극적으로 잔해 위험에 어떠한 기여도 하지 않았을지라도 이미 liability pool을 부담하게 된 것이다.[77)]

---

76) Delbert D. Smith, "The Technical, Legal and Business Risks of Orbital Debris", 6 New York University Environmental Law Journal, 1997, p.64-66.

77) Lawrence D. Roberts, "Addressing the Problem of Orbital Space Debris: Combining International Regulatory and Liability Regimes", 15 Boston College International and Comparative Law Review, 1992, p.51-70.

더구나 지금 liability pool이 만들어진다면 각각의 발사 납부금에 의해 적립되는 liability pool은 앞으로 여러 해 동안 충분한 자금을 축적하지 못할 것이다. pool이 배상 수요에 필요한 기금을 모으기 위해서는 여러 해가 걸릴 것이다. 만약 일련의 충돌이 일찍 발생한다면 그 기금은 빠르게 고갈될 수도 있다. 어떤 학자는 신속하게 충분한 pool 기금을 조성하기 위해서는 미국 정부 및 기타 오염을 시킨 주체가 이전의 우주 오염에 대해서 기부를 해야 한다고 주장했다. 그러나 그러한 요구는 즉각 거절당하기 쉬울 것이다.[78)]

3) 시장점유율책임(Market-Share Liability)이론의 적용

이 책임이론은 1980년 미 켈리포니아주대법원의 제약 사건에서 형성된 것으로,[79)] 위험한 상황에 기여한 정도에 비례하여 각 당사자들에게 책임을 지우는 것을 말한다.

시장점유율책임은 원고가 DES(Diethylstilbestrol)[80)]의 부작용으로 피해를 입은 불법행위 사건에서 처음으로 등장했다. 이 약은 1941년부터 1971년까지 30년 동안 유산 예방을 위해 임산부에게 처방되었다. DES를 복용해 온 여성들의 딸들에게서 이 약의 부작용으로 질과 자궁경부에 암이 많이 발생되었음이 나중에 밝혀졌다. 그러나 시간이 많이 경과했고 더구나 그 약의 대체 가능한 성질(fungible nature) 때문에 피해자들은 그들의 어머니에게 처방된 그 알약을 생산한 제조업자를 확인할 수가 없었다. 즉 피해와 특정 제조업자 사이의 분명한 인과관계를 밝히기 어려웠던 것이다.[81)]

이 사건을 맡은 법정은 결국 제약회사들 각자에게 DES 시장의 점유율에 비례하여 책임을 부여할 수 있다고 주장하였다. 법정은 각 회사의 결과책임이 “회사 자신의 생산물에 의해 야기된 피해에 대한 책임과 비슷할 것이다”라고 판단했다. 법정은 피해자들이 약을 구입할 당시에 각 피고들이 판매한 약물의 양을 단순하게 측정함으로써 피고 제약회사 각각의 시장점유율을 산정할 수 있었다.[82)]

이 사건에 적용된 이론을 궤도상 잔해 문제에 적용하려는 견해가 있다. DES 정제(錠劑)처럼 우주잔해의 작은 조각들도 구별할 수가 없기 때문에 미확인된 잔해가 손해의 원인이 될 경우 손해를 끼친 잔해조각의 생성에 책임이 있는 구체적 당사자를 확인하는 것이 불가능하다. 그러나 이 책임이론에 의할 경우에는 미확인 잔해에 의한 손해에 대하여

78) Ibid.
79) Sindell v. Abbott Lab., 26 Cal. 3d, 1980, p.588.
80) 합성 여성 호르몬의 하나이다.
81) Sindell v. Abbott Lab., 26 Cal. 3d, 1980, p.593-602.
82) Ibid, p.610-612.

공공기관이든 사적당사자든 상관없이 각 발사주체가 책임져야 할 미확인 잔해 수의 비율에 따라서 부분적으로 책임을 부담해야 한다.[83)]

그런데 문제는 시장점유율책임을 궤도상 잔해에 적용함에 있어서 현존하는 잔해 위험에 대한 각 우주항행국 및 사적당사자의 기여도를 결정하기가 어렵다는 점이다. 전체 미확인 잔해의 수는 표본추출 및 통계학적 방법으로 산정할 수 있지만 그 잔해들 중 어떤 부분이 특정 국가의 활동으로 인한 것인지를 정확히 결정하는 것은 불가능하다. 따라서 시장점유율책임을 궤도상 잔해에 적용함에 있어서 그 책임을 불공정하게 배분할 위험성이 크다. 즉, 미확인 잔해 위험에 대한 국가의 기여도를 정확하게 계산하는 것이 쉽지 않다는 것이다.

이에 대해 Limperis 교수는 비록 각 잔해조각들의 소유자를 확인하는 것은 불가능하지만 전체 미확인 잔해의 수에 대한 각 국가의 기여도를 어느 정도 정확하게 측정할 수 있는 몇 가지 지수들을 제시하면서 그중 가장 타당한 것으로 '각 국가들이 책임을 져야 할 현재 확인 가능한 궤도상의 잔해조각 수'를 들고 있다.[84)]

이 지수가 타당하다는 근거는 다음과 같다. 미확인 잔해는 주로 보다 큰 잔해 덩어리들의 충돌과 폭발로 생성된 잔해들의 조각으로 구성되며 보다 큰 잔해는 사실상 보다 작은 잔해가 된다. 따라서 만약 어떤 국가가 확인된 큰 잔해의 몸체에서 어떤 조각이 발생되는 것에 책임이 있다면 동 국가는 미확인 잔해 조각으로부터 또 다른 조각이 생성되는 것에도 같은 정도의 비율로 책임이 있다고 볼 수 있다는 것이다.[85)]

그러나 시장점유율책임이론을 우주잔해에 적용하는데 대해 다음과 같은 비판이 있다.[86)]

첫째, 우주에서는 잠재적 원고 연합이 잠재적인 피고 연합과 동등한데, 이 방안은 국가들을 동등하게 취급하지 않는다. 즉, 시장점유율시스템은 원고와 피고를 동일한 범주에서 일률적으로 다루도록 만들어진 것이 아니고, 본질적으로 기여과실이 무엇인지의 문제를 해결하기 위해 입안된 것이기 때문에 상대적으로 잔해를 적게 양산한 국가의 입장에서는 대단히 불리하다고 볼 수 있다.

둘째, 각 국가가 책임져야 할 잔해에 대한 기여도를 결정하는데 문제가 있다는 것이다. 제약회사의 시장점유율은 회계장부와 생산기록을 기초로 하기 때문에 그 결정이 비교적 쉽지만 궤도잔해는 훨씬 더 복잡하다. 시장점유율책임을 우주잔해에 적용할 때는 위에서 설명한 바와 같이 '현재 확인 가능한 궤도잔해의 수'를 지수로 하는 방안이 제시되었는데

---

83) Peter J. Limperis, op.cit, p.340.
84) Mark J. Sundahl, op.cit, p.145.
85) Ibid.
86) Michael W. Taylor, op.cit, p.51.

‘현재 확인 가능한’이란 표현은 이미 알려진 잔해의 양과 알려지지 않은 잔해의 양 사이의 상호관계를 파악하지 않고서는 만족스럽게 설명될 수 없다는 것이다.

셋째, 자연적(natural) 궤도잔해로 인한 손해를 감안하지 않고 있다는 점이다. 위에 설명한 1980년 미 켈리포니아주대법원의 제약 사건에서 원고들은 그들의 손해가 자연적 원인이 아닌 결함 있는 생산물에 의해 야기되었음을 여전히 입증해야 했다. 시장점유율책임제도가 우주에 적용되기 위해서는 손해가 어떤 물체에 의해 야기되었는지를 확인할 수 없어야 한다. 확인이 되지 않는 까닭에 그 잔해는 대부분 작고 추적이 불가능한 것이기 쉽다. 따라서 자연적인 잔해(또는 그 물질 때문에 잔해와 상관없는 고장)가 손해를 일으켰을 가능성도 배제할 수 없다.

이러한 여러 가지 이유 때문에 이 제안은 미국이나 러시아와 같이 가장 많이 잔해를 양산한 국가들은 이 제안을 받아들일 것 같지가 않다.

V. 결 론

우주잔해는 특히 LEO에 많이 집중되어 있으며 이곳에서 운용되고 있는 인공위성과 우주선에 빈번히 손해를 야기하고 있거나 그 위험성이 증가하고 있다. 우주잔해로 인한 손해로부터 보호되지 않는 한 천문학적인 비용이 소요되는 우주산업은 그 성장을 기대하기 힘들다. 이 문제를 해결하기 위해서는 이러한 손해비용을 선의의 피해자가 부담하지 않도록 해야 하며 유해한 우주잔해를 양산한 당사자에게 그 책임을 부여해야 한다.

그러나 현 국제법 체계에서는 미확인 우주잔해로 인한 손해뿐 아니라 확인이 가능한 우주잔해로 인한 손해에 대해서도 구제 받는 것이 쉽지 않다. 이것은 우주잔해로 인한 손해에 대해서 명확히 규정하고 있는 법규가 없기 때문이다.

이러한 한계를 극복하기 위해서 여러 가지 방안들이 제시되고 있다. 나름대로 타당성을 갖고 있지만 문제점에 대한 비판도 많아서 현실적으로 적용하는 것은 쉽지 않아 보인다. 더구나 위에서 제시한 어떠한 방안도 결국 현 책임협약을 개정하거나 기타 우주잔해와 관련한 법체계를 새롭게 세우지 않고서는 실효성이 없다. 현실적으로는 책임협약을 개정하는 것이 가장 바람직한 것으로 보인다.

현 책임협약의 우주물체에는 우주잔해가 포함되는 것으로 해석할 수 있다. 그러나 책임협약을 개정하여 우주물체를 새롭게 정의하면서 우주잔해를 포함한다고 규정하는 것이 논란의 여지를 없앤다는 측면에서 바람직할 것이다. 또한 ‘발사’ 개념을 좀 더 명확히 하여 발사의 범위를 특정해야 하며 우주잔해 손해의 책임 주체를 등록 전과 등록 후로 나누어서 등록 전에는 발사국들이 공동으로 또는 개별적으로 책임을 지고 등록 후에는 등록국 내지는 소유국이 책임을 지도록 하는 것이 합리적이라고 하겠다. 타국의 우주물체에 대한 손해배상체계도 현재의 과실책임에서 '절대책임'으로 변경하는 것이 필요하다. 특히 우주잔해에 의한 손해에 대해서는 그 과실이 있다고 해도 그 입증이 쉽지 않고 또한 그 잔해가 과실이 아닌 정상적인 우주활동의 부산물로 발생되는 경우가 많기 때문에 현 책임협약상의 과실책임을 부과하기가 어려우므로 지상 제3자 손해에 대한 책임과 마찬가지로 '절대책임'으로 변경하는 것이 타당하다고 본다.

한편 '미확인' 잔해에 의한 손해를 입는 경우에 대한 구제방안으로서 보험, 우주배상기금의 조성, 시장점유율책임이론의 도입 등을 소개했는데 책임협약의 개정 또는 별도의 국제조약 등을 통해 미확인 우주잔해 문제가 반드시 규정되어야 할 것이다.

이 논고에서는 자세히 언급하지 않았지만 잔해 경감이나 예방 등을 위한 법적·기술적 개발 및 향상도 필수적인 일이다. 어찌 보면 우주잔해로 인한 손해에 대한 사후구제방안보다도 사전예방규칙을 만드는 것이 훨씬 수월해보이고 현재도 그러한 규칙이 다수 존재하고 있다. 사전예방규칙들에 대해서는 별도로 연구해볼 필요가 있다.

그러나 사후구제책을 세우는 것 또한 매우 중요하다. 그러한 면에서 위에 소개한 몇 가지 방안들에 대해 좀 더 심도 있는 연구가 필요하다고 하겠다.

우리나라도 앞으로 천문학적인 가격의 인공위성을 다량 보유하게 될 것인데, 점점 증가하는 우주잔해로부터 자유로울 수 없다. 만약 우주잔해로부터 우리의 인공위성이 피해를 입게 된다면 위성 자체의 손해 뿐 아니라 운용상의 장애 및 기능 불능으로 인한 경제적인 손실이 막대하다 할 것이다. 결국 손해배상을 받지 못하면 우리는 막대한 경제적 손실을 떠안을 수밖에 없고 그것은 국민의 세금과도 연결되어 있다. 그러한 측면에서도 우주잔해에 의한 손해를 구제할 수 있는 방안에 대해 하루 속히 국제적으로 합의가 되어야 할 것이다.

참 고 문 헌

<단행본>

한국항공우주산업진흥협회, "세계의 항공우주산업", 2007.

Diederiks-Verschoor, "An Introduction to Space Law", Kluwer Law and Taxation Publishers, 1993.

Spacesecurity.org, "Space Security", Canada, 2007.

<논문>

김한택, "21세기 국제우주법의 과제", 항공우주법학회지 v.18, 2003.

이재은 외, "우주파편에 의한 저궤도 위성의 손상확률 분석", 한국우주과학회지, 제24권 제2호, 2007.

David Tan, "Towards a New Regime for the Protection of Outer Space as the 'Province of All Mankind'", 25 Yale Journal of International Law, 2000.

Delbert D. Smith, "The Technical, Legal and Business Risks of Orbital Debris", 6 New York University Environmental Law Journal, 1997.

Howard A. Baker, "Space Debris: Legal and Policy Implications", 1989.

James P. Lampertius, "The Need for an Effective Liability Regime for Damage Caused by Debris in Outer Space", 13 Michigan Journal of International Law, 1992.

Lawrence D. Roberts, "Addressing the Problem of Orbital Space Debris: Combining International Regulatory and Liability Regimes", 15 Boston College International and Comparative Law Review, 1992.

Mark J. Sundahl, "Unidentified Orbital Debris: The Case for a Market-Share Liability Regime", 24 Hastings International and Comparative Law Review, 2000.

Michael W. Taylor, "Trashing the Solar System one Planet at a Time: Earth's Orbital Debris Problem", 20 Georgetown International Environmental Law Review, 2007.

Nandasiri Jasentuliyana, "International Space Law Challenges in the

Twenty-first Century", 5 Singapore Journal of International and Comparative Law, 2001.

Peter T. Limperis, "Orbital Debris and the Spacefaring Nations: International Law Methods for Prevention and Reduction of Debris, and Liability Regimes for Damage Caused by Debris", 15 Arizona Journal of International and Comparative Law, 1998.

<기타>

'중앙일보', 2008년 2월 19일자.

'한겨레', 2008년 4월 16일자.

한국항공우주산업진흥협회, "항공우주", 2007 여름호.

Federal Aviation Administration, "Quarterly Launch Report 2nd Quarter 2006", p.SR-3.

Orbital Debris Quarterly News(NASA Orbital Debris Program Office), April 2006~October 2008.

U.N. Doc. A/AC.105/720, 1999.

8. 우주에서 핵동력원 사용 원칙

정 영 진

Ⅰ. 서론

1997년 10월 발사된 토성 탐사선 카시니(Cassini)는 2017년 5월 현재 토성 고리에 근접하여 토성의 중력, 자기장, 질량 등에 관한 정보를 수집한 후 연료 부족으로 2017년 9월 수명을 종료할 예정이다.[1] 지구와 토성 간 거리는 약 12억 7천만km이지만 카시니의 총 비행거리는 무려 34억km에 달한다. 이와 같은 비행은 카시니가 동력원으로 방사성동위원소 열전기 발전기(Radioisotope Thermoelectric Generator: RTG)를 사용하였기 때문에 가능하였다. 플루토늄 238은 1g당 0.54와트의 전기를 생산하며 반감기는 무려 87.7년에 이른다. 그러므로 RTG는 우주탐사에 가장 적합한 동력원이며, 목성, 화성, 토성, 태양 등의 탐사선에 이용되고 있다.

그러나 1978년 1월 구소련의 인공위성 COSMOS-954[2]가 캐나다의 북부 지역에 추락하여 파편이 124,000km^2에 걸쳐 흩어졌고, 일부 파편에서는 방사능이 검출되었다. 다행히도 추락 지역이 거주 지역에 멀리 떨어져 있어서 사람의 생명과 신체에 대한 피해는

---

1) 서울경제 파퓰러사이언스 편집부/by Sarah Fecht, “NASA 카시니 탐사선의 5가지, 마지막 여정에 들어간 카시니 탐사선”, 『서울경제』(2017.5.24)

2) COSMOS-954 사건에 대한 상세한 내용은 아래의 논문 참조. 김한택, “우주에서의 핵연료(NPS) 사용과 우주법”, 한국항공우주정책법학회지, 제22권 제1호, 22-24면.

없었지만, 추락 지점에는 환경적 영향이 컸던 것으로 평가되었다.[3)]

그러나 COSMOS-954가 핵동력원을 탑재한 우주물체의 첫 번째 사건은 아니었다. 미국의 위성항법 시스템인 Transit 5BN-3가 궤도 진입에 실패하여 1964년 4월 21일 인도양에 추락하면서 RTG가 파손되었으며, COSMOS-954 사건 이전까지 미국과 구소련의 우주물체로부터 방사능이 노출되는 많은 사건이 발생하였다.[4)] 결국 COSMOS-954의 사건을 계기로 우주에서 핵동력원의 사용에 대한 국제사회의 우려가 마침내 유엔에서 '우주에서 핵동력원 사용에 관한 원칙(이하, '우주 핵동력원 원칙'으로 약칭')[5)]의 채택에까지 이르게 되었다. 우주 핵동력원 원칙은 국제우주법의 핵심인 유엔 5개 조약[6)]과 5개 원칙 또는 선언[7)]의 일부를 구성한다.

---

3) Daniel A. Porras, "The United Nations Principles Relevant to the Use of Nuclear Power Sources', *Soft Law in Outer Space: The Function of Non-binding Norms in International Space Law,* Irmgard Marboe (Ed.), böhlem, Wien · Köln · Weimar, 2012, p.205-232.

4) Ibid, p.211.

5) 우주에서의 핵 동력원 사용에 관한 원칙(Principles relevant to the Use of Nuclear Power Sources in Outer Space), UN GA Resolution 47/68.

6) 달과 다른 천체를 포함하여 우주의 탐사와 이용에서 국가의 활동을 규제하는 원칙에 관한 조약(Treaty on Principles Governing the Activities of States in the Exploration and Use of Outer Space Including the Moon and Other Celestial Bodies, '1967년 우주조약'으로 약칭), UN, Treaties Series, vol. 610, No. 8843, 비준국 104개국, 서명국 25개국; 우주인의 구조와 귀환 및 우주에 발사된 물체의 반환에 관한 협정(Agreement on the Rescue of Astronauts, the Return of Astronauts and the Return of Objects Launched into Outer Space, '1968년 구조협정'으로 약칭), UN, Treaties Series, vol. 672, No. 9574, 비준국 94개국, 서명국 24개국; 우주물체에 의하여 발생한 손해에 대한 국제책임 협약(Convention on International Liability for Damage Caused by Space Objects, '1972년 배상협약'으로 약칭), UN, Treaties Series, vol. 961, No. 13810, 비준국 92개국, 서명국 21개국; 우주에 발사된 물체의 등록협약(Convention on Registration of Objects Launched into Outer Space, '1975년 등록협약'으로 약칭), UN, Treaties Series, vol. 2013, No. 15020, 비준국 62개국, 서명국 4개국; 달과 기타 천체에서 국가 활동을 규제하는 협정(Agreement Governing the Activities of States on the Moon and Other Celestial Bodies, '1979년 달협정'으로 약칭), UN, Treaties Series, vol. 1363, No. 23002, 비준국 16개국, 서명국 4개국.

7) 우주의 이용과 탐사에 관한 국가 활동을 규제하는 법 원칙 선언(Declaration of Legal Principles Governing the Activities of States in the Exploration and Use of Outer Space), UN GA Resolution 1962 (XVIII); 국제 직접 위성방송을 위한 국가의 인공위성 이용을 규제하는 원칙(Principles Governing the Use by States of Artificial Earth Satellites for International Direct Television Broadcasting), UN GA Resolution 37/92; 우주에서 지구 원격탐사에 관한 원칙(Principles Relating to Remote Sensing of the Earth from Outer Space), UN GA Resolution 41/65; 개발도상국의 수요를 특별히 고려하여, 모든 국가의 이익을 위하여 우주의 탐사와 이용에서의 국제협력 선언(Declaration on International Cooperation in the Exploration and Use of Outer Space for the Benefit and in the Interest of All States, Taking into Particular Account the Needs of Developing Countries), UN GA Resolution 51/122.

이 논문에서는 유엔이 우주 핵동력원 원칙을 채택하게 된 배경과 채택 과정을 살펴본 후, 우주 핵동력원 원칙의 내용을 상술한다. 그리고 2020년 달 궤도선과 2027년 화성 궤도선의 발사를 계획하고 있는 우리나라에 대한 시사점을 도출해 보고자 한다.

II. 우주 핵동력원 원칙의 채택 배경과 논의 과정

1. 채택 배경

COSMOS-954가 캐나다 영토에 추락하자 캐나다 정부는 1968년 구조협정 제5조 제1항[8]에 따라 그 사실을 유엔 사무총장과 구소련 정부에 통보하였다. 그리고 캐나다는 유엔 사무총장에게 자국의 통보 내용을 유엔 우주평화적이용위원회(United Nations Committee on the Peaceful Uses of Outer Space: UNCOPUOS)[9]에 회람해 줄 것을 요청하였다. 우주평화적이용위원회의 과학기술소위원회는 핵동력원의 기술적 측면을 검토하기 위한 작업반 설립을 권고하였다. 이 권고는 핵동력원이 지상에 떨어졌을 때 이를 처리할 수 있는 능력이 없는 개발도상국의 강력한 요청에 그 기반을 두고 있었다.[10] 동시에 우주평화적이용위원회의 법률소위원회에서도 안전 조치, 통지, 위급상황시 지원 등에 관한 법적 문제점의 검토 필요성이 제기되었다. 결국 유엔 총회는 결의[11]에 따라, 1979년 과학기술소위원회에서 작업반이 설립되었다.

1979년 법률소위원회에서는 핵동력원에 대한 법적 문제의 논의 여부를 둘러싸고 논란이 일었다. 특히, 법률소위원회의 논의가 1979년에 이미 설립된 과학기술소위원회의 작업반의 활동에 오히려 혼란을 야기할 수 있다는 의견이 강하게 제기되어, 법률소위원회는 우주평화적이용위원회에 이 문제를 결정해 줄 것을 요청하였다. 결국 우주평화적이용위원회는 '우주에서 핵동력원 사용에 관한 규범 보충의 적절성을 결정하기 위한 우주활동에

8) 1968년 구조협정 제5조 제1항은 다음과 같다:
'우주물체 또는 그 구성품이 체약국의 관할권 하에 있는 영역 내의 지구상, 공해, 또는 어느 국가의 관할권에도 속하지 않는 기타 어떤 장소에 귀환하였다는 정보를 입수하거나 또는 여하한 사실을 발견한 체약국은 발사당국 및 유엔 사무총장에게 이 사실을 통보하여야 한다.'

9) 유엔 우주평화적이용위원회의 설립 과정, 지위, 구성 등에 관한 상세한 내용은 정영진, "우주활동 국제규범에 관한 유엔 우주평화적이용위원회 법률소위원회의 최근 논의 현황", 한국항공우주정책법학회지, 제29권 제1호, 2014, 131-136면 참조.

10) UN Doc. A/AC.105/216, para.132.

11) UN GA Resolution 33/16.

관한 기존의 국제법 검토'라는 의제로 법률소위원회가 논의할 것을 권고하였다.[12)]

2. 우주평화적이용위원회에서의 논의 과정

과학기술소위원회의 작업반은 국제방사선방호위원회(International Commission on Radiological Commission: ICRP)의 안전 기준과 국제원자력기구(International Atomic Energy Agency: IAEA)의 위기지원계획(Emergency Assistance Plan)을 바탕으로 1979년부터 검토에 착수하였다.[13)] 법률소위원회는 우주평화적이용위원회의 제안에 따라 1980년부터 논의를 시작하였고, 이를 위해 캐나다가 작업문서를 제출하였다. 작업문서는 우주에서 핵동력원 사용에 관한 국제법의 네 가지 흠결을 아래와 같이 지적하였다:

> 첫째, 핵동력원 사용에 관한 정보;
> 둘째, 핵동력원을 이용하는 우주물체의 지구 재진입에 관한 사전 통보;
> 셋째, 위기상황시 영향을 받을 우려가 있거나 영향을 받은 국가에 대한 지원;
> 넷째, 방사능 물질에 대한 노출 정도

캐나다의 지적에 대하여 공감대가 형성되자, 법률소위원회는 핵동력원 이용을 둘러싼 법적 문제의 상세한 논의를 위하여 1981년 작업반을 설립하였다. 1982년 법률소위원회 작업반에서는 특기할 만한 논의가 있었다. 핵동력원 사용을 법적 구속력 있는 조약으로 규제하자는 의견과 법적 구속력 없는 가이드라인의 형태로 규제하자는 의견이 표출되었다.[14)]

1983년 2월 구소련의 인공위성 COSMOS-1402가 궤도에 진입하지 못하고 대기권에 재진입하여 COSMOS-1402의 원자로 노심이 대서양에 추락하는 사건이 발생하였다.[15)] 피해는 발생하지 않았으나, 국제사회는 우주활동을 위한 핵동력원 사용이 조만간 중요한 문제로 대두될 것이라는 것에 의견을 같이 하였다. 1983년 법률소위원회 작업반은 아래와 같이 두 가지 내용에 합의하였다.[16)]

---

12) UN Doc. A/34/20, para.51.
13) UN Doc. A/AC.105/238, AnnexⅡ, para. 30.
14) UN Doc. A/AC.105/305, AnnexⅡ, para. 15.
15) New York Times, January 21, 1983 'Nuclear-powered satellite may crash Sunday'.
16) UN Doc. A/AC.105/320, AnnexⅡ, para. 5.

첫째, 핵동력원이 실린 우주물체의 발사국은 우주물체가 기능 장애로 방사능 물질의 지구 재진입 위험이 있는 경우 관련 국가에게 시의 적절하게 통보하여야 한다;
둘째, 우주물체 발사국은 유엔 사무총장에게 통보하여야 한다.

1984년 우주평화적이용위원회는 법률소위원회가 우주에서 핵동력원을 규제하는 일련의 원칙안을 작성하도록 권고함에 따라, 법률소위원회의 의제명이 '우주에서 핵동력원의 사용을 규제하는 원칙안의 작성'으로 변경되었다.[17] 이 권고는 핵동력원을 구속력 있는 조약 대신 법적 구속력이 없는 연성법(*soft law*)의 형태로 규제하겠다는 것을 의미한다.
1985년 과학기술소위원회 작업반에서 아래와 같이 중요한 두 가지 논의가 있었다.
첫째, 핵동력원의 지구 재진입에 관한 통보는 재진입이 지구 생물권에 실제 위험(real danger)이 있는 경우에 국한되어야 하며, 그 통보는 재진입 2주 전에 이루어져야 한다;
둘째, 과학 연구에서 핵동력원의 사용은 다자간 협의를 통해 결정되어야 한다.

1986년에는 과학기술소위원회 작업반은 회합하지 않고 법률소위원회 작업반만 개최되었다. 1986년 법률소위원회의 작업반은 우주 핵동력원 원칙의 기초를 세웠다는 점에서 매우 의미가 있다. 캐나다는 아래와 같이 다섯 가지 원칙안을 제안하였고[18] 이들 원칙안이 우주 핵동력원 원칙에 큰 수정 없이 반영되었다:

원칙안 1. 안전평가와 통지;
원칙안 2. 안전한 이용을 위한 가이드라인과 기준;
원칙안 3. 재진입 통지;
원칙안 4. 국가 지원;
원칙안 5. 국가책임과 국가의 손해배상책임.

2년간 회합이 없었던 과학기술소위원회 작업반은 1988년 논의를 재개하였고 핵동력원 기술의 이용을 위한 향상된 안전표준과 현실적인 고려 사항에 대하여 논의하였다. 법률소위원회 작업반은 핵동력원이 탑재된 우주물체의 재진입에 관한 국가 간 협의 및 분쟁해결에 관하여 합의를 이루었다.
1990년 과학기술소위원회 작업반은 핵동력원의 안전한 이용을 위한 가이드라인과 기준을 확정하였다.[19] 법률소위원회 작업반은 우주 핵동력원 원칙안과 기존의 우주 관련

17) UN Doc. A/39/20, para. 70.
18) UN Doc. A/AC.105/369, Section IV.

조약 간의 관계를 규정하는 원칙안 11[20]에 대하여 논의하였으나, 1991년 회의에서 삭제하는 것으로 결정되었다.

1992년 우주평화적이용위원회는 과학기술소위원회와 법률소위원회의 작업을 정리하여 아래와 같이 서문과 11개 원칙으로 구성되는 우주 핵동력원 원칙을 채택하고 유엔 총회에서 총회 결의로 채택하기로 결정하였다:

원칙 1. 국제법의 적용;
원칙 2. 용어;
원칙 3. 안전한 이용을 위한 가이드라인과 기준;
원칙 4. 안전평가;
원칙 5. 재진입 통보;
원칙 6. 협의;
원칙 7. 국가지원;
원칙 8. 책임;
원칙 9. 손해배상 및 책임;
원칙 10. 분쟁해결;
원칙 11. 검토와 개정.

Ⅲ. 우주에서 핵동력원 사용 원칙의 주요 내용

우주 핵동력원 원칙은 기술적 내용과 규범적 내용을 동시에 규정하고 있다. 따라서 규범적 내용과 기술적 내용을 구분하여 설명한다.

1. 규범적 내용

(1) 원칙 1: 국제법의 적용

우주 핵동력원 원칙은 원칙 1에서 우주에서 핵동력원 사용은 '유엔 헌장과 1967년 우주조약을 포함하여 국제법에 따라 수행되어야 한다'고 선언한다. 국제법은 핵동력원의 사

19) UN Doc. A/AC.105/456, Annex Ⅲ, para. 12.

20) 원칙안 11은 다음과 같다: "이들 원칙의 적용은 국제 조약과 국제 협정 상 국가와 국제기구의 권리와 의무를 방해해서는 안 된다".

용에 관한 기술적 성격의 국제 문서도 포함한다. 따라서 국가의 기술 수준에 상관없이 국내 기준도 국제법에 기초하여 마련되어야 한다.

(2) 원칙 2: 용어

우주 핵동력원 원칙은 발사국(launching State 또는 State launching)을 '핵동력원을 탑재한 우주물체에 대하여 관할권과 통제를 행사하는 국가'로 정의한다. 우주 핵동력원 원칙상의 '발사국'과 1975년 등록협약 제1조의 '발사국(launching State)' 개념이 상이하다는 점에 유의하여야 한다. 제1조는 발사국을 네 가지 유형으로 분류한다:

(a) 우주물체를 발사한 국가;
(b) 우주물체의 발사를 의뢰한 국가;
(c) 자국의 영토에서 우주물체가 발사된 국가;
(d) 자국의 시설에서 우주물체가 발사된 국가.

우주 핵동력원 원칙 상의 '발사국'은 일반적인 '발사국'의 개념에 비하여 제한적이다. '우주물체에 대하여 관할권과 통제를 행사하는 국가'란 일반적으로 국가 또는 자국민이 우주물체를 소유하고 직접 운용하는 것을 말하며, 우주발사체가 없는 국가는 발사 능력이 있는 국가에 자국의 인공위성 및 탐사선의 발사를 의뢰할 수 있다. 그러므로 우주 핵동력원 원칙 상의 '발사국'은 1975년 등록협약 제1조의 (a) 또는 (b)에 해당하는 국가이다. 그리고 우주물체에 대하여 관할권과 통제를 행사하는 국가가 유엔에 우주물체를 등록하는 현실에 비추어, 우주 핵동력원 원칙상의 '발사국'은 1975년 등록협약 제2조에 따른 우주물체의 등록국(State of registry)일 것이다.

(3) 원칙 5: 재진입 통보

핵동력원을 이용하는 우주물체가 기능 고장으로 지구에 추락할 경우 방사능 물질에 의하여 대기 및 토양이 오염될 수 있다. 따라서 추락 위험이 있는 경우 발사국은 방사능 물질에 영향을 받을 우려가 있는 모든 국가와 유엔 사무총장에게 아래와 같은 정보를 알려야 한다:

(a) 시스템 요소;
- 발사국명과 책임 기관의 주소
- 우주물체의 명칭

- 발사일, 발사 영토 및 위치
- 궤도수명, 비행경로 및 영향을 받는 지역을 예측하기 위해 필요한 정보
- 우주물체의 일반적인 기능

(b) 핵동력원의 방사능 위험에 관한 정보;

- 핵동력원의 유형: 방사성동위원소/원자로
- 지상에 도달할 가능성이 있는 연료와 오염되었거나 활성화된 부품의 예상되는 물리적 유형, 양 그리고 일반적인 방사능 특징.

(4) 원칙 6: 협의

방사능 물질에 영향을 받을 우려가 있는 모든 국가는 원칙 5에 따라 핵동력원을 이용하는 우주물체의 재진입에 관한 통보를 받았더라도 발사국에게 추가적인 정보를 요청하거나 협의를 요청할 수 있다. 이 경우, 발사국은 '합리적으로 실행 가능한 한' 신속하게 요청에 응해야 한다.

(5) 원칙 7: 국가 지원

핵동력원을 이용하는 우주물체에 대하여 관할권과 통제를 행사하는 발사국은 우주물체의 제작과 발사를 타국에게 의뢰하고 지상에서의 운용만 담당할 수 있다. 하지만, 발사국은 관련 기술의 부족으로 지상에서 우주물체를 통제하는 것도 우주 선진국의 기술 지원을 받는 경우가 있다. 다시 말하면, 발사국이 방사능 물질에 영향을 받을 우려가 있는 국가들에게 제공하는 정보가 매우 제한적일 수 있다. 이러한 상황을 고려하여, 원칙 7은 우주 감시 능력과 추적 시설을 보유한 모든 국가는 영향을 받을 우려가 있는 국가가 문제의 재진입 상황을 이해하고 사전에 필요한 모든 조치를 취할 수 있도록 관련 정보를 가능한 한 신속하게 유엔 사무총장과 영향을 받을 우려가 있는 국가에게 제공하도록 규정하고 있다.

핵동력원을 이용한 우주물체가 지구 대기권에 재진입하여 영향을 받은 국가는 실제로 발생한 그리고 발생 가능한 해로운 영향을 제거하기 위하여 발사국에게 필요한 지원을 요청할 수 있다. 이 지원에는 문제의 우주물체가 추락한 지점의 수색, 방사능 물질이 영향을 미치는 지역, 오염 제거 작업 등이 포함된다. 비록 발사국은 아니지만, 영향은 받은 국가의 요청이 있는 경우, 관련 기술 능력이 있는 국가와 국제기구는 가능한 한 필요한 지원을 제공하여야 한다.

(6) 원칙 8: 책임

1967년 우주조약 제6조는 정부기관 또는 비정부기관을 불문하고 국내 우주활동에 대하여 국제법상 국가의 국제책임을 규정하고 있다. 제6조가 핵동력원을 이용한 우주물체에 적용되는 것은 당연하며 원칙 8도 이를 명문화하고 있다.

국제기구가 우주에서 핵동력원을 이용하는 경우, 1967년 우주조약 제6조에 따라, 국제기구와 국제기구의 회원국도 1967년 우주조약을 준수할 국제책임을 부담한다.

(7) 원칙 9: 손해배상 및 책임

우주활동으로 인하여 피해가 발생한 경우, 1967년 우주조약 제7조와 1972년 배상협약은 우주물체를 직접 발사하거나 발사를 의뢰한 국가 그리고 자국의 영토 또는 시설에서 우주물체가 발사된 국가는 우주물체 또는 그 구성품에 의하여 야기된 피해에 대하여 국제적으로 책임을 부담하여야 한다고 규정한다. 이 규정은 핵동력원을 탑재한 우주물체의 경우에도 완전히 적용된다. 둘 이상의 국가가 공동으로 핵동력원을 탑재한 우주물체를 발사할 때에는, 1972년 배상협약 제5조에 따라, 야기된 모든 피해에 대하여 국가들이 공동으로 그리고 각자 책임을 부담하여야 한다.

원칙 9는 배상의 범위를 '피해가 발생하지 않았다면 존재하였을 상태로 회복시킬 수 있는 배상'이라고 규정하고 있다. 이 규정은 원상회복을 의미하는 것으로 제3자의 지원으로부터 발생한 비용, 수색, 회수, 오염 제거 등에 사용된 모든 비용이 포함된다.

(8) 원칙 10: 분쟁 해결

원칙 10은 우주 핵동력원 원칙의 적용으로부터 발생하는 모든 분쟁은 원칙적으로 관련 국가 간 협의를 통해 해결하도록 규정하고 있다. 협의 이외에도 유엔 헌장에서 정하는 분쟁의 평화적 해결 방법에 의한 해결도 가능하다.

(9) 원칙 11: 검토와 개정

원칙 11은 우주 핵동력원 원칙이 채택된 후로부터 2년 내에 개정을 위한 논의가 우주평화적이용위원회에서 재개되어야 한다고 규정하고 있다. 이를 위해 우주평화적이용위원회 법률소위원회는 '우주에서 핵동력원 이용 원칙의 검토와 개정'이라는 의제를 채택하고 현재까지 논의를 해 오고 있다[21]. 그러나 논의의 내용은 검토와 개정과는 무관하게 우주

21) UN Doc. A/AC.105/1113, para. 251.

탐사를 하는 소수의 선진국과 우주탐사를 하지 않는 대다수의 국가 간에 핵동력원의 이용에 대한 찬반 논의만 진부하게 이루어지고 있다.[22)]

2. 기술적 내용

(1) 원칙 3: 안전한 이용을 위한 가이드라인과 기준

우주에서 방사능 물질의 양과 위험을 최소화하기 위해서는 핵동력원이 핵이 아닌 다른 에너지원으로는 운용될 수 없는 우주 임무에 제한적으로 사용될 필요가 있다.

1) 방사선 보호와 핵안전을 위한 일반적인 목표

우주 핵동력원 원칙은 방사능 위험으로부터 사람 및 생태계를 보호하기 위하여 방사능 허용 수준 등 일반적인 안전 기준을 제시한다.

첫째, 핵동력원 시스템의 설계와 제조는 국제적으로 일반적으로 승인된 방사능 보호 가이드라인을 고려해야 한다. 그리고 핵동력원을 탑재한 우주물체의 정상 운용 중 방사능 위험으로부터 일반인의 보호는 국제방사선방호위원회의 권고에 따른다.

둘째, 핵동력원 시스템의 설계 시, 방사능 노출을 제한된 지리구(geographical region) 그리고 개인에 대한 1년 방사능허용치를 1mSv(밀리시버트)[23)]로 제한하여야 한다. 단, 일생동안 연평균 유효량이 연 1mSv의 허용치를 초과하지 않는다는 것을 조건으로, 수년 간 부수적인 연 5mSv의 선량한도를 이용하는 것은 허용된다.

2) 원자로

우주 핵동력원 원칙은 원자로의 운용을 세 가지 경우로 제한한다. 첫째, 행성 간 임무이다. 주로 지구 이외의 행성 탐사를 의미한다. 둘째, '충분히 높은 궤도(In sufficiently high orbits)'에서는 원자로를 운용할 수 있다. '충분히 높은 궤도'란 핵분열 생성물이 악티늄족[24)]으로 충분히 붕괴될 수 있는 궤도를 말한다. 그리고 충분히 높은 궤도 높이를

22) 정영진, 앞의 논문, 145면.

23) Sv(시버트)는 인체가 방사선에 노출된 방사선량의 측정단위이며, mSv는 Sv의 천분의 1이다.

24) 악티늄족(Actinide족)은 원자번호 89(악티늄), 90(토륨), 91(프로트악티늄), 92(우라늄), 93(넵투늄), 94(플루토늄), 95(아메리슘), 96(퀴륨), 97(버클륨), 98(캘리포늄), 99(아인슈타이늄), 100(페르뮴), 101(멘델레븀), 102(노벨륨), 그리고 103(로렌슘)에 이르는 15개의 금속원소를 포함하는 족을 말한다.

결정할 때에 파괴된 원자로의 일부분이 지구 대기에 재진입하기 전에 요구되는 붕괴 시간을 고려하여야 한다. 셋째, 원자로가 임무의 일부 운용 후 충분히 높은 궤도에서 저장되었다면, 지구 저궤도에서 원자로의 운용이 가능하다.

원자로는 연료로써 고농축우라늄 235만을 사용하여야 하며, 설계 시 핵분열 활성화 생성물의 방사능 붕괴를 고려하여야 한다. 원자로를 탑재한 인공위성이 충분히 높은 궤도로의 이동 과정 중에 또는 충분히 높은 궤도가 아닌 궤도에서 운용 중에 발생할 수 있는 고장의 위험을 현저히 경감하기 위하여, 원자로의 효과적이고 통제된 처리를 보장하기 위한 신뢰도 높은 운용 시스템을 갖추어야 한다.

3) 방사성동위원소 발전기

방사성동위원소 발전기는 지구 중력장을 벗어나는 행성 간 임무에 사용될 수 있다. 단, 방사성동위원소 발전기가 임무 종료 후 높은 궤도에서 저장되었다면, 지구 궤도에서 이용될 수 있다. 방사성동위원소 발전기는 고타원 궤도 또는 쌍곡선 궤도를 포함하여 예측 가능한 궤도 요건에서 대기 상층부 재진입 시 열과 공력을 지탱할 수 있도록 설계되고 격납시스템에 의하여 보호되어야 한다.

(2) 원칙 4: 안전평가

발사국은 핵동력원을 이용하는 우주물체를 발사하기 전에, 핵동력원을 설계 및 제작한 국가, 우주물체를 운용할 국가 또는 우주물체가 발사될 시설 및 영토의 국가와 함께 완전하고 포괄적인 안전평가를 실시하여야 한다. 안전평가의 수행 주체가 복수인 것은 1975년 등록협약 제1조의 발사국 개념에서 찾을 수 있다. 그리고 안전평가의 결과는 우주물체의 발사 일정과 함께 발사 전에 공개되고 유엔 사무총장에게 통보되어야 한다. 이러한 통보는 1967년 우주조약 제11조가 규정하는 국제협력의 일부를 구성한다.

Ⅳ. 결론

우주개발중장기계획[25]에 따르면, 우리나라는 2020년에 달 궤도선과 달 착륙선을 발사하고 2030년에는 달 샘플을 채취하여 지구로 가져올 계획이다. 그리고 2027년과 2030년에는 화성 궤도선과 착륙선을 각각 발사한 후 2035년에는 소행선 탐사선을 발사한다는 계획도 수립되었다. 따라서 달 착륙선의 동력원으로 사용하기 위한 원자력전지의 기본 설계가 2014년부터 시작되었다.[26]

우주 핵동력원 원칙에서 달 착륙선의 원자력전지의 개발과 기술적 연관성이 있는 원칙은 원칙 3(안전한 이용을 위한 가이드라인과 기준)과 원칙 4(안전 평가)이다. 달 착륙선은 지구 중력장을 벗어나므로 원자력전지의 사용이 가능하지만, 원칙 3의 준수를 위해서는 재진입에 따른 충격, 공력가열 등을 설계 및 시험에 반영하고 이를 증명해야 한다. 원칙 4의 준수를 위해서는 안전 평가를 실시하여 관련 국가 및 유엔에 사전 통보를 하여야 한다. 특히 안전 평가는 국제원자력기구와 국제방사선방호위원회의 권고를 따라야 한다. 원자력전지의 사고 상황을 발사 전, 발사, 이륙, 궤도 진입, 궤도 비행 단계에 따라 세부적으로 분류하여야 한다. 그리고 종단속도 충격 시험, 기체폭발에 대한 파편 시험, 운송체 충격 시험 등의 안전성 시험을 반드시 수행하여야 한다.

우주 핵동력원 원칙은 핵동력원을 이용하는 우주물체의 설계에서부터 발사 후 운용 단계에 이르기까지 기본적인 기술적·규범적 가이드라인을 제시하고 있다. 우주 핵동력원 원칙을 준수하지 않은 경우 제재는 없으나 국제적 비판을 면할 수는 없다. 특히 지구관측 및 과학 목적의 인공위성 발사가 아닌 달, 화성 등의 우주탐사를 수행하는 국가는 극소수에 불과하기 때문에 국제사회 전체의 비난에 직면하게 된다. 그러므로 우리나라의 국내적 이익을 위한 지속가능한 우주탐사를 위해서라도 우주 핵동력원 원칙을 준수하여야 한다.

---

25) 미래창조과학부·외교부·국방부·안전행정부·산업통상자원부·기획재정부·국토교통부·해양수산부, 2014-2040 우주개발 중장기계획(제2차 우주개발진흥 기본계획 수정), 2013. 11.

26) 권건호, "원자력전지, 우주인터넷 통신, 달 탐사 로버 등 한국형 달 탐사 기술 개발", 『전자신문』 (2015.8.20)

참 고 문 헌

김한택, “우주에서의 핵연료(NPS) 사용과 우주법”, 한국항공우주정책법학회지, 제22권 제1호, 2007.

정영진, “우주활동 국제규범에 관한 유엔 우주평화적이용위원회 법률소위원회의 최근 논의 현황”, 한국항공우주정책법학회지, 제29권 제1호, 2014.

Daniel A. Porras, “The United Nations Principles Relevant to the Use of Nuclear Power Sources’, Soft Law in Outer Space: The Function of Non-binding Norms in International Space Law, Irmgard Marboe (Ed.), böhlem, Wien · Köln · Weimar, 2012.

Francis Lyall and Paul B. Larsen, Space Law: A Treatise, Ashagate, 2009.

Vladimir Kopal, The use of nuclear power sources in outer space: a new set of United Nations principles?, *Journal of Space Law,* vol.19, No.103, 1991.

유엔 우주평화적이용위원회 홈페이지:

http://www.unoosa.org/oosa/en/ourwork/spacelaw/treaties.html

9. 상업적 우주활동의 국제법적 규제

이 영 진

I. 서론

일찍이 우주시대의 개막이래 국가나 국제기구가 앞장서서 우주개발을 주도하고 UN을 중심으로 그러한 발전과정에서 발생하는 문제들을 뒷받침하기 위해 필요한 각종의 법적, 제도적 장치를 구축하여 왔다. 종래의 우주활동은 국가주도의 우주개발을 통해 과학적 혹은 군사적 목적의 활동이 커다란 비중을 차지해 왔으나 점차 우주의 실용적 이용 내지 실용화에 이르는 과정에서 민간기업이 참여하는 상업적 우주활동이 현격한 증가를 보게 되었고 다수의 국가들이 독자적으로 또는 민간기업과의 협력이나 지역적 기구와의 공동사업을 통해서 우주의 상업적인 활용에 가담하고 있다. 물론 이러한 우주의 상업적 이용은 역시 우주기술을 선점한 몇몇 선도적 국가들의 주도하에 이루어지고 있다는 점을 부인할 수는 없다.[1] 나아가 최근에 와서는 상업적 우주활동이 확산되기 시작하면서 우주공간에서 인간과 로봇의 활동도 확대될 가능성이 커지고 있는 추세이다. 예컨대 현재 SpaceX와 Orbital Sciences와 같은 기업들은 NASA와의 계약 하에 국제우주정거장(ISS)으로 상업용 화물 비행을 제공하고 있는가 하면 Sierra Nevada Corporation과 같은 기

1) Dr. I. J. Ph. Diederisks-Verschooor & Dr. V. Kopal, An Introduction to Space Law(3rd rev. ed.), 2008, p. 106.

업들 역시 ISS로 상업용 유인 비행을 계획하고 있다. ISS로의 서비스뿐 아니라 민간기업들이 인간의 달 착륙, 소행성의 광물 및 자원 추출 그리고 심지어 2018년에 발사될 것으로 계획된 인간의 화성 근접비행을 제공하기 위해 설립되기도 하였다.[2] 그런 가운데 특히 각국은 우주의 상업화가 불기피한 발전방향이라는 점을 인식하면서 요람기의 우주산업을 육성하는데 노력을 경주해 오는 한편 국제적인 측면에서는 주로 안전 보장을 위한 고려에서부터 자국의 활동에 관한 국제적 책임(우주조약 제6조)을 이행하기위한 목적으로 우주산업에 대해 엄격한 국가적 규제에 따르도록 해온 것이 사실이다.

우주의 상업적 이용에 포함되는 활동의 범위에 관해서는 논자에 따라 다를 수는 있겠으나 대체적으로 상업화란 정부가 소유하여 운영하는 우주활동 사업을 민간소유 및 운영으로 이행하는 경우 또는 처음부터 민간부문의 소유로부터 개시된 우주활동을 의미하는 것으로 이해하며 이는 유럽이나 아시아 제 국가들에 의해 다수 채택되고 있는 개념이다. 이를 위해서는 상업적 활동이 가장 먼저 활성화된 통신사업분야로부터 우주보험이나 우주운송 등에 이르기까지 이는 우주조약 제6조의 원칙아래 반드시 평화적인 목적으로 수행되어야 하며 그런 점에서 제반 민간활동의 전개에 대해서도 우주국제법 및 국내법상 규제가 절실히 요구되고 이에 상응하는 법규치의 정비가 필요한 시점이다.

우주법의 관점에서 볼 때 '상업화'의 의의는 대체로 두가지 관점에서 생각해 볼 수 있을 것이다. 첫째로는 국가에게 책임을 집중시키고 있는 현행의 국제우주법 체계는 사기업이 행하는 우주활동을 유효하게 감독하고 기업에게 국제적 의무를 준수하도록 하는 것이 가능한지 여부를 검토하기 위한 개념으로 사용되는 점을 지적할 수 있겠다. 두번째로는 우주공간의 법적 성질을 규정하고 우주공간에서 발생하는 일체의 문제해결을 전제로 현행 우주관계 조약들의 한계를 극복하고자하는 수단으로 상업화의 개념을 도입하고 있는 것으로 파악된다. 구체적으로는 우주통신, 방송, 원격탐사, GPS 등 다양하게 실용화가 진전된 우주개발 활동과 관련하여 각각의 기능과 성질에 부합하는 법규칙의 정리를 행하여 우주조약 제1조와 양립하는, 우주경제개발을 규율하기위한 법원칙을 찾아내기 위한 노력의 일환으로 우주활동 가운데 굳이 '상업화' 활동에 관한 개념을 포함시키고 있는 것이다.

이 논문에서는 이러한 점에 착안하여 우주의 상업적 이용 특히 우주물체의 발사 및 운용과정에서 일어날 수 있는 국제적 내지 국내적 규제를 위한 법제도와 계약, 보험 등 상업적 우주이용과 관련된 각종의 법적 문제에 대한 현황을 살펴보고 그에 대한 분석과 대응방안을 모색해보고자 시도되었다.

---

2) Machael J. Listner, "International space law and commercial space activities: the rules do apply", The Space Review, June 2013, p.1.

II. 우주개발의 상업적 이용 개관

1. 상업적 이용의 의의

우주의 상업적 이용에 관해 현행의 우주관계조약 규정으로 충분히 이를 규율할 수 있을 것인가 하는 문제를 살펴보기 위해서는 우선 '상업화' 혹은 상업적 이용의 개념을 보다 명확히 하는 것이 순서일 것이다. 이를 위해서는 국가나 국제기구가 우주개발을 통해 인간의 일상생활에 이용하기 시작한 이른바 우주의 실용화[3] 단계에서 민간 기업이 어느 정도 참여하고 있는지, 어느 수준까지 기술발전과 산업화에 있어 자립적 기반을 구축해 왔는가를 살펴볼 필요가 있다.

앞서 언급한 바와 같이 선도적 우주개발국을 중심으로 각국은 초창기 우주산업에 종사하는 사기업들을 보호 육성하는데 힘쓰는 한편 주로 안전보장상의 고려나 혹은 자국의 활동으로 인한 국제적 책임을 부담해야하는 문제로 인해 초기의 우주산업에 대해서 각국은 국가의 통제에 엄격하게 따르도록 해 온 것이 사실이며 우주의 상업적 이용에 포함되는 활동의 범위도 학자나 국가에 따라 다르다. 그 가운데 특히 상업적 행위가 판매를 목적으로 하여 제품을 구입하거나 이윤의 획득을 추구하여 일정 서비스의 제공을 전제로 한다는 바탕위에서 우주의 이용을 행하는 주체의 성격, 방법, 결과 등을 고려하면서 이윤을 목적으로 하는 활동인지 아닌지를 기준으로 상업적 이용 여부를 판단하는 태도가 비교적 '상업적' 의미에 충실한 접근방법으로 생각된다.[4]

미국의 입장은 '상업화'라고 하는 경우에 주로 민간부문의 경제활동에 관련되는 것으로 보는 경향이 강한 것 같다. 이는 대체로 사기업이 주체가 되어 우주활동에 종사한다는 의미를 담고 있다.[5] 1984년 당시 레이건 미국대통령이 발표한 「우주의 상업적 이용에 관한 국가정책」에 따르면 상업화란 민간부문이 독립적 주체가 되어 우주공간을 이용해 활동하

---

3) 여기서 실용화라 함은 대체로 기상관측이나 우주통신, 방송, 비행관제, 지구자원탐사, 위치추적 시스템 등과 같은 인간의 생활수준을 향상시키는 것을 목적으로 우주물체와 기술을 활용하는 것을 총칭하는 개념이다.
山本草二,"宇宙開發", 未來社會と法, 筑摩書房,1976, p.16.

4) Silvestrov, Georgy, "The Notion of Space Commercialization", 33 Colloqium of International Outer Space, 1990, p.90.
He Qizhi, "Legal Aspects of Commercialization of Space Activities" 15 Annals Air & Space Law, 1990. p.333.

5) 예컨대 1984년 제정된 미국의 '상업우주 발사법'에서 사용되고 있는 상업(Commercial) 혹은 상업화(Commercialization)라는 용어의 내용도 민간기업에 대한 허가와 계속적 감독을 전제로 한 것이다.

는 것을 의미한다고 보면서 이윤을 목적으로 활동하는 것 만으로는 부족하고 '민영화'의 단계에 도달함으로써 진정한 상업화가 달성되는 것으로 보는 입장을 취하고 있는 것으로 보인다.[6)]

우주법의 관점에서 '상업적 이용'개념을 굳이 들추어서 논의하는 의의는 크게 2가지를 생각할 수 있다. 하나는 국가에 책임을 집중시키고 있는 현행 국제우주법 체제가 사기업이 행하는 우주활동을 효율적으로 감독하고 기업에게 국제적 의무를 준수하도록 하는 것이 가능한지를 검토하기 위한 하나의 연결고리 개념으로 이해하는 것이다. 즉, '상업화=민영화'로 보고 우주관계조약의 해석여부에 따라 관할권의 구역밖 적용조정이 가능한지, 또한 국가의 관할권을 피하여 어느 국가도 책임을 지지 않는 상업 활동이 발생할 가능성을 가질 수 있는지를 고찰하기 위한 도구로 이용하는 것을 의미한다. 두번째 의의는 우주공간의 법적 성질을 규정하여, 거기에 우주공간에서 발생하는 모든 문제해결의 전제를 찾아내려는 현행 우주관계조약의 자세를 극복하는 수단으로서 '상업화' 개념을 이용하는 것이다. 구체적으로는 통신·방송, 원격탐사, GPS 등 다양한 실제적 이용을 통하여 진전된 우주의 개발활동에 대해 각각의 기능과 성질에 맞는 법규칙의 조정을 실시하여, 우주조약 제1조와 양립하는 우주의 경제개발을 규율하는 법원칙을 발견해내는 작업에 활용하기 위해 우주활동 내에 굳이 '상업적 이용' 분야에 포함되는 비영역성을 이용한다는 것이다. 이를 위해서는 이윤추구를 지표로 '상업화'에 종사하면 충분하며 '민영화' 여하는 직접적으로 문제가 되지는 않는다.

현대의 국제법은 지금까지 무역, 통화, 자원관리, 추상화된 기술적인 영역으로서의 국제기구 등 각종의 다양한 기능적인 영역 개념을 발전시켜왔다. 우주활동에 있어서도 이미 우주통신·방송은 타 우주활동부문과는 성격을 달리하여 우주공간이라는 구역의 나름의 법제도를 마련함과 동시에 공간성을 배제하여 기능적으로 이루어지는 통신업무에 관한 고유의 국제법적 틀 속에서 구속을 받고 있다. 우주분야 이용에 있어서 우주통신 관련법의 공헌은 이러한 기능적 관할권능의 특징을 보여줌으로써 오히려 우주공간을 특정 국제공익을 실현하는 장으로 확립하는데 성공했다는 평가도 있다.[7)]

장래의 우주법 발전을 위한 본질적인 문제는 후자의 입장에 서서 해결한다 하더라도 현행 우주관계조약이 상업적 이용에 관한 국가의 국제적 책임을 적절히 규율하고 있는 것인지, 만약 그렇지 않은 경우는 무엇이 문제인지를 특정하기 위해서는 첫번째 입장에

---

6) National Policy on the Commecial Use of Space, The White House(July 20, 1984).
龍澤邦彦 監修「原典 宇宙法」,丸善 プラネット, 1999, pp.336~337.

7) 山本草二,宇宙通信の 國際法 -國際企業の 法形態として-, 第1編,東京,有信堂, 1991, p.57.

서서 분석해 보는 것이 일단 필요하다고 본다.8) 또한 우주개발의 진행과 더불어 발전하게된 상업화 문제에 있어서의 우선적 과제가 된 것도 바로 이 부분이라고 할 수 있다. 따라서 본고에서는 논문의 목적을 여기에 중점을 두어 대체로 '상업화=민영화'로 간주하고 이후의 서술을 해나가기로 한다.

2. 주요국가의 상업적 우주개발 추진현황

우주개발에 있어서 상업화문제는 우주활동의 중요한 특징 중의 하나인데, 상업화를 통하여 우주는 이미 많은 국가들에게 상업적 이익을 가져다주었다. 유엔의 자료에 의하면 1996년에 이미 위성통신설비의 상업적 이용과 기초설치비용이 항공공업생산의 53%에 달했다고 하며 그 상업적 수입은 처음으로 정부수입을 초과한 것으로 평가되었다.9) 실제로 상업적 우주산업은 주로 위성서비스에 의해 주도되고 있는 것으로 파악되고 있는데 이를 중심으로 1996년과 비교해 볼 때 2005년에는 그 규모면에서 3배가 되었고 이는 888억 미국 달러에 달하는 상업위성 부문의 약 60%에 해당하는 수치이다. 이러한 추세는 2006년 이후에도 지속되면서 위성서비스 분야는 상업적 우주시장에서 커다란 비중을 차지하고 있다. 말하자면 21세기에 들어서면서 상업화와 관련한 우주기술 개발은 종래의 지적 호기심 충족 수준을 넘어 21세기 첨단우주산업의 꽃으로 인정받고 있다. 그리하여 보다 더 경제적 파급효과가 관심에 대상이 되었고 미국을 비롯하여 많은 나라가 참여하는 우주 비즈니스로 전환 되면서 더욱 더 치열한 경쟁을 펼치고 있다. 이제 우주산업은 21세기에 들어 선택의 문제가 아니라 필수적인 삶의 한 분야가 된 것이다. 세계 우주산업의 시장규모는 약 2,700억불('99년)로 평가되었고, 이후 연 10%이상 성장 추세를 보임으로써 2010년에는 약 4,400억불 정도 되는 것으로 추산되었다.10)

우주에서 상업적 활동이 처음으로 시작된 것은 통신사업분야로서 우주정보통신 선진국이 되려면 반드시 필요한 국가전략 핵심기술이다. 위성통신사업은 우주에서의 상업적 활동 중 전 세계적으로 수요가 클 뿐만 아니라 공공성이 강하면서 또한 가장 수익이 큰 분야이기도 하다. 미국, 프랑스, 러시아, 일본, 중국 등 우주선진국들이 21세기 국가안보전략으로 위성발사서비스산업과 더불어 위성통신기술을 적극 활용하는 동시에 우주의 상업적 이용과 관련한 고부가가치 산업의 하나로 관련기술의 확대, 강화를 도모하고 있는 이

8) 青木節子,"宇宙の 商業利用", 日本と 國際法 100年, 第2卷, 2002, p.247
9) 윤옥해, "아세아우주활동에 있어서 몇 가지 법률문제", www.cnsa.gov.cn.
10) http:// webl.c2.cyworld.com/myhomepy/board/retrieveBoard.php?home

유가 여기에 있다.[11]

또한 개인도 이 분야 서비스 수요에 대한 점증하는 몫을 차지하고 있다. 우주개발의 초기에 있어서는 강대국간 경쟁의 측면에서 국가가 주도할 수밖에 없었으나, 특히 냉전 이후 자본주의적 경제활동의 세계화 및 군사 기술의 상용으로의 전환은 우주개발의 상업화를 촉진하는 동인이 되었다고 할 수 있다. 실제로 상업화는 모든 국가에게 우주기술의 이익을 보다 광범위하게 향유할 수 있도록 하는 효과를 가져 오고 있다. 현재 주요 선진국은 우주개발의 상업화를 촉진하는 정책과 법규를 유지하고 있다. 그러나 아시아, 아프리카 지역에 집중되어 있는 대다수 개발도상국은 아직 본국의 우주입법 제정에 착수하지 못하고 있거나 최근에 와서야 한국이나 일본의 예에서 보듯이 점차 법적 체제의 정비를 해 나가고 있다.

이하에서는 주요국가의 상업적 우주개발 추진과 관련하여 최근의 동향을 간략히 개관해 보고자 한다.

세계 우주산업은 G7 선진국들의 독무대라 할 정도로 그 비중이 높은데 2006년말 통계 기준에 의하면 세계 우주산업 생산액의 80% 이상을 이들 국가가 차지하고 있으며, 특히 미국이 전체의 50%를 차지할 정도로 독보적인 위치를 차지하고 있는 것으로 파악되고 있다. 우주의 상업적 이용을 위한 우주산업에 있어서는 나라별로 투자 패턴이 다소 다른데, 미국은 정부와 기업의 투자목표를 확실히 구분해 NASA는 우주탐험을 비롯한 기초연구에 주력하고, 록히드 마틴 등 민간기업은 상업적 활용을 위한 기술 개발에 집중하는 형태를 취하는 반면 유럽에서는 정부가 일부 기업의 지분을 소유하거나 상업적 활동에 보조금을 주는 방식으로 기술 개발을 추진하고 있다. 일본은 일부 기업이 우주관련 제품을 개발하고 있지만 대부분 정부 보조금 지원에 의한 기술개발이 이뤄지고 있는 것으로 보인다.

미국의 경우에는 위성분야에 있어서 전체 위성발사대수 중에서 상업위성(통신 및 방송)이 차지하는 비율이 다른 국가에 비해 현격히 높은데, 이는 군수부문 축소 및 민간분야의 발전에 따른 우주분야의 상업화가 다른 나라에 비해 급속히 진행되었기 때문이다. 미국은 1957년 구소련의 세계 최초 인공위성 발사 성공에 자극받아 국가 최우선과제로 우주개발을 추진하면서 대통령직속의 NASA(항공우주국)와 DOD(국방성)가 우주산업[12] 육성의 중추적 역할을 담당해 오고 있다. 우주산업은 크게 방송통신위성 및 관측위성 등

11) http://blog.naver.com/post.print.nhn?blog
12) 우주산업이라 함은 위성이나 발사체에 소요되는 부품이나 서브시스템 수준의 개발뿐만 아니라 우주시스템 자체와 방송, 통신, 영상자료 획득 등 위성운용을 통한 부가가치 창출까지 포함하는 총체적인 개념의 산업이다.

위성체 제조산업과 우주발사체 제조 및 운용산업 그리고 위성체와 우주발사체를 이용 내지 활용하는 위성서비스 산업 등 세가지로 분류되는 바 미국의 경우 일찍이 NASA(국가항공우주국)와 DOD(국방성) 등의 지원에 힘입어 상업용 인공위성 시장에 있어서 압도적 지위를 차지하고 있음은 앞서 본 바와 같다.

일본은 실용위성의 연구, 개발을 담당하는 JAXA를 중심으로 총리부에 우주개발위원회를 두어 우주개발 육성에 관련된 모든 사항을 심의 결정하고 있다. 일본은 미국, 러시아, 프랑스의 뒤를 이어 네 번째로 위성발사 능력을 갖췄으며, 지구정지궤도상에 인공위성을 쏘아올린 세 번째 국가이다. 인공위성 개발에 있어서 일본의 가장 큰 특징은 미국의 경우처럼 전 부문에 걸친 고른 위성개발을 통해 종합적인 기술을 습득하고자 노력한 점이다. 예산규모에 있어서도 미국, 러시아 다음으로 많은 예산을 우주분야에 투자하고 있는 데, 미화 약 25억 달러를 매년 투자하고 있다. 일본은 1994년 정지궤도용 장거리 발사체인 'H2' 개발 후 그 파생형인 'H2-a'를 개발해 성공적으로 발사했으며, 미 휴즈(Hughes)사로부터 약 10억달러 규모에 달하는 10대의 발사체 계약을 체결하는 등 본격적으로 상업적 이용시장에 진입하였다.[13)]

러시아(구소련)는 전 세계 위성의 60.5%를 차지하고 있는, 인공위성 최대 발사국으로 최근까지 위성 발사시장에서 가장 큰 비중을 견지하였던 바 이중 가장 높은 구성비율을 보이는 위성은 과학실험위성으로서 전체의 81%를 차지하고 있다. 이는 구소련의 우주개발이 상업용보다는 과학분야 및 기술개발 중심으로 이루어져 왔다는 것을 보여준다.

최근 우주강국으로 부상한 중국은 20세기까지 발사된 34개 위성 중 과학, 실험위성이 전체의 67.6%인 23개, 상업용 통신, 방송위성은 11개로 나타났다. 또한 군사용 미사일 기술을 활용한 민수용 발사체 분야에서는 파격적인 가격으로 위성을 발사시켜주는 '장정 시리즈'의 상업화를 적극 추진하여 미국이나 유럽연합 업체들을 긴장시키고 있다. 특히 중국은 가격파괴 전략을 구사하여 '장정' 시리즈를 시장에 성공적으로 진입시켰으며, 이후 발사체 수주경쟁에 적극 뛰어들고 있는데 범세계적인 통신망 구축 프로젝트인 이리듐 사업에 소요되는 66대의 위성중 22대가 장정에 실려 발사되는 실적을 올린 바 있다.[14)]

프랑스는 유럽국가중에서 가장 활발하게 우주개발을 주도하면서 유럽 17개국 연합의 ESA(유럽우주기구)가 추진하는 각종 사업예산의 43~46%를 투자하고 있다. 특히 1980년대에는 ESA와 공동으로 상업용 위성의 전문발사업체인 아리안사를 설립하여 세계 상업용발사체 시장의 약 60%를 점유하면서 미국 업체들을 압도하기도 하였던 바 여기에 현

13) http://www.dt.co.kr/contents.html?article
14) Ibidem.

재는 미국의 록히드 마틴사나 보잉 등도 이들과 경쟁을 벌이고 있다. 프랑스는 CNES(국립우주개발센터)가 우주관련 예산의 입안 집행, 관련기업 지원, 위성시스템 운용 등을 담당하며 군사부문과 민간부문을 일원화하여 총괄 관리한다. 프랑스 우주산업 육성의 가장 큰 특징은 범정부적 차원에서 민, 군을 통합하여 CNES로 집중, 우주개발사업의 일원화를 꾀하고 있다는 점이다. 또한 CNES는 연구기관의 역할 외에 우주산업에 대한 개발 및 시장확보를 위해 자회사를 이용하여 로켓, 위성의 생산 및 판매에 대한 컨설팅 서비스를 하고 있다.

인도의 경우도 후발주자이긴 하지만 우주의 상업적 이용 대열에 합류하면서 1994년 극궤도 발사체를 개발한 데 이어 지구정지궤도 발사체개발이 마무리단계에 있는 것으로 알려져 있고 이미 무인 달 탐사위성 '찬드라얀 1호' 발사, INSAT 위성의 발사와 상업적 이용 등을 통해 우주의 개발과 경제적 이용에 일대 도약을 이룬 것으로 평가된다.[15]

한국에서는 2006년 7월 우리기술주도로 제작한 고정밀 첨단 다목적 실용위성인 아리랑 2호(KOMPSAT-2)를 성공리에 발사한 바 있다. 이 아리랑 2호에는 1m급 해상도를 가진 다중대역위성카메라(MSC)가 탑재되어 있는데 한국은 2008년이래 ESA 및 아시아 국가에 그것을 통한 위성영상판매로 3년동안 2,200만 달러의 수익을 창출하기도 하였다. 이 위성의 성공적인 발사는 우주과학기술의 성공 이외에 본격적으로 우리나라도 이제 우주상업시대의 문을 열었다는 데 큰 의미가 있다고 하겠다. 우주기술의 상업적 이용은 국가의 경제적 파급효과는 물론이고 국가위상 제고에도 직접적으로 기여하는 것이다. 우리나라의 경우 방송통신위성의 개발로 2025년까지의 4조5000억원의 생산유발효과 및 3조 3천억원의 부가가치가 발생할 것으로 예상되고 7만 7000명의 고용창출효과가 발생할 것으로 전망하고 있다.[16] 이와 같이 우리나라가 우주산업을 국가정책적 사업으로 추진하는 것은 우주산업이 21세기 첨단산업을 주도할 핵심부문일 뿐만 아니라 나아가 한 국가의 총체적 국력을 상징하는 척도가 되어가고 있기 때문이다. 이것은 2005년 1월 일본의 문부과학성 자문기구인 과학기술심의회가 발표한 '앞으로 일본을 먹여 살릴 꿈의 10대 기술' 중에 우주산업 분야가 세 가지나 포함되어 있다는 사실을 통해서도 익히 알 수 있다. 이제 장차 다가오는 우주상업시대에는 정부주도만으로는 한계가 있다. 우리나라 민간기업은 반도체 신화 등 IT강국을 이룩한 저력이 있기 때문에 선진 우주강국을 이루는데도 발판이 될 수 있을 것으로 판단된다. 범국가적 차원에서 총합적으로 우주의 상업화시대에 대한 준비가 있어야 할 것이다.

---

15) 한국항공우주연구원, R&D Information, 2013, 국가별 주요항공우주프로그램 참조.
16) http:// webl.c2.cyworld.com/myhomepy/board/retrieveBoard.php?home

3. 평가

최근 세계의 우주산업은 경제적 사정과 국제정세의 변화 등과 맞물려 방위·첩보 등 군수 부문의 수요 위축과 정부의 우주관련 예산 삭감으로 주춤해 졌다가 다시 회복세로 돌아서는 추세이다. 미국의 경우 2001년 이후 화성탐사를 위해 항공우주국(NASA) 예산을 크게 증액하면서 연간 2.5%의 증가세로 돌아섰고, 일본은 정부의 적극적인 우주산업 육성의지에 힘입어 우주개발 추진기구의 개편과 관련 국내법규의 정비 등을 거치면서 연평균 18.9%의 높은 성장률을 보이고 있다. 앞으로도 우주의 상업적 이용은 통신수요의 지속적 확대, 우주탐사활동의 다양화, 우주 과학실험 활성화, 우주정거장 설치 등에 힘입어 지속적으로 성장할 전망이다. 특히 통신 수요가 비약적으로 늘어나고 있는 가운데 저궤도에서 여러 인공위성을 운용함으로써 음질 등이 훨씬 낫다는 평가가 있는 관계로 최근의 인공위성 시장은 종래의 지구정지궤도용 방송통신위성 위주에서 저궤도 이동통신용 위성으로 확대되는 추세에 있고 이에 따라 저궤도 이동통신용 인공위성 수요도 크게 늘어날 것으로 예상된다.

III. 상업적 우주활동에 관한 법적 규제

1. 우주관련 조약과 사기업활동의 규율

UN 우주공간평화이용위원회(UN COPUOS)가 작성해 왔던 각종 우주관계 조약들에서는 우주공간이나 천체에서의 활동에 관해 직접적으로 규율하지 아니하고 그 법적 지위를 규정하여 당해 공간의 법적 성질을 고려하여 그기에 맞게 제반 활동을 행하도록 하는 형태를 취하고 있다. 달과 기타 천체를 포함하는 우주공간은 전 인류에게 개방된 활동영역에 속하며[17] 국가영유권의 취득대상이 될 수 없다는 점을 강조하고 있는 바[18] 여기서의 활동개념속에는 천연자원의 채굴을 상정한 것은 아니다. 우주라고 하는 국제공역에서의 활동형태에 관해서는 탐사와 이용, 과학조사 및 연구 등을 들 수 있고[19] 우주개발

17) Outer Space Treaty (1967), Art. 1.
18) Outer Space Treaty (1967), Art. 2.
18) Outer Space Treaty (1967), Art. 1, 3 & 9.
Traa-Engelman, H. I. van, Commercial Utilization of Outer Space, 1993, p.21.

(space exploitation)이라는 용어는 전혀 사용하고 있지 않다는 사실을 유념할 필요가 있다. 또한 우주공간이나 천체에 시설이나 장비 등을 설치하는 경우에 있어서의 물권(物權)적 권리나 천연자원의 개발과 우주제조업에 종사하기위한 요건과 그로부터 취득하는 특정이익을 국제사회에 분배하는 원칙이나 기준에 관한 규정도 미비한 상태에 있다.[20] 이는 말하자면 우주의 경제적 개발에 관한 규칙의 도입을 회피하려는 국제적 분위기와 연관이 있다. 그렇지만 이와 관련해서 우주조약의 규정속에 비정부 당사자도 우주활동의 주체로 명시되어있다는 점을 감안하면 경제적 이익을 목적으로 하는 법인이나 사적 기업의 우주활동도 조약의 적용범위에 들 수 있다고 생각되며[21] 따라서 여기서 개발개념의 미분화에서 일어날 수 있는 문제의 해결은 장차 국제사회의 논의에 맡겨져 왔다고 보아야 할 것이다.[22] 물론 이 경우에도 우주공간에 있어서의 속지적 관할권 행사는 조약에 의거 금지되어 있는 것이므로 결국 자국이나 그 국민의 우주활동에 관해 국제적 책임을 부담하는 당사국의 속인적 관할권의 적용을 통해 우주이용에 있어서의 질서유지가 확보되어야 할 것이다.

민간기업의 우주활동을 규율하는 중심적 조약규정은 우주조약 제6조에 해당되는데 동 제6조는 다음과 같이 규정하고 있다.

이 조약의 당사국은 달과 기타 천체를 포함한 우주공간에 있어서 그 활동을 정부기관이 행한 경우나 비정부 주체가 행한 경우를 막론하고, 국가활동(national activities)에 관하여 그리고 본 조약에서 규정한 조항에 따라서 국가활동을 수행할 것을 보증함에 관하여 국제적 책임을 져야 한다. 달과 기타 천체를 포함한 우주공간에 있어서의 비정부 주체의 활동은 본 조약의 관계 당사국에 의한 인증과 계속적인 감독을 요한다. 달과 기타 천체를 포함한 우주공간에 있어서 국제기구가 활동을 행한 경우에는, 이 조약에 의한 책임은 동 국제기구와 이 기구에 가입하고 있는 이 조약의 당사국들이 공동으로 부담한다.

이 조항은 우선 그 전반부에서 전통적인 국제책임법의 요건을 답습하여 상업적 우주활동을 수행하는 주체의 국내법상 지위에 관계치 아니하고 누구에 의해 수행되든, 정부기관이든 아니든 불문하고 우주에서의 모든 활동에 수반되는 국제위법행위의 책임을 당해국가에 일원적으로 집중시키고 있는 것으로 규정하고 있다. 즉 각 당사국은 자국의 비정부단체 혹은 민간단체가 우주조약 내용에 합치되도록 그 활동 수행을 확보할 책임을 지지 않으면 안 된다. 따라서 관계국은 그 책임이행을 보증한다는 의미에서 비정부기관의 우주

20) 이와 관련된 주장이 달협정에 관해서도 반드시 적절하다고 보기는 어려우나 이는 대부분의 우주활동국이 달협정의 당사국이 아니라는 사실을 감안하여 그밖의 4개 조약을 전제로 한 논의이다.
21) Traa-Engelman, op. cit., pp.22~24.
22) 山本草二, "宇宙法における開發概念", 國際法外交雜誌, 69권 4·5·6호, 1971, 285~311.

활동에 관하여는 사전허가와 계속적인 감독을 요구받고 있다. 그러한 허가나 감독의 구체적인 내용과 방식은 각 국가에게 위임되어 있다. 그렇기는 하나 상업적 활동의 일환으로 우주물체의 발사로부터 야기되는 제3자의 손해에 대해서 배상책임을 지는 것은 그 우주물체의 발사국이다(동 제7조). 책임주체로서의 발사국에 관하여 책임협약 제1조는 우주물체를 발사하거나 또는 우주물체의 발사를 야기하는 국가 및 우주물체가 발사되는 지역 또는 시설의 소속국을 의미한다고 규정하고 있다.

또한 여기서의 '발사야기'(procure)는 발사를 위해서 자본을 제공하거나 또는 발사를 의뢰하는 국가를 의미하며, 시설 가운데는 외국에 위치한 시설뿐만 아니라 우주영역, 공해 또는 해저, 기타 국가관할을 벗어나는 기타 지역을 포함하나 착륙시설(landing facilities)은 이에 포함되지 않는다. 그런데 '발사국'의 개념상 국가나 비정부단체를 포함하여 그 활동에 기한 우주물체에 의하여 야기된 손해에 대하여 책임을 지게 되는 주체인 국가의 범주는 크게 네 가지로 상정할 수 있다. 즉, 실제로 발사를 수행하는 국가, 발사를 의뢰하는 국가, 발사시설이 위치하는 국가, 발사시설을 소유하는 국가 등이 그것이다. 이들 네 국가는 모두 우주물체에 의하여 야기된 손해에 대하여 책임을 지게 되며, 따라서 손해를 입은 국가 또는 그 개인은 이들 가운데 어느 국가를 상대로 해서도 손해에 따른 보상을 요구할 수 있는 것이다. 물론 우주물체에 관할권이나 관리를 행하는 주체는 등록국이다(우주조약 8조). 둘 또는 그 이상의 발사국이 존재하는 경우에는 그 가운데 한 국가가 공동의 결정에 의거하여 등록국이 된다. 또한 동 조항의 두번째 문장에서 언급하고 있는 관계당사국의 결정기준과 관련해서는 우주조약의 기초과정에 있어서도 여러 차례 논란이 되었으나 자국의 활동과 관계당사국의 관계를 명확히 하지 않았고 학설도 분분하여 혼동을 야기하고 있다.[23]

앞서 기술한 바와 같이 발사국 개념 자체가 상당히 넓은 범위로 규정되어 있는 관계로 이를 두고 우주조약 9조(자국 또는 자국민에 의해)와의 정합성을 고려하여 국적국이 되어야 한다는 견해[24] 외에 관할권의 행사라는 관점에 기초하여 등록국이 가장 관계당사국에 적합하다는 주장에서부터[25] 나아가 발사국, 등록국 뿐만 아니라 사기업에 관할권이나 관리를 행하는 국가, 기업의 본점소재지국, 우주물체 제조국, 우주물체 소유국 그리고 우

23) Boeckstiegel, Karl-Heinz, "The Term "Appropriate State" in International Space Law" 37 Colloq. L. Outer Space, 1994, p.78.
24) Gorove, Stephen, "Liability in Space Law : An Overview", 8 Annals Air & Space Law, 1983, p.377.
25) Reijnen, Bess, "International Law and Business in Space - in Europe" 33 Colloq. L. Outer Space, 1990, p.70.

주물체를 관리하는 국가 등 모두가 관계당사국이 된다고 넓게 해석하고자 하는 견해에 이르기까지 다양한 견해들이 표출되고 있다.[26)]

결국 어느 범위의 사기업에게 허가를 부여하고 감독을 하느냐의 문제는 각 국가에 달려있는 것이므로 개별 국내법상 당해우주활동 수행에 관해 허가취득의 의무를 부과하고 있는 국가가 관계당사국이 될 것이고 이러한 판단은 주관성을 배제하고 객관적으로 결정되어야 할 사안인 바 이를 위해서는 새로운 조약이나 그 밖의 조치들을 통해 어떤 기준을 마련할 필요가 있을 것이다. 민영화라는 말이 없던 시대에 제정된 법은 날로 증대되는 상업화로 야기되는 잠재적 문제들을 규정할 필요는 없었다. 하지만 오늘날에는 전 세계적으로 급속히 확산되고 있는 우주의 국제적, 상업적 이용과 관련하여 상업적 발사 서비스와 그 서비스의 책임 소재, 지적 재산권, 보험, 제조물생산책임보험, 그리고 물질처리(materials processing) 등과 같은 문제들의 법적 처리에 관한 법규의 제정이 필요한 시점이라고 할 것이며 이것은 현재 우주분쟁해결에 관한 협약 초안의 내용에도 반영되어 있기도 한 부분이다.

민간기업에 의한 우주개발은 전술한 바와 같이 통신위성서비스 분야가 시장의 커다란 부분을 담당하고 있긴 하나, 위성발사서비스 등 다른 분야에 있어서도 상업화, 민간화의 경향이 증대되고 있기 때문에 상당히 빠른 진전을 보이고 있다. 이에 수반하여 민간기업이 국가의 발사시설이나 역무의 잉여부분을 임대하기도 하고 발사기기의 개발을 수행하기도 하며, 독자적으로 발사사업을 수행하는 사례도 있었다. 또한 해저자원굴착용 해상 platform을 개조하여 이동용 발사시설 실험 및 개발도 수행하고 있다. 이와 같은 민간발사활동의 급속한 전개는 그에 대응하는 법규칙 정비의 필요성을 더욱 두드러지게 하고 있는 것이다.

이하에서는 이와 같은 인식을 감안하여 상업적 발사활동의 국제적 및 국내적인 규제제도와 발사계약 및 보험 등의 문제를 분석해 보고 이어서 우주개발과 상업화 부문에서 선도적 위치를 점하는 국가군에서 지금까지 상업적 이용과 관련한 법규를 제정하여 시행하고 있는 몇몇 주요국가들의 국내법에 대한 검토를 간략하게 요약해봄으로써 어느 정도의 범위에서 자국법상 규제를 행하고 있는지 등 국가관할권의 저촉 또는 공백을 피하기 위한 기준에 대해 가늠해 보고자 한다.

---

26) Bourely, Michel, "Rules of International Law Governing the Commercialization of Space Activities", 29 Colloq. L. Outer Space, 1986, p.157.

2. 상업적 발사서비스에 관한 법적 규제

가. 우주발사의 허가 및 감독

현행국제우주법상의 규정은 직접적으로 민간기업의 발사활동에 적용하는 데에 어려움이 따른다. 따라서 상업적활동에 대한 규제를 시행하기 위해서는 국내우주법적 규제가 필요하게 되는 것이다. 자국의 민간기업이 자국으로부터 발사를 행할 경우(이 경우 발사국으로서) 또는 국제영역(어느 국가의 관할하에도 있지 않은 지역)으로부터 발사가 행하여지는 경우에는 국내법에 의해서도 규율되게 된다. 물론 이 경우에도 앞서 본바와 같은 국가에 대한 책임의 집중원칙과 이에 따른 국가의 감독의무는 여전히 존재한다.[27)]

우주 발사에 관한 국내적 면허발행 및 감독기관은 국가에 따라 다르지만, 미국에서는 DOT, 특히 그 OCST이다. 영국에서는 産業장관, 남아메리카에서는 남아메리카宇宙問題評議會, 러시아에서는 RSA가 그 임무를 담당한다. 스웨덴에서는 정부가 허가를 수여하고 국가우주활동위원회가 감독, 관리의 권한을 행사한다. 미국의 감독기관 결정과정에 있어서 고려해야할 점은 다음과 같다. ① 상업발사는 대외적인 업무거래(노무 혹은 편의의 제공을 목적으로 하는 거래)의 성격을 띠고 있다. ② 페이로드(위성 및 기타 탑재물)의 규제와 분리하여 생각한다. ③ 항공우주 관련기업의 상업우주발사산업으로의 참가와 동 산업의 육성을 효율적으로 행하여지도록 고려하지 않으면 안된다.[28)]

허가의 요건은 각국이 대체로 비슷하다. 이것은 예를 들면, 공공의 위생 및 안전의 보호, 재산의 안전, 국가의 안전보장, 국제적 의무에의 적합성, 평화적 성격을 갖고 있을 것 등이다. 우주상업화를 촉진함에 있어 정책목적을 갖고 있는 국가에 있어서는 허가의 필요조건을 우주활동의 발전을 저해하지 않는 등 최소한의 공공이익에 한정되도록 하고 있다. 예컨대 미국에서는 탑재물의 안전성체크 및 허가의 검토는 발사의 그것과는 별도로 관계기관에 의해 행하여지지만, 타국에서는 이러한 것들이 일원화되어 있다. 이 차이는 우주활동의 규모로 인해 발생하는 것이라고 생각된다.

나. 발사계약

1) 발사계약의 법적 성질

발사계약은 이른바 가입계약은 아니다. 그렇지만 발사기관, 예를 들면 NASA등은 일반

27) Outer Space Treaty (1967), Art. 6.
28) 龍澤邦彦,宇宙法 システム, 中央學院大學 地方自治硏究セソタ-, 2000, p.217.

적으로 기준협정을 기초로 하여 계약을 작성하는 것이 보통이다. 발사기의 제조기간 및 발사계획을 위하여 발사계약은, 상당한 시간적 여유를 갖고 체결하지 않으면 안되고, 동시에 조정의 대상으로 될 수 있다. 다만, 발사가 빈번하게 행하여지고 기술적 완성도가 높아짐에 따라 발사계약에 있어서 안정성과 엄격함이 도입될 것이며 보다 종래의 계약에 가까워질 것이다.

발사계약은 발사업무의 공급을 행함에 있어 독특한 상법상 계약의 일종이다. 발사계약은 국내계약인가 그렇지 않으면 국제계약인가? 이것이 문제로 되는 것은, 계약의 불비(不備)를 보충하기 위하여 또는 당사자가 고려하지 않았던 것과 같은 계약이행상의 문제점을 해결하기 위하여 흔히 미비하기 쉬운 법규제(국제법적 규제 또는 단독적인 혹은 배분적인 각국의 국내법)를 선택할 필요가 있기 때문이다. 발사계약을 국제계약이라고 하는 설은, 다음과 같은 이유를 들고 있다. ① 이런 계약은, 기본적으로 그 실시장소가 국제영역인 우주공간이고 우주법만에 의해 규율된다. ② 발사의 실시는 자국이외의 국가 기업에 의해 제조된 발사기의 사용, 국제적인 기술팀의 협력에 의한 연구·개발 및 기타 국가 기업의 특허권의 사용, 국적이 다른 기업에 의한 컨소시움의 형성, 국제적인 기술이전, 국제적인 자금의 이전 등 복수의 법체계에 관계되는 사실상의 요소를 포함하고, 발사계약은 필연적으로 복수의 국가의 법체계와 연결점은 갖고 있다. 당사자가 그 의지에 의해, 선호하지 않은 법을 기피할 수 있다고 하는 것은 별개의 문제이다.[29] 이에 대하여 발사계약은 기본적으로 국내계약이라고 하는 견해는 다음과 같은 이유를 들고 있다 ①발사 계약이란 일개 국가의 발사업무공급자와 체결하는 상법상의 계약이고, 어느 것이든지 한 국가에 묶어져 있다. ②발사계약을 행하는 발사업무공급자의 의무는 통상 제1단의 발사기엔진의 점화의 시점에서 종료한다.[30]

국제상법상의 국제계약이라는 것은, 당사자가 다른 국적을 갖는 것을 기준으로 할 뿐만 아니라, 국경을 초월한 재산 및 가치의 이동을 생기게 하고, 계약의 연결요소(예를 들면 발사시설, 발사실시영역, 발사기, 발사업무, 업무실시인, 업무의뢰인 등)가 복수의 국가에 분포되어 있는 것 및 국제거래상의 이익이 문제가 된다는 것을 기준으로 한다. 따라서 발사계약이 일반적으로 국내계약 혹은 국제계약이다라고 단정할 수는 없고, 이러한 기준에 의하여 개개의 발사계약에 관해 구체적으로 검토해 갈 필요가 있다고 본다.

---

29) Leopold Peyrefitte, “Droit de l'espace”, Precis Dalloz, 1993, pp.103~105.
30) H. Batiffol et P. Lagarde, “Droit international prive,” 1983, LGDJ. T. II, p.274~277.

2) 발사계약자간의 의무

발사계약의 당사자는 고객과 발사업무공급자이다. 고객이라는 것은, '우주물체 또는 위성의 최종적인 소유자 혹은 운용자이든지 아니면 우주물체 또는 위성을 최종적인 소유자 또는 운용자에 의한 이용을 위하여 궤도에 투입하는 자'를 말한다.[31] 고객 중에는 turn-key형 계약, 말하자면 위성제조업자가 위성의 제조에서 궤도상에서의 초기기능시험에 이르기까지의 모든 과정과 그것에 수반하는 위성손해의 리스크를 인수하여 궤도상에서의 운용상태로 위성을 고객에게 인도하는 계약의 경우 위성제조업자도 포함된다. 발사업무공급자라는 것은 국가에 의해 상업발사업무를 공급하는 것 또는 당해 업무의 발사기를 공급하는 것에 관하여 국내법령(예를 들면, 수출무역관리법규, 상업우주발사법 등)에 의거 면허를 교부한 단체, 또는 대리인 혹은 이것을 위해 행동하는 조직을 말한다.

가) 고객의 의무

발사주문은 발사 3~4년 전까지 고객에 의해 행해질 필요가 있다. 주문에 의해 발사기의 이송일정에 맞추어 지급할 명세서가 준비된다. 발사계약은 통상 2단계로 나눈다. 제1단계는 고객이 발사가능기간내의 발사예정일의 예약을 한다. 이 예약은 고객이 발사를 취소하는 경우 위약금의 지급을 필요로 한다. 제2단계에서는 확정계약을 체결한다. 발사업무공급자가 발사기제조업자와 체결하는 제조계약에 있어서는 고객은 당사자가 되지 않기 때문에, 동 계약은 발사계약과는 별개의 것으로 볼 수 있다. 탑재물의 제조계약도 동일하다. 동 계약은 원칙으로서 고객이 행하는 것이고, 발사업무공급자는 관여하지 않는다. 확정계약은 당사자가 관계당국의 필요한 허가를 받는 것을 요건으로 한다. 고객은 발사업무공급자에게 발사예정의 연기를 문서로 통지한 경우에는 어떤 이유가 됐건, 결정된 발사기간 및 발사가능시간대와 함께 발사일을 연기할 권리를 갖는다. 다만 고객에 의해 요청된 연기의 합계기간이 일정기간(예를 들면, 아리안 스페이스사를 비롯한 많은 발사업무공급자의 발사계약에서는 12개월)을 초과한 경우, 고객은 그 연기에 관해 보상금을 지급하지 않으면 안된다.[32] 당해 금액은 공평하면서도 합리적인 기준에 의해 당사자간의 교섭에 의해 결정된다. 연기의 통고가 늦게 될수록 지장이 크게 때문에 연기의 보상액은 증대하고, 발사계약의 재교섭이라는 결과로 된다. 발사시간의 직전(제3단계에로의 탑재물의 적

31) Memorandum of Agreement on international transactionon of commercial launch services between U.S.A. and P.R.C.(1995), ANNEX 1: Art. 3.

32) Agreement for the launching into geostationary transfer orbit of satellite by an Ariane launch vehicle, Art.11.2.1.

재 또는 카운트다운의 단계)에서의 연기요청은 연기료라는 별개의 추가요금이 고객에게 부과된다.[33)]

고객은 발사계약에 정해진 당사자의무의 이행 및 각각의 기술상 의무의 이행의 감독 및 조정을 위하여, 당해 계약에 있어서 기술상의 문제를 해결하는 기술조정자 및 계약상의 문제를 해결하는 계약조정자를 각 한명씩 지명하지 않으면 안된다. 계약이행 중의 기술상 또는 계약상의 문제 및 일상의 관리로 기인하는 기타 문제는 이러한 조정자가 해결한다.

나) 발사업무공급자의 의무

발사업무공급자는 발사계약에 명기된 발사업무 및 고객에 의해 주문된 기타 업무를 고객에게 제공하지 않으면 안된다.[34)] 여기서 말하는 업무라는 것은 발사업무공급자와 발사기제조업자가 행하는 발사기의 조달, 발사기의 운용업무, 미션분석, 우주기설계의 확인, 기타 종류의 시험 등이다.

예를 들면 아리안스페이스 발사계약 제4.3은 다음과 같이 규정하고 있다. "아리안스페이스사는 발사된 후의 발사기의 관리를 하지 않기 때문에, 한번 발사가 행해지면 발사업무는 아리안스페이스사에 의해 달성된다고 보아야 한다". 이 계약중의 '발사'라는 것은 발사기의 제1단 엔진의 점화를 말하는데, 이것으로 일단 발사업무의 종료가 된다. 왜냐하면, 발사업무공급자는 발사후 발사기에 대하여 어떠한 관리권도 갖지 않기 때문이다. 마틴 마리에타와 Intelsat의 발사계약 제5조 5항에 의하면, 마틴 마리에타사에 의한 발사업무는 Titan3의 고체 로켓모터 점화시점에서 종료한다. 발사후의 발사기의 감시는 비행 경로상에 설치되어 있는 추적관제 시스템에 맡기기 때문에, 발사후의 사고는 발사업무공급자의 계약의무의 위반이라고 하지 않는다고 규정하였다.[35)]

발사업무공급자도 발사를 연기할 권리를 갖는다. 예를 들면, 아리안스페이스사는, ① 불가항력, ② 동 사 또는 그 제휴자가 안전 또는 신뢰성에 관해 만족이 가는 조건에 의해 발사의 실시를 방해하는 기술상 문제에 직면한 경우, ③ 대체발사 또는 연기의 경우 그 미션이 악영향을 받을 가능성이 있는 과학적 위성의 발사를 행하자고 요구된 경우, ④ 아리안스페이스사에 의한 연기를 위하여 고객의 위성보다 빠른 발사기간 또는 발사가능시간대를 갖고 있는 위성의 발사예정을 변경할 경우 발사를 연기할 권리를 갖는다.[36)] 연기가

33) Ibid. Art. 11.22.

34) Ibid. Art. 4. 2.

35) P.L.Meridith and G.S.Robinson, "Space Law : A Case Study for the Practioner," Nijhoff. p.320.

발사업무공급자로 기인하는 경우 당해 공급자는 당연히 보생책임을 진다. 그러나 통상 발사연기의 경우, 발사업무공급자의 책임의 정도는 고객의 그것에 비해 매우 완화되어 있다.

다른 발사계약(예를 들면 제너럴 다이내믹스사의 협정 제8조, 마틴 마리에타사와 Intelsat간의 협정 제6조)에 있어서는 발사로 기인하는 사고에 의한 위성의 파괴, 분리실패 및 예정수명의 대폭 감소 등의 경우, 고객에 대하여 대체발사요청권을 인정하고 고객의 선택에 의한, 대체발사 또는 발사비 변제의 어떠한 보증을 제공하는 것이 일반적이다. 고객은 발사에 계속하여 발사미션 또는 위성미션의 어느 것이 어떤 이유로 달성되지 않았을 경우에, 발사업무공급자에게 대체발사를 청구할 권리를 갖는다.[37] 발사업무공급자는 통상 고객에 의한 유상 제도로의 가입을 조건으로하여 대체발사를 보증하고 또는 발사비의 일부를 변제하는 제도를 제공하고 있다. 발사업무공급자는, 발사리스크보증으로서 실패의 규모에 비례한 보증금을 고객에게 지급할 의무를 갖는다. 그러나 다음의 것으로 기인하는 실패는 발사리스크 보상범위에 포함되지 않는다. 즉 이는 ① (전쟁선언이 행해졌는지 않는지에 불문하고) 전쟁, 침략, 적대행위, 내전, 반란, 혁명, 폭동, 계엄령, 군사규칙, 합법적인 정부의 전복 또는 전복의 시도, ② 어떤 정부 도는 공공기관의 명령에 의한 압수, ③ 핵분렬, 핵융합, 유사한 반응, 방사성에너지 또는 방사성물질을 이용하는 동력원의 사용, ④ 위성파괴무기, ⑤ 우주환경에 존재하는 자연방사선이외의 어떤 종류의 방사능오염, ⑥ 고객의 과실위법행위 등을 말한다.[38]

다. 책임부담과 보험

발사로 기인하는 손해에 관해서는 당사자간의 손해와 제3자에 대한 손해가 있다. 우주손해배상협약도 우주조약 제7조와 마찬가지로 당사자간의 손해뿐만 아니라 제3자에 대한 손해에 관하여 규정하고 있고 또 이러한 조약은 개인의 레벨은 아니고 국가 차원의 손해배상의 처리에 관하여 규정하고 있다. 국가가 지급한 배상금은 손해를 직접적으로 일으킨 민간기업의 보험에 의해 커버된다. 예를 들면 미국의 경우, 손해를 입은 제3자가 민간기업과 정부의 쌍방을 고소하고 배상책임이 확정된 경우, 정부에 의한 보증제시에 앞서 민간기업이 보험계약 범위내에서 자기의 책임을 이행한다.

36) Supra note 31), Art. 9 &11. 3.
37) Ibid. Art. 13. 1.
38) Ibid. Annex4, Art. 2. 1. 2.

1) 당사자간의 손해배상책임 상호포기원칙

리스크분배의 방식으로서 많은 발사계약에 있어서 발사실패의 경우 각 당사자뿐만 아니라 그 계약자와 함께 하청계약자(발사활동에 관계되는가 아닌가는 상관없다)를 포함한 발사참가자간(미국에서는 당사간이라는 의미의 "interparty"라는 용어뿐만 아니라 "interparticipant"라는 용어가 사용되고 있다)에서의 손해배상청구권의 상호포기 원칙이 삽입되는 것이 보통이다.[39] 예를 들면 아리안스페이스사의 계약에 있어서는 의무의 특수한 성격을 감안하여, 계약에 의해 아리안스페이스사의 업무 및 고객의 기술적인 책임의 하자, 지연 또는 불이행으로 기인하는 아리안스페이스사 또는 고객의 배상책임은 계약의 종료를 포함한 모든 상황에 있어서 계약에 명시적으로 규정된 배상책임을 엄격하게 한정하고 그밖의 구제 또는 손해배상청구를 제외하고 있다. 각 당사자는 자기 또는 그 제휴자가 입은, 어느쪽이든 계약과의 관련 혹은 계약의 이행에 즈음하여 생긴, 재산의 모든 멸실 또는 손상 및 신체의 상해, 동시에 직접적인가 간접적인가 어떤가를 불문하고 이 멸실, 손상(사망을 포함한다) 및 신체의 상해 그리고 발사미션의 실패 및 위성미션의 실패 등 모든 결과 책임을 부담한다. 각 당사자는 과실책임을 지지않을 것, 대위변제를 행하지 않을 것, 당사자간에서의 배상책임을 포기하는 것을 취소할 수 없는 형태로 동의하고 다른 당사자 또는 그 제휴자에 대하여 어떤 이유든지 이것을 위하여 청구 또는 재판, 중재 또는 행정상의 절차이든지 소송절차를 시작할 권리를 포기한다.[40]

그리고 미국은 상업우주발사법 제70112조(4)(b)에 의해 동법에 의해 교부된 또는 양도된 면허는 발사업무에 관계되는 그 계약자, 하청계약자, 고객 및 고객의 계약자 또는 하청계약자와의 배상청구권 상호포기를 행하자는 면허인 또는 양수인에 대한 요구내용을 포함한다고 규정하고 있다. 리스크분배 방식으로서는 이것 외에 발사기자체의 성능에 관한 보증거부(disclaimers if warranty)도 발사업무공급자가 발사기제조자인 경우에 빈번하게 행해지고 있다. 특히 손해배상 제한조항이 손해배상청구 상호포기의 원칙의 적용외의 사항, 예를 들면 고객의 일실이익 및 기타 중대한 이익에 관한 발사업무공급자책임을 제한하기 위하여 삽입된다.[41] 여기서 이 문제와 관련한 적절한 사례로 Martin Marietta v. INTELSAT 사건을 간략히 분석해 본다.

미국에서는 1987년 발사계약에 의해 Martin Marietta사에 의한 1990년 3월 14일의 Intelsat 위성발사의 실패(제2호 로켓이 위성과 접속한 Peregee Kick Moter로부터 분리

39) P.L.Meredith and G.S.Robinson, op.cit., pp. 320~321.
40) Supra. note 31), Art. 14.1.
41) 龍澤邦彦, supra. note 27), p.226.

되지 않은 것으로 기인한다)에 관하여 진행된 소송에서 손해배상 청구상호포기 원칙의 적용여부를 둘러싸고 Intelsat가 청구를 제기하였던 바 ①일반적인 불법행위(tort claims in general), ②과실에 의한 부실표시(negligent misrepresentation), ③중과실(gross negligence)이 문제로 되었다.42)

①에 관해서는, 판결에 의하면 Martin Marietta사 및 Intelsat의 쌍방은 적절하게 상호간 리스크를 분배하면서도 의무를 정할 수 있는, 평등한 거래능력을 갖고 고도의 지식을 소유한 당사자이라는 것이 명료하고, 양 당사자는 계쟁중의 계약에 있어서 자기의 의무의 완전한 범위를 정했다고 결론한다. 따라서 계약에 의해 정해진 이행의 의무를 초월하여 Martin Marietta사는 계약을 고의적으로 악의 혹은 사기에 의해 포기하지 않는다고 하는 의무부담이외 Intelsat에 대해 이행에 있어서 합리적인 주의의무(reasonable care)를 지지 않는다고 하였다. 그들은 주법(州法)에 의해 부과된 일반적인 불법행위의무 뿐만 아니라 합의된 계약사의 규정에 의해 특별히 규정된 의무를 준수해야 하기 때문이다.

②에 관해서는, 이 사건에 있어서 법률이 당사자 계약관계와는 별도로 불법행위상의 상당한 주의의무(due care)를 창설하는 의사표시를 하지 않았다. 표시에 관한 이 불법행위에 관한 주의의무는 특히 무방비된 당사자를 보호하기 위하여 법원에 의해 부과된다. 말하자면 이 의무는 일방이 큰 개인적 신뢰를 차지하고 있고, 통상 의사, 변호사, 건축가 또는 공인회계사 등 전문가와 환자 또는 고객과의 거래 문맥에 있어서 부과된다. 이 특별한 신뢰관계는 여기서는 존재하지 않는다. Intelsat는 계약의 대상에 대해 정통하지 못했거나 아무런 지식을 갖지 않은 류의 소비자는 아니다. 법원은 어떤 상황도 Martin Marietta사에 대하여 표시를 행하는 것에 맞추어 상당한 주의를 행하는, 계약외의 불법행위상 의무를 부과하는 것을 보증하지 않았기 때문에 Intelsat는 과실에 의한 부실표시에 의해 청구를 제기할 수 없다고 판시하였다.

③에 관해서 판결은 통상적으로 중과실의 경우에 손해배상을 계약에 의해 포기하는 것과 같은 형태로 강제하는 것을 금지하는 공공정책을 판시하고 있다. 다만, 이 사례의 특별한 문맥에 있어서는 중과실에 관한 것을 포함한 모든 불법행위에 대해 포기의 강제가 공공정책에 의해 강하게 지시되고 있다고 판결하였다. 왜냐하면 이 사례는 의회가 현실적으로 입법에 의해 양 당사자에 대하여, 각 당사자가 자신의 손실리스크를 부담하는 취지인 계약상의 포기에 동의하도록 요구하는 것에 의거한 공공정책을 선언하고 있기 때문이

42) Martin Marietta v. INTELSAT, 763 F. Supp. 1327 (D. Md. 1991).
이하에서 기술한 것은 동 사건에서 쟁점이 되었던 부분에 대한 3개 항목에 관하여 법원의 판결 내용을 논점 중심으로 요약한 것이다.

다. 합중국의 공공정책은 면허 교부된 우주발사공급자의 업무를 이용하는 자들이 자신의 리스크에 따라서 그것을 행할 것을 요구하고 있는 것이다.

2) 보험

제3자보험을 드는 것은 통상 법률 및 기타 규칙 또는 계약에 의해 요구된다. 미국에 있어서는 전술한 것처럼 상업우주발사법에 의해 제3자 및 정부자산에 대한 보험을 드는 것이 의무지워져 있다. 보험액은 국가나 로켓의 사이즈에 따라 다르다.[43] 아리안스페이스사는 최고 4억 프랑스프랑, 그리고 마틴 마리에타사는 Titan로켓에 의한 발사에 관해 2150만 달러의 보험을 들었다. 소형의 저궤도로켓은 100만달러 정도의 보험을 들었다. 아리안스페이스사의 발사계약에 의하면, 각 당사자가 계약의 이행 중에 직접적 혹은 간접적인 모든 경우에 있어서 단독으로 또 완전하게, 자기 또는 자기의 제휴자가 일으킨 간접적이든지 직접적이든지 제3자가 입은 멸실, 손상 또는 신체의 상해(사망을 포함함)에 관해 손해배상책임을 진다. 다른 당사자에 의해 야기된 멸실, 손상 또는 신체의 상해(사망을 포함함)를 이유로 제3자에 의한 한 당사자 또는 그 제휴자에 대한 사법상, 중재상, 행정상 및 기타 소송에 있어서 다른 당사자는 당해 한 당사자에 배상하면 면책되게 된다. 아리안스페이스사는 발사에 관해 통합된 우주물체 또는 그 부품에 의해 야기된 제3자의 재산상 손해 및 신체의 상해에 관한 손해배상책임에 대해 자신 및 고객을 보호하기 위하여 그 어느 쪽이든지 추가비용을 내고 사건별 보험을 들지 않으면 안된다. 이 보험의 적용은 발사일 현재에 실시되고, 36개월 또는 통합된 우주물체의 전부 또는 일부가 궤도에 머물러있는 기간동안 어느쪽이든지 짧은 기간 계속된다.[44] 아리안스페이스사는 전기의 기간 중 통합된 우주물체 또는 그 부품에 의해 제3자에 대하여 일으킨 재산의 손해 및 신체의 상해에서 당해 보험증권에 의해 보전된 금액을 초월하는 것에 관하여 모든 배상책임을 이행한다. 이 보험증권의 유효기간 종료 후에는 고객이 자기의 위성 또는 그 부품에 의해 제3자에 대하여 야기한 이러한 손해 및 손상에 관해 모든 배상책임을 지지 않으면 안된다.[45]

43) Masahiko Sato, The Japanese Legal Framework; Third Party Liability Resulting from NASDA Launch Activities, IISL-98-IISL. 2. 05, pp.2~3.
44) Supra. note 31), Art. 15, 1&2.
45) Supra. note 31), Art. 15, 3.

Ⅳ. 주요국가의 국내법적 규제의 검토

1. 미국 국내법의 검토

가. 우주조약과 연방헌법

미국에는 상업적 우주활동을 용이하게 하기 위하여 1984년 제정된 '상업우주발사법'과 같은 중요한 법적 배경이 존재한다. 여기서는 연방법의 일부인 국제우주법과 상업적 우주발사법의 관계를 살펴본다. 종래에 상업적 우주활동과 관련하여 이는 연방정부에의 권력위임이 아니며 따라서 헌법 아래서 개인 시민에게 자유로운 활동권한을 부여하는 것이기 때문에 미국 정부가 상업적 우주활동을 금지하거나 혹은 방해할 수 없다는 것을 의미한다는 주장이 있었다. 이러한 두 가지 오해는 헌법하의 연방 권력위임과 미국법에서 조약의 법적 효력을 결부시킴으로써 동시에 해결될 수 있다. 우선 미국 정부가 상업적 우주활동을 통제할 수 없다는 오해는 일반적으로 미국의 권리장전 수정 제10조를 인용하여 합리화할 수 있겠는데, 이는 "헌법에 의하여 미합중국에 위임되지 않거나 헌법에 의해 여러 주에 금지되어있지 않은 권한은 각 주나 국민에게 유보된다"라는 데 근거를 두고 있다. 수정 제10조가 말하는 바는 만일 헌법에 의해 특정 권한이 연방정부에 분명하게 위임되지 않았다면 권한은 여러 주나 국민들이 행사하도록 유보된다는 것이다. 이들 주장을 요약하면 일부 상업적 우주활동과 관련된 개인 및 기업과 같은 개인적 법적 실체들이 상업적 우주활동은 헌법아래 연방정부로 권한 위임되지 않았기 때문에 연방정부의 방해 없이 수정 제10조하에 상업적 우주활동을 임의로 수행할 권리를 지닌다는 것으로 추론된다.[46] 이들 입장의 기반은 우주조약을 포함한 국제 우주법이 미국정부에만 적용되고 개인에게는 적용되지 않는다는 주장에 있다. 그러한 추론은 비준 조약의 법적 효과에 대한 오해에서 비롯된다. 다음은 미국 헌법 6조의 일부이다.

"이 헌법 및 헌법에 의해 제정된 연방 법률, 합중국의 권한에 의해 체결된 또는 장차 체결될 모든 조약은 국가의 최고법으로서 모든 주의 법관은 이에 구속되며, 어느 주의 헌법 또는 법률과 어긋나는 규정이 있는 경우에도 동일하다."

본질적으로 이는 미국이 우주조약이나 그와 동열에 있는 국제조약을 비준할 때 이러한 조약들의 조항은 의회에서 통과된 연방 법률과 동일한 법적 효력을 지닌다. 그러므로 연

---

46) Machael J. Listner, "International space law and commercial space activities: the rules do apply", The Space Review, June 2013, p.6.

방정부는 우주조약과 같은 조약의 조항들을 법적으로 준수하기 위해 전념할 뿐만 아니라 미국 내 사법권하의 개인 시민도 물론 이를 준수해야 한다. 이점은 우주국제법의 국내적 효력과 관련하여 다른 국가들의 국내법적용에 있어서도 유사한 관점에서 설명될 수 있을 것이다. 앞에서 언급했던 우주조약 제6조는 우주조약의 당사국으로서 미국정부가 우주활동을 수행하는 개인에게 사법권을 행사하고, 그들에 의해 수행되는 우주활동을 허가하는 책임을 지니며, 그들이 우주조약과 국제법에 일반적으로 순응할 것을 분명히 하도록 지속적으로 감독할 의무를 지닌다는 것을 의미한다. 따라서 미국이 비준한 조약으로서의 우주조약의 지위는 미국 헌법 제6조에 따른 국가 최고법이 된다. 우주조약에 의해 미국으로 위임된 권한과 의무를 고려하여 의회는 상업적 발사 활동을 명확하게 다루는 일련의 연방 법률들을 통과시켰다. 1984년 제정(1988년, 2004년 등 개정)되어 '상업우주발사법'으로 일반적으로 알려져 있고, 51 U.S.C §§ 50901-50923으로 성문화된 미국 법령 제 509장 51편에 의거, 미국 연방정부는 교통부를 통해 상업적 우주활동을 허가하고 감독할 권한을 행사하고 있다.[47)]

제 509장하에서 상업적 우주활동을 감독할 미국 교통부의 권한은 상업적 우주비행의 발사 및 재돌입과 관련하여 다음과 같은 내용을 포함한다.

- 발사·작동·재돌입을 제한할 권한[48)]
- 발사 및 재돌입 활동을 모니터할 권한[49)]
- 허가를 수정·철회·유예할 권한[50)]
- 예정된 발사 및 재돌입을 사전에 선점할 권리[51)]
- 발사의 금지·유예·중단, 발사장 및 재돌입 부지의 운영 그리고 재돌입[52)]
- 상업 운영자가 제 3자 책임보험을 획득하고 피해 당사자에게 보상금을 지급할 재정적 수단을 입증할 것을 요구할 권리[53)]

47) The branch of the Department of Transportation that is responsible for implementing Chapter 509 is the Federal Aviation Administration(FAA). The current regulations to carry out Chapter 509 can be found at 14 C.F.R. Chapter Ⅲ. Parts § 415, 431 and 435.

48) 51 U.S.C § 50904 Restrictions on launches, operations, and reentries

49) 51 U.S.C § 50907 Monitoring activities

50) 51 U.S.C § 50908 Effective periods, and modifications, suspensions, and revocations, of licenses.

51) 51 U.S.C § 50910 Preemption of scheduled launches or reentries

52) 51 U.S.C § 50909 Prohibition, suspension, and end of launches, operation of launch sites and reentry sites, and reentries

53) 51 U.S.C § 50914 Liability insurance and financial responsibility

- 정부와 외국 정부 사이에서 시행 중인 조약·협약·협정에서 미국이 부담하는 의무와 일치하는 본 장을 수행하도록 타국과 협의할 권리[54)]
- 규정을 이행하기 위한 규칙을 정립할 권한[55)]

물론 제 509장은 전적으로 규제를 위한 것만은 아니고 발사 허가에 대한 수많은 혜택과 정당한 법 절차 메커니즘을 보유하는데, 제 509장의 실제 효과는 이것이 상업적 우주활동을 수행하는데 사적인 이익을 부여하고 연방정부가 우주조약과 그 관련법규에 의거해서 의무를 이행할 수단을 제공하는 것이라고 할 수 있다. 미국 교통부는 현재 및 미래의 상업적 우주활동을 허가·유예·금지시키는 권한을 통해 이러한 의무를 수행하고 있다.

나. 상업우주발사법(1984,Commercial Space Launch Act, CSLA)[56)]

동 법에 따르면 미국영역 내에서의 발사에 대해서는 모든 사람, 미국영역 외에서의 발사에 대해서는 미국민이 면허의 발급을 받아야 한다(70104조(a)(1)(2)). 외국 국적의 민간인이라도 미국민이 「지배적 이익」(controlling interest)을 가지고 있는 경우는 미국외이면서 외국의 영역외(공해, 공역 등)에서의 발사와 발사장 운영을 위해 면허를 필요로 한다(동조(3)A). 또한 외국과의 사이에 미국이 관할권을 행사해야 한다는 것을 규정하는 협정이 있는 경우는 이러한 외국국적의 민간인은 미국의 발사허가를 취득해야 한다(동B(ii)).[57)] 반복적 활용이 가능한 우주왕복선(RLV)의 이용을 염두에 두고 1998년에는 우주물체의 귀환도 동 법상 허가의 대상이 되었다.[58)]

사실 CSLA는 행정절차법적인 성격이 강하였기 때문에 요람기에 있는 상업적 우주발사산업의 보호는 불충분했다.[59)] NASA가 민간부문의 위성발사까지 담당했던 시절에는

---

54) 51 U.S.C § 50919 Relationship to other executive agencies, laws, and international obligations

55) 51 U.S.C § 50922 Regulations

56) Commercial Space Launching Act, Public Law. 98-575 (30 Oct. 1984) 49 U.S.C. 2601. 그 후 면허부여 기준과 수속에 대한 세칙은 잠정규칙(51 Fed. Reg. 6870 (26 Feb. 1986))을 거쳐 정식으로 제정되었다. 53 Fed. Reg. 110004 (4 April 1988). 또한 동 법은 몇 차례의 개정을 거쳤으며, 1994년에는 법전 재편에 따라 조문 번호가 크게 바뀌었다. 본문에서의 인용은 조문 번호 변경 이후의 것이다.

57) 미국 • 우크라이나 상업우주발사협정에서는 양국의 기업이 참가하는 다국적기업에 의한 발사에서는 미국의 발사허가를 받는 의무가 규정되어 있다(제2조 3).

58) Commercial Space Act of 1998, Public Law 105-303 (28 Oct. 1998) [H.R.1702], sec. 102.

59) Handberg, Roger B. & Joan Johnson-Freese, The Prestige Trap, 1994,, pp.155-167. Gump, David P., Space Enterprise beyond NASA, 1990, p.39.

위성소유자가 가입했던 보험액을 넘는 제3자 손해가 발생했을 때 NASA에서 그것을 보충할 수 있었으나, CSLA 아래서는 발사업자가 운수장관이 결정한 금액의 보호한도를 가입하여 보험액을 넘는 제3자 손해가 발생한 경우에도 기업이 그것을 보상해야 한다. 때문에 공적 부문에서 막대한 보조를 받아 발사산업을 발전시키고 있는 유럽이나 중국에 가격경쟁력면에서 당해낼 수 없다는 미국산업계의 원성이 높아졌고, 1988년 일정 금액 이상의 제3자 손해보상을 정부가 떠맡아 정부재산에의 보상을 경감하는 법개정이 이루어졌다.[60] 이에 따라 제3자 손해에 대해서는 5억 달러까지의 보험가입의무(CSLA 70112조(a)(3)(i))를 지우고,[61] 발사장과 그 직원의 이용에 의해 발생할 수 있는 미국재산의 손실·손해에 대해서는 1억 달러까지의 보험가입의무(CSLA 70112조(a)(3)(ii))로 족하게 되었다. 5억 달러를 넘는 제3자 손해에 대해서는 정부가 의회의 승인을 받아 15억 달러까지 보충할 수 있다(CSLA 70113조).[62] 또한 NASA나 공군이 민간기업의 위성발사를 위탁받아 시행했던 시절의 리스크 분산 관행을 이어받아 CSLA에서는 발사서비스에 관여하는 자의 계약상대, 하청계약자, 고객, 해당 고객의 계약상대나 하청계약자 간에 청구의 상호포기를 미리 확보하는 것이 면허발급요건이었다(CSLA 70112조(b)).[63]

2. 유럽법의 검토

유럽의 경우는 EU집행위원회와 이사회가 공동으로 1996년 우주의 상업적 활용, 우주시장 및 산업경쟁력을 촉진하기 위한 방안을 논의하였고 이를 기점으로 1998년 EU이사회와 ESA가 공동으로 채택한 EU의 우주정책인 'ESA와 유럽공동체간 협력강화를 위한 결의'에서 상업적 이용체제가 본격화되었다. 2003년 11월에는 지구관측, 항행, 위성통신, 유인우주비행, 미세중력, 발사체 서비스 등 우주프로그램의 수행과 전파할당 정책 등의 수립에 필요한 법적 체계를 마련하기 위하여 EC와 ESA간에 기본협정이 체결되었다.[64] 나아가 2007년에는 17개 ESA회원국과 27개 EU회원국이 공동으로 '유럽우주정책 결의'

60) Bender, R., Space Transport Liability : National and International Aspects, 1995, pp.207-217

61) 조홍제, "외국의 우주보험 관련법 연구", 항공우주법학회지, 제26권 제1호, 2011, p.282.

62) 제3자 손해가 15억 달러를 넘는 경우에 대해서는 CSLA가 규정하고 있지 않다.

63) 단, Martin Marietta v. INTELSAT 사건의 제1심 판결(1991년)에서 계약서에 명확히 상호포기가 규정되어 있지 않을 때는 1988년 개정법의 규정에도 불구하고 선험적으로 상호포기를 인정할 수는 없다고 판시 한 바 있다. Martin Marietta v. INTELSAT, 763 F. Supp. 1327 (1991), cited in Gorove, Stephen, Cases on Space law, 1996, pp.59-60.

64) 박원화 · 정영진, 우주법(제3판), 한국학술정보(주), 2012, p.39.

를 채택하여 이제 개별국가 차원에서 벗어나 유럽전체를 위한 우주활동의 기본비전과 전략을 수립하도록 하였다. 이를 토대로 하여 각국에는 상업우주발사법 같은 것이 따로 없고 로켓의 상업적 이용에 관해 발생할 수 있는 법적 문제는 유럽 각국이 아리안 로켓의 생산에 관한 합의를 명확히 한 아리안 스페이스 선언[65], 유럽우주기구(ESA)와 아리안 스페이스사간의 협정[66], 기아나우주센터의 이용에 관한 프랑스와 ESA의 협정 등의 문서를 통해 처리된다. 발사국으로서 프랑스가 제3자 손해에 대해 무과실의 완전배상책임을 지는데, 후에 프랑스가 아리안 스페이스사에 5억 프랑까지 요구할 수 있도록 되어 있다.[67] 발사에 필요한 제3자 보험가입액의 결정에 대해서는 최대주주로서 아리안 로켓의 발사에 허가를 부여하는 프랑스 국립우주연구센터(CNES)가 관여한다.[68]

3. 러시아 「연방우주활동법」[69]

러시아의 우주사업에서 2006년부터 2015년까지 편성된 예산은 약110억 달러에 불과하지만 우주발사체 개발,달과 화성 등의 천체 탐사, ISS, 실용적 위성항법체제인 GLONASS의 구축 등[70] 성과가 적지 않은 것으로 평가된다. 특히 러시아는 유인 우주비행을 주요한 사업 중 하나로 추진하고 있는 바 이미 상업적 우주관광 사업을 통해 각각 2000만 달러의 이용료를 받고 민간인 7명을 ISS에 보낸 실적을 보유하고 있다. 이들 우주활동에는 우주의 탐사 및 이용에 「직접적으로 관련된 활동」(동법 제2조(1))을 넓게 포함하여 우주통신, 원격탐사, 우주제조업뿐 아니라 우주활동으로부터 발생하는 책임이나 보험문제를 포함하여 우주연구나 우주기술의 지원에 의해 행하는 다양한 활동까지를 예시하여 열거하고 있는 연방우주활동법의 뒷받침이 작용하였다고 볼 수 있다(제2조(1)(2)).[71] 이렇듯

---

65) Declaration by Certain European Governments Relationg to the Ariane Launcher Production Phase, done 14 Jan. 1980, entered into force 15 Oct. 1981 ; cited in 6 Annals Air & Space L. 1981, pp.723-737.(revised in 1992)

66) Convention between the European Space Agency and Arianspace, (signed 24 Sept. 1992).

67) 아리안 스페이스 선언 3조 (9) 및 4조 (1). 1980년 선언에서는 아리안 스페이스사가 책임지는 상한이 4억 프랑이었다.

68) 90년대 상업적 우주이용 국제시장에서 가장 성공한 발사업체는 아리안으로 90년대 시장점유율 38%, 민간위성발사에 한하면 60% 이상을 차지하였다.
日本宇宙開發事業団, 「宇宙開發 Databook 2000」,日本 宇宙Forum(2000년), p.167.

69) Law of the Russian Federation on Space Activities, (20 Aug. 1993), No. 5663-1, effective 6 Oct. 1993. A/AC.105/C.2/L.224 (22 Jan. 2001) paras.

70) 박원화 • 정영진, op.cit., 2012, p.130.

71) 조홍제, op. cit., 2011, p.289.

우주활동을 넓게 파악하는 주된 이유는 민간사업에 관한 법률의 정비가 늦어지고 있기 때문에 위성, 발사기기 및 이러한 것들에 관한 기술의 이전, 수출관리, 우주 사업에 필요한 자금조달의 규칙, 외국인 재산의 보호, 지적소유권 문제 등까지도 러시아의 연방 우주활동법에서 개괄적으로 정해둘 필요가 있었기 때문인 것으로 추정된다. 그러나 우주의 이용에 있어 면허취득이 요구되는 활동은 우주물체의 실험, 제조, 보관, 발사준비, 발사 및 우주비행관리에 한정되며(제9조 1항), 장소에 상관없이 러시아의 또는 러시아 관할하에서의 외국인의 해당 활동에 대해서도 상기 면허의 취득이 활동의 전제요건이 된다. 러시아에는 동 법 이외에도 상업적 활동과 관련하여 「러시아연방 상업우주활동법(1997)」, 「우주산업분야의 국가정책이행에 관한 법령(1998)」등 다수의 관계법규가 있다. 소련이 해체된 이후에 우크라이나가 독립하면서 러시아우주청으로부터 별개의 우크라이나 국가우주청이 분리 설치되었는데 동 기관의 활동과 더불어 「우주활동에 관한 우크라이나법」이 제정되었다(1996년). 우주활동에 관한 우크라이나법도 '우주활동'을 우주의 과학조사, 우주기술의 설계와 응용 및 우주공간의 이용으로 다소 넓게 정의하고 있는 것으로 보인다(제1조). 또한 동 법에 의하면 국가 우주기관이 우크라이나 영역내 및 동 국가의 관할권하에 있는 국외에서의 우주활동 중 면허를 필요로 하는 것(이후 각의에 의해 책정되는 면허절차에 의해 결정된다)에 대해 면허를 발급하도록 규정하고 있다(제6조, 10조).[72)]

4. 일본의 「우주기본법」

일본은 우주산업을 국가 성장의 핵심 요소로 판단하여 국가 전략으로서 우주정책을 수립하였다. 이에 따라 일본의 우주정책은 세계 최대 규모의 우주 산업 창출, 우주외교를 통한 협력 국가의 확대 및 국내 우주 산업체의 해외 진출 그리고 최첨단 과학 및 기술력 강화에 초점을 두고 있다.

최근 시장조사회사인 SEED PLANNING사는 우주 상업화관련 비즈니스의 일본 및 해외 동향, 일본국내 우주관련 기술의 시장과 전망을 분석한 보고서를 발간한 바 있는데 이 보고서에 따르면 일본의 우주 비즈니스는 지금까지의 우주기술 연구개발에서 앞으로는 우주의 상업적 이용으로 그 중심이 이동할 것이라고 강조한다. 이를 위한 국내법제 정비의 일환으로 2007년 8월의 '지리 공간정보 활용추진 기본법'과 2008년 8월 '우주기본법' 제정,시행에 따라 일본 우주개발은 연구개발 위주에서 우주의 상업적 이용으로 크게 전환

72) A/AC.105/C.2/L.224 (22 Jan. 2001), paras. 47-55.

되고 있음을 볼 수 있다.73) 일본의 우주기본법에 따르면 정부는 우주활동에 관계되는 조약 기타의 규제약속을 이행하기 위하여 필요한 사항 등에 법제의 정비를 종합적, 계획적으로 신속하게 하도록 하고, 나아가 정부는 국제사회에 있어서 자국 이익의 증진 특히 민간에 있어서 우주개발이용의 추진에 이바지하도록 규정을 두고 있다.74)

일본에 있어 우주기본법의 제정, 시행은 지금까지 각 부처별 연구, 개발에서 실용적 수요에 부응하여 우주산업화를 중요시하는 정부의 통일적인 정책으로의 전환을 의미하며, 우주개발을 종합적이며 전략적으로 실행하는 것을 그 목적으로 하고 있고 이에 따라 내각 총리를 본부장으로 하는 '우주개발 전략본부'를 내각관방에 설치했다. 이런 우주의 상업적 이용은 2005년 12월 자민당의 우주관련 기술검토회가 발족할 당시에 본격적으로 추진되기 시작했다고 할 수 있을 것이다.

5. 한국의 「우주개발 진흥법」 및 「우주손해 배상법」

우리나라에서도 우주개발에 관한 국제조약상의 의무를 이행하고 국내적으로 실시하기 위하여 우주산업개발을 지원하기 위한 법령 정비의 일환으로 관련 국내 입법을 제정, 시행해 오고 있다. 2005년 12월 1일부터 발효·시행되고 있는 '우주개발 진흥법'은 우주개발을 체계적으로 진흥하고 우주물체를 효율적으로 이용 및 관리하도록 함으로써 국가의 안전보장 및 경제의 건전한 발전과 국민생활의 향상에 이바지하는데 그 목적을 두고 있다. 상업적 우주활동을 위한 위성의 발사 및 운용과정에서 발생할지 모르는 사고에 대비하여 '우주손해 배상법'도 제정하여 2008년 6월 22일부터 효력을 발생하였다. 동 법은 우주활동 과정에서 손해가 발생한 경우 그 배상범위와 책임한계 등을 규정하여 우주개발 사업의 발전에 기여하는 것을 주 목적으로 한다.75) 이들 법률은 아직 미흡한 부분도 있고 개정을 요하는 부분도 다수 지적되고 있긴 하지만 한국도 이제 이런 장치를 바탕으로 본격적인 우주개발을 통해 상업적 우주이용을 위한 기본적 준비를 갖춘 셈이다.

---

73) http://www.seedplanning.co.jp/press/2009/2009121002.html

74) 日本 宇宙基本法, 第35條.

75) 이들 국내법령에 대한 보다 상세한 분석은 다음논문 참조.
이강빈, "우주개발사업의 지속발전을 위한 국내입법의 개선방향에 관한 연구", 한국항공우주법학회지, 제25권 제1호, 2010, pp.133-145.

V. 평가와 전망

우주의 상업적 이용분야는 지난 수십년 사이에 놀라운 발전을 거듭해 왔다. 그 발전의 폭도 원격탐사, 우주통신, 우주발사 서비스 및 제조업, 에너지 생산분야, 우주운송 및 보험 등 다양한 영역으로 확대일로에 있다.

이러한 우주에서의 상업적 활동 내지 민간차원의 이용이 우주조약 등 관련 우주국제법의 적용을 받는 우주활동인가 여부에 관해서는 국내외적으로 논란이 있었던 것은 사실이지만 앞서도 논한 바 있듯이 우주조약에서 규정하고 있는 바대로 모든 국가와 전 인류의 이익을 위해 수행되어야 하는 우주활동속에 포함되는 것으로 보아야 할 것이다.[76] 여기서 주목해야 될 것은 상업적 활동 내지 민간차원의 우주이용에 관해 우주국제법의 태도이다. 물론 민간기업의 형태를 취한 상업우주발사활동을 규제하는 일반국제우주법의 규칙은 아직 명료하지 않다. 게다가 상업적 이용의 진전에 따라 대두되는 문제에 대해서 기존의 우주국제법이 한계점을 드러내고 있는 것이 주지의 사실이고 새로이 생성 중에 있는 법규범과도 상호 모순되거나 입법적 불비가 있을 수 있는 만큼 이를 극복할 수 방안이 국제 공동체의 부단한 노력을 통해 마련되어야 할 것이다. 현재 우주조약이나 책임협약 등 우주관련 조약에 따르면 기본적으로 국가는 비정부단체나 개인 등의 우주활동에서 야기되는 모든 손해에 대해 국제책임을 지는 것을 원칙으로 하고 있다는 점은 전술한 바와 같다. 이를 위해 각 국가는 국내적으로 그들의 활동에 대한 감독 책임을 부담하고 있으며 이는 구체적으로는 우주의 상업적 이용을 허가 및 규제하는 당해국가들의 국내법에 반영되어야 할 것이다.[77] 현재 우주의 상업적 활용에 관한 우주법규범이 아직 형성 중에 있다는 현실로 인해 실제적인 운용면에서는 국가간의 관행이나 계약 그리고 국내법의 적용을 통해서 문제를 해결하는 경우가 많이 있다. 우주의 상업적 활동가운데 대표적으로 앞서 본 발사서비스의 경우 원칙적으로 우주법에 근거한 의무사항을 제외하면 계약당사자가 그들 의사에 의거하여 계약의 내용을 정하고 있는데, 최근까지의 관행에 따르면 발사서비스제공자는 상호책임 면제조항 등을 빌미로 발사의 성공을 보장해 주지 않는 것이 사실이며 말하자면 결과에 대한 의무가 아닌 수단에 대한 의무만을 부담하고 있는 셈이다.[78] 현재와 같이 일부 우주 선진국의 국내법이나 계약관행으로 상업활동이 규율되는 경우에는 나로호 발사과정에서 보았듯이 우주 후발주자의 입장에서는 불리한 상황에 놓

76) Outer Space Treaty, Art.,1.
77) 김종복, 신 우주법, 한국학술정보(주), 2011, pp.161-162.
78) 신성환, "우주사고와 책임문제", 국제법 동향과 실무, 외교통상부,2009, Vol.8, No.3·4, p.34.

여지는 경우가 적지 않을 것이므로 이런 문제에 대한 호혜적인 합의노력도 필요할 것이다. 그 외에도 주요 상업적 우주이용 분야에서 법규범의 정비가 필요한 분야는 지적 재산권 분야, 위성통신 및 발사체의 우주보험의 문제, 우주여행을 포함한 우주운송 사업 등 다양하게 존재한다.

이처럼 우주에서의 상업적 활동은 다양한 분야에 연관되어 있고 그 파급효과가 인간의 생활영역에도 직접적으로 미치고 있는 바 이제는 우주법이 이들 문제에 대한 해답을 어떤 형태로든 제시해야할 단계에 와 있고 현재 이를 위한 국내외적 노력이 진행 중에 있다. 전술한 바와 같이 주로 공법적인 특성을 지닌 우주국제법에 근거한 기본적인 사항이외에 당사자의 발사계약에 의거한 상업적 우주발사분야의 규칙과 관행이 성립되어 가는 중이고, 그외 지역적인 우주활동 혹은 우주통신, 제조업, 우주운송이나 여행 등 다양한 이용분야에 관한 특별법규칙도 형성되어가고 있다는 사실을 주목해 봐야 할 것이다. 예컨대 유럽이사회에서 2008년 제안한 바 있는 '우주활동을 위한 행동 강령(Code of Conduct)'은 국가의 우주활동 수행 중에 다른 인공위성에 피해를 입히거나 상업적으로 활용되는 우주통신을 방해하는 행동을 피하고, 또한 궤도 폐기물 생성의 억제를 요구하는 등 상업적 우주활동에 적용 가능한 국제합의의 하나의 본보기가 될 수 있을 것이다.[79] 지금도 이것은 UN에서 다자간 협상의 주요 논제가 되고 있다. 이런 관점에서 앞서 본 각국의 국내법 차원에서의 정비도 법리적인 측면에서나 국제협력의 관점에서 기존의 우주국제법과 조화를 이루도록 해야 하겠지만 일반국제법 내지 특별우주법규범에 있어서도 상업적 우주활동의 발전 추세에 부합하고 또한 양 법체계가 조화를 이룰 수 있도록 재검토하고, 경우에 따라 현 시점에서 수용 가능한 새로운 형태의 법규범 모델을 이끌어 내야할 필요성도 있다고 보는 것이다.

요컨대 이제는 발사계약뿐만 아니라 기타 다양한 분야의 우주활동의 상업화, 민간화 수요를 충족시키기 위해, 필요에 의해서 우주활동전체를 공적 서비스로만 보아 왔던 기존의 우주법체계를 재정비하는 것과 같은 형태로 국제사회가 상업적 우주활동에 관한 우주경제법규칙의 작성이나 법 형성 과정에 있어서 보다 통합적인 어프로치(예를 들면 우주관련 민간기업이나 NGO를 자문베이스로 COPUOS에 참가시키고 혹은 WTO, WIPO, ICAO, INTELSAT, INMARSAT, IMO 등의 기관과 관련분야에서 제휴하여 법규칙의 형성에 이르는 등)를 할 수 있도록 적극 검토해 보는 것도 하나의 방안이 될 것이다.

---

79) Machael J. Listner, "International space law and commercial space activities: the rules do apply", The Space Review, June 2013, p.9.

참 고 문 헌

신성환, "우주사고와 책임문제", 국제법 동향과 실무, 외교통상부, Vol.8, No. 3・4.

이강빈, "우주개발사업의 지속발전을 위한 국내입법의 개선방향에 관한 연구", 한국항공우주법학회지, 제25권 제1호, 2010.

김종복, 신 우주법, 한국학술정보(주), 2011.

박원화・정영진, 우주법(제3판), 한국학술정보(주), 2012.

한국항공우주연구원, R&D Information, 국가별 주요항공우주프로그램, 2013.

문준조, 우주시대에 부응하는 우주관련법 개선방안, 한국법제연구원, 2011.

青木節子,"宇宙の 商業利用", 日本と 國際法 100年, 第2卷, 2002.

山本草二,"宇宙法における開發槪念", 國際法外交雜誌, 69권 4·5·6호, 1971.

山本草二,"宇宙開發", 未來社會と法, 筑摩書房, 1976.

龍澤邦彦 監修「原典 宇宙法」,丸善 プラネット, 1999.

龍澤邦彦,宇宙法 システム, 中央學院大學 地方自治硏究セソタ-, 2000.

山本草二,宇宙通信の 國際法 -國際企業の 法形態として-, 第1編,東京,有信堂, 1991.

日本宇宙開發事業団,「宇宙開發 Databook 2000」,日本 宇宙Forum, 2000.

Machael J. Listner, "International space law and commercial space activities: the rules do", The Space Review, June 2013.

Silvestrov, Georgy, "The Notion of Space Commercialization", 33 Colloqium of International Outer Space, 1990.

He Qizhi, "Legal Aspects of Commercialization of Space Activities" 15 Annals Air & Space Law, 1990.

Boeckstiegel, Karl-Heinz, "The Term "Appropriate State" in International Space Law" 37 Colloq. L. Outer Space, 1994.

Gorove, Stephen, "Liability in Space Law : An Overview", 8 Annals Air & Space Law, 1983.

Reijnen, Bess, "International Law and Business in Space - in Europe" 33 Colloq. L. Outer Space, 1990.

Bourely, Michel, "Rules of International Law Governing the Commercialization of Space Activities", 29 Colloq. L. Outer Space, 1986.

Leopold Peyrefitte, “Droit de l'espace”, Precis Dalloz, 1993.

H. Batiffol et P. Lagarde, “Droit international prive,” 1983, LGDJ. T. II.

P.L.Meridith and G.S.Robinson, “Space Law : A Case Study for the Practioner,” Nijhoff.

Machael J. Listner, “International space law and commercial space activities: the rules do apply”, The Space Review, June 2013.

Masahiko Sato, “The Japanese Legal Framework; Third Party Liability Resulting from NASDA Launch Activities”, IISL-98-IISL. 2. 05.

Dr. I. J. Ph. Diederisks-Verschooor & Dr. V. Kopal, An Introduction to Space Law(3rd rev. ed.), 2008.

JOCE M. Filho, Legal Issue of Commecial Space Activities, United Nations Ukraine Workshop on Space Law, Nov. 2006

Jasentuliyana, Nandasiri, International space law and the United Nations, Kluwer Law, 2000.

National Policy on the Commecial Use of Space, The White House(July 20, 1984).

Traa-Engelman, H. I. van, Commercial Utilization of Outer Space, 1993.

Handberg, Roger B. & Joan Johnson-Freese, The Prestige Trap, 1994.

Gump, David P., Space Enterprise beyond NASA, 1990.

Bender, R., Space Transport Liability: National and International Aspects, 1995.

Martin Marietta v. INTELSAT, 763 F. Supp. 1327 (D. Md. 1991).

14 C.F.R. Chapter Ⅲ. Parts § 415, 431 and 435.

Commercial Space Launching Act, Public Law. 98-575 (30 Oct. 1984) 49 U.S.C. 2601.

Commercial Space Act of 1998, Public Law 105-303 (28 Oct. 1998) [H.R.1702], sec. 102.

Martin Marietta v. INTELSAT, 763 F. Supp. 1327 (1991), Declaration by Certain European Governments Relationg to the Ariane Launcher Production Phase, done 14 Jan. 1980, entered into force 15 Oct. 1981(revised in 1992);Annals Air & Space L. 1981.

Convention between the European Space Agency and Arianspace, (signed 24

Sept. 1992).
Law of the Russian Federation on Space Activities, (20 Aug. 1993), No. 5663-1, effective 6 Oct. 1993.
A/AC.105/C.2/L.224 (22 Jan. 2001) paras.
A/AC.105/C.2/L.224 (22 Jan. 2001), paras.
Space Activities Act (24 Dec. 1998) No.123.
Outer Space Treaty (1967).
Agreement for the launching into geostationary transfer orbit of satellite by an Ariane launch vehicle.
윤옥해, “아세아우주활동에 있어서 몇 가지 법률문제”, www.cnsa.gov.cn.
http:// webl.c2.cyworld.com/myhomepy/board/retrieveBoard.php?home
http://blog.naver.com/post.print.nhn?blog
http://www.dt.co.kr/contents.html?article
http:// webl.c2.cyworld.com/myhomepy/board/retrieveBoard.php?home
http://www.seedplanning.co.jp/press/2009/2009121002.html

10. 북한 핵문제와 우주군축

노 동 영

I. 서

핵문제는 국제레짐(resime)의 지구화를 보여주는 좋은 예이다. 20세기 들어 두 차례에 걸친 세계대전의 참상, 특히 1945년 8월 6일 히로시마에, 8월 9일 나가사키에 최초로 핵폭탄이 투하되면서 핵무기가 인류를 절멸시킬 수 있다는 역사를 통해 평화에 대한 갈망은 더욱 절실해졌다. 그럼에도 자국의 안보를 위한 군비증강은 국제사회에서 자존(自存)의 문제이기 때문에, 군비(軍備)를 통제하여 전쟁을 막고 평화에 대한 갈망을 실현하려는 노력과 역설적으로 함께일 수 밖에 없었다.

1961년 미국의 Kennedy 대통령은 전면적 완전군축(軍縮)에 관한 UN총회의 연설에서 "인류가 전쟁을 종식시키지 않으면 전쟁이 인류를 종식시키게 될 것"이라고 경고한 바 있듯이[1], UN헌장의 목적이기도 한 국제평화와 안전을 유지하기 위해 군축 또는 군비통제[2]는 전 인류의 평화 실현과 직결된 가장 중요한 과제일 것이다.

---

1) 이영진, "우주공간의 평화적 이용과 UN의 군축활동", 국제법학회논총 제31권 제2호, 1986, 80쪽.
2) 군축(disarmament)은 어의적으로 군비를 축소해야 한다는 양적인 의미로, 군비통제(arms control)는 군비를 통제하기 위해 규제나 안전조치 등의 다양한 수단을 포함한다는 점에서 질적인 의미가 있다고 볼 수 있다. 지금은 군축이라는 표현이 군비통제까지 의미하는 것으로 확장되었다고 보아도 될 것이므로, 여기서는 군축으로 사용하기로 한다.

핵무기비확산조약(Non-Proliferation Treaty ; : 이하 NPT)에서 공식적인 핵보유국으로 1967년 이전에 핵을 보유한 미국(1945년), 구소련(1949년), 영국(1952년), 프랑스(1960년), 중국(1964년)을 인정하고 있는데, 이제는 인도, 이스라엘, 파키스탄, 북한까지 사실상 핵보유국이 되면서 냉전체제에서 미국과 구소련, UN 주도의 군축 노력에도 불구하고 그 결실을 보는 것이 얼마나 어려운 것인가 알 수 있다.

더욱이 한반도에서 엄청난 군사력으로 남과 북이 대치한 상황에서, 북한은 핵보유에서 더 나아가 핵탄두를 소형화시켜 장거리로켓 발사를 통해 무적의 군사강국[3]이 되고자 한다. 대포동 1호(1998년)·2호(2006년), 은하 2호(2009년)·3호(2012년), 광명성 4호(2016년)를 발사하면서 장거리로켓이 대륙간 탄도탄으로도, 우주발사체로도 가능함을 보았다. 핵무기는 협상용이 아닌 자위(自衛)를 위한 것이고, 우주발사체 발사를 통해서는 우주를 평화적으로 이용하기 위함이라고 한다.

이렇게 북한의 핵무장은 한반도 평화 실현과 통일한국에 가장 중요한 안보요인이다. 또한 핵무기를 비롯한 대량살상무기(WMD)의 규제를 통해 이룩하고자 하는 국제평화와 안전에 치명적인 요인이 되는 것이다.

따라서 다음에서는, 핵문제에 대한 국제레짐과 북한의 핵문제에 대한 주요 경과를 살펴봄으로써 핵문제의 지구화 현상을 소개하고, 핵 군축을 위한 국제사회의 노력을'인류의 공동유산'개념과 핵무기의 통제를 중심으로 검토한 후, 대한민국과 국제법에 직결된 사안인 북한의 핵문제를 우주법 내지 군축법적인 관점에서 평가해 보고자 한다. 이는 장차 한반도 통일에서 국제법이 갖는 역할을 고려할 때, 국제법이 북한의 핵문제 해결에 기여할 수 있어야 하고, 북한의 핵문제가 해결되어야 한반도 통일여건이 성숙될 것이라는 점에서 중요한 의미가 있다.

3) 2012년 4월 13일 개정된 조선민주주의인민공화국 사회주의헌법 서문에서 "…김정일 동지께서는… 우리 조국을 불패의 정치사상강국, 핵보유국, 무적의 군사강국으로 전변시키시였으며 강성국가건설의…"라고 핵보유를 명시하고 있다.

II. 핵문제의 지구화

1. 핵문제의 국제레짐

(1) 핵문제 관련 개념

핵무기를 보유하려는 목적은 핵 억제력을 통해 국가의 위상을 높이고 국제사회에서 영향력을 행사하는데 있다고 보여진다. 핵 억제력은 핵무기가 사용되었을 경우 상대 핵보유국 역시 제2차 타격능력(second-strike capability)으로 응징하여 전체가 공멸하게 되므로, 핵무기 보유 자체만으로도 전쟁 억지력을 갖는다는 상호확증파괴(mutually assured destruction) 개념이 핵심이다.

북한의 경우처럼 핵을 보유했거나 보유하려고 하는 입장에서 사용될 수 있는 용어를 살펴보면[4], NPT 조약상 공식적인 5대 핵보유국 외 사실상 핵보유국으로 평가받는 인도·이스라엘·파키스탄·북한과 의심국가인 이란 등에게 'N번째 핵국가 문제(Nth power problem)'라는 국가 위상의 문제가 있다. 또, 특정집단이 핵무기를 획득하거나 핵시설을 위협하는 핵테러(nuclear terrorism), 내란의 당사자인 특정집단이 정치·군사적 목적을 추구하는 수단으로 핵무기를 선택하는 핵밀수(nuclear smuggling), 1970~1980년대를 통해 남아프리카공화국·브라질·아르헨티나 등의 국가들이 핵무기 개발에 근접하였던 핵문턱(nuclear threshold) 등의 개념들이 쓰이고 있다.

한편, 대한민국처럼 비핵 평화국가를 선언한 입장에서는, 핵무기 보유를 전략·문화적으로 금지하는 핵터부(nuclear taboo), 핵무장을 왜 선택하지 않는지에 관한 핵자제(nuclear restraint), 핵능력을 왜 스스로 포기하는지에 관한 핵역전(nuclear reversal), 남미·아프리카·중앙아시아 등에서 비핵화를 선언한 핵자유지대 또는 비핵지대(nuclear weapon free zone) 등의 개념들이 쓰인다.

(2) 핵확산 낙관론

국제정치학자 Kenneth N. Waltz는 국가는 자신의 안보를 지키기 위한 조치를 추구할 수 밖에 없는데, 타국을 억지하기 위해 핵무기를 추구하게 되고, 핵보유국의 증가가 국제사회의 안정을 이끌 수 있다고 본다. 인도와 파키스탄이 핵능력을 구비함으로써 상호 정

---

4) Darryl Howlett, "Nuclear Nonproliferation", 「The Globalization of World Politics」, edited by John Baylis·Steve Smith(2nd Edition), Oxford Univ. Press, 2001, p.440-442.

책결정에서 신중하게 되어 전략적 안정이 가능하게 되었다고 주장한다. 이에 대해 Scott D. Sagan은 미래가 불안정하기 때문에 핵무기에 대한 수요를 감소시켜 지구적 핵확산 금지체제, 특히 NPT를 강화시키는 것이 바람직하다고 한다[5].

전자의 논리라면 북한의 핵무장은 국제사회에서의 생존을 위해 당연한 것이어서 결국 대한민국의 핵무장까지 허용함으로써 한반도를 전략적으로 안정시킬 수 있다고 보게 될 것이다. 후자의 논리라면 핵무기를 통제하기 힘든 변수들로 말미암아 국제평화와 안전을 유지하기 위해 국제법에 의한 핵무기 통제체제를 강화하는 것이 핵 비확산을 위한 대책이 될 것이다.

(3) 핵확산 금지체제의 변천

핵무기 획득을 통제하려는 지구적인 노력은 핵폭탄이 등장하고 제2차 세계대전이 종결된 직후인 1946년 1월, UN총회가 핵무기를 제거하고 원자력에너지의 평화적 이용을 국제적으로 통제하기 위해 원자력에너지위원회(UN Atomic Energy Commission) 설립안을 통과시키며 시작되었다. 핵시설 관리에 관한 국가별 통제에 중점을 둔 구 소련의 반대로 실제로 同위원회가 설립되지 못했으나, 1957년 7월 29일에 국제원자력기구(International Atomic Energy Agency : 이하 IAEA)가 출범하였다. 1961년에는 남극조약(Antarctic Treaty)이 발효되어 남극이라는 특정지역에서 핵실험 및 방사능 폐기물처리 등 군사적 성격의 모든 조치가 금지되었다. 1958년부터 1961년까지 핵 군축 요구를 배경으로 미국·구 소련·영국의 핵실험 중지를 위한 포괄적 핵실험금지조약(Comprehensive Test Ban Treaty ; : 이하 CTBT) 협상이 일찍부터 진행되었으나, 1996년 9월 24일에서야 서명을 위해 개방되었고 아직 44개국의 비준을 통한 발효요건을 충족하지 못하고 있다. 다행히 1963년에 미국·구 소련·영국의 합의로 지하를 제외하고 우주공간을 포함하는 대기권과 수중에서 모든 핵실험을 금지하는 부분적 핵실험금지조약(Partial Test Ban Treaty ; : 이하 PTBT)이 발효되었다. 이러한 노력들이 바탕이 되어 1970년 5대 핵보유국을 명시하고 그 외 국가는 핵을 보유하지 못하고 핵을 평화적으로만 이용하도록 하는 핵확산금지조약(Non-Proliferation Treaty ; : 이하 NPT)이 발효됨으로써 핵 비확산의 가장 대표적인 국제규범이 작동하게 되었다.

한편, NPT 이후 쟁거위원회(Zangger Committee)는 同 조약규정에 따른 가이드라인을 채택하고, 1975년에 핵거래의 증가와 인도의 평화적 핵실험 등이 계기가 되어 핵공급

---

5) Ibid., p.445.

자그룹(Nuclear Supplier Group)은 핵 재처리시설과 같은 민감한 핵거래에 추가적인 조건을 붙이기로 하였다[6]. 1987년에는 미사일기술 수출국 7개국(G-7)이 핵탄두 장착이 가능한 탄도미사일 및 순항미사일 판매를 규제하기 위해 수출통제 가이드라인인 미사일기술통제체제(Missile Technology Control Resime : MTCR)에 합의하였다. 1995년에 UN에서 NPT 당사국간 회의를 통해 NPT의 무기한 연장이 결정되었다. 가장 최근에는 2014년 12월 24일에 발효한 무기거래조약(Arms Trade Treaty)이 있는데, 이는 재래식 무기의 국제거래 통제와 불법거래를 방지하기 위한 것으로 대한민국에서도 비준되어 2017년 2월 26일 발효되었다. 同 조약은 미사일 및 미사일 발사대를 규제하고 있는데, 미사일이 핵무기의 가장 중요하고 전략적인 운반수단으로 평가되고 있어 북한이 미사일 발사실험을 통해 핵무장을 강화하거나 미사일을 거래하는데 고려될 국제규범이다.

2. 북한 핵개발의 주요 경과

북한의 핵개발 과정을 연대순으로 간략히 살펴보면 다음과 같다.

1953년 북한이 구 소련과 원자력협정을 체결한 이래 1962년 평안북도 영변에 원자력연구소를 설치하고, 1970년부터 탄도미사일 개발에 착수한 것으로 보여진다. 1974년에 IAEA에 가입(핵안전조치협정은 1991년 비준)하고 1985년에 NPT에 가입하였다. 1991년 12월 31일에 채택된'한반도의 비핵화 공동선언'이 1992년 2월 19일에 발효되었다. 1993년 3월 12일에 NPT 탈퇴성명을 발표하여 탈퇴서한을 안보리에 제출하였다. 동년 6월 11일에 북·미 공동성명을 통해 탈퇴를 잠정 유보하였으나 1994년 6월 13일에 탈퇴를 공식 선언하였다. 1994년 10월 21일 북·미 제네바합의를 통해 핵시설의 동결, 2003년까지 1,000kwe급 경수로 2기와 중유 매년 50만톤 제공, 경수로 완공 시 핵시설의 해체 등이 합의되었다. 북한은 2003년 1월 10일에 다시 NPT 탈퇴를 선언하고 2005년 2월 10일에 핵무기 보유를 선언하며 2003년부터 개최해온 6자회담 참가를 무기한 중단하고 핵무기고를 늘리겠다고 하였다.

한편, 북한은 1998년 8월 31일에 대포동 1호를[7], 2006년 7월 5일(미국에서는 독립기념일인 7월 4일이었음)에 대포동 2호를[8] 발사하였다. 곧바로 2006년 7월 15일에 북한의 모든 탄도미사일 활동을 금지하는 사실상 제재 성격의 권고결의인 UN안보리 결의 제

6) Ibid., p.448.
7) 사거리 2,500km 가량의 중거리미사일로 북한에서는 백두산 로켓으로 부른다.
8) 사거리 6,000km 가량의 장거리미사일로 북한에서는 은하 로켓으로 부른다.

1695호가 만장일치로 채택되었다[9].

2006년 10월 9일 함경북도 길주군 풍계리에서 1차 핵실험을 단행하였고, 이에 대하여 동년 10월 14일에 UN헌장 제7장에 근거한 비군사적 강제조치를 담은 안보리 결의 제1718호가 역시 만장일치로 채택되었다[10]. 이에 따른 대북제재위원회가 10월 19일부터 가동되었다.

2009년 5월 25일 풍계리에서 2차 핵실험에 따라 다음날 대한민국은 대량살상무기 확산방지구상(Proliferation Security Initiative : 이하 PSI)의 전면 참여를 선언하였고, 6월 12일에는 안보리결의 제1718호보다 무기금수대상을 전면 확대하고 경제제재를 적극적으로 강화한 안보리결의 제1874호가 만장일치로 채택되었다[11]. 2012년 4월 13일에 인공위성 광명성 3호를 탑재하였다는 은하 3호를 발사하여 실패하였으나, 동년 12월 12일에 우주발사체로서 은하 3호가 궤도 진입에 성공-위성의 정상작동은 확인되지 못함-함으로써 북한은 10번째 우주클럽에 들게 되었다고 볼 수 있다. 이어 2013년 2월 12일에 풍계리에서 3차 핵실험을 감행하였다. 동년 1월 22일에 안보리결의 제2087호가[12], 3월 7일에 제2094호가 채택되었는데[13], 모두 북한의 조치가 기존 안보리결의를 위반함을 확인하고 대북제재의 범위와 강도를 확대하는 내용을 담고 있다.

북한은 2016년 1월 6일 4차 핵실험을 다시 감행하고 조선중앙TV를 통해 “첫 수소폭탄시험 성공적 진행”이라고 발표하였으며, 연이은 2월 7일 장거리미사일 광명성 4호 발사에 대하여 안보리는 3월 2일과 3월 24일 여행금지·자산동결 요주인물, 동결자산, 단속선박, 사치품 금수 등의 명시를 통해 대북제재를 강화한 결의 제2270호 및 제2276호를 채택하였다[14]. 이러한 국제사회의 대북제재에도 불구하고 북한의 핵개발은 지속되어 9월 9일 5차 핵실험을 또다시 감행하였고, 11월 30일 금수 품목·물질·장비·기술 및 북한산 석탄 수입 신고서 등이 추가된 안보리결의 제2321호가 채택되었다[15].

2017년 2월 12일과 3월 22일 계속된 무수단급 미사일의 발사에 다시 안보리는 2017년 3월 23일과 6월 2일 북한의 도발을 규탄하며 기존 결의를 재확인하고 여행금지·자산동결

---

9) UN Security Counsil S/Res/1695(2006), “Letter dated 4 July 2006 from the Permanent Representative of Japan to the United Nations addressed to the President of the Security Council(S/2006/481)”

10) UN Security Counsil S/Res/1718(2006), “Non-proliferation/Democratic People's Republic of Korea” 이하 결의의 명칭은 동일함.

11) UN Security Counsil S/Res/1874(2009)

12) UN Security Counsil S/Res/2087(2013)

13) UN Security Counsil S/Res/2094(2013)

14) UN Security Counsil S/Res/2270(2016), UN Security Counsil S/Res/2276(2016)

15) UN Security Counsil S/Res/2321(2016)

요주인물, 동결자산을 추가함으로써 대북제재를 더욱 강화하는 결의 제2345호 및 제2356호를[16] 채택하기에 이르렀다. 7월 4일 미국의 독립기념일에 맞추어 대륙간 탄도미사일(ICBM)로 평가되는 화성-14를 발사한데 대하여 안보리는 다시 제재를 논의 중에 있다.

결국 현재 북한은 대륙간 탄도미사일의 최소 사거리로 평가되는 5,500km 이상의 미사일 기술력을 보유한 것으로 보이며, 이미 핵탄두를 10개 내외로 보유한 것으로 언론에 알려지고 있다. 북한의 핵개발 목적은 핵 억제력을 통한 체제 유지 및 자존감 강화에 있다고 하겠다. 북한은 수시로 극단적인 수사(修辭)와 함께 핵무장을 민족의 '자위' 운운하여 왔는데, 이처럼 북한의 핵개발은 국제사회의 평화와 안전을 위해 지향되어야 할 군축의 관점에서 아주 상반되는 것이다. 아래에서 핵 군축을 향한 국제사회의 노력을 후술한다.

III. 핵 군축을 위한 국제사회의 노력

1. 인류의 공동유산

인류의 공동유산 개념은 남극, 심해저, 우주 등의 공간에서 특정 국가의 배타적·독점적 주권이 부인됨과 동시에 그러한 공간이 인류의 이익과 평화적 목적으로 이용되어야 한다는 것이다. 무주물 내지 단순히 소극적인 공공물로 간주되면 그러한 공간 및 자원이 일부 능력을 갖춘 국가들의 독점으로 인해 경제적 불평등, 자원 고갈, 환경 오염 등의 문제점으로 실현되어 국제사회 전체에 영향을 주게 됨으로써 지구의 지속 가능한 개발을 불가능하게 만들기 때문이다[17].

인류의 공동유산(Common Heritage of Mankind)이라는 용어가 조약에 직접 등장하는 것은 1982년 체결되고 1994년 발효된 UN해양법협약 및 달과 기타 천체에서 국가활동을 규제하는 협정(이하 '달협정')이다. 同 협약 제136조는 심해저와 그 자원이 인류의 공동유산이라고 규정하고 있다[18]. 또한 달협정 제11조 1항 역시 달과 그 자원이 인류의 공동유산이라고 명시하고 있다[19]. 인류의 공동유산 개념이 최초로 공식 언급된 것은 1958년 제1

---

16) UN Security Counsil S/Res/2345(2017), UN Security Counsil S/Res/2356(2017)

17) 이영진, "달의 탐사와 이용에 관한 국제법적 규제", 법학연구 제18권 제1호, 충북대학교 법학연구소, 2007, 9쪽.

18) United Nations Convention on the Law of the Sea, article 136 Common heritage of mankind "The Area and its resources are the common heritage of mankind."

19) Agreement Governing the Activities of States on the Moon and Other Celestial

차 UN해양법회의이지만 1967년 몰타의 UN대표인 A.Pardo가 동 개념의 심해저 적용을 제의하면서 본격적으로 국제사회의 주목을 받기 시작하였다[20]. 동 개념의 출발점이자 기저가 된 '인류의 공동이익'은 1961년 남극조약(The Antarctic Treaty)의 서문에서 "남극지역이 오로지 평화적 목적을 위하여서만 항구적으로 이용되고, 또한 국제적 불화의 무대나 대상이 되지 않는 것이 모든 인류의 이익(interest of all mankind)이 됨을 인식하고…"라고 명시한 바와 같이 일찍이 등장하였다. 또한 1967년 달과 기타 천체를 포함한 외기권의 탐색과 이용에 있어서의 국가 활동을 규율하는 원칙에 관한 조약(이하'우주조약')의 서문에서도 "평화적 목적을 위한 우주공간의 탐색과 이용의 발전에 대한 모든 인류의 공동이익(common interest of all mankind)을 인정하고…"라고 규정된 바와 같이 인류의 공동이익 내지 인류의 공동유산 개념은 남극, 심해저, 우주공간 등 국가의 영유가 금지되는 공간에서 이미 최소한 형성되어가는 법으로서 확고한 역할을 하고 있다고 보여진다.

이러한 의미에서 동 개념이 일반적으로 유효한 국제법 원칙이냐 여부에 관해서 여전히 정치적 개념 정도로만 보는 견해가 있으나, 아직은 생성단계에 있는 원칙으로써 그 내용이 불확실하지만 입법론적인 견지에서 동 개념이 이미 여러 조약상의 명문규정으로 받아들여지고 있고 대다수 개도국 및 많은 학자들의 지지를 받고 있음을 고려할 때 동 개념의 법적 기속력을 인정하기는 어려울 것이나 국제사회의 구성원인 다수의 국가가 총의로써 승인한 법적 원리로 생성 중인 법적 효력을 인정해야 한다는 주장은 일리 있다고 본다[21]. 그러나 동 개념이 여기서 더 나아가 국제관습법으로 기능하고 있다고 평가하고 싶다. 1950년대부터 집요한 반대 없이 국가들의 오랜 관행이 있었고 이미 동 개념이 남극조약, UN해양법협약, 우주조약, 달협정 등에서 채택되고 있다. 이를 통해 국제관습법이 되기 위한 법적 확신 요건을 긍정할 수 있는 동시에 동 개념이 국제관습법으로 확인되었다는 의미로도 볼 수 있다. 동 개념은 국제사회에서 장래에도 부인되지 않고 총의로써 지속될 개념이므로, 최소한으로는 국제법으로 형성되어 가는 원칙이라는 것도 맞지만 이미 국제관습법화 되었다고 평가할 수 있겠다[22].

Bodies, article 11. 1. "The moon and its natural resources are the common heritage of mankind, which finds its expression in the provisions of this Agreement and in particular in paragraph 5 of this article."

20) 이영진, 위의 논문, 8쪽.

21) 이영진, 위의 논문, 9-14쪽.

22) Malcolm N. Shaw, International Law, seventh edition, Cambridge Univ. Press, 2014, p.385. 'the common heritage of mankind'에 관한 서술에서 'a new form of territorial regime has been, or is, in process of being created'라고 하고, 동 개념을 'a legal concept'로 표현하고 있다.

한편으로는, 인류의 공동유산 개념이 일반적으로 국가의 영유가 금지되는 공간에 대한 모든 국가의 모든 인류를 위한 평화적 이용 측면으로 이해되어 왔지만, 반사적으로 군축의 관점에서는 군비의 통제 내지 제한 정도가 아닌 군비의 철폐도 가능하게 하는 접근의 법적 근거로 활용될 수 있을 것으로 본다.

2. 우주공간 평화이용위원회

우주의 이용에 관한 규범적 접근은 1957년 10월 4일 구 소련의 Sputnik 1호 발사 후 동년 11월 14일 UN총회 결의에서 처음 시도되었다[23]. 이 결의는 우주군축을 목적으로 채택된 것은 아니지만 포괄적인 군축을 위해 우주가 평화적이고 과학적 목적으로만 이용되어지는 가운데 우주로의 발사가 보장되는 감시시스템의 공동 연구를 촉구하는 것이었다(The joint study of an inspection system designed to ensure that the sending of objects through outer space shall be exclusively for peaceful and scientific purposes). 미국은 우주의 이용과 군축을 분리하여 접근한데 비해 구 소련은 그 반대였다. 미·소의 입장 차이는 UN에서 공식적으로 논의하는 기회로 이어졌다. 구 소련은 원자·수소폭탄 등의 대량파괴무기가 우주에서 이용될 경우에 새로운 전쟁의 발발 가능성을 우려하여 1958년 제13차 총회에서 군사적 목적을 위한 우주의 이용 금지와 합의된 국제프로그램 하에서 우주로 로켓 발사, UN 내에 국제통제체제의 수립과 우주에 관한 국제협력을 촉진하는 UN 전문기구 설립 등을 핵심으로 하는 의제를 제안하였다. 미국은 주로 과학기술, 의학, 기상, 통신, 교통 등의 분야에서 우주협력을 강조하고, 우주의 평화적 이용을 보장을 위한 문제들을 논의하고 준비하기 위해 UN 총회 내에 잠정위원회(ad hoc committee)의 설립을 제안하였다. 이에 따라 미국·일본 등 서방 12개국, 소련·폴란드 등 동구 3개국, 브라질·이란 등 중립 3개국의 18개국으로 구성된 잠정위원회의 임무는 우주의 평화적 이용과 관련한 UN 및 전문기구 활동, 모든 국가의 이익을 위하여 UN에서 수행될 수 있는 국제협력분야, 우주탐사 프로그램의 수행으로 발생할 수 있는 법적 문제 등에 관한 보고서를 1959년 제14차 UN총회에 제출하는 것이었다[24]. 이로써 우주의 탐사와 이용을 담

---

23) UN General Assembly A/Res/1148(ⅩⅡ), “Regulation, limitation and balanced reduction of all armed forces and all armaments; conclusion of an international convention (treaty) on the reduction of armaments and the prohibition of atomic, hydrogen and other weapons of mass destruction”

24) 정영진, “우주활동 국제규범에 관한 유엔 우주평화적이용위원회 법률소위원회의 최근 논의 현황”, 항공우주정책•법학회지 제29권 제1호, 2014, 130-136쪽.

당할 국제조직으로 총회의 결의를 통해[25] 상설위원회인 우주공간 평화이용위원회(Committee on the Peaceful Uses of Outer Space : COPUOS)가 출범하게 되었다. 우주군축의 대표적인 입법인 1967년 우주조약과 1979년 달협정은 COPUOS가 노력하고 UN총회가 만장일치로 채택한 산물이다[26].

3. 핵무기의 통제

이미 보유한 핵무기 내지 전략무기의 감축은 군축에 있어 가장 중요한 두 국가인 미국과 구 소련에 의해 주도적으로 이루어져왔다[27]. 1972년 '탄도탄요격미사일시스템의 제한에 관한 조약(Treaty on the Limitation of Anti-Ballistic Missile Systems)' 및 '전략공격무기의 제한에 관한 잠정협정(Interim Argeement on Certain Measures with respect to the Limitation of Strategic Offensive Arms)', 1979년 '전략공격무기제한조약(Treaty on the Limitation of Strategic Offensive Arms)', 1987년 '중·단거리미사일폐기조약(Treaty on the Elimination of Intermediate-Range and Shorter-Range Missile)', 1991년과 1993년 '전략무기감축조약(Strategic Arms Reduction Treaty : START Ⅰ·Ⅱ)', 2010년 'New START조약' 등에 의해 그래도 양국의 핵무기 내지 전략무기의 감축의 성과가 있었다. 아래에서는 위 양자조약이 아닌 일반적 구속력에 가까운 다자조약을 중심으로 검토한다.

(1) 핵 보유의 통제

첫째, 핵무기의 확산을 금지시켜 국가의 핵무기 보유를 통제하는 대표적인 다자조약이 1968년 체결되고 1970년 발효한'핵무기비확산조약(Treaty on the Non-Proliferation of Nuclear Weapons : 이하 NPT)'이다. 대한민국은 1975년, 북한은 1985년에 가입하였으며, 현재 191개국이 참여하는 보편적인 조약이 되었다. NPT의 3대 목적은 핵무기의 비확산, 핵군축, 원자력의 평화적 이용으로 볼 수 있는데, 서문에서 "…핵무기의 모든 실험폭발을 영원히 중단하도록 노력하고 …엄격하고 효과적인 국제감시하의 일반적 및 완전한 군축에 관한 조약에 따라 핵무기의 제조 중지, 모든 현존 핵무기의 비축 해소 및 국내 병기고로부터의 핵무기와 핵무기 운반수단의 제거를 용이하게 하기 위하여 국제적 긴장

---

25) UN General Assembly A/Res/1172(ⅩⅣ), "International co-operation in the peaceful uses of outer space"

26) Peter Jankowitch, Handbook of Space Law, edited by Frans von der Dunk with Fabio Tronchetti, Edward Elgar Publishing(2015), p.15.

27) 이용호, "현대 국제군축법의 구조와 한계", 국제법학회논총 제60권 제2호, 2015, 166-180쪽.

완화와 국가간의 신뢰증진을 촉진하기를 희망하며…"라고 밝히고 있다. 제1조에서 핵무기 보유 당사국의 핵무기 등에 관한 어떤 양도나 원조 등을 금지시키는 의무를, 제2조에서 핵무기 비보유 당사국의 금지의무를, 제3조 1항에서 핵무기 비보유 당사국의 준수의무를 확인하기 위해 국제원자력기구(IAEA)가 실시하는 안전조치(safeguards)를 수락할 의무를 부과하면서 특히 제9조 3항에 따라 핵무기 보유국을 1967년 1월 1일 이전에 핵무기 또는 기타의 핵폭발장치를 제조하고 폭발한 국가로서 5개국으로 제한하고 있다. NPT가 핵무기 보유 당사국에 비해 핵무기 비보유 당사국의 원천적인 불평등성을 내포한 조약일지라도 핵무기 보유국의 수를 통제하는 수평적 비확산과 한 국가의 핵무기·핵물질·핵기술의 향상을 통제하는 수직적 비확산을 포함한 핵무기 비확산에 어느 정도 성공하고 있는 국제규범으로 기능하고 있다고 평가할 수 있겠다[28].

둘째, 핵실험을 금지시킴으로써 핵 군축을 실현하는 방법이다. 핵실험은 핵을 보유하기 위해 핵개발을 검증하는 방법인데, 핵실험이 아니어도 핵무기를 개발하는 가능성은 남아 있으나 핵실험의 중지는 지구화된 핵문제로부터 지구를 보호하고 핵실험의 위해로부터 인류를 보호하는데 큰 의미가 있다. ① 1963년 '부분적 핵실험금지조약(Partial Nuclear Test Ban Treaty : PTBT)'은 우주공간을 포함하는 대기권, 영해와 공해를 포함하는 수중에서 모든 핵무기실험 폭발 또는 기타 핵폭발 수행을 금지하고 있다. 지하에서 핵실험이 금지[29]되지 않았지만 PTBT에서 금지한 공간에서는 핵실험금지는 잘 준수되고 있다. ② 체약국으로 하여금 모든 핵실험을 금지시키는 '포괄적 핵실험금지조약(Comprehensive Nuclear Test Ban Treaty : CTBT)'은 한국 등 160여개국이 비준하였으나 44개 지정국 중 8개국이 비준해야 하는 발효요건을 아직 충족시키고 있지 못하다. 미국, 이집트, 이란, 북한, 이스라엘, 중국, 인도, 파키스탄이 동 조약을 비준하지 않고 있어 발효요건이 개정되지 않고는 어쩌면 영원히 발효되지 못할 것이라는 우려가 존재한다[30].

셋째, 비핵지대 또는 핵자유지대와 같이 일정한 공간에서 군축을 실현하는 방법이다. ① 1959년 체결되고 1961년 발효한 남극조약은 남극이 오로지 평화적 목적을 위하여서만 항구적으로 이용되고 과학적 조사의 자유의 기초 위에서 국제협력을 촉진하는 것이다. 특히 군사기지의 건설, 군사훈련, 무기시험 등 군사적 이용의 금지, 모든 핵폭발과 방사선

28) James D. Fry, Legal Resolution of Nuclear Non-Proliferation Disputes, Cambridge Univ. Press, 2013, p.21.

29) 1990년 미국과 구 소련 간에 체결된 지하핵무기실험제한조약(Treaty on the Limitation of Underground Nuclear Explosions for Peaceful Purpose)은 폭발력 150kt을 초과하는 모든 지하핵실험을 금지하고 있다.

30) 이용호, 위의 논문, 181쪽.

폐기물의 처분 금지, 국가의 영토주권 금지를 규정함으로써 비핵지대라는 개념을 최초로 실현하여 우주조약, 해저조약, 라틴아메리카핵무기금지조약 등의 체결에 커다란 영향을 미쳤다[31]. ② 1967년 우주조약은 우주활동에 관한 Magna Carta로서, 제1조에 따라 우주공간의 탐사과 이용은 경제적 또는 과학적 발달의 정도에 관계없이 모든 국가의 이익을 위하여 수행되고 모든 인류의 활동 범위여야하며, 제4조에 따라 당사국은 지구주변의 궤도에 핵무기 또는 기타 모든 종류의 대량파괴무기를 설치하지 않으며, 천체에 이러한 무기를 장치하거나 기타 어떠한 방법으로든지 우주공간에 배치하지 아니할 의무를 부담한다. 또한 달협정 제3조 2항에서 달에서 또는 달로부터 무력사용, 그 위협 또는 기타 적대행위를 금지하고, 동조 3항에서 당사국으로 하여금 달 또는 달 궤도 주위에 핵무기 등 대량파괴무기의 배치를 금지하고 있다. 양 조약의 문언적 해석에 의하면, 지구 주변 궤도에서는 핵무기 등 대량파괴무기의 배치만이 금지되고 재래식 무기의 배치나 기타 군사활동은 허용되는 반면, 달과 다른 천체(태양계 행성)에서는 핵무기 등 대량파괴무기의 배치뿐만 아니라 모든 군사활동이 포괄적으로 금지된다. 지구 주변 궤도에서의 군축 관점에서 분명히 보완이 필요한 부분이다. ③ '해저조약(Treaty on the Prohibition of the Emplacement of Nuclear Weapons and other Weapons of Mass Destruction on the Seabed and the Ocean Floor and in the Suboil thereof)'은 영해측정기선으로부터 12해리 이원의 해저와 그 지하에 핵무기와 기타 대량파괴무기의 설치를 금지하며, 그러한 무기를 저장하는 시설의 설치도 금지하고 있다. ④ 1968년 '라틴아메리카핵무기금지조약(Tlatelolco조약)'은 남미와 카리브해의 국가들로 하여금 핵무기의 부존재와 비확산 및 핵의 평화적 목적 이용을 보장하고 일반적이고 완전한 군축을 노력하는 것을 목적으로 한다. 또 추가의정서를 통해 위 지역 내 영역을 가진 미국·영국·프랑스·네덜란드로 하여금 위 지역에서 비핵지대를 실현하도록 의무를 부과하고 있다. 1986년 '남태평양비핵지대조약(Rarotonga조약)'은 지구의 1/6에 이르는 남태평양 지역에서 핵무기나 핵물질 등의 소유·관리, 핵실험 및 방사선폐기물 투기 금지 등을 정하고 있다. 또 의정서를 통해 위 지역 내 자국 영역을 가진 프랑스·영국·미국 및 5대 핵보유국으로 하여금 핵무기의 배치·사용·실험 등을 금지하고 있다. 기타 상기 조약과 유사한 비핵지대를 각 동남아시아, 아프리카에 설정한 '방콕조약(Treaty of Bangkok)', '펠린다바조약(Treaty of Pelindaba)' 등이 있다[32].

31) 이용호, 위의 논문, 172쪽.
32) 이용호, 위의 논문, 172-173쪽.

(2) 핵 사용의 통제

첫째, 1973년 미·소 간 핵전쟁방지협정(Agreement on the Prevention of Nuclear War)이 체결, 발효되었다. 핵무기 사용을 방지하여 핵전쟁을 배제하면서 안전과 평화를 보장하는 모든 노력을 촉구하고 있다.

둘째, 군축에 관한 주된 임무는 총회가 군비축소 및 군비규제를 규율하는 원칙을 포함하여 심의하고 이와 관련하여 회원국이나 안보리에 권고할 수 있다는 UN헌장 제11조 1항에 의거하여 총회가 수행해 왔다. 1961년 11월 24일 총회는 핵무기의 사용을 금지하는 최초의 결의를[33], 1994년 12월 15일에는 핵무기의 사용에 대해 국제사법재판소(ICJ)에 사법적 판단을 구하는 결의를 채택하였다[34]. 안보리는 헌장 제26조에 따라 군비규제체제의 확립을 위하여 회원국에 제출되는 계획을 제47조에 규정된 군사참모위원회의 원조를 받아 작성할 책임을 진다. 안보리는 2004년 4월 28일 결의를 채택하여 모든 회원국에게 비확산을 의무지우고 일반적인 안보위협에 대해 헌장 7장의 강제적 권능을 허용하였다[35]. 이 결의는 2016년 12월 15일 결의 제2325호에 의해 재확인되었다[36].

셋째, 1996년 ICJ는 총회가 위 결의로 요청한 핵무기 사용의 위법성에 관한 권고적 의견에서, 핵무기의 위협과 사용은 특히 국제인도법을 포함하여 무력충돌에 적용되는 국제법에 반하지만, 국가의 생존이 문제되는 극도의 자위적 상황에서 그것을 단정적으로 적법한지 위법한지 결론 내릴 수 없다고 하였다[37]. 이러한 다수의견에 대해 다음의 개별의견을 눈여겨볼 필요가 있다. 재판관 Shigeru Oda는 논쟁적일 수 밖에 없는 국제사회의 분쟁에 대해 명확한 해결책을 제시하는 것이 ICJ의 기능이라고 하였고[38], 재판관 Bedjaoui은 핵 군축은 더 이상 유토피아가 아니며 어느 문제보다도 적극적으로 해결해야하는 의무라는 의견을 개진하였다[39].

---

33) UN General Assembly A/Res/1653(XⅥ), “Declaration on the prohibition of the use of nuclear and thermo-nuclear weapons”

34) UN General Assembly A/Res/49/75 K, “Request for an advisory opinion from the International Court of Justice on the legality of the threat or use of nuclear weapons”

35) UN Security Counsil S/Res/1540(2004), “Non-proliferation of weapons of mass destruction”

36) UN Security Counsil S/Res/2325(2016), “Non-proliferation of weapons of mass destruction”

37) Legality of the Threat or Use of Nuclear Weapons, Advisory Opinion, 1996 ICJ Rep.105(July 8).

38) Ibid., p.66.

39) Ibid., p.267.

IV. 북한 핵문제의 군축법적 평가

1. 북한의 NPT 탈퇴의 유효성

북한은 NPT에 1985년 12월 12일에 가입하였고, 1992년 1월 30일에 IAEA와 포괄적 안전조치협정(comprehensive safeguards agreement)을 체결하였다. IAEA는 1992년 5월부터 1993년 2월까지 북한 내의 핵시설을 사찰하던 중 영변 등 미신고지점 2곳의 핵개발 의혹에 대해 특별사찰을 요구하였고, 이를 거부한 북한은 1993년 3월 12일 "탈퇴조치가 한·미측의 팀스피리트훈련과 IAEA의 특별사찰 강행에 대해 사회주의 제도를 견결히 옹호 고수하기 위한 응당한 자위적 조치이며, 이같은 입장은 미국이 북에 대한 핵위협을 중지하고 IAEA가 독자성과 공정성의 입장으로 돌아설 때까지 달라지지 않을 것"이라며 NPT 탈퇴를 선언하였다. 이후 북한은 동년 6월 11일 북·미 공동성명을 통해 "핵무기전파방지조약으로부터의 탈퇴효력을 필요하다고 인정하는 만큼 일방적으로 임시 정지시키기로"하였으나, 1994년 6월 13일에 다시 탈퇴를 공식선언하였다. 2003년 1월 10일에는 조선중앙방송을 통해 "미국이 1993년 6월 11일부 핵위협 중지와 적대의사 포기를 공약한 의무를 일방적으로 포기한 조건에서 필요하다고 인정하는 만큼 일방적으로 임시 정지시켜 놓았던 핵무기전파방지조약으로부터의 탈퇴 효력이 자동적으로 즉시 발생하고, 또 핵무기전파방지조약에서 탈퇴함에 따라 국제원자력기구와의 담보협정의 구속에서도 완전히 벗어난다는 것을 선포한다."고 성명을 발표하였다.

북한의 일방적인 NPT 탈퇴-유보-탈퇴-재탈퇴 선언이 과연 적법하고 유효한지, 그래서 NPT의 비확산의무로부터 자유로운지 검토해 본다. NPT 제10조 1항은 "각 당사국은, 당사국의 주권을 행사함에 있어서, 본 조약상의 문제에 관련되는 비상사태가 자국의 지상이익(supreme interests)을 위태롭게 하고 있음을 결정하는 경우에는 본 조약으로부터 탈퇴할 수 있는 권리를 가진다. 각 당사국은 동 탈퇴 통고를 3개월 전에 모든 조약당사국과 국제연합 안전보장이사회에 행한다. 동 통고에는 동 국가의 지상이익을 위태롭게 하고 있는 것으로 그 국가가 간주하는 비상사태에 관한 설명이 포함되어야 한다."규정하고 있다. NPT 제10조 1항의 탈퇴의 권리, NPT상 핵무기 비보유국의 불평등성, IAEA의 안전조치(사찰)의 수락으로 인한 주권의 제한 측면에서 NPT에서 정하고 있는 탈퇴의 요건을 객관적으로 충족한 경우로 볼 수 있어 북한의 NPT 탈퇴를 적법하다고 보는 견해가 있다[40]. NPT 제10조 1항을 면밀히 살펴보면, NPT 탈퇴가 유효하기 위해서는 탈퇴의 통고에 있어 국가의 최고이익을 위태롭게 하고 있는 것으로 그 국가가 간주하는 비상사태에 관한 설명이 안보리를 설득하여 안보리로 하여금 이를 수용하는 어떠한 의견을 표명하는 수준까지 이르러야 한다고 본다. 탈퇴의 권리가 국가의 주권의 일부라도 핵확산을 방지하고자 하는 NPT의 입법취지에 배치되거나 또는 NPT로부터의 탈퇴행위가 가져올 국제평화와 안전에 대한 위협 및 파괴라는 결과에 이르는 경우 UN헌장상 주권의 행사는 제한될 수 있다. 탈퇴를 주장하는 국가의 최고이익의 위험성이 초래된다는 것의 안보리에 대한 통고로 객관적 요건은 일단 갖추었다고 보이나 NPT 당사국으로서 준수의무를 위반하면서 핵을 개발하고 국제사회의 규탄을 받는 등 NPT 탈퇴의 상황을 자초한 것이라면 탈퇴의 주관적 요건을 충족시키지 못한 것이 된다. 핵 비확산의 의무는 임의적인 것이 아니라 일반적이고 강행적인 의무로 보아야 한다. 북한의 NPT 탈퇴가 적법하고 유효한가에 대해서 국제사회는 의문을 제기하고 있으며, UN(군축국: UNODA) 홈페이지상 NPT의 조약정보에서 북한은 여전히 가입국으로 표시되고 있다. 북한은 여전히 NPT상 핵 비확산의 주체이며, 북한의 핵문제는 NPT 및 IAEA 체제에서 취급되어야 한다.

2. CTBT의 발효 문제

체약국으로 하여금 모든 핵실험을 금지시켜 아주 획기적인 군축의 성과로 평가할 수 있는 포괄적 핵실험금지조약(CTBT)은 한국 등 160여개국이 비준하였으나 44개 지정국 중 8개국인 미국, 이집트, 이란, 북한, 이스라엘, 중국, 인도, 파키스탄이 동 조약을 비준하지 않고 있어 발효요건을 아직 충족시키고 있지 못하다. 8개국은 공식 핵무기 보유국, 사실상 핵무기 보유국, 핵개발 의심국가들로서 발효요건이 개정되지 않고는 어쩌면 영원히 발효되지 못할 것이라는 우려가 있다. NPT 서문에서 "핵무기의 모든 실험폭발을 영원히 중단하도록 노력하고 엄격하고 효과적인 국제감시하의 일반적 및 완전한 군축에 관한 조약에 따라 핵무기의 제조 중지, 모든 현존 핵무기의 비축 해소 및 국내 병기고로부터의 핵무기와 핵무기 운반수단의 제거를 용이하게 하기 위하여 국제적 긴장완화와 국가간의 신뢰증진을 촉진하기를 희망하며…국제연합헌장에 따라 제 국가는, 그들의 국제관계에 있어서 어느 국가의 영토보전과 정치적 독립에 대하여 또는 국제연합의 목적과 일치하지 아니하는 여하한 방법으로, 무력의 위협 또는 무력사용을 삼가해야 하며 또한 국제평화와 안전의 확립 및 유지는 세계의 인적 및 경제적 자원의 군비목적에의 전용을 최소화함으로써 …"라고 그 입법취지를 밝히고 있는 것에 유념하여, 미국·중국은 공식 핵무기 보유국

40) 이용호, "북한의 핵무기비확산조약(NPT) 탈퇴에 대한 법적 평가와 그 전망", 성균관법학 제18권 제1호, 2006, 505-508쪽.

이자 NPT 가입국으로서, 이집트·이란·북한은 NPT 가입국으로서, 이스라엘·인도·파키스탄은 비공식 핵무기 보유국으로서 CTBT체제로의 편입을 통해 핵 비확산의 역할을 다할 수 있도록 국제사회가 지속적으로 촉구해야 할 것이다. 동시에 160여개국이 비준하였음에도 불구하고 아직 발효되지 못하고 있는 기형적인 조약의 구조를 개정하여 일단 발효요건을 완화하여 조약으로써 작동시킨 후에 핵실험 금지의 국제협력이 특히 필요한 8개국을 설득하여 CTBT체제로의 편입을 시도하는 것도 방법이라고 판단된다.

3. 우주조약 개정론

우주조약 제4조 및 달협정 제3조의 문언적 해석에 따르면, 지구 주변 궤도에서는 핵무기 등 대량파괴무기의 배치만이 금지되고 재래식 무기의 배치나 기타 군사활동은 허용되는 반면, 달과 다른 천체(태양계 행성)에서는 핵무기 등 대량파괴무기의 배치뿐만 아니라 모든 군사활동이 포괄적으로 금지된다. 지구 주변 궤도에서 폭넓은 군사활동이 허용되는 것으로 해석된다는 점에서 우주조약상'평화적 목적'의 이용원칙과 배치되는 문제가 있다. 1967년 우주조약이 우주활동의 대헌장으로 기능해 왔음에도 불구하고 우주를 향한 과학기술의 놀라운 발전에 따라 우주공간의 평화적 이용에 반하는 군사적 이용은 얼마든지 가능하다. 중국이 2007년 1월 11일 탄도미사일을 발사해 지상 859㎞에 떠있던 낡은 기상위성을 격추하는데 성공했다는 사실은 당시 미국 등 국제사회에 큰 충격과 위협을 안겨주었다. 또한 북한이 발사하는 미사일이 지구 주변 궤도를 수시로 비행하고 있다는 사실 역시 대기권을 벗어난 우주공간이 종종 평화적으로 이용되지 못하고 있다는 것을 말해준다.

우주조약상 우주공간의 평화적 목적의 이용이 구체적으로 무슨 의미인가는 여전히 의견이 갈리고 있다. '비침략적 이용'이라는 견해, '비군사적 이용'이라는 견해, '비무기화'라는 견해 등이 있다. 미국·러시아·중국 등이 평시 정찰위성을 운용하고 세계 곳곳의 무력충돌에 있어 공격좌표 설정 등에 있어 이미 인공위성이 활용되는 것에 대하여 국제법 위반의 문제가 제기되지 않았다는 것을 고려하면 군사적 이용이 평화적 이용에 포함된다는 것을 국가관행으로 보기도 한다[41]. 우주공간에서 자위권을 행사하는 상황은 우주공간을 군사적으로 이용할 수 밖에 없기 때문에 평화적 이용을 비군사적 이용으로 보는 것은 타당하지 않고, 인공위성이 그 자체는 공격무기가 아니고 비군사적(상업용 또는 국가의 공공재)으로도 활용되는 속성을 가진 우주물체라고 보면 우주공간의 평화적 이용을 비무기

41) 정영진, "국제우주법상 북한 광명성 발사의 적법성", 국제법학회논총 제62권 제1호, 2017, 136-137쪽.

화로 보는 것도 그리 바람직하지 못하다. 그렇다고 우주공간의 비침략적 이용은 우주공간을 먼저 무력공격이 이루어지는 공간으로 활용하지만 않으면 어떠한 무기를 배치·실험해도 괜찮다는 광의의 개념이 되기 때문에 적절치 못하다. 따라서, 우주공간이 과학적·경제적 목적 등 평화적으로 이용되는 명확한 경우 및 UN헌장상 자위권 등 무력행사가 허용되는 군사적 이용의 경우를 제외한 우주공간의 이용은 인류의 공동유산인 우주공간의 평화적 이용에 배치된다고 보아야한다. 우주조약 제3조에서도 "우주공간의 탐사와 이용에 있어서의 활동을 국제연합헌장을 포함한 국제법에 따라 국제평화와 안전의 유지를 위하여 그리고 국제적 협조와 이해를 증진하기 위하여 수행하여야 한다."고 규정하고 있다.

우주공간의 평화적 이용에 관한 위 해석과 관련하여, 우주공간의 군사적 이용을 한계짓는 방향으로 우주조약이 개정되거나 별도의 조약이 체결될 필요가 있겠다[42]. 전자의 입법론을 위해, 우주조약 제4조에서 '지구 주변의 궤도'를 '달과 천체'와 구별하여 핵무기 등 대량파괴무기의 설치만을 금지시키고 있는데, 지구 주변의 궤도 및 달과 천체를 통합하여 규정하고 핵무기 등 대량파괴무기의 배치를 포함한 모든 군사활동이 포괄적으로 금지되도록 해야 한다. 특히 북한의 미사일 발사실험이 핵무기를 운반하는 수단이라는 점에서 북한의 미사일이 지구 주변의 궤도를 비행하는 것은 우주공간의 군사적 이용인 동시에 UN헌장 제2조 4항이 금지한 무력위협을 행사하는 것이기 때문이다. 후자의 입법론으로는, 러시아와 중국이 공동으로 제안하여 2014년 6월 UN 군축회의에 제출된 "우주에서의 무기배치와 우주물체에 대한 위협과 무력사용 금지에 관한 조약안(Draft treaty on the prevention of the placement of weapons in outer space and of the threat or use of force against outer space objects)"의 예가 대표적이라 할 수 있다[43].

4. ICJ의 전향적인 사법판단 채택

1996년 ICJ는 총회가 요청하여 판단한 권고적 의견에서 핵무기의 위협과 사용은 국제인도법을 포함하여 무력충돌에 적용되는 국제법에 반하지만, 국가의 생존이 문제되는 극도의 자위적 상황에서 위법인지는 판단을 유보하였다. 북한의 계속된 핵실험과 우주발사

---

42) Peter Jankowitch, p.19. 우주군축은 우주조약 및 달협정 이후에 UN, 특히 우주공간평화적이용위원회(COPUOS)나 유엔군축회의(Conference on Disarmament: CD)를 통해 새로운 입법으로는 성공하지 못하고 있으나, 여전히 '우주군비경쟁예방(Prevention of an Arms Race in Outer Space: PAROS)'으로 논의되고 있다.

43) 정영진, "우주의 군사적 이용에 관한 국제법적 검토-우주법의 점진적인 발전을 중심으로-", 항공우주정책•법 학회지 제30권 제1호, 2015, 312쪽.

체를 빙자한 미사일의 발사에 대해 안보리는 지속 강화된 경제적 강제조치를 부과해오고 있는데, UN헌장 제96조 1항에 따라 총회 또는 안보리가 어떠한 법적 문제에 대하여도 권고적 의견을 줄 것을 ICJ에 요청할 수 있으므로, ICJ가 1996년 판단을 유보한 권고적 의견과는 다르게 전향적으로 핵무기의 위협 및 사용 등에 대해 위법임을 확인하는 사법판단이 이루어지길 기대한다. 북한의 핵개발을 규탄하면서 대북제재를 부과하고 있는 국제사회의 합의 및 당시 1996년 ICJ의 판단이 재판관 가부동수였던 점을 고려하면, 향후 ICJ의 적극적인 사법판단이 가능하리라 보여진다. 이는 국제사회의 가장 권위 있고 중립적인 사법기능의 판단이라는 점에서, 북한의 핵개발에 대한 국제사회의 공조에 대해'핵자위'를 주장하는 북한의 핵개발 명분을 위축시키는데 기여할 수 있을 것이다.

5. 北의 휴전협정 및 한반도비핵화공동선언 준수

1953년 휴전협정과 1991년 체결되고 1992년 발효된 한반도비핵화공동선언은 남·북의 핵 군축과 관련한 주요 합의문서이다. 휴전협정은 서언에서 명시한 바와 같이"한국에서의 적대행위와 일체 무장행동의 완전한 정지를 보장하는 정전을 확립할 목적으로"체결된 것이다. 따라서 북한의 핵개발은 대한민국에 대한 적대행위와 일체 무장행동에 해당하고 국제사회의 평화와 안전을 위협하는 것이므로, 북한의 핵문제 해결은 휴전협정을 준수하는 것을 넘어 장차 평화협정이 체결되는 경우 핵무기의 동결·감축·폐기를 보장함으로써 한반도 통일여건을 성숙시키는 가장 중요한 변수가 될 것이다.

한반도비핵화공동선언은 한반도를 비핵화함으로써 핵전쟁의 위험을 제거하여 한반도의 평화를 정착하고, 평화통일에 유리한 조건과 환경을 조성하며, 아시아는 물론 세계의 평화와 안전에 이바지하자는 취지에서 남·북한이 공동 채택한 선언이다. 주요 내용은 ① 핵무기의 시험·제조·생산·접수·보유·저장·배비(配備)·사용의 금지, ② 핵에너지의 평화적 이용, ③ 핵재처리시설 및 우라늄 농축시설 보유 금지, ④ 비핵화를 검증하기 위해 상대측이 선정하고 쌍방이 합의하는 대상에 대한 상호 사찰 등이다. 북한은 이미 2009년 동 선언을 일방적으로 파기한 바 있으나 이것으로 동 선언의 효력에는 아무런 변함이 없으며 우리 정부는 북한의 동 선언 준수를 희망하고 있다. 특히 대한민국이 모범적인 평화국가로서 핵을 보유하지 않는다는 국제사회의 신뢰는 동 선언의 준수로부터 힘입은 바가 크다. 북한의 휴전협정 및 동 선언의 성실한 이행은 북한의 핵문제 해결 의지에 진정성을 보여주는 중요한 계기가 될 것으로 본다.

V. 결

오늘날 군축은 국제분쟁의 평화적 해결, 집단안전보장제도와 함께 국제평화와 안전을 유지·촉진하는 중요한 수단이다44). UN헌장 하에서 집단적 안전보장제도가 강력히 작동된다면 군축도 원활히 진행될 수 있다. 그러나 군비의 축소나 통제를 넘은 군비 철폐는 결코 쉽지 않아 보인다. 국가에게 자위를 위한 최소한의 군비 유지는 당연한 것이다. 국제사회가 자위의 차원을 넘었다고 판단하고 있는 북한의 핵개발은 군축과 국제평화와 안전의 유지와 직결된 문제이다. 이는 북한의 입장과는 차이가 있다. 북한은 핵개발 목적이 협상용이 아닌 핵 억제력을 통한 체제 유지 및 자존감 강화이며, 미국 등의 핵위협에 대한 핵자위를 주장하고 있다. 국제사회가 가장 상대하기 어려운 것이 북한이고, 그 중에서도 북한의 핵문제이다.

지금까지 국제사회는 핵문제에 대하여 비확산(nuclear non-proliferation)에 집중해왔다. 비확산이 확산행위를 주된 규율대상으로 하여 핵무기의 획득을 단념하고 방해하는 활동에 초점을 맞춘 것이라면, 반확산(counter-proliferation)은 확산행위의 주체를 주된 규율대상으로 하여 무기의 확산을 방지하기 위한 외교·정보·군사적 노력에 초점을 맞춘 것이다. 상술한 바와 같이, 핵 군축을 위한 국제사회의 노력은 전통적인 비확산정책과 동시에 반확산정책을 투입하고 있다. 특히 우주공간은 앞으로도 과학기술의 발전으로 평화적·군사적 이용의 구분이 매우 어려울 것이므로, 인류의 공동유산인 우주공간의 평화적 이용이 완전히 실현되기 위해서는 다양한 반확산정책이 구현되어야 한다45). 어쩌면 완전한 군축 실현이 인류의 항구적인 과제일 수는 있으나, NPT 서문에서 일반적이고 완전한 군축이 표현된 것처럼 국제사회는 완전 군축을 위한 노력을 천명하고 있다. 북한의 핵문제를 위해서는 비확산·반확산정책과 함께 집단안전보장제도가 지속적으로 시도되어야 한다.

---

44) 이용호, "현대 국제군축법의 구조와 한계", 160쪽.

45) Shin, Dong-Chun·Cho, Hong-je, "Military Competition and Arms Control in Space", 항공우주정책•법학회지 제26권 제2호(2011), p.222-231. 여기서 우주 군비통제의 방법(조치)로써 행동규범이나 가이드라인 등의 신뢰구축조치, 기존 군축조약의 강화, 국가·지역적 접근, 우주공간에서의 모든 무기 실험/개발/배치 등을 금지하는 종합적 접근, UN군축회의 등의 논의를 통한 법적 구속력 있는 대안 등을 제시하고 있다.

참 고 문 헌

이영진, “달의 탐사와 이용에 관한 국제법적 규제”, 법학연구 제18권 제1호, 충북대학교 법학연구소, 2007.

______, “우주공간의 평화적 이용과 UN의 군축활동”, 국제법학회논총 제31권 제2호, 1986.

이용호, “북한의 핵무기비확산조약(NPT) 탈퇴에 대한 법적 평가와 그 전망”, 성균관법학 제18권 제1호, 2006.

______, “현대 국제군축법의 구조와 한계”, 국제법학회논총 제60권 제2호, 2015.

정영진, “국제우주법상 북한 광명성 발사의 적법성”, 국제법학회논총 제62권 제1호, 2017.

______, “우주의 군사적 이용에 관한 국제법적 검토-우주법의 점진적인 발전을 중심으로-”, 항공우주정책·법학회지 제30권 제1호, 2015.

______, “우주활동 국제규범에 관한 유엔 우주평화적이용위원회 법률소위원회의 최근 논의 현황”, 항공우주정책·법학회지 제29권 제1호, 2014.

Shin, Dong-Chun·Cho, Hong-je,“Military Competition and Arms Control in Space”, 항공우주정책·법학회지 제26권 제2호, 2011.

Darryl Howlett, “Nuclear Nonproliferation”, 「The Globalization of World Politics」, edited by John Baylis·Steve Smith(2nd Edition), Oxford Univ. Press, 2001.

James D. Fry, 「Legal Resolution of Nuclear Non-Proliferation Disputes」, Cambridge Univ. Press, 2013.

Malcolm N. Shaw, 「International Law」, seventh edition, Cambridge Univ. Press, 2014.

Peter Jankowitch, Handbook of Space Law, edited by Frans von der Dunk with Fabio Tronchetti, Edward Elgar Publishing, 2015.

Legality of the Threat or Use of Nuclear Weapons, Advisory Opinion, 1996 ICJ Rep.

11. 운석의 소유권 및 법적 지위에 관한 고찰 - 진주운석을 중심으로

이 영 진

I. 서론

1. 진주운석의 발견

지난 2014년 3월 9일 오후 8시경 한반도를 방문한 '별에서 온 그대'(운석, 별똥별)가 쏟아져 내리면서 경남 진주 일대에 유성우 현상이 관찰되었다. 다음날인 10일 아침 7시 30분쯤에도 대곡면 파프리카 비닐하우스에 우석으로 추정되는 물체가 발견되면서 이 일대에 운석 찾기 열풍이 불게 되었다. 이 과정에서 11일에는 미천면 오방마을, 16일엔 미천면 밭, 17일에는 집현면에서 운석으로 추정되는 물체들이 차례로 발견되었다. 이들은 모두 관계 국가기관으로 옮겨져 검증을 받은 결과 3월 9일의 유성우에 의한 운석으로 판명되었고 발견된 장소를 중심으로 이름을 붙이는 국제적 관례에 따라 이들은 모두 '진주운석'으로 명명되었다. 진주 운석은 1943년 11월 전남 고흥군 두원면에서 발견된 '두원운석'[1]이 발견된 이래 71년만에 한반도에서 발견된 것이다. 실제로 지난 1세기 동안 한

1) 두원운석은 일본인 소유인 바 1999년 한일 정상회담 결과 영구임대형식으로 반환되어 현재 한국지질자원연구원 지질박물관에 보관중이다.

반도에 낙하한 운석가운데 대영박물관에서 발간한 운석연감에 등재되어 있는 것은 모두 4개인데 이 중에서 두원운석을 제외한 나머지 운석은 소재가 확인되지 않고 있다.[2)]

이러한 운석은 대부분 화성과 목성의 공전궤도사이에 위치하고 있는 소행성대를 포함하여 여러 소행성에서 유래한 것으로 알려져 있으며 일부는 행성(화성 등)이나 지구의 달에서 온 운석도 각각 106개, 155개가 있는 것으로 파악되고 있다(2012년 8월 현재). 운석은 2012년까지 약 5만 5천 여개가 발견되어 명명되었는데 남극과 사막 등에서 매년 새롭게 발견되는 추세에 힘입어 그 수가 빠르게 늘어나고 있다.[3)]

운석의 가장 핵심적인 중요성은 과학자들이 직접 우주의 물질을 만져볼 수 있는 거의 유일한 샘플이라는 사실에 있다. 따라서 한국에선 오랜 기간 발견되지 않던 운석이 나타나면서 2014년의 진주의 운석 낙하는 국내에서도 새삼 운석에 대한 관심이 높아지는 계기가 되었고 그로 인해 진주일대에 운석사냥꾼들이 몰리는 외에도 운석의 소유권이나 금전적 가치를 두고도 많은 논란이 일고 있다. 알려진 바에 의하면 실제로 당시 진주운석 매입을 추진 중이던 지질자원연구원 등 정부 연구기관 협상팀과 운석 소유주들이 진주시청에서 만나 처음으로 매입을 위한 가격 협상을 벌였던 바 정부측에서 제시한 매입가격 산정액은 운석 4개에 3억 5천만원 정도였는데 소유주측에선 270억원을 요구하여 협상이 무산된 것으로 보도되었다.

2. 운석의 학술적 가치와 법적 고찰의 필요성

운석(meteorites)이란 우주공간에서 떠돌던 성간물체가 지구중력에 이끌려 낙하하는 과정에서 대기권을 통과하면서 소멸되지 않고 지상에 떨어진 물질을 말한다. 행성간 공간에는 혜성이나 소행성 등이 남긴 파편들이 떠돌아다니는데 이들은 유성체라 불린다. 지구는 초속 30km의 속도로 태양주위를 공전하고 있는데 지구에 끌려 들어온 유성물체는 대략 초속 10~70km의 속도로 지구대기로 진입하여 대기와의 마찰로 가열되어 빛나는 유성이 되고 대부분은 크기가 작아서 지상 80~100km 상공에서 모두 타서 분해되나 큰 유성체는 그 잔해가 지표면까지 도달하게 되는데 이것이 운석이다. 추측컨대 이번에 진주에

2) 4개운석의 발견시기와 장소 및 종류는 다음과 같다.
- 운곡;1924.9.7. 전라남도 운곡, 콘드라이트
- 옥계;1930.3.19. 경상북도 옥계, 콘드라이트
- 소백;1938년 함경남도 소백, 철운석
- 두원;1943.11.23. 전라남도 두원, 콘드라이트

3) 서울대학교 운석연구실 자료,p.1.
http;//fireball.snu.ac.kr/ver3/view.php?id=31

낙하한 운석의 모천체도 46억년전 태양계 초기에 소행성이나 행성이 되지 못하고 화성이나 목성사이의 소행성 사이에 머물며 살았을 것이다. 그러다가 이곳에서 벗어나게 된 이 천체는 아마도 우연히 지구의 중력에 붙잡혀 수십억 년의 방랑자 생활을 청산하게된 것이다. 그러므로 이번에 진주를 방문한 운석은 단순히 로또처럼 일확천금을 벌게 하는 횡재이기 이전에 우리 인류가 태양계속의 한 존재로 살아가고 있음을 깨닫게 해주는, 소중한 과학 사료이며 연구가치를 지닌 천체의 일부로 보아야 한다.[4] 운석(meteorites)은 현재까지 월석을 제외하고는 거의 유일하게 실험실에서 분석하고 연구할 수 있는 지구 밖 태양계의 우주천체 물질이다. 운석은 태양계의 탄생과 고체 태양계 물질(solid solar system materials: 지구형 행성, 위성, 소행성, 혜성 등)의 초기 진화에 대한 정보 뿐 아니라, 일부 고체 천체의 표면 지질을 연구할 수 있는 기회를 제공한다. 20세기 이후 운석연구는 지구과학의 발전에 크게 공헌해 왔으며 최근 우주 개발과 태양계 탐사가 활성화되면서 운석 연구의 중요성이 더욱 강조되고 있다. 운석 연구에 있어 가장 중요한 단계는 물론 필요한 시료를 확보하는 일이다. 필연적으로 운석 연구의 활성화는 시료의 증가와 밀접한 관계가 있으며, 1960년대 말 이후 세 종류의 사건이 운석 연구 활성화에 크게 기여하였다. (1) 1969년부터 시작된 아폴로 우주선의 달 탐사 결과 약 380kg의 월석이 확보되었다. (2) 1969년 2월과 9월에 두 건의 대규모 운석낙하, 즉 멕시코의 아옌대 운석(Allende meteorite)과 호주의 머치슨 운석(Murchison meteorite)의 낙하가 있었다. (3) 1970년대 중반에 들어서면서 미국과 일본의 주도로 조직적인 남극 운석 탐사가 시작되었다. 남극 운석 탐사 이전까지 학계에 보고된 운석은 4,000개 정도였으나, 30여 년에 걸친 남극 운석 탐사와 최근 급증하고 있는 아프리카의 사막에서 발견되는 운석으로 인해 그 수가 열 배 이상 늘어났으며 이는 앞서의 통계에서 본 바와 같다. 특히 지난번 진주운석처럼 유성이 목격된 후 바로 회수된 낙하운석이 지구환경에 의한 오염이 적기 때문에 상대적으로 연구가치가 높은 것이다. 남극 운석 탐사와 사막 운석 발견은 산술적으로 시료의 양뿐 아니라 새롭게 발견되는 운석 그룹의 수도 크게 증가시키는 효과를 가져왔다. 대한민국은 2006년 말 이후 남극 운석탐사를 시작하면서 세계에서 다섯 번째로 독자적인 남극운석 탐사를 수행하는 국가가 되었다. 남극 운석 탐사는 그 자체로서의 의미도 중요하지만, 앞으로 국내외에서 수행될 연구에 필요한 시료를 제공할 수 있다는데 더 큰 의미가 있다.[5]

따라서 이제는 운석이 우주에서 날아온 천체의 일부로서 값나가는 물건이라는 측면을

4) 정홍철, "별에서 온 운석, 높은 연구가치로서 운석 판별법", KISTI의 과학향기 칼럼, 2014.3.24
5) 최변각, "운석의 분류와 암석학적, 지구화학적 특징", 지질학회지, 제45권2호, 2009, pp.173~186.

떠나서 이는 지구와 우주 특히 태양계의 기원을 밝히는데 학문적으로도 소중한 가치를 지니는 것으로 인식해야할 것이다. 이런 관점에서 본 논문에서는 운석과 관련하여 법적인 측면에서의 논의가 별로 없었다는 점을 감안하여 법적 문제에 대한 고찰이 필요하다는 전제하에 특히 진주 운석을 중심으로 소유권과 관련해 우리나라를 비롯한 국내외 법규의 문제점을 고찰하고 운석의 효율적 관리를 위한 개선 방향과 향후 과제에 대한 분석을 시도해 보기로 한다.

II. 천체 및 우주물체의 국제법적 문제

1. 우주공간 및 천체의 국제법적 지위

달과 소행성을 포함한 기타 천체의 법적 지위에 관해서는 종래 무주지 혹은 무주물 이론에서부터 남극조약 패턴의 운용주장에 이르기까지 그 영유문제를 둘러싼 이견들이 많았지만 오늘날 극히 일부의 주장을 제외하면 더 이상 선점의 대상물이 된다거나 혹은 남극의 경우처럼 한시적 영유권 동결의 차원에서 다루어지지는 않는다. 행성간 공간에는 혜성이나 소행성이 남긴 파편 등이 떠돌아다니고 있는데 이들을 유성체라 부르고 있다. 그런데 그것들 중의 일부라고 할 수 있는 운석의 경우는 우주공간으로부터 지표로 낙하하게 된 암석의 일종이라고 할 것인 바 이 경우는 좀 더 검토가 필요하다. 운석은 전술한 바와 같이 우주에서 온 희귀한 물체라는 사실을 떠나서 지구와 우주의 기원을 밝히는 데 없어서는 안될 소중한 가치를 지니고 있는 대상체이다. 그런 만큼 최근 진주에 낙하한 운석을 둘러싸고도 그것의 우주국제법적 지위 및 국내법상 소유권 문제 그리고 그 관리방안 등을 둘러싸고 초미의 관심사로 등장하게 되었다. 차제에 여러 가지 국내외적인 법적 문제에 관해서도 검토해볼 필요성이 있을 것으로 판단된다. 실제로 1957년 Sputnik 호가 발사되면서 우주시대가 개막되기 전까지는 우주는 법적 공백 상태에 있었다.

여기에서는 운석이 우주로부터 지구로 유입된 물체라는 점을 감안하여 우주공간과 천체의 법적 지위 및 현행 우주법상 우주물체의 법적 지위에 관한 규정과 기존의 학설상 논의에 관해 먼저 간단히 살펴보고자 한다.

60년대 이래로 UN COPUOS 법률소위원회에서 논의되어온 우주 및 천체의 법적 지위와 관련하여 총회 결의의 채택이나 조약체결 과정을 일별해 보면 국가들이 우주의 법적 지위를 규정하려는 시도를 다분히 의도적으로 회피한 것으로 보인다.[6] 이는 우주의 법적지위를 미리 규정하여 구속받고 싶지 않은 속내가 반영된 결과이며 대신 국가와 국제기구의 우주활동 그 자체를 규제하는 노선을 취하게 된 것으로 보인다.[7] 그렇긴 하나 몇몇 기본적인 조항에서 우주공간과 천체의 법적 지위를 규정한 기본적인 근거는 찾아볼 수 있다. 이하에서는 이와 관련된 기존의 논의를 요약해 본다.

우주공간과 천체의 법적 지위에 대해서는 일찍이 시각을 달리하는 몇 가지 주장이 개진된 바 있다.

첫째, 우주공간과 천체를 누구에게도 귀속되지 않은 무주의 영역으로 보자는 입장으로서 일찍이 Cheng교수에 의하면 전통국제법상의 무주지는 무주의 공역으로 그곳에서의 실효적 지배의 완성으로 선점될 수 있다고 주장한 바 있다.[8] 이 무주물 이론은 Rome사법상의 개념을 국제법에 도입한 것으로 보이나 오늘날 이러한 논리를 관철시키기에는 많은 난점이 있다.[9] 우주공간에 대한 선점을 인정한다면 우주에 대한 개발 및 탐사는 개개국가의 과학기술적·경제적 수준에 의해 좌우되므로 무주물에 대한 선점에 앞서 모든 국가에 동등한 기회의 배분이 허용되지 않는다는 점과 우주공간이 인류공동의 유산이라는 기본개념에 반해서 일국의 이익을 위한 행위인 선점이 허용된다는 사실을 감안할 때 그러한 주장은 수용하기가 어렵다.

그러면 우주공간과 천체는 Rome사법상 반대 개념인 모든 국가에 개방된 공유물인가? 이는 일찍이 공해의 자유를 정당화하기 위해 Grotius에 의해서도 사용된 개념이다.[10] Jenks에 따르면 대기권 밖의 공간과 천체는 선점의 대상이 될 수 없는, 공해에 유사한 법역으로서 공유물(res communis)에 해당되며 이는 전 인류에게 자유로이 개방되어야 하는 바, 우주공간 자유의 원칙은 제국의 관행에 의해 지지되어 이미 관습법으로 확립이 되었다고 결론내리고 있다.[11] 이에 관해서는 구소련의 학자들도 거의 동일한 태도를 견지하고 있음이 그들의 초기 저술이나 각종회의 및 위원회에서의 견해 등으로 미루어 판단

---

6) Nicolas M. Matte, Aerospace Law, Toronto, 1969, p.13.

7) 박원화·정영진, 우주법, 한국학술정보(주), 2012, p.87.

8) Bin Cheng, "From Air Law to Space Law", Current Legal Problems, Vol.13, 1960, p.234.

9) E.R.C.Van Bogaert, Aspects of Space Law, Kluwer Law and Taxation Pub., 1986, pp. 31~32.

10) H.Lauerpacht, "The Grotian Tradition in International Law", British Yearbook of International Law, 1956, p.1.
또 Brownlie 교수도 우주공간이나 천체가 대체로 이와 같은 특성을 갖는다고 한다.
Ian Brownlie, Principles of Public International Law,5th ed., Clarendon Press, Oxford, 1998, p.264.

11) C. Wilfred Jenks, "The International Control of Outer Space", Legal Problem of Space Exploration:A Symposium, 1961, pp.734, 748.

할 수 있다.[12] 또한 Jessup판사와 Taubenfeld교수는 그들의 저서에서 우주법은 국방상의 견지에서 해양법과는 좀 색다른 성격을 대유하고 있으므로 해양법의 법리를 기계적으로 우주공간에다 유추 적용시키는 것은 바람직하지 않다고 하면서 대신 남극조약[13]을 하나의 패턴으로 여기에다 적용시킬 것을 제안하고 있다.[14]

그러나 여기서 말하는 공유물이라는 개념도 그 자체가 상당히 추상적이라는 문제점이 있고 또한 남극이 지구 내에 있는 반면 우주공간과 천체는 지구외 상공에 있다는 기본적 요건의 차이로 인해 각각에 대한 권리·의무를 분명하게 설명하기가 어려울 것이라는 점은 짐작하기 어렵지 않다.[15]

더욱이 우주공간과 천체가 전 인류의 공유물로서 자유로이 개방되더라도 우주를 탐사·개발할 능력이 국가에게는 아무런 도움이 되지 못한다는, 즉 그림의 떡일 수밖에 없다는 사실은 이들 견해의 실질적인 결함으로 지적될 수 있을 것이다.[16]

따라서 우주공간 자유의 원칙에는 당연히 찬동하면서도 그러한 결함들을 극복하고자 하는 것이 국제공역(domaine public international)설의 입장이다. 이는 국제공동체를 이기적인 주권국가들의 경쟁적 분열사회로 보기보다는 국제연대성에 입각한 공동체의식에 따라 일정한 공간을 특정국가의 독점 하에 두지 않고 함께 이용하는 국제공역의 개념을 도입한 것이다.

특히 우주공간이나 천체는 그 물리적 특성으로 말미암아 세계 모든 국가가 이해관계를 갖고 있으므로 법적 성격을 규명함에 있어서는 국제사회 내지는 인류사회 전체의 입장에서 행해져야 하는 바 그런 관점에서 그것은 선점의 대상이 되거나 특정국가에 의해 영유되어서는 아니 되고 UN과 같은 국제기구에 관리되어야 한다는 명제가 도출되는 것이다. Ogunbanwo도 우주공간과 천체는 인류의 유산으로써 어떤 국가의 주권도 미치지 않으며 이를 국제적 규제기관을 통하여 효율적으로 통제해야 한다고 주장하고 있다.[17] 1967년

---

12) Korovin, “International Status of Cosmic Space”, International Affairs, 1959, I, p. 53, and G. Tunkin, An opening statement before the Legal Sub-Committe of the UN Committee on the Peaceful Uses of Outer Space, 1962.5.28

13) 남극조약은 1959년말 미·소 양대국을 포함한 12개국이 조인한 것으로 그 제1조에서 「평화적으로만 이용」할 것을 약속하고 특히 군사기타, 무기실험 등의 금지도 규정하고 있다. 이는 한 지역을 국제적으로 관리하는 법적 조직화를 최초로 시도하였다는 데에 중요한 의의를 가지는 국제조약이라고 평가할 수 있다. 또한 제2,3,5조 참조.

14) Jessup and Taubenfeld, Controls for Outer Space, 1959, p.212; 노명준, “우주공간의 국제법”, 한국외국어대학교 논문집, Vol.16, 1983, pp.285~286.

15) 서희원, “우주공간의 법적 지위”, 국제법학회논총, 제15권 1호, 1970, p.290.

16) M.G. Marcoff, Traite de droit international public de Lespace, 1973, p.169.

17) Ogunsola O. Ogunbanwo, International Law and Outer Space Actiivities, Martinus Nijthoff, 1975, p. 75.

채택된 우주조약의 전문에도 "우주공간은 전 인류의 이익증진을 위해, 또 그를 위한 탐사와 이용은 평화적으로 수행되어야 한다."고 천명하고 있고 이하 각조에서도 자유롭고 평화적인 이용과 그곳에서의 활동은 상호 원조의 원칙에 따라야 한다고 규정하고 있다.[18)]

여기서 한걸음 더 나아가 달 협정에서는 달에서의 천연자원 개발이 사실상 가능해지게 됨에 따라 동 개발을 규율할 적당한 절차를 포함하는 하나의 국제적 제도를 설치할 것을 약속한다고 되어 있다.[19)]

요컨대 우주공간과 달 및 기타 천체는 우주조약이나 달 협정 등에서도 각각 국가영유의 금지(not subject to national appriation) 및 인류공동의 유산(Common Heritage of Mankind)으로서 그 개발과 사용은 온 인류의 이익을 위해 행해져야 한다는 명문규정을 두고 있는 점 등으로 미루어 보더라도, 누구에 의해서도 선점의 대상이 될 수 없는 국제공역으로서 어떠한 국가도 우주공간과 천체에 대해서 배타적인 주권을 행사하려고 시도해서는 아니 될 것이다. 특히 기술적, 경제적 수준에 의해 좌우되는 우주공간이나 천체의 탐사와 이용은 이러한 모든 점을 고려하여 이루어져야 하며 그럼으로써 비로소 국가의 평등과 자유 및 국제적 관리에 바탕을 두고 완전한 국제협력체제가 이룩될 소지가 마련되어지는 것이다.[20)] 그러한 맥락에서 우주공간 및 천체의 자원은 국제공동체가 공동으로 관리함으로써 앞으로 이 국제공동체가 주축이 되어 적극적인 국제화를 달성, 인류의 이익증진과 평화적 이용에 기여할 수 있도록 해야 할 것이다.

2. 우주물체의 국제법적 지위

우주물체의 정의가 무엇이냐에 관한 의견의 불일치로 말미암아 문제 해결에 지침이 될 만한 정의나 국제법상 일반적으로 인정되는 우주물체의 개념은 존재하지 않으며 제 우주관계조약에서도 찾아보기 어렵다. 1972년 책임협약의 채택과정에서도 제 국가는 우주물체를 정의하기 위한 시도를 하였으나 합의를 보지 못하였다. 이는 우주물체의 개념 자체가 기능적인 측면에서 우주의 경계획정 문제와 맞물려 있는 관계로 우주의 정의가 먼저 행해져야 한다는 의견들이 우세하였기 때문인 것으로 판단된다. 결국 이는 현행우주법상 우주물체의 개념정의와 관련된 규정들의 분석을 통해 파악해 볼 수밖에 없다. 먼저 우주

18) 우주조약 제12조, 제9조.
19) 달협정 제11조 5항.
20) 이영진, "달의 탐사와 이용에 관한 국제법적 규제", 충북대학교 법학연구, 제18권 제1호, 2007, p.6.

조약에서는 우주물체를 천체에 착륙 또는 건설된 물체 및 그 구성부분과 우주에 발사된 물체가 포함된다고 간단히 규정하면서[21] 동 물체의 관할권 결정에 관해 등록국주의에 따른다는 항공법의 원칙을 도입, 그와 맥을 같이하고 있다.[22] 말하자면 동 조약 제8조는 간접적으로 우주물체의 법적지위에 관한 내용을 담고 있으며, 구체적으로는 우주물체에 대한 관할권, 통제권 및 소유권의 관계를 정함과 동시에 낙하 우주물체의 반환에 관하여 원칙적으로 규정하고 있다. 낙하물체의 반환에 관해서는 우주비행사의 송환과 더불어 별도로 구조협정에서 상세하게 입법화되어 있다.[23] 또한 우주물체의 등록국은 그 물체가 우주공간 또는 천체에 있는 동안 그 물체와 인원에 대하여 관할권 및 통제권을 가진다.[24] 뿐만 아니라 우주정류장이나 운송수단, 기타 천체상의 시설, 장비에 대해서도 통제권을 행사하는 바 이는 타당사국 대표의 방문의 경우 호혜주의의 바탕 위에 설비의 정상적인 운영에의 간섭을 피하기 위한 적절한 협의를 행하고, 최대한의 예방수단을 강구하도록 하기 위한 것이다.

또한 우주물체는 그것이 어디에 착륙을 하든 간에 다른 당사국에 그 소유권이 이전되는 일은 없으며, 이를 위해 물체를 발사한 나라가 그 물체의 식별을 위한 자료를 요청하는 경우에는 그 물체가 낙하한 다른 당사국은 물체의 반환에 앞서 이에 관한 자료나 정보를 제공해 주어야 한다. 이는 말하자면 우주물체에 대한 관할권 결정에 있어서는 등록국주의를 취하고 있다는 것을 의미한다.[25] 따라서 우주물체에 대한 등록국의 관할권은 타국의 영역에 들어갔을 때에도 영향을 받지 않는다. 이를 위해 「우주인의 구조, 송환 및 우주물체의 반환에 관한 협정」도 우주인이나 우주물체가 다른 국가의 영토나 공해상에 착륙된 경우 신속히 반환하도록 요구하고 있다.[26] 또한 발사된 물체와 그 구성부분의 소유권은 그것이 우주공간이나 천체에 있거나 지구에 귀환하였거나를 불문하고 그 등록국에 있다. 이 경우 물체는 천체상에 착륙하거나 그곳에서 조성된 것을 모두 포함한다. 따라서 장차 우주정류장 등에서 제조되는 물체도 당연히 포함되는 것으로 보아야 할 것이다.

1972년 책임협약에서도 우주물체는 우주물체의 구성부분과 발사물 및 그 부품을 포함한다고 막연히 규정하고 있는 바 이것 또한 우주물체의 정의로 인정되지는 않고 있다.[27]

---

21) 우주조약 제8조.

22) 1944년 Cicago 국제민간항공조약 제17~21조 참조. Bogaert. op.cit., p.134.

23) 이 협정은 말하자면 우주조약 제5조의 우주비행사의 구조, 송환과 제8조의 우주물체의 반환에 관해 구체적 내용을 담고 있다.

24) 우주조약 제8조, 12조, 달협정 제 15조.

25) E.R.C van Bogaert, Aspects of Space Law, Kluwer Law And Taxation Publishers, 1986, p.135.

26) 구조협정 제1조.

이렇듯 우주물체의 정의에 관한 미흡성은 여러 가지 법적 문제들을 야기시킬 수 있는데 일단 인공위성, 우주선, 우주정류장, 우주관측소 및 실험소 등을 우주물체로 보는 데에는 무리가 없으리라 본다. 최근에 우주물체와 관련된 국제적 합의문서로서 2012년 채택된 UNIDROIT 우주자산의정서가 있긴 하나 동 의정서에서 규정하고 있는 우주자산은 주로 우주의 상업적 이용을 염두에 둔 것으로서 우주물체의 개념과 동일하게 보는 것을 적절치 않은 것으로 보인다.[28)]

한편 구소련의 주장에 따르면 종래 저궤도비행을 하는 로켓트나 대륙간탄도탄(IBM) 등도 우주물체의 범주에 들어가는 것으로 보고 있으나 로켓트 발사 설비나 지상 관제소, 통신기지 기타 지상 설비는 그것이 우주 국제법의 적용 대상이 안되는 것은 아니나 이를 우주물체에 포함시키지는 않고 있다.[29)]

이상에서 본 바와 같이 현행의 우주국제법상 일반적으로 수락될 수 있는 우주물체의 개념은 아직 확립되어 있지 않으며 그나마도 현재의 우주물체에 관한 논의는 우주이용에 제공되는 인공의 장비나 구조물 및 그 구성부분 등에 관한 것에 머물러 있다. 행성이나 혜성 및 소행성(asteroids) 등도 또한 우주에 존재하는 물체이나 이들은 앞서본 천체로서의 법적 지위를 가지며 기존의 우주관련 조약이 적용될 것이다.[30)] 천체의 일부로서 달과 그 천연자원을 인류의 공동유산으로 규정하면서 우주의 자연자원을 일종의 광물자원으로 인정하여 그 개발가능성과 소유를 인정한 우주관련 법규는 달 협정이 유일하다.[31)] 요컨대 본 논문에서 대상으로 삼고자하는 운석과 같이 자연적인 현상을 통해서 지구표면에 도달하는 외계의 물체 즉 자연우주물체는 우주법상의 규제대상에 포함되어 있지 않으며 그런 점에서 이들이 지구에 낙하할 경우에는 각국의 정책과 입법적 규제에 맡겨져 있다고 보아야 할 것이다. 이하에서는 이 운석의 법적 지위와 소유권 문제에 관한 각국의 국내법적 태도의 분석을 통해 운석의 법적 지위를 분석해 보고자 한다.

---

27) 책임협약 제1조.
28) 박원화·정영진, op.cit., 2012, p.119.
29) Gennady Zhukov and Yuri Kolosov, International Space Law, Praeger, 1984, p.86.
30) 그러나 우주조약 제2조의 영유금지 원칙에 반하여, 국내법상의 근거 등을 이유로 미국정부를 상대로 소행성 '433 Eros'의 사적 소유권을 주장하는 소를 제기한 사례도 있다.
M.J. Kleiman, The Little Book of Space Law, 2013, p.165이하 참조.
31) Moon Agreement Art. 11. 이는 해양법협약에서 심해저지역의 광물자원을 인류의 공동유산으로 개발, 소유, 판매 등을 인정한 것과 유사한 맥락이다.

III. 운석의 법적 지위와 소유권문제에 관한 주요 국가의 태도

운석의 소유권이나 법적 지위에 관한 각 국가들의 입장은 일정하지 않다. 예컨대 영국의 Common law나 영국의 식민지였던 미국의 경우 운석은 토지 소유주의 재산으로 간주하며 매장된 운석은 채굴권의 일부로 인정될 수 있다. 또한 운석의 발견을 보고하는 것도 의무는 아니다. 대부분의 서유럽 국가들과 이들의 식민지들은 운석의 소유권이 토지 소유주에게 있다는 것을 인정하는 민법체계를 가지고 있다. 많은 국가에서 고고학적 보물에 대해 새로운 입법을 통해 이전의 운석에 관한 법을 수정하기도 하였다. 이하에서는 주요 각국의 운석에 대한 소유권 인정 여하 및 법적 처리 등에 관한 입장에 관하여 간략하게 살펴보기로 한다.

1. 영국

영국의 Common law의 기본적인 원칙은 운석의 소유권이 발견된 토지나 빌딩의 소유주에 귀속된다는 것을 분명하게 밝힌다. 그러나 아직 이 문제를 정면으로 검토한 영국 법원의 결정은 아직 없는 것으로 보인다. 일반적인 원칙은 한 개인이 점거하고 있는 집이나 토지를 소유하고 있으며, 승인되지 않은 개입을 막고 이를 통제하기 위한 의도를 가지고 있다면 그 집이나 토지에서 타인이나 종업원에 의해서 무엇인가가 발견되었을 지라도 대부분의 경우 이에 대한 소유권은 그것이 발견된 집이나 토지의 소유권자에게 귀속된다는 것이다. 만약 운석이 법적으로 주인이 없는 매장물로 인정된다면 common law 체계하에서는 운석에 대한 소유권은 영국의 국왕이 갖는다.[32] 이러한 이론은 원 주인이 오래 전에 보물을 숨겨놓았는데 그러한 사실이 알려지지 않은 상태에서 사망한 경우 그 재산은 국왕에게 몰수당한다는 원칙에 기초한다. 그러나 새로운 운석의 발견은 누군가에 의해 의도적으로 은닉된 것이 아니기 때문에 국왕에게 소유권이 인정된다는 원칙이 적용될 가능성은 없다. 많은 국가들의 민법전에서는 매장물의 소유권은 절반은 토지소유주에게, 또 나머지 절반은 그 원석을 발견한 이에 있다고 규정하고 있다.[33] 그러나 운석이 이러한 매장물에 해당될지에 대해서는 의문이 있다.

---

32) Douglas G. Schmitt, “LAW OF OWNERSHIP AND CONTROL OF METEORITES”, Meteoritics & Planetary Science Volume 37(SUPPLEMENT), December 2002, p.B8.

33) Quebec Civil Code, Article 938.

2. 미국

미국 법원에 따르면 일찍이 운석은 토지보유자가 그 소유권을 가진다는 입장을 견지하여 왔다. 따라서 연방정부의 재산위에서 발견된 운석도 또한 연방정부의 소유가 됨은 물론이다. 이 경우는 아마도 스미소니언 협회의 소관이 될 것으로 본다. 이러한 법으로 인해 여러 가지 형태의 분쟁이 발생하고 있는데 그 대표적인 사례 가운데 하나가 1905년 오레곤 주의 대법원에서 판결한 Oregon 철강회사 v. Hughes 사건이다. 동 사건에서 Hughes는 1902년에 Oregon 철강회사가 소유한 토지에서 큰 '윌라메트' 운석을 발견했고 이 운석의 가치를 알아본 그는 소유권을 주장할 의도로, 이를 비밀리에 필사적인 노력을 한 결과 그로부터 1200m정도 떨어진 근처 토지로 옮겼다. 그러나 이 불법행위는 곧 발각되어 Oregon 철강회사와 Hughes 사이에 소유권을 두고 법정소송이 벌어지게 된 것이다. 사안과 관련하여 오레곤 주 대법원은 그 판결에서 운석의 소유권은 운석이 발견된 토지의 소유자인 Oregon 철강회사에 귀속되는 취지의 결정을 내렸다.[34] 즉 이는 토지의 일부에 속하는 것이므로 그 토지의 법적 소유주에게 운석의 소유권이 인정된다는 취지이다. 소송과정에서 Hughes는 지역 인디언들의 의식에 운석이 사용되었다는 증거를 토대로 그가 발견한 운석이 인디언들이 버린 운석이라고 주장하며 운석에 대한 그 자신의 소유권을 주장했다. 하지만 오레곤주의 대법원은 인디언들이 운석을 사유하지도 않았기 때문에 결코 이를 포기할 수도 없다는 근거하에 Hughes의 주장을 받아들이지 않았다.[35] 이 운석은 같은 해에 Dodge라는 한 재력가에게 26,000$(2011년 가격으로 약 680,000$로 추산)에 팔렸고 그는 나중에 이를 미국 자연사 박물관에 기증하여 오늘에 이르고 있다.[36]

3. 아르헨티나

대다수 아르헨티나 주에서는 운석 발견과 관련하여 민법전을 적용하여, 땅 주인에게 권리를 부여한다. 그러나 차코 주의 헌법은 운석이 주정부의 소유이며 이를 신고 및 보호할 의무를 지우고 있는 규정을 두고 있는데 이는 아마도 세계에서도 유일한 사례로 인정되고 있다.[37] 위와 같이 차코 주 헌법이 운석이 주의 소유임을 규정한 이유는 상당한 가

34) Oregon Iron Company v. Hughes, 47 Or 313, 82 P 572(1905).
35) http;//books.google.com/books?pg=572&dq
36) http;//en.wikipedia.org/wiki/Willamette Meteorite
37) Chaco Province Constitution, section 10.

치를 가지고 있던 '캄포 델 시엘로' 운석이 당해 지역에서 발견된 이후로 입법의 미비로 인하여 발생하는 손해를 방지하기 위한 것이었다. 나아가 주 법률을 제정하여 주 경찰로 하여금 차코 주 관내에서 발견된 운석을 지키기 위한 "관리 및 보존 규칙"을 엄격히 집행하도록 하는 임무를 부여하고 있다.[38)]

4. 오스트레일리아

원칙적으로 호주의 주 법률은 각 주의 박물관에게 소유권을 부여하고, 박물관으로 이양하는 것을 제외하고 발견물의 이동을 금지하며, 발견자의 비용에 대한 보상을 보전해 주도록 하는 태도를 취하고 있다. 서부오스트레일리아 박물관법은 약간 과도기적인 조항을 포함하고 있는 점이 특이하다.[39)] 이 조항에 따르면 만약 운석의 사적인 소유금지법이 발효된 1969년 이전에 개인이 합법적으로 운석을 취득했다면 그 개인은 이 운석을 매매할 수 있다. 하지만 이 때에도 박물관 당국자들은 이러한 매매를 우선적으로 거부할 권리가 있다. 이 경우 운석은 박물관 당국자에게 합리적인 가격에 제시되어야 하며 오직 호주 국내의 구매희망자만 고려되어야 한다. 만약 14일 이내에 박물관 당국자가 이 제안을 받아들이지 않게 되면 동 운석은 국외로 반출할 수 있게 된다. 1986년에 제정한 동산 문화유산에 관한 연방법률은[40)] 호주에서 발견된 운석이 호주 연방 문화 유산위원회의 허가 없이 국외로 수출되는 것을 금지한다. 이러한 법률의 제정은 호주 법원과 정부로 하여금 1970년 UNESCO에서 채택된 문화재 협약에 의거한 의무를 수행할 수 있도록 하기 위함이다. 이와 같은 연방법률 규정에 따라서 이미 호주 내의 운석 수집품들로 여겨지는 운석들은 보유인가서류(letter of clearance)를 발급받음으로써 번거로운 허가 신청 절차를 사전에 피할 수 있다. 이 때 호주국립박물관의 큐레이터들은 조건이 맞는다면 운석에 대한 보유인가서류를 발급하고, 캔버라에 있는 문화유산위원회에 이러한 보유인가서류를 보관할 권한을 부여받고 있다. 그리고 운석 샘플들이 연구활동 기타 목적으로 교환을 위해 영구적으로 반출되는 경우에도 운석 반출에 대한 허가 권한은 문화유산위원회에 있다.[41)]

---

38) Chaco Province Law 3563.

39) Western Australian Museum Act, section 45(5).

40) The Federal Protection of Movable Cultural Heritage Act(1986).

41) Douglas G. Schmitt, "LAW OF OWNERSHIP AND CONTROL OF METEORITES", Meteoritics & Planetary Science Volume 37(SUPPLEMENT), December 2002, p.B6.

5. 캐나다

캐나다 내에서 퀘백주를 제외한 모든 주에는 영국과 마찬가지로 Common Law 원칙이 적용된다. 이러한 원칙은 민법전에 드러나 있으며 프랑스와도 일반적으로 유사한 입장으로 보인다. 대부분의 경우에 캐나다에서 발견된 운석들은 토지 소유주에 귀속된다. 브리티시 컬럼비아주의 항소 법원은 담보잡힌 토지 내에서 자라고 있는 목재는 그 땅의 일부가 된다는 결정을 내린 바 있는데, 동 법원의 결정에서 헌터 수석재판관은 특정인의 토지로 떨어진 운석은 그 토지의 일부가 된다고 판시한 바 있다.[42] 운석은 채굴 관련 법제하에서 논의의 여지가 있는 권리로서 이는 주 별로 다소 차이가 나기도 하나 이러한 사안이 실제로 주장된 사례는 없다. 또한 운석들은 매매될 수 있으며 운석 발견에 대한 보고는 의무가 아니다. 캐나다 정부는 캐나다 내에서 발견된 운석이 국외로 수출될 때만 개입한다. 1977년 발효된 문화재 수출입에 관한 법률하에서 캐나다 내에서 발견된 운석은 캐나다 관세청(CCRA)의 허가 없이는 수출될 수 없다. 또한 운석의 수출 허가서의 신청은 캐나다 거주민만 할 수 있다. 그러나 캐나다 영토 밖에서 행해지는 파괴시험을 위해서는 영구적인 수출 허가가 요구된다. 캐나다 관세청의 담당관은 문화재 수출입에 관한 법률에 따라 수출 검사관에게 허가 문제를 위임할 수 있다.[43] 이 경우 검사관은 발견된 운석이 과학적으로 현저한 가치나 국가적 중요성을 가지고 있는지를 결정하여 중요성이 확인 될 경우 영구 수출 허가의 거부를 권고할 수 있다.

6. 프랑스

북미 이외의 지역에서 운석 소유권에 대한 유일한 판결들은 19세기 프랑스 민법전하에서 결정된 사건들이다. 이러한 결정들은 도움이 되긴 하지만 이전의 결정들이 선례구속성이 인정되는 common law 시스템과 구속력이 없는 대륙법계 민법 시스템의 차이라는 관점에서 판단 되어져야 한다. Vollard 대 Couillard 사건 재판에서 결론적으로 운석 발견자는 토지에 출입할 수 있는 권한을 갖고 운석에 대한 소유권을 주장할 수 있다고 판시되었다.[44] 하지만 이는 그 이후의 결정들과 민법의 변화로 인해 현재 실효성이나 권한이 의문시 되는 결정이다. 이후의 Toche 사건에 있어서도 당시 프랑스 법률보고서의 편집장

---

42) MacCrimmon et al. v. Smith et al., 12B.B.R. 377, at 384(1906).
43) Cultural Property Export and Import Act(S.C. 1985, c.52), Section 11.
44) Folio 194 C. S., Tribunal civil de Bourbon-Vendee, 1842 August 31 (M. Savin, Pr.)

은 단순히 토지의 표면에서 발견된 운석에 대해 그 누구에게도 소유권이 없는 무주물(res nullius)에 해당하는 것으로 보아 점유를 통해 발견자에 소유권이 있는지 결정하는 문제는 대단히 어려운 일이라 지적했다. 이 문제는 확정되지 않은 채 남아 있었지만 오늘날 이와 유사한 일이 발생할 경우 토지의 소유주가 발견된 운석을 소유할 것이라는 의견이 지배적이다.[45]

7. 일본

일본의 경우는 일본 민법 제239조에 의거 '발견물은 이전에 소유자가 없던 경우 첫 번째 발견자가 주인이 된다'는 규정에 의거하여 그 발견자의 소유물로 인정된다. 운석의 경우도 여기에 해당된다고 보며 이는 한국 민법의 무주물에 관한 조항과 동일하다.

8. 기타-운석과 관련한 국제법적 규제 동향

가. 남극조약

남극조약은 1959년 12월 1일 체결되어 2016년에 이르기까지 남극지역의 법적 체제를 구축하는 기본틀로서 나름으로 커다란 역할을 수행하여 왔다. 최근에는 환경문제에 대한 관심의 고조에 힘입어 신남극조약 체제로서의 진화를 거듭하며 활발한 연구와 조사가 이루어지고 있다. 특히 남극대륙은 그 자체의 영유권 문제뿐만 아니라 그 대륙과 주변해역이 갖는 경제, 과학적 가치로 인하여 각국의 관심이 지속적으로 고조되어 왔다.[46] 일반적으로 남극에 대한 주요 관심 분야는 여러 가지가 있겠으나 여기서의 주제는 운석과 관련된 것이므로 광물 및 생물자원 이슈와 관련한 법적 규제 논의를 중심으로 언급해 보려고 한다.

구체적으로 남극조약은 각 국가의 영토적 주장을 동결하면서 과학적 연구와 탐사의 협력을 강조하였고 특히 동 조약 제3조는 "남극으로부터의 과학적 관찰과 결과는 교환 및 자유롭게 사용이 가능하다"고 규정하였다.[47] 최근까지도 지구상에서 가장 많이 발견되고

45) Douglas G. Schmitt, op.cit., 2002, p.B7.

46) 이와 관련하여 상세한 것은 다음 참조. 최재용·최준규·최준영, 남극환경보호의정서 국내법 제정에 따른 환경영향평가의 전략적 도입방안에 관한 연구, 2004. 1.

47) Article Ⅲ (1)c states, "scientific observations and results from Antarctica shall be exchanged and made freely available"

있는 남극의 운석들은 오직 정부가 지원하는 탐사단에 의해서만 이를 회수하여 왔고, 법적 소유권 문제는 제기되지 않았다. 운석 샘플들은 국제적으로 공인된 과학기구에 의하여 수집되고 관리되며 목록화되고 있으며, 다른 과학단체들의 연구제안자들에게도 무료로 사용가능하도록 개방되어 있다. 운석들은 미국에 있는 NASA와 스미소니언 협회, 일본에 위치한 국립극지연구소, 유럽측정표준협력기구(EUROMET)에서 위탁보관하고 있다. 남극조약은 개인에게 적용할 법규에 관해서는 침묵하고 있는데 앞서 본 바와 같이 대다수 국가들의 국내법에서 발견자 소유권이나 토지보유자 소유권 규정을 두고 있음을 감안하면 이는 조약의 규정 취지와는 배치되는 것이다. 따라서 허가받지 않은 개인에 의한 운석 수집에 있어서는 법적 공백 상태에 있는 것으로 보인다.[48] 요컨대 남극에서 발견된 운석들은 배타적인 소유권이 인정되지 않으며, 국제적인 관리하에 전 세계의 과학기구나 단체에 의하여 연구 목적으로 활용되고 있다. 또한 큐레이터들은 법적 소유권에 대해 의심의 여지가 있는 운석의 표본을 수집할 때 주의를 기울여야 한다. 2001년 7월 러시아 Peterburg에서 열린 남극조약협의당사국 회의에서는 남극에서의 통제받지 않은 운석의 비과학적인 수집의 잠재적 부작용을 우려하면서 운석의 보호를 위하여 인정된 과학적 기준에 맞게 법적, 행정적 조치를 취하도록 촉구하는 결의안을 채택했다.[49]

참고로 우리나라도 1986년 11월 남극조약에 가입한 이래 세계 열 번째로 남극대륙에 세종과학기지(1988)와 장보고 과학기지(2014)의 2개의 상주기지를 건설, 운영하면서, 운석을 포함한 남극의 암석 및 육상지질, 해저지형 및 지층탐사 연구를 수행하고 있다.

나. UNESCO 협약

여러 형태의 정부 통제하에 부분적으로 현재 운석 샘플의 거래도 허용되고 있는데 통상의 거래 관습이나 관행 외에도 UNESCO 협약을 통해서도 운석 반출에 관한 정부개입이 증가하는 추세이다. 문화재의 불법적인 반·출입 그리고 소유권의 이전을 금지 및 방지하기 위한 수단에 관한 UNESCO 협약[50]은 운석을 포함한 문화재를 반출입하는 국가로부터 이를 추적하고 회수하기 위한 규정을 두고 있다. 이 협약에 의거하여 각 협약당사국들은 불법적으로 반출된 운석을 포함한 문화재를 이동 경로에 대한 정보를 제공받고 기존 소장국이 되찾아올 수 있는 근거가 마련되었다. 따라서 불법으로 반출된 운석에 대하

48) Douglas G. Schmitt, op. cit., 2002, p.B9.
49) Antarctic Treaty Consultative parties, resolution 3(2002).
50) UNESCO Convention on the Means of Prohibiting and Preventing the Illicit Import, Export and Transfer of Ownership of Cultural Property

여는 비준국들의 협조를 얻어 소유권을 회복할 수도 있게 된 것이다. 그러나 문제되는 것은 위 협약이 1970년 이후에 발생한 사건에 대하여만 적용되고 게다가 강제성을 담보할 수 없기 때문에 비록 불법으로 반출된 운석이라도 반환받지 못할 가능성이 다분하다는 사실이 한계로 지적된다.

이와 관련하여 유네스코 협약의 취지에 따라 국제적 협력 분위기 조성을 위하여 '불법문화재반환 정부간 위원회(ICPRCP)'가 정부 차원의 위원회 형태로 1978년 이래 구성되어 있는데 현재 22개국이 위원국으로 활동하고 있다. 우리나라는 1989, 1993, 1997, 2001, 2005년에 위원국으로 피선되어 위원국으로 적극적으로 활동하면서 2008년에는 '불법문화재반환 정부간 위원회(ICPRCP)' 회의를 유치한 바도 있다.

IV. 진주 운석에 관한 국내법적 분석과 관리방안

1. 진주 운석의 소유권에 관한 국내법

가. 운석 소유권에 관한 기본 원칙

운석은 지구대기권에 진입하여 낙하할 때까지는 소유자가 정해지지 않은 물건이었다. 말하자면 운석은 우주(태양계)로부터 지구로 떨어져 내린 것이므로 법적으로 무주의 동산인 셈이다. 현재 우리나라의 법체계는 운석의 소유권 귀속을 따로 규정하고 있지 않으므로, 결국 물건의 소유에 관한 일반법인 민법의 규정을 적용하여야 할 것이다. 따라서 운석은 현행법에서 「민법」 제 252조의 적용을 받아 발견자가 소유의 의사로 점유할 경우 소유권을 취득하게 되며, 만약 이것이 학술, 기예, 고고의 재료가 되는 중요한 가치를 가지는 경우에는 동법 제 255조에 따라 문화재로서 국가에 귀속된다. 그러므로 진주 운석은 원칙적으로 발견하여 점유한 자가 그 소유권을 취득하되, 예외적으로 학술 등 중요한 재료가 되는 물건이라고 판단되는 경우에는 국유가 되고 습득자나 발견자 토지소유자 등은 국가에 적당한 보상을 청구할 수 있는 것이다.

나. 주요 법적 쟁점

1) 보상문제

우리나라 민법은 국가 귀속에 따른 보상근거 규정을 두고 있긴 하지만 보상 규모를 산정하는 주체와 방식에 대해서는 구체적으로 명시하지 않고 있다.[51] 그렇다면 현재로서는 국유가 되더라도 전문적인 지식을 가진 감정인의 감정을 통하여 가격을 산출하거나 국제시세를 참작하여 금액을 정할 수 있을 것이다. 그러나 운석의 학술적 가치가 상당한 것으로 판단되어 예외적으로 국유로 하는 경우라면 당연히 운석의 가격은 고액일 것이고 그렇다면 배정된 국가의 예산으로는 적절한 보상을 해주기 어려울 것이어서 자칫하면 기존 발견자의 권리를 충분히 보장하지 못하거나 국외반출의 시도를 조장하는 결과가 발생할 수 있다. 따라서 진주 운석 혹은 미래에 우리나라에서 발견되는 운석이 학술적으로 중요한 재료가 되는 물건이라고 판단되어 국유로 할 경우를 대비하여 이에 대한 보상 기준을 마련해 두어야 할 것이다.

2) 신고 및 보존

우리나라는 71년전 두원 운석의 발견이래 객관적으로 확인된 운석낙하가 없었기 때문에 그동안 운석에 대한 관리체계가 소홀히 다루어진 면이 있었고 이를 담당할 기관과 부처도 명확하지 않았을 뿐만 아니라 연구 등에 대한 활용의 측면에서도 여러 가지로 미흡한 정황이 드러나고 있다. 실제로 운석은 태양계의 탄생과 행성의 진화과정 등에 대한 타임캡슐에 준하는 정보를 제공해 주는 과학연구자원으로서 중요한 가치를 지니고 있음은 자타가 공인하고 있는 것이다.[52] 현행 「문화재보호법」에서는 국가가 문화재에 대한 기초조사를 (제10조) 할 수 있다고 규정하고 있으나,[53] 문화재를 발견한 자의 신고 의무 또는 보존의무를 명시하지 않고 있다. 반면에 「매장 문화재 보호 및 조사에 관한 법률」에서는 매장문화재[54]를 발견 시 현상보존과 신고의무, 문화재의 소유권 판정과 국가귀속, 보상금과 포상금에 대해 구체적으로 규정하고 있다.[55] 그런데 이 법의 원래 목적은 매장문화재

51) 마찬가지로 문화재보호 및 관리에 관하여 규율하고 국유문화재의 관리 절차, 방법 및 회계에 관하여 규정하고 있는 현행 문화재보호법에는 국가귀속에 따른 보상과 관련된 규정이 미비하다.

52) 권성훈, "진주운석을 둘러싼 주요쟁점과 향후과제", 국회입법조사처, 이슈와 논점 제821호, 2014. 3, p.1.

53) 문화재보호법 제10조.

54) 매장문화재 보호 및 조사에 관한 법률 제2조.

55) 동 법 제17,20,21,23조.

를 보존하여 민족 문화의 원형(原型)을 유지·계승하고, 우리나라의 역사에서 지속되어 온 자연문화재를 포함한 매장문화재를 효율적으로 보호·조사 및 관리하는 데 있는 것이므로 자연 현상에 의하여 우주공간으로부터 지구로 진입하여 낙하하는 운석에까지 이 법률을 적용하는 것이 적절한지는 의문이다.[56] 그러나 생각컨대 운석은 대략 초속 10~70km의 속도로 지구대기로 진입하여 대기와의 마찰로 점차 감소되긴 하나 그래도 초속 수 km로 지표면에 낙하하는 바람에 땅에 파묻히는 사례도 많을 것이다. 이 경우 운석은 매장물로 보아 일단 민법 제254조의 규정이 적용되어야 할 것인 바 공고 후 1년내에 소유자가 권리를 주장하지 않으면 발견자가 소유권을 취득한다. 이 때 타인의 토지 기타 물건으로부터 운석을 발견하게 되는 경우에는 동 조 후단에 의거하여 발견자와 토지 기타 물건소유자가 절반하여 소유권을 취득하게 될 것이다.

3) 국외 반출 등 관리체계

앞서 지적한 바와 같이 두원운석 이후 71년 만에 운석이 발견되었기 때문에 국내에서 발견된 운석의 관리 및 활용의 필요성에 대한 인식이 부족했기 때문에 관심의 부재와 더불어 이에 대한 법령을 구비하지 못하였다. 그간 우리나라에서 발견되어 소재가 알려졌던 유일한 운석이었던 두원운석은 일본인의 소유로 되어 있으며(현재 영구임대 형식으로 국내 소재) 급기야 진주에 외국인 운석사냥꾼까지 출현함에 따라 운석의 국외반출을 방지하는 문제에 대한 관심이 높아졌다. 특히, 국가가 매입협상과정에서 소유자가 예상하는 것보다 적은 금액을 제시하였다는 뉴스가 보도되면서 해당운석의 학술적, 법적 가치 여부를 떠나서 우리나라에서 발견된 운석을 국외로 반출하는 것은 막아야 한다는 여론이 대두되었다. 현행법상 운석의 등록 및 국외 반출 방지에 대하여 구체적으로 명시하고 있는 규정은 없었으므로 진주 운석이 국외로 반출되는 것을 막거나 국가에서 관리하는 것이 곤란한 상황이었다. 이에 당시 정부(문화재청)는 진주 운석의 국외반출을 막기 위하여 진주 운석을 일단 문화재(천연기념물)로 지정하는 방향으로 논의를 진행하였다. 왜냐하면 「문화재 보호법」은 지형, 지질, 광물, 동굴, 생물학적 생성물 또는 특별한 자연현상으로서 역사적·경관적 또는 학술적 가치가 큰 것을 문화재 중 기념물로 정의하면서 기념물 중 중요한 것을 천연기념물 등으로 지정하도록 하는데[57], 천연기념물의 경우에 따라 국외반출이나 수출을 금지하도록 규정하고 있기 때문이다.[58] 또한 지정·등록되지 않은 문화재라고

56) 권성훈, op.cit., p.2.
57) 문화재보호법 제2조, 제3호 다목, 제25조.
58) 문화재보호법 제39조 (수출 등의 금지).

하더라도 문화재로 오인될 우려가 있는 경우 국외반출이나 수출 시 문화재청장의 확인을 받아야 하도록 규정되어 있으므로 진주 운석이 위 법의 적용을 받을 가능성이 열어 두었다.[59] 그러나 현행법상 운석에 대한 법적 정의나 관리 규정이 없고 해외 반출 금지 또한 문화재 판명 전까지 한시적으로 가능하다는 점이 문제이다. 그리고 여기서 지적할 수 있는 것은 실제로 운석이 지질·광물 등의 기념물 유형에 해당하는지 여부도 불분명하고 위 유형에 해당한다고 하더라도 그 중 무엇으로 인정해야 할지도 의문이다. 또한 일부 운석은 문화재로 지정되지 않을 수도 있을 뿐만 아니라 지정되는 경우 그것의 활용측면에서는 제한을 받는다는 점이 문제이고 그런 관점에서 문화재적 관점에서 운석의 국외반출을 방지하는 데는 한계가 있을 수밖에 없다. 여기에서 새로운 입법을 통한 문제해결이 시급한 과제로 부상하였다.

2. 운석에 대한 새로운 법적 관리체계의 정립

가. 운석의 관리 및 활용을 위한 법령개정의 필요성

우리나라에서는 전술한 바와 같이 한동안 운석이 발견된 적이 없었기 때문에 관심의 대상에서 벗어나 있다가, 71년 만에 운석이 발견되는 바람에 2014년 당시 이것을 관리하기 위한 법령자체가 전무하다시피 했던 것이 사실이다. 따라서 운석의 소유권 문제를 명확히 하는 문제뿐만 아니라 연구와 전시 등 활용에 이르기까지의 문제를 고려한 종합적인 관점에서 운석의 귀속과 관리 그리고 이것을 판정하는 주체와 절차 등의 시스템을 구체적으로 정립할 필요성이 대두되었다.

이와 관련하여 예컨대 덴마크의 경우 「박물관법(Museumsloven)」에서는 과학과 전시 관점에서 특별한 가치가 있는 운석은 국가(state)에 귀속되는 것으로 규정하면서[60], 동 법에 기초하여 발견물의 가치, 희소성, 발견자가 쏟은 시간, 보호 정도 등 발견자를 배려하

---

① 국보, 보물, 천연기념물 또는 중요민속문화재는 국외로 수출하거나 반출할 수 없다. 다만, 문화재의 국외 전시 등 국제적 문화교류를 목적으로 반출하되, 그 반출한 날부터 2년 이내에 다시 반입할 것을 조건으로 문화재청장의 허가를 받으면 그러하지 아니하다.
② 문화재청장은 제1항 단서에 따라 반출을 허가받은 자가 그 반출 기간의 연장을 신청하면 당초 반출목적 달성이나 문화재의 안전 등을 위하여 필요하다고 인정되는 경우에 한정하여 2년의 범위에서 그 반출 기간의 연장을 허가할 수 있다.
③ 제1항에도 불구하고 다음 각 호의 어느 하나에 해당하는 경우에는 문화재청장의 허가를 받아 수출할 수 있다.

59) 문화재보호법 제60조.
60) *s.36b(3) of the* Museum Law Act. Denmark Kulturministeriet, <http://kum.dk/>.

려는 노력에 비례하여 덴마크자연사박물관(Danish Museum of Natural History)이 보상금액을 정하도록 하여 국가에 귀속되는 예외적인 경우에 기존 발견자에 대한 보상금액 산정 기준에 대하여도 명시하고 있는 바 보통 시세를 기준으로 보상금을 지급한다.[61] 우리나라 민법에서도 전술한 바대로 국유화와 그에 따른 보상의 근거는 마련되어 있으나 이는 문화재적 관점에서의 규정이어서 자칫하면 과학적 가치가 경시될 우려가 있다는 지적이 있다.[62] 특기할 것은 앞 장에서 각국이 운석의 소유권에 대하여 규정하는 태도를 살펴본 바 있는데 그와 더불어 뉴질랜드는 입법을 통해 보호물(protected New Zealand objects) 목록을 명시하고 있는데 여기에는 화석, 운석, 흑요석, 텍타이트(tektite) 등 자연과학물(natural science objects)이 포함되어 있다.[63] 특히 운석은 고대유물(antiquity)로 분류되어 정부의 허가 없이는 해외로 반출될 수 없도록 하고 국내 매매의 경우에도 합법적으로 등록된 수집가들이나 면허가 있는 중고 상인들만이 운석에 대한 상업적 거래를 할 수 있도록 하고 있는 바[64] 이러한 제도들은 우리나라에서도 시금석이 될 수 있을 것으로 생각된다.

나. 우주개발 진흥법의 개정

진주 운석 낙하이후 한국 정부는 미래창조과학부 주도하에 문화재가 아닌 우주분야의 관점에서 운석의 관리나 활용 체계를 마련하기 위한 검토를 진행하였다. 그런데 우주개발진흥법이 대상으로 하는 '우주물체'는 앞서 우주국제법적 관점에서 분석해 본 바와 같이 원칙적으로 우주공간과 천체에서의 사용을 목적으로 설계 및 제작된 인공의 물체를 통칭하는 개념이므로 처음부터 운석은 포함되지 않는 것이었다.

이러한 인식을 바탕으로 우주개발진흥법의 일부 개정법률안이 2014. 12. 9. 국회 본회의를 통과했으며, 이후 2015. 1. 20.자로 개정되어 같은 해 7월 21일부터 시행되었다. 우주개발진흥법의 개정 취지 및 요지를 보면, 진주에서의 운석 발견으로 인하여 운석에 대한 관리·활용체계에 관심이 집중되고 있으나 현행법상 운석의 관리·활용체계에 관한 근거가 미흡한 실정이고, 현재 우주물체에 대해서는 등록 제도를 시행하고 있는바, 이와 유사하게 운석에 대하여도 등록 제도를 마련하고, 운석의 연구 가치를 고려하여 국외반출 금지 규정을 둘 필요가 있으므로 이에 운석의 등록 및 국외반출 금지 규정을 신설하고, 국

61) Douglas G. Schmitt, op.cit., 2002, p.B7.

62) 권성훈, op.cit., p.3.

63) Antiquities Act of New Zealand(1975, No. 41, consolidated 1990), Section 2(4). <http://www.legislation.govt.na/>.

64) Douglas G. Schmitt, op.cit., 2002, p.B8.

외반출 금지 위반 시에는 벌칙을 가할 수 있도록 규정함으로써 운석 등 자연우주물체의 체계적인 관리·활용을 통하여 우주개발을 진흥하려는 것이다.[65]

앞에서 제기되었던 운석의 등록과 관리, 활용 문제 등을 중심으로한 우주개발진흥법의 개정 내용중 주요조항을 적시해 보면 다음과 같다.

제2조(정의)

이 법에서 사용하는 용어의 뜻은 다음과 같다.

3. **"우주물체"란** 다음 각 목의 것을 말한다.

가. "인공우주물체"란 우주공간에서 사용하는 것을 목적으로 설계·제작된 물체(우주발사체, 인공위성, 우주선 및 그 구성품을 포함한다)를 말한다.

나. "자연우주물체"란 우주공간에서 자연적으로 만들어진 물체(운석을 포함한다)를 말한다.

다. "운석"이란 지구 밖에서 유래한 암석이 지구 중력에 이끌려 낙하한 것을 말한다.

제8조의2(운석의 등록)

① 국내에서 발견된 운석 및 국외에서 반입한 운석의 소유자는 미래창조과학부장관에게 해당 운석의 등록을 신청할 수 있다.

② 미래창조과학부장관은 등록 신청된 운석의 진위를 확인하여 운석으로 판명되면 신청자에게 등록증을 발급하여야 한다.

제8조의3(운석의 국외반출 금지)

① 국내에서 발견된 운석은 국외로 반출할 수 없다. 다만, 미래창조과학부장관이 인정하는 학술연구 목적의 국외반출의 경우에는 그러하지 아니하다.

제10조(인공우주물체 및 운석 등록대장의 관리)

① 미래창조과학부장관은 미래창조과학부령으로 정하는 바에 따라 인공우주물체의 예비등록대장 및 등록대장을 유지·관리하여야 한다.

② 미래창조과학부장관은 미래창조과학부령으로 정하는 바에 따라 운석의 등록대장을 유지·관리하여야 한다.

제27조(벌칙)

② 다음 각 호의 어느 하나에 해당하는 자는 3년 이하의 징역 또는 **3천만원 이하의 벌금**에 처한다.

1. 제8조의3을 위반하여 운석을 국외로 반출한 자

---

65) 법제처, 우주개발진흥법의 개정 이유 및 주요내용 참조.

다. 운석관리대책 실시 및 운석신고 센터 설치

진주운석 발견을 계기로 정부는 관련 법령의 개정이전부터 우선적으로, 미래부 주관하에 범부처 TFT를 구성하여 희소가치가 있는 우주연구자산으로서의 운석을 국가차원에서 체계적으로 관리하고 활용할 수 있는 시스템을 마련하고자 하였다. 먼저 국가우주위원회는 운석관리대책의 일환으로 제1차 우주위험대비계획을 확정하였다(동년 5월30일). 또한 국가 차원의 운석관리를 통한 운석의 가치 보존 및 학술적 활용 극대화를 위하여 운석등록제를 도입하여 시행하기로 결정되었으며, 한국지질자원연구원은 미래부 지정으로 운석등록제 시행 주관기관으로 선정되었다.

이 운석등록제는 우주개발 진흥법 개정안이 시행되기 전인 2014. 9. 30.부터 시행하였던 바 그 등록 대상은 국내에서 발견된 운석 외에도 해외에서 국내로 반입된 운석 등도 포함된다. 운석 소유자가 자율적으로 등록 신청을 하면 검증 절차를 거쳐 등록이 결정되고, 운석으로 등록되면 운석등록인증서가 발급되며, 운석 관련 정보가 변경됐을 때는 이를 신고하도록 하였는데 이는 상당부분 개정 법률에 반영되었다. 또한 운석신고센터는 운석등록제를 포함하여, 운석 감정, 운석의 학술적 연구 및 대중화 등 국내에서 발견된 또는 반입된 운석을 체계적으로 관리·활용하는 업무를 통합적으로 수행하기 위해 설립되었다. 천문연과 지자연, 극지연 및 학계로 구성된 운석검증반은 발견된 운석에 대한 성분분석 및 유성궤도 분석작업 등을 통해 운석여부를 확인하게 된다. 운석으로 확인되면 성분 및 구조파악으로 우주탄생 환경 등 학술 연구를 실시하고 이후에는 국립중앙과학관 등 그 외 전시기관에서 전시하는 계획도 수립하고 있다. 말하자면 정부는 이제 최초의 운석 발견에서부터 검증, 등록, 활용 등 일련의 과정에 대한 대응체계를 마련한 셈이다. 국가적 자산이나 다름없는 운석이 훼손되는 일을 막기 위해 이 운석신고센터에서는 운석 소유자가 정식 등록하면 무료로 진공 상태에서 보관해주는 업무까지도 수행한다.

V. 결어

어느 날 운석이 지구로 진입하여 특정인의 토지에 낙하하는 경우 그것의 소유권은 누구에게 속하며 그 법적 지위는 어떠한가?

본 논문은 이러한 소박한 질문에 바탕을 두고 출발하여 운석의 발견 경위에서부터 운석의 정의와 우주공간과 천체의 국제법적 검토를 시도하였다. 이어서 본론으로 운석의 법적 지위와 소유권문제에 관한 세계의 주요 국가들의 국내법적 검토를 통하여 운석 문제에 대한 그들 국가의 태도를 살펴본 다음 우리나라에서 최근 발견된 진주운석에 적용할 기존의 국내법적 근거를 규명해 보고 그것의 문제점을 도출하였다. 이를 기초로 드러난 문제와 미비점을 보완하고 미래에 대비해야할 필요에서 운석에 대한 새로운 관리 체계를 마련하게 되었다는 사실을 법제도적 측면에서 분석하고, 남은 과제를 제시하고자 하였다.

그동안 우리나라에서는 70년이 넘도록 운석이 발견되지 않다가 진주운석으로 낙하하는 바람에 거의 무방비 상태에서 새로운 과제에 직면하였다고 해도 과언이 아닐 것이다. 실제로 지난 2014년 년 3월9일을 기점으로 진주에서 운석이 4개나 한꺼번에 발견되고 이것이 관계당국에 의해 확인이 되자 진주지역으로 한국인뿐만 아니라 외국인 운석사냥꾼까지 몰려오는 '러시' 현상이 야기되었다. 따라서 향후에도 또 다른 운석이 발견될 가능성이 확인된 만큼 45억년 전 태양계의 탄생과 행성의 진화과정에 대한 소중한 연구자산으로서 중요한 학술적 가치를 지니는 운석에 대한 관리체계의 보완과 개선에 대한 사회적 인식이 크게 제고되었다. 이런 와중에서 당시 문화재청은 서둘러 관세청을 비롯한 정부당국에 요청하여 해당 운석의 해외반출 금지조치를 취한 바 있고 곧바로 우주위험 대비기본계획 등 새로운 관리 체계를 도입하는 한편 관련 법령의 개정에 착수하였다. 이러한 사회적 분위기에 힘입어 법개정 작업의 진척이 일사천리로 이루어진 결과 우주개발진흥법이 같은 해 12월에 국회에서 통과되었다.

그러나 동 법은 운석을 정의하고 경제적 가치 보존과 등록제 및 국외 반출의 방지 등 관리에 주안점이 맞추어져 있어 아직도 미흡한 점이 많이 남아 있는 것도 사실이다. 운석의 국내 보존과 활용을 촉진하기 위해서 운석 등 중요한 가치를 갖는 과학 연구자원에 대한 법적 분류체계를 정립하는 것이 필요할 것으로 보이고[66] 게다가 운석이 국유화 될 경우에 대비하여 합리적인 보상체계를 위한 법적 기준의 명문화가 이루어져야 하는데 또한 여기에도 적지 않은 시간이 소요될 것이라 생각된다. 이 경우엔 앞서의 덴마크 박물관법의 사례가 좋은 참고가 될 것이다.[67]

이번 진주운석의 낙하를 계기로 이제는 우리나라에서도 운석이 학술적으로 상당한 가치를 가질 경우에 대비한 보상 방안과 수집 및 분류체계를 정립하고, 운석의 보존뿐만 아니라 연구와 전시까지 고려한 종합적인 관점에서 활용을 촉진하는 방안에 대해서도 법적, 제도적 뒷받침을 위한 논의가 본격화되어야 할 것이다. 운석은 태양계를 비롯한 우주의 생성과 진화과정의 산 증인이라고 할 수 있는 중요한 과학적, 학술적 자원이다. 따라서 이러한 소중한 가치를 지닌 운석이 단순히 운석을 발견한 개인이나 운석사냥꾼의 부의

66) 위 뉴질랜드 고대유물법의 예 참조. <http://www.legislation.govt.na/>
67) Douglas G. Schmitt, op.cit., 2002, p.B7.

축적대상 차원이 아니라 모든 인류의 연구 자산으로서 뿐만 아니라 우리나라의 과학기술 발전에도 기여하도록 활용 가능성을 제고할 수 있는 안정적인 관리 체계를 구축해 나가야 할 것이다.

참 고 문 헌

권성훈, "진주운석을 둘러싼 주요쟁점과 향후과제", 국회입법조사처, 이슈와논점 제821호, 2014.3.

노명준, "우주공간의 국제법", 한국외국어대학교 논문집, Vol.16, 1983.

서희원, "우주공간의 법적 지위", 국제법학회논문, 제15권 1호, 1970.

이영진, "달의 탐사와 이용에 관한 국제법적 규제", 충북대학교 법학연구, 제18권 제1호, 2007.

정홍철,"별에서 온 운석,높은 연구가치로서 운석 판별법" KISTI의 과학향기 칼럼, 2014.3.24.

최변각, "운석의 분류와 암석학적, 지구화학적 특징", 지질학회지, 제45권2호, 2009.

김종복, 신우주법, 한국학술정보(주), 2011.

박원화·정영진, 우주법, 한국학술정보(주), 2012.

Bin Cheng, "From Air Law to Space Law", Current Legal Problems, Vol.13, 1960, p.234.

C. Wilfred Jenks, "The International Control of Outer Space", Legal Problem of Space Exploration: A Symposium, 1961, pp. 734,748.

Douglas G. Schmitt, "LAW OF OWNERSHIP AND CONTROL OF METEORITES", Meteoritics & Planetary Science Volume 37(SUPPLEMENT), December 2002.

H.Lauerpacht, "The Grotian Tradition in International Law", British Yearbook of International Law, 1956, p.1.

Korovin, "International Status of Cosmic Space", International Affairs, 1959, I, p. 53. and G. Tunkin, An opening statement before the Legal Sub-Committe of the UN Committee on the Peaceful Uses of Outer Space, 1962.5.28

E.R.C van Bogaert, Aspects of Space Law, Kluwer Law And Taxation Publishers, 1986.

Frans von der Dunk ed., Handbook of Space Law, Edward Elgar Publishing Limited, 2015.
Gennady Zhukov and Yuri Kolosov, International Space Law, Praeger, 1984.
Jessup and Taubenfeld, Controls for Outer Space, 1959.
M.G. Marcoff, Traite de droit international public de Lespace, 1973.
Nicolas M. Matte, Aerospace Law, Toronto, 1969.
Ogunsola O. Ogunbanwo, International Law and Outer Space Actiivities, Martinus Nijthoff, 1975.

서울대학교 운석연구실 자료.
1944년 Chicago 국제민간항공조약 제17~21조.
구조협정 제1조.
달협정 제11조5항, 15조.
우주조약 제8조,9,12조,
책임협약 제1조.
매장문화재 보호 및 조사에 관한 법률 제2조, 제17,20,21,23조..
문화재보호법 제2조, 제3호 다목, 제10조,25조,39조,60조.
민법 제 252조 2항.
우주개발진흥법 제2조,8조,10조,27조.
Antarctic Treaty Consultative parties, resolution 3(2002).
Antiquities Act of New Zealand(1975, No.41, consolidated 1990), Section 2(4).
Cultural Property Export and Import Act(S.C. 1985, c.52), Section 11.
Folio 194 C. S., Tribunal civil de Bourbon-Vendee, 1842 August 31 (M. Savin, Pr.)
MacCrimmon et al. v. Smith et al., 12B.B.R. 377, at 384(1906).
Oregon Iron Company v. Hughes, 47 Or 313, 82 P 572(1905).
The Federal Protection of Movable Cultural Heritage Act(1986).
UNESCO Convention on the Means of Prohibiting and Preventing the Illicit Import, Export and Transfer of Ownership of Cultural Property
Chaco Province Constitution, section 10.
Chaco Province Law 3563

Denmark Museum Law Act.

Quebec Civil Code, Article 938.

Western Australian Museum Act, section 45(5).

http;//books.google.com/books?pg=572&dq

http;//en.wikipedia.org/wiki/Willamette Meteorite

Kulturministeriet,<http://kum.dk/>.

http://www.legislation.govt.na/.

http;//fireball.snu.ac.kr/ver3/view.php?id=31

12. Proposal for Establishing a New International Space Organization on the Moon & Mars Exploitation and Legal Problems on the Moon Agreement
(달과 화성 개발을 위한 새로운 국제우주기구의 설립 제안과 달 협약의 법적인 문제점)

Doo Hwan Kim (김 두 환)*

1. Introduction

The establishment of a new International Space Agency (ISA: tentative name) would lead to a strengthening of the cooperation deemed essential by the global community towards joint undertakings and exploitation of the natural resources of

* Honorary President, The Korea Society of Air &Space Law and Policy in Seoul, Korea (한국항공우주정책·법학회 명예회장), Visiting Prof. School of Law, Beijing Institute of Technology and College of Humanities and Social Science, Nanjing University of Aeronautics and Astronautics, China. (중국북경이공대학교 법학전문대학원 및 남경항공우주대학교 인류 및 사회과학대학 겸임교수), E-mail: doohwank7@naver.com

the moon, mars, Venus, Jupiter and other celestial bodies would act as a catalyst for the efforts on space exploitation and allow resources, technology, manpower and finances to be centrally managed in an independent fashion to the benefit of the mankind. "Space already exists for the global community, so the question is what we do there." It's our job to make sure that all opportunities are used to integrate the power and exploitation of the moon, mars, Venus, Jupiter and other celestial bodies among the global all countries. In the 21st century, space science and technology will develop with ever greater rapidity. Having developed rapidly for about half a century, some space superpowers and organization such as the United States, EU, Russia, China, Japan, India and European Space Agency with space activities have scored remarkable achievements that greatly promoted the development of social productivity and progress.

The continuous development and application of space technology has become an important role in the modernization drive of the world community. The emergence of aerospace technology in the global countries has brought huge contributions to economic and social progress.

Nevertheless, in order to allow such an exploitation to start a major obstacle must be solved, namely the absence within the space law regime of specific rules establishing how this exploitation has to take place and what are the rights and duties of the parties involved in it. As it will be explained in the following paragraphs, space law does not contain any dedicated rule, dealing with the exploitation of extraterrestrial resources such as the moon, mars, Venus, Jupiter, which has received the general acceptance of States.[1)]

1) Fabio Tronchetti, *A legal regime to govern the exploitation of the natural resources of the Moon and other celestial bodies,* The Korean Journal of Air and Space Law (Vol.23, No.1, 2008), p.168.

2. Joint Exploitation of the Natural Resources (Heliumn-3, etc.) in the Moon

The moon, mars, Venus[2], Jupiter[3] and other celestial bodies of our solar system contained large quantity of natural resources. The exploitation of the natural resources of the moon and other celestial bodies represents one of the most existing future developments in the field of space law as well as a unique occasion for the economic and social growth of mankind as a whole. As it is well-known, mankind is currently facing an energetic crisis. The large number of benefits that are expected to be generated from the exploitation of these resources, indeed, not only will contribute to the betterment of conditions of peoples on earth but also will allow mankind to face and likely solve one of the biggest problems currently affecting our planet, namely the exhaustion of the stocks of raw materials and other source of energy, such as fossil fuels.

There is no doubt that one of the most difficult problems that a peaceful world will face in the 21st century will be to secure an adequate, safe, clean, and economical source of energy. Existence of lunar helium-3, to be used as fuel for fusion reactors, is well documented; verified from numerous Apollo and Luna mission samples, current analyses indicate that there are at least 1 million tones embedded in the lunar surface. The helium-3 would be used as fuel for fusion reactors. Moon gas may solve earth's energy crisis. If the current trends of energy on earth, scientists anticipate that the energy resources oil after 50 years, natural gas after 60 years, and uranium after 65 years will be dried up. So the research of the nuclear fusion for electric generator is progressed for long time. The solar energy is similar to creating the *'artificial sun'*.

A scientist warns of the exhaustion of fossil fuels such as coal, oil and natural gas on earth. By 2060 the whole world will have a major problem. We need to be thinking ahead. Right now we are not thinking ahead enough. Scientists estimate

2) http://en.wikipedia.org/wiki/Venus
3) Jupiter is the fifth planet from the Sun and the largest in the Solar System.

there is about 1 million tons of helium-3 on the moon, enough to power the world for thousands of years. The equivalent of a single space shuttle load or roughly 25 tons could supply the entire United States' energy needs for a year, according to Apollo17 astronaut and researcher Mr. Harrison Schmitt of the Fusion Technology Institute (FTI).[4] It has been estimated that 25 tons of Helium-3 can provide all the power that the United States needs in a year.

The stocks of raw materials are running out and experts estimate that fossil fuels will be finished by 40~50 years. Helium-3, indeed, has the potential to solve this crisis thanks to its capacity to replace fossil fuels and other substances as primary source of energy on earth. As to the moon, it presents vast amount of mineral resources distributed uniformly across its surface and subsurface.

Manned and unmanned explorations have demonstrated that the moon is rich of ① aluminum, ② iron, ③ silicon, ④ oxygen, ⑤ hydrogen, ⑥ chromium, ⑦ manganese, ⑧ potassium, etc.

These minerals can be utilized in their original form or refined into structural and electrical materials. They can be brought back to earth or used for life support of a permanent lunar basis or as rocket propellant.[5]

For instance, oxygen and hydrogen are contained in the lunar regolith at all latitudes. There is also evidence that the lunar poles contain amounts of water and ice. Lunar water is water that is present on the Moon. Liquid water cannot persist at the Moon's surface, and water vapor is decomposed by sunlight, with hydrogen quickly lost to outer space. However, scientists have since the 1960s conjectured that water ice could survive in cold, permanently shadowed craters at the Moon's poles. Water molecules are also detected in the thin layer of gases above the lunar surface.[6]

It is still not well-known how vast this amount is. However, in case of a large presence of water, this could have an enormous impact as rocket propellant and life-support materials for astronauts. A potential gas source found on the moon's surface could hold the key to meeting future energy demands as the earth's fossil

---

4) http://fti.neep.wisc.edu/fti?rm=gallery
5) See Sci./Tech. Moon map aids discovery at http://news.bbc.co.uk/1/hsci/tech/2260
6) http://en.wikipedia.org/wiki/Lunar_water

fuels dry up in the coming decades. When compared to the earth the moon has a tremendous amount of helium-3, when helium-3 combines with deuterium (an isotope of hydrogen) the fusion reaction proceeds at a very high temperature and it can produce awesome amounts of energy. The most valuable resource contained on the moon, however, is Helium-3. The Helium-3 represents, indeed, the main reason behind the attention of States and private operators for exploiting extraterrestrial resources. The raw material Helium-3 for the Nuclear Fusion Reactor is not embedded in the earth, but it is estimated to be embedded 1 million tonnes~500 million tons in the lunar surface. Approximately one million tons of helium-3 is a quantity to use and create the energy for 500 years in the global community. Helium-3 is an isotope, rare on earth but abundant on the moon, which combined with other materials, such as deuterium, can be used as a fuel in fusion power reactors. The value of Helium-3 is that it can generate nuclear power and, as a consequence, energy in a clean way, namely through a process of nuclear fusion which does not produce toxic waste.

Thanks to these special characteristics, the extraction of Helium-3 is likely to have a huge impact on the way energy is produced and distributed on earth. Helium-3 is deposited on the lunar surface by solar winds and would have to be extracted from moon soil and rocks. To extract helium-3 gas the rocks have to be heated above 800 degrees Celsius. The 200 million tons of lunar soil would produce one tone of helium.

Only 10 kilograms of helium-3 are available on earth.[7)] As space superpowers such as the United States, Russia, European Union, China, Japan and India has interested in Helium-3 that it is more expensive 300 times than gold, so it may be become a supremacy country in the future resources war from mining Helium-3 in the moon to bring it to earth for the purpose of getting it in advance. The Helium-3 fusion energy may be the key to future space exploration and settlement. As we must promote the development of the moon's natural resources including Helium-3 in order to resolve in advance the depletion of energy resources in the global community after 50-60 years, so it is absolutely necessary the active and

---

7) http://www.abc.net.au/news/newsitems/200411/s1252715.htm

reciprocal cooperation of space science and technology in the first place among the space superpowers.

3. Exploitation of the Natural Resources in the Moon & Mars and ISA

Mars may contain ores that would be very useful to potential colonist.[8] The abundance of volcanic features together with widespread cratering are strong evidence for a variety of ores. While nothing may be found on Mars that would justify the high cost of transport to Earth, the more necessary ores future colonists can obtain from Mars, the easier it would be to build colonies on the Red Planet.[9]

Ore deposits are produced with the help of large amounts of heat. On Mars, heat can come from molten rock moving under the ground and from crater impacts. Liquid rock under the ground is called magma. When magma sits in underground chambers, slowly cooling over thousands of years, heavier elements sink. These elements, including copper, chromium, iron, and nickel become concentrated at the bottom.[10] When magma is hot, many elements are free to move. As cooling proceeds, the elements bind with each other to form chemical compounds or minerals. Because some elements do not bond easily to form minerals, they exist freely after nearly all the other elements have bonded into compounds or minerals. The remaining elements are called incompatible elements. Some of them are quite useful to humans. Some examples include niobium a metal used in producing super-conductors specialty steels, lanthanum and neodymium and europium for television monitors and energy-efficient LED light bulbs.[11] After the mass of

8) Cordell, B. 1984. A Preliminary Assessment of Martian Natural Resource Potential. The Case for Mars II.
9) Larry O'Hanlon (February 22, 2010). *"Mining Mars? Where's the Ore?"*. Discovery News.
10) Namowitz, S. and D. Stone. 1975. Earth Science: The World We Live In. American Book Company. NY, NY.
11) http://www.livescience.com/technology/Rare-Earth-Elements-100614.html

magma has cooled and has mostly frozen or crystallized into a solid, a small amount of liquid rock remains. This liquid bears important substances such as lead, silver, tin, bismuth and antimony.[12)]

Sometimes minerals in the magma chamber are so hot that they occupy a gaseous state. Others are mixed with water and sulfur in aqueous solutions. The gases and mineral-rich solutions eventually work their way into cracks and become useful mineral. Ore minerals, including the incompatible elements, remain dissolved in the hot solution, then crystallize out when the solution cools. Deposits created by means of these hot solutions are called hydrothermal deposits. Some of the world's most significant deposits of gold, silver, lead, mercury, zinc, and tungsten started out this way.[13)]

It is desirable for us the establishment of the ISA in order to be efficient and rapid development among the abovementioned countries so as to manage, allotment and the adjustment for the development and exploration of moon natural resources including Helium-3.

The creation of ISA is possible to promote the unification of the window for negotiations in cooperating of the space science and technology among the United Nations Committee on the Peaceful Use of Outer Space (UNCOPUOS), the United States (National Aeronautics and Space Administration: NASA), European Union (European Space Agency: ESA), China (China National Space Administration: CNSA), Japan (Japan Aerospace Exploration Agency: JAXA) and India (Indian Space Research Organization; ISRO) including Korea (Korea Aerospace Research Institute: KARI) etc. for exploiting of the moon and other celestial bodies' natural resources.

Moreover it is necessary and fruitful for mankind to establish the new ISA as soon as possible. If it is established the ISA in the near future, the ISA will be developed many the natural resources of the moon in cooperation with the developed countries and is able to create a fund to collect 10 percent commission for the authorization of mining right them in the moon due to the mankind's common heritage for the moon's natural resources based on the Article 11 of the

---

12) Sorrell, C. 1973. Rocks and Minerals. Golden Press. NY, NY.

13) http://link.springer.com/article/10.1007%2FBF02837988

1979 Moon Agreement. The ISA will be used these funds for the economic aid and support for space exploration and research in developing countries.

4. Exploration and Exploitation of Moon, Mars and Other Celestial Bodies by the Space-Faring Powers

1) The United States

On December 4, 2006, NASA announced it was planning to build a permanent moon base.[14] NASA Associate Administrator Scott Horowitz said the goal was to start building the moon-base by 2020, and by 2024, has a fully functional base that would allow for crew rotations and in-situ resource utilization. Additionally, NASA plans to collaborate and partner with other nations for this project.[15] On September 28, 2007 Michael D. Griffin, who was at the time Administrator of NASA, stated that NASA aims to put a man on Mars by 2037.[16]Former US President Barack Obama set a bold new course for the future of US space travel when he announced plans to send US astronauts into the orbit of Mars within the next three decades. Former President Obama made a whirlwind trip after stinging criticism of his decision to end the costly Constellation program, a project to return US astronauts to the moon.

On December 4, 2006, NASA announced it was planning to build a permanent moon base.[17] NASA Associate Administrator Scott Horowitz said the goal was to

14) NASA Office of Public Affairs (December 4, 2006). "GLOBAL EXPLORATION STRATEGY AND LUNAR ARCHITECTURE"(PDF). NASA. http://www.nasa.gov/pdf/164021main_lunar_architecture.pdf. Retrieved July 15, 2009.

15) Hawkins-Cox, Diane (December 5, 2006). "NASA wants permanent moon base". CNN; http://www.cnn.com/2006/TECH/space/12/04/moon.base/index.html. Retrieved July 15, 2009.

16) "NASA aims to put man on Mars by 2037". Independent Online. September 25, 2007. Retrieved July 15, 2009.

17) NASA Office of Public Affairs (December 4, 2006). "GLOBAL EXPLORATION STRATEGY AND LUNAR ARCHITECTURE"(PDF). NASA. http://www.nasa.gov/pdf/

start building the moon-base by 2020, and by 2024, has a fully functional base that would allow for crew rotations and in-situ resource utilization. Additionally, NASA plans to collaborate and partner with other nations for this project.[18] On September 28, 2007 Michael D. Griffin, who was at the time Administrator of NASA, stated that NASA aims to put a man on Mars by 2037.[19]

NASA's Lunar Reconnaissance Orbiter (LRO) and the Lunar Crater Observation and Sensing Satellite (LCROSS) launched aboard the United Launch Alliance Atlas V rocket from Cape Canaveral Air Force Station on June 18, 2009. The LRO and LCROSS spacecraft were tucked inside the payload fairing at the top of the rocket to protect them from atmospheric heating as the rocket climbed through the atmosphere toward space.

The fairing separated as planned and LRO pushed away from LCROSS and the Centaur stage on its way to going into orbit around the moon. The LCROSS probe remained attached to the Centaur and will steer the empty rocket stage for about four months as mission controller's line up LCROSS and Centaur to collide with the moon in an effort to determine conclusively whether water exists on the lunar surface.

LCROSS is equipped with sensors to evaluate the plume from the Centaur stage when it hits the moon. Then LCROSS will fly through the plume before crashing into the lunar surface to kick up a second plume.[20]NASA now opened a new chapter in our understanding of the moon. Preliminary data from the Lunar Crater Observation and Sensing Satellite, or LCROSS, indicates that the mission successfully uncovered water during the Oct. 9, 2009 impacts into the permanently shadowed region of Cabeus cater near the moon's south pole. Scientists have long speculated about the source of vast quantities of hydrogen that have been observed at the lunar poles. The LCROSS findings are shedding new light on the question of water, which

---

164021main_lunar_architecture.pdf. Retrieved July 15, 2009.

18) Hawkins-Cox, Diane (December 5, 2006). "NASA wants permanent moon base". CNN; http://www.cnn.com/2006/TECH/space/12/04/moon.base/index.html. Retrieved July 15, 2009.

19) "NASA aims to put man on Mars by 2037". Independent Online. September 25, 2007. Retrieved July 15, 2009.

20) http://www.nasa.gov/mission_pages/LCROSS/launch/index.html

could be more widespread and in greater quantity than previously suspected. Multiple lines of evidence show water was present in both the high angle vapor plume and the ejecta curtain created by the LCROSS Centaur impact.

In November 2009, NASA re-confirmed water on moon with its LCROSS space probe which detected a significant amount of hydroxyl group in the material thrown up from a south polar crater by an impactor;[21] this may be attributed to water-bearing materials[22]–what appears to be "near pure crystalline water-ice".[23] The United States would also invest some three billion dollars in research on a heavy-lift rocket to send crew capsules and supplies into deep space, with the design to be finalized by 2015.[24] After an almost five-year journey to the solar system's largest planet, NASA's Juno spacecraft successfully entered Jupiter's orbit during a 35-minute engine burn. Confirmation that the burn had completed was received on Earth at 8:53 pm. PDT (11:53 p.m. EDT) Monday, July 4, 2016.[25]

The next rover NASA will send to Mars in 2020 will carry seven carefully-selected instruments to conduct unprecedented science and exploration technology investigations on the Red Planet. Scientists will use the Mars 2020 rover to identify and select a collection of rock and soil samples that will be stored for potential return to Earth by a future mission.[26]

Former US President Barack Obama set a bold new course for the future of US space travel when he announced plans to send US astronauts into the orbit of Mars within the next three decades. Former President Obama made a whirlwind trip after stinging criticism of his decision to end the costly Constellation program, a project to return US astronauts to the moon.

---

21) Dino, Jonas; Lunar Crater Observation and Sensing Satellite Team (Nov. 13, 2009). *"LCROSS Impact Data Indicates Water on Moon"*. NASA. Retrieved 2009-11-14.

22) Pieters, C. M.; J. N. Goswami; R. N. Clark; et al. (23 October 2009). *"Character and Spatial Distribution of OH/H2O on the Surface of the Moon Seen by M3 on Chandrayaan-1"*. Science. 326 (5952): 568–572. Bibcode:2009Sci...326.568P. doi: 10.1126/science.1178658.PMID1977 PMID 19779151. Retrieved 2009-11-20.

23) "Ice deposits found at Moon's pole", BBC News, 2 March 2010

24) http://news.yahoo.com/s/afp/20100416/ts_alt_afp/usspaceobama

25) https://solarsystem.nasa.gov/missions/juno/junotoolkit

26) https://www.nasa.gov/press/2014/july/nasa-announces-mars-2020-rover-payload-to-explore-the-red-planet-as-never-before

Former President Obama said his administration would pump six billion more dollars into the NASA budget over the next five years. “By 2025 we expect new spacecraft designed for long journeys to allow us to begin the first ever crew missions beyond the moon into deep space. By the mid-2030s, I believe we can send humans to orbit Mars and return them safely to earth, and a landing on Mars will follow.”

2) E U (ESA)

The first Lunar Exploration Study (LES) of European Space Agency (ESA) completed in December 2004 designed in detail two separate vehicles such as an Orbital Habitation Module or Hub and a Lunar Excursion Vehicle (LEV). The Hub will provide support in polar lunar orbit for six crew members for six months. The LEV will provide de-orbit, descent, landing and ascent from the lunar surface, Hub-automated rendezvous and docking with the Hub and life support during these phases and 14 days surface operations for three crew members. The second CDF Lunar Exploration Study (LES-2) completed in May 2005 was charged to further analyze a Lunar Cargo Transport System (LCTS) to supply the Hub and supply a Lunar Surface Base or provide lunar surface precursor mission capability.[27] At ESA, the first step identified by LEDA was launched.

The project was called EURO MOON 2000 and it aimed at delivering a Lander on the “Peak of eternal light” on the rim of the 20 km-diameter Shackleton South Pole Crater. Again the A&R Section provided support for Robotics issues. On Monday 27 March, the 4th ExoMars Landing Site Selection Workshop will take place at the European Space Research and Technology Centre (ESTEC), The Netherlands. At the conclusion of the two-day meeting the Landing Site Selection Working Group will make their recommendation for which two landing sites should continue to be studied for the ExoMars 2020 mission. 28 March 2017, two ancient

27) The second CDF Lunar Exploration Study (LES-2) completed in May 2005 was charged to further analyze a Lunar Cargo Transport System (LCTS) to supply the Hub and supply a Lunar Surface Base or provide lunar surface precursor mission capability.

sites on Mars that hosted an abundance of water in the planet's early history have been recommended as the final candidates for the landing site of the 2020 ExoMars rover and surface science platform: Oxia Planum and Mawrth Vallis.[28]

3) Russia

Luna-Glob (Lunar sphere) is the name of a Moon-exploration program by the Russian Federal Space Agency (Roscosmos) based on plans dating back to 1997. Due to financial problems, however, the project was put on hold only to be revived a few years later. Initially scheduled for launch in 2012,[29] the mission has been brought forward twice, first to 2010 and then to 2009.

However, as of late 2008, the plan is again to meet the original 2012 launch date. Luna-Glob is the first of four missions planned before the creation of a fully robotic lunar base scheduled for after 2015. Luna-Glob 1 is an unmanned mission to the Moon planned by Russia including an orbiter with ground penetrating sensors.[30] Luna-Glob is slate to be launched in 2012 by Soyuz 2 rocket.[31] A Luna-Glob joint orbiter-rover mission (the orbiter will be the Indian Chandrayaan-2), is also planned for in 2012, and will feature a 58 kg Russian Polar Moon Rover and lander, as part of the International Lunar Network. This mission will land in Moon's South Pole, examine a crater and operate for up to one year. The six wheeled, solar powered rover will land near one of the poles and will survive for a year, roving up to 150 km at a speed of 360 m/h. The next two missions,[32] to be called Luna-Grunt, will launch in 2014, featuring an orbiter and a lander. The lander carries a large 400 kg rover capable of in-situ soil analysis. Later, in 2015, a second lander with a 400 kg ascent stage will return up to 1kg of surface and rock samples.

The Lunnyj Poligon robotic lunar base[33] that follows Glob and Grount would be

28) http://exploration.esa.int/mars
29) Lavochkin begins phase B work for Luna-Glob 1 orbiter. Retrieved 2008-10-16.
30) Russia Plans Ambitious Robotic Lunar Mission". Aviation Week. 2008-06-27.
31) Lavochkin begins phase B work for Luna-Glob 1 orbiter. Retrieved 2008-10-16.
32) PROGRAM OF THE MOON EXPLORATION BY AUTOMATIC SPACE COMPLEXES; ESA.PROGRAM OF THE MOON EXPLORATION BY AUTOMATIC SPACE COMPLEXES". ESA. Retrieved 2008-10-21.

a “Robotic proving ground”, consist of several components: ① solar power station, ② tele-communication station, ③ technological station, ④ scientific station, ⑤ long-range research rover, ⑥ landing and launch area, ⑦ orbiting satellite, ⑧ this project is planned for 2020.

Russian Space Agency Energia Chief Executive Nikolai Sevastyanov has given indications that his company will be able to provide moon exploitation options to the Russians, even before the their Kliper shuttle starts service in 2015. A new, modified version of the Soyuz TMA vehicle, either manned or remotely controlled via a new digital system, could be used to extract the lunar reserves of Helium-3, according to Russian media agency RIA Novosti.

While Helium-3 holds great value to the new range of fusion nuclear power stations, it is not known why Sevastyanov would see value in an earlier target of exploitation from the lunar surface, when the new power stations are believed to be decades away from making Helium-3 commercially viable.

The flamboyant-yet influential-Energia CEO is under no illusions about the 2012~2014 timeline it would take for his company to support Russia’s first manned mission to the Moon, including the mining of isotope helium-3 by 2020. Now it would seem his targets are not restricted to the introduction of the Kliper. This was hinted at before, during a wide-ranging interview with Vedomosti magazine. ‘We could make a landing as early as 2012-2014 using the Soyuz-type technology,’ he said. With a budget within $2 billion, we could land on the Moon in three missions. ‘The first would be just a lunar fly-around mission, the second would involve a circumlunar orbit injection with automatic landing of the lunar module, and the third would be the manned landing on the Moon.

‘As for the industrial transportation system to support regular missions to the Moon and lunar mining operations, we could develop it by as early as 2020.’ During that interview, Sevastyanov showed signs of his passion for being involved in a mission that he believes is critical for our planet. ‘We must do this within the lifetime of our generation, first of all because of the limited nature of energy resources,’ he added. ‘One way or the other, but we will have to go beyond our

---

33) "Russian project Luna-Glob: goals and status". Retrieved 2008-10-21

planet in the search of new environmentally friendly power sources. 'A good candidate is isotope helium-3 to be used for nuclear power. It is available on the Moon. 'The earth's reserves of helium-3 are so negligible that their industrial use is absolutely out of the question. According to some estimates, our natural satellite contains no less than 1 million tons of helium-3, which can fully meet the entire Earth's power demand for a period of more than 1,000.[34] In the longer term, Japan envisages developing the necessary technology for the establishment and utilization of a human lunar base, and aims to realize a "Deep Space Harbor" at the Moon and/or a Lagrange Point as a basis for future extended human activities in the Solar System.

- Luna-25 (also known as Luna-Glob-Lander) mission to land the spacecraft on the Moon and the first in a row of a new lunar program, which should eventually lead to exploitation of the Moon. The spacecraft should land in the vicinity of lunar South pole and analyze lunar regolith samples in-situ. Launch planned for 2018.
- Luna-26 (or Luna-Resurs-Orbiter) orbital mission to study Moon from low polar orbit (approximately 50–100km). After main mission is complete, the spacecraft will rise the orbit to about 500 km to study cosmic rays (LORD experiment). Launch planned for 2019.
- Luna-27 landing mission (or Luna-Resurs-Lander), which shall study lunar regolith in-situ. ESA is considering the possibility to install a drill and a sampling device on the spacecraft. Launch planned for 2020 or later.

All these mission are currently included in the next Federal Space program of Russia for 2016–2025, which is now under consideration in the Government. Russian engineers preparing the 2018 launch of the ExoMars rover in cooperation with their European colleagues hope to employ the same hardware to return a piece of the Red Planet back to Earth.[35] Also, the joint efforts are now in progress with colleagues of the European Space Agency to establish the commonly beneficial

34) http://www.nasaspacef.light.com/2006/04/russian-moon-exploitation-soyuz-involved
35) http://www.russianspaceweb.com/spacecraft_planetary_mars.html

cooperation in Moon exploration, which should include both the contribution of ESA elements and service for Luna 25–27 missions and the joint implementation of the LPSR/Luna-Grunt project.[36]

4) China

Chinese Lunar Exploration Program (CLEP) is a program of robotic explorations and human missions to the Moon undertaken by the China National Space Administration (CNSA). China's moon rover will survey for minerals on a dusty, barren crater named the Bay of Rainbows, but experts say there may be no pot of gold on the Earth's natural satellite. The potential to extract the moon's resources has been touted as a key reason behind China's space program, which made its latest breakthrough on Saturday with the landing of its first lunar rover.

Chang'e 1 was an unmanned Chinese lunar-orbiting spacecraft, part of the first phase of the Chinese Lunar Exploration Program. The spacecraft was named after the Chinese moon goddess, Chang'e.[37] It uses Chang'e lunar orbiters, rovers and soil return spacecraft and adapted Long March(長征) 3/A, Long March 5/E and Long March 7 launch vehicles. The first spacecraft of the program, Chang'e 1(嫦娥一號) an un-manned lunar orbiter was successfully launched at Xichang Satellite Launch Center (西昌卫星发射中心) on October 24, 2007.[38] China's first lunar probe, Chang'e-1, is now orbiting successfully the moon. Chang'e-2 (嫦娥 二號; *Cháng'é èr hào),* is a Chinese un-manned lunar probe. Chang'e 2 spacecraft was launched on 1 October 2010, aboard a Long March 3C rocket from Xichang Satellite Launch Center at Xichang, Shichuan in China. Chang'e 2 is similar to Chang'e 1 with some improvements, including a better camera with a resolution of one meter. The spacecraft entered an orbit with a perigee of 200 kilometers and apogee of 380,000 kilometers and separated from the carrier rocket as planned. It was the first time that a Chinese lunar probe directly entered the earth-moon

36) http://www.iki.rssi.ru/eng/moon.htm
37) http://en.wikipedia.org/wiki/Chang'e_1
38) http://en.wikipedia.org/wiki/Chang'e_program

transfer orbit without orbiting the earth first.

After the launch, Chang'e 2 was expected to arrive at its lunar orbit in about 112 hours (about 4 days and 16 hours), much faster than the 12 days taken by Chang'e 1.

Chang'e 3 (嫦娥三号) is an unmanned lunar exploration mission operated by the China National Space Administration (CNSA), incorporating a robotic lander and China's first lunar rover. It was launched in December 2013 as part of the second phase of the Chinese Lunar Exploration Program. The mission's chief commander was Ma Xingrui. Chang'e 3 achieved lunar orbit on 6 December 2013 and landed on 14 December 2013, becoming the first spacecraft to soft-land on the Moon since the Soviet Union's Luna 24 in 1976. On 28 December 2015, the discovery by Chang'e 3 of a new type of basaltic rock, rich in ilmenite, a black mineral, was reported.[39] Chang'e 4 (嫦娥四号) will be a Chinese lunar exploration mission, incorporating a robotic lander and rovercraft. Chang'e 4 will be China's second lunar lander and rover, and was built as a backup to Chang'e 3, as Chang'e 2 was to Chang'e 1.

The mission was scheduled for launch in 2015 as part of the second phase of the Chinese Lunar Exploration Program but the adjusted design of the mission imposed delays. It will now be launched by the end of 2018. Since Chang'e 4 is re-purposed to land on the far side of the Moon, CNSA will first launch a communication relay satellite to Earth-Moon L2 point in June 2018 as a communication relay station to relay the signals between the lander/rover and the earth station.[40]

Chang'e 5 (嫦娥五号;) is an unmanned Chinese lunar exploration mission currently under development, which is expected to land on the Moon by 2017.[41] Chang'e 5 will be China's first sample return mission, aiming to return at least 2 kilograms of lunar soil and rock samples back to the Earth. The third phase of the lunar exploration program is planned for 2017, entailing the use of the CZ-5/E heavy launch vehicle. China' also plans the moon base construction and China space station in 2022.[42]

---

39) https://en.wikipedia.org/wiki/Chang%27e_3

40) https://en.wikipedia.org/wiki/Chang%27e_4

41) https://en.wikipedia.org/wiki/Chang%27e_5; 我国计划,将于2017年11月底发射8.2吨重的嫦娥五号,发射地点在中国文昌航天发射场.

After that, a manned lunar landing might be possible in 2025–2030.[43] Chang'e 6 (嫦娥六号) is an unmanned Chinese lunar exploration mission currently speculated to be under development, which is expected to land on the Moon after 2020. Chang'e 6 will be China's second sample return mission. Like its predecessors, the spacecraft is named after the Chinese moon goddess Chang'e.[44] On 11 January 2016, the Chinese government officially approved a robotic probe mission to Mars, following an 8-year pre-research. The mission will launch a Mars probe, consisting of an orbiter, a lander, and a rover, in the third quarter of 2020. The probe will conduct a soft-landing on Mars in 2021, when the Chinese Communist Party celebrates the 100th anniversary of its founding. The mission was said to have been personally endorsed by Xi Jiping, the Chinese President and General Secretary of the Chinese Communist Party.[45]

5) Japan

The Lunar Exploration Program (月探査計画) in Japan, is a program of robotic and human missions to the Moon undertaken by the Japanese Aerospace Exploration Agency (JAXA), and its division, the Institute of Space and Astronautical Science (ISAS). It is also one of the three major enterprises of the JAXA Space Exploration Center (JSPEC).

The main goal of the program is "to elucidate the origin and evolution of the Moon and utilize the Moon in the future". The first spacecraft of the program, the unmanned lunar orbiter SELENE (Selenological and Engineering Explorer, Kaguya), was launched from Tanegashima Space Center on September 14, 2007, after being delayed several times.

After successfully orbiting the moon for 1 year and 8 months, the main orbiter was intentionally crashed onto the lunar surface near Gill lunar crater at 18:25 UTC on

42) http://english.cri.cn/2906/2007/03/11/65@204310.htm
43) http://en.wikipedia.org/wiki/Chinese_Lunar_Exploration_Program
44) https://en.wikipedia.org/wiki/Chang%27e_6
45) https://chinaspacereport.com/spacecraft/mars-mission/

June 10, 2009.[46] JAXA succeeded in launching Lunar orbit explorer *Kaguya,* also known as SELENE (costing 55 billion yen including launch vehicle), the largest such mission since the Apollo Program, on an H-2A rocket. Its mission is to gather data on the moon's origin and evolution. It entered into a lunar orbit on October 4, 2007.

The JAXA and NHK (Japan Broadcasting Corporation) have successfully performed the world's first high-definition image taking by the lunar explorer "KAGUYA" (SELENE) which was injected into a lunar orbit at an altitude of about 100 km on October 18, 2007. The image shooting was carried out by the onboard high definition television (HDTV) of the KAGUYA, and it is the world's first high definition image data acquisition of the Moon from an altitude about 100 kilometers away from the Moon.[47]

Consisting of a 3-ton main orbiter and two 50-kilogram sub-satellites, Kaguya is equipped with 14 scientific instruments and a high- definition television camera. Human Lunar Systems Team of Japan works for the conceptual system study on the future human lunar outpost. Based on the achievements and lessons learned from the International Space Station Program, system architecture on the basis of the international cooperation and the way of Japan’s contribution are discussed continuously.[48] The eventual goal is to participate in an international lunar outpost program, in which Japanese crews would stay on the lunar surface for a prolonged period of time and promote scientific research and environment utilization. NOZOMI (PLANET-B) was Japan's first Mars explorer and its main mission was to research the upper atmosphere of Mars by focusing on the interaction with solar wind. On July 4, 1998, the explorer was launched by M-V-3 rocket from the Kagoshima Space Center in Uchinoura. On the way to Mars, however, trouble occurred with NOZOMI and substantial orbit changes were made. It finally approached Mars in December 2003, four years behind the original plan.

Due to frequent problems, however, the systems required to enter orbit around Mars did not work. Despite of every possible effort to restore the functions, we had

---

46) http://en.wikipedia.org/wiki/SELENE

47) http://www.jaxa.jp/press/2007/11/20071107_kaguya_e.html

48) http://www.jspec.jaxa.jp/e/activity/humanlunar.html

to abandon insertion of the explorer into the orbit of Mars on December 9, 2003, as we were not able to operate the necessary equipment. NOZOMI has become an artificial planet that flies forever in orbit around the Sun near Mars.[49)]

SELENE-2, Japan's first lunar lander and rover, is expected to be launched in 2017. The program also includes a lunar sample return mission (SELENE-3), a mission to Mars to collect data for future manned expeditions (MELOS), participation in the Mars international sample return mission, and an advanced lander for future human missions to the Moon.

The Japan Aerospace Exploration Agency (JAXA) is looking to achieve its first unmanned soft lunar landing as soon as the 2018 fiscal year, which begins on April 1, 2018 – if the funding is made available. With a possible lunar landing in the works, JAXA is looking to increase its already substantial exploration capital.[50)] SELENE-3 aims to return about 100 grams of samples from the Moon surface. It will be launched around 2020. However, due to financial issues JAXA is currently facing, this mission may be merged into the option-3 of SELENE-X. MELOS (Mars Exploration with Lander-Orbiter Synergy) is a planned mission to Mars, consisting of an orbiter (MELOS-1), and a lander (MELOS-2). It would be the successor to the comet probe Suisei (PLANET-A) the Mars probe Nozomi (PLANET-B), and the Venus probe Akatsuki (PLANET-C). MELOS-1 is planned to be launched in 2018, and will also have up to four small landers.[51)]

SLIM, short for *Smart Lander for Investigating Moon*, is a candidate for the SPRINT-C (Small scientific satellite Platform for Rapid Investigation and Test-C) mission. The lander would be 120 kg (260 lb), and is proposed to be launched on an Epsilon advanced rocket from the Kagoshima Prefecture in late 2019.[52)]

---

49) http://global.jaxa.jp/countdown/f17/special/exploration_e.html
50) http://www.spaceflightinsider.com/organizations/jaxa/japans-jaxa-to-attempt-lunar-landing-in-2018/
51) https://en.wikipedia.org/wiki/Japanese_Lunar_Exploration_Program
52) Japan delays launch of unmanned lunar lander to second half of fiscal 2019". *The Japan Times*. June 4, 2015. Retrieved 2016-04-26.

6) India

Chandrayaan-1 has been built and launched from Indian soil and sent on a mission to study the lunar surface. The Indian Space Research Organization (ISRO) used its highly successful Polar Satellite Launch Vehicle (PSLV) to get the lunar probe into space. This is an impressive mission for a small space agency, making huge strides in the exploration of space.[53] In its fourteenth flight conducted from Satish Dhawan Space Centre (SDSC) SHAR, Sriharikota on October 22, 2008, the ISRO's Polar Satellite Launch Vehicle, PSLV-C11, successfully launched the 1,380kg Chandrayaan-1 spacecraft into a transfer orbit with a perigee (nearest point to Earth) of 255 km and an apogee (farthest point to Earth) of 22,860 km, inclined at an angle of 17.9 deg to the equator. After a 52 hour count down, PSLV-C11 lifted off from the Second Launch Pad at SDSC SHAR at 06:22Hrs Indian Standard Time (IST) with the ignition of the core first stage.

The important flight events included the separation of the first stage, ignition of the second stage, separation of the payload fairing at about 116km altitude after the vehicle had cleared the dense atmosphere, second stage separation, third stage ignition, third stage separation, fourth stage ignition and fourth stage cut-off.[54]

Chandrayaan-1 is India's first spacecraft mission beyond Earth's orbit. With well-defined objectives, Chandrayaan-1 mission intends to put an unmanned spacecraft into an orbit around the moon and to perform remote sensing of our nearest celestial neighbor for about two years using eleven scientific instruments built in India and five other countries. The primary objectives of Chandrayaan-1are:

- To place an unmanned spacecraft in an orbit around the moon
- To conduct mineralogical and chemical mapping of the lunar surface
- To upgrade the technological base in the country

Chandrayaan-1 aims to achieve these well-defined objectives through high-

53) http://www.universetoday.com/2008/08/17/india-has-big-plans-for-lunar-exploration
54) http://www.isro.org/pressrelease/Oct22_2008.htm

resolution remote sensing of moon in the visible, near infrared, microwave and X-ray regions of the electro-magnetic spectrum. With this, preparation of a 3-dimensional atlas of the lunar surface and chemical and mineralogical mapping of entire lunar surface is envisaged.

On 18 November 2008, the Moon Impact probe was released from India's Chandrayaan-1 at a height of 100 kilometers (62 mi). During its 25-minute descent, the impact probe's Chandra's Altitudinal Composition (CHACE) recorded evidence of water in 650 mass spectra gathered in the thin atmosphere above the Moon's surface.[55)]

In September 2009, NASA payload Moon Mineralogy Mapper onboard Chandrayaan-1 detected water on the Moon surface[56)] and hydroxyl absorption lines in reflected sunlight. In March 2010, it was reported that the Mini-SAR on board Chandrayaan-1 had discovered more than 40 permanently darkened craters near the Moon's north pole that are hypothesized to contain an estimated 600 million metric tons (1.3 trillion pounds) of water-ice.[57)] Chandrayaan-2 (lit: Moon-vehicle) is India's second lunar exploration mission after Chandrayaan-1. Developed by the Indian Space Research Organisation (ISRO), the mission is planned to be launched to the Moon by a Geosynchronous Satellite Launch Vehicle (GSLV Mk II). It includes a lunar orbiter, lander and rover, all developed by India. The ISRO is planning to launch Chandrayaan-2 in the first quarter of 2018.[58)] According to ISRO, this mission will use and test various new technologies and conduct new experiments. The wheeled rover will move on the lunar surface and will pick up soil or rock samples for on-site chemical analysis. The data will be relayed to Earth through the Chandrayaan-2 orbiter. The science goals of the mission are to further improve the understanding of the origin and evolution of the Moon using instruments onboard Orbiter and in-situ analysis of lunar samples using Lander and Rover.[59)]

55) Water on the Moon: Direct evidence from Chandrayaan-1's Moon Impact Probe. Published on 2010/04/07.

56) Lakdawalla, Emily (13 November 2009), "LCROSS Lunar Impactor Mission: *"Yes, We Found Water!"*. The Planetary Society. Retrieved 2010-04-13.

57) "NASA Radar Finds Ice Deposits at Moon's North Pole". NASA. March 2010. Retrieved 2012-03-26.

58) https://en.wikipedia.org/wiki/Chandrayaan-2

The ISRO has also plans for sending a manned mission to space by 2014 and an astronaut to the moon by 2020. Japan and China have also plans to send manned missions to moon in 2020.[60]The Mars Orbiter Mission (MOM), also called *Mangalyaan* (Mars-craft), is a space probe orbiting Mars since 24 September 2014. It was launched on 5 November 2013 by the Indian Space Research Organisation (ISRO). It is India's first interplanetary mission and ISRO has become the fourth space agency to reach Mars, after the Soviet space program, NASA, and the European Space Agency. It is the first Asian nation to reach Mars orbit, and the first nation in the world to do so in its first attempt.[61]

In a meeting Tuesday in Toronto, NASA Administrator Charles Bolden and K. Radhakrishnan, chairman of the Indian Space Research Organisation (ISRO), signed two documents to launch a NASA-ISRO satellite mission to observe Earth and establish a pathway for future joint missions to explore Mars. While attending the International Astronautical Congress, the two space agency leaders met to discuss and sign a charter that establishes a NASA-ISRO Mars Working Group to investigate enhanced cooperation between the two countries in Mars exploration. They also signed an international agreement that defines how the two agencies will work together on the NASA-ISRO Synthetic Aperture Radar (NISAR) mission, targeted to launch in 2020.[62]

7) The Republic of Korea

The Korean Lunar Exploration Project involves the development of Korea's first lunar probe and acquisition of the basic technologies needed for lunar exploration - such as an orbiter, a landing module, scientific payload, and deep space communication. During Phase 1, a test orbiter will be developed in an effort to

59) http://www.isro.org/scripts/futureprogramme.aspx#Human

60) ISRO also plans to undertake a manned spaceflight by 2014 and a manned mission to the moon by the year 2020; http://www.thedailystar.net/campus/2008/11/01/reflections.htm

61) https://en.wikipedia.org/wiki/Mars_Orbiter_Mission

62) https://www.nasa.gov/press/2014/september/us-india-to-collaborate-on-mars-exploration-earth-observing-mission

attain the key space exploration technology, the deep space network will be constructed, and the payload will be jointly developed with other countries. In Phase 2, an unmanned lunar orbiter and a lunar landing module will be developed and launched using the Korean launch system. The lunar probe will be equipped with mission systems such as a scientific payloads to analyze the lunar environment and to explore the l lunar its resources, nuclear battery system and a lunar rover. Korea has accumulated around 70% of the key technologies needed for lunar exploration through the previous earth-orbiting artificial satellite technologies since 1990's. KARI and NASA have signed on "Implementing Arrangement between NASA and KARI for cooperation on the Korea Pathfinder Lunar Orbiter (KPLO) mission" in December 2016. The technical cooperation involves accommodation of a couple of NASA payloads onto the test lunar orbiter, and NASA's technical support on mission design, deep space communications, and navigation technologies. The technical cooperation with NASA, a pioneer in space exploration, is expected to significantly increase the possibility of successful lunar exploration.[63)]

South Korean government announced an ambitious plan on November 20, 2007 to join Asia's space race by launching a lunar orbiter by 2020 and sending an un-manned lunar probe to the moon five years after that. The Minister of Science and Technology unveiled the project one month after China launched its first lunar orbiter and two months after Japan did. According to the "*road map to the implementation of space development,*" developing its own 300-ton rocket is projected to require KRW 3.6 trillion (USD 3.9 billion) over the next decade. "South Korea will send an un-manned lunar probe into lunar orbit by 2020 and another to the surface of the moon by 2025 under the road map," a Ministry spoke's person said.

Scientists from Korea recently unveiled a spacecraft developed completely in-house that could potentially be used for robotic exploration of the Moon. The mini-sized lander, shown above is about 40 centimeters tall (15.5 inches) and weighs 25 kilograms (55lbs). Scientists say it carry an additional 20 kilograms in payloads to the surface. Every part of the rocket engine was "homemade," said Kwon Se-jin, a professor of aerospace engineering at the Korea Advanced Institute of Science and

63) https://www.kari.re.kr/eng/sub03_04_01.do

Technology (KAIST). The lander, the result of a six year long effort, represents an advancement in technology, and an important step for Korea's nascent space program.

Also, the Korean team was proud of the low costs associated with their new lander. According to Kwon, lunar modules between the 100 and 200 kilogram range, developed by NASA (USA) under the International Lunar Network (ILN) project costs around $100 million. The rocket engine created by his team could cut development costs to about half that, Kwon claimed. We have approached NASA over the possibilities of using our engine," Kwon said, adding that his team is collaborating with other local scientists with the goal of landing a spacecraft on the moon by 2013.[64] Korea's current plans are to launch an Earth-orbiting satellite in early 2009 from a newly built space port. If successfully, Korea would become the ninth country to launch a satellite from its own soil. But the Koreans also want to become part of an international space research project, the International Lunar Network (ILN)[65], a project aiming to gradually place six to eight fixed or mobile science stations on the lunar surface. The stations will form a robotic network to replace the hardware left by the Apollo program to continue studies of the moon's surface and interior. On July 24, 2008 a meeting of the space agencies of Canada, France, Germany, India, Italy, Japan, the Republic of Korea, the United Kingdom, and the United States was held at NASA's Lunar Science Institute, located at the Ames Research Center. During the meeting, the representatives of the nine space agencies discussed about the cooperation on ILN and agreed on a statement of intent as a first step in planning.

The Korean Aerospace Research Institute (KARI) plans to send an orbiting spacecraft to the Moon in late 2018. In addition to carrying scientific and technological experiments, KARI is offering a portion of their payload space to foreign investigators. By doing so, they've increased the possibility of obtaining new strategic information critical to the ultimate success of a permanent return to the

---

64) http://www.universetoday.com/21732/made-in-korea-lunar-lander-unveiled

65) The International Lunar Network or ILN is a proposed network of a series of landed stations of the United States and the other space-faring countries on the lunar surface in the 2010s.

Moon. The orbiter (KPLO, for Korean Pathfinder Lunar Orbiter) is a relatively small spacecraft (about 500kg), similar in size to some previous lunar orbiters, such as Clementine (425kg). It will launch on a procured, foreign launch vehicle, although it is planned to launch the follow-up soft lander mission on a Korean booster. The spacecraft will orbit the Moon in a 100-km-high, polar orbit for one year, permitting a complete survey of the lunar surface.[66)]

A lunar base could be built from waterless concrete composed entirely of moon dust, according to the Korean researchers. Since regular concrete requires water, it is currently unlikely that conventional concrete structures will be built on the moon; however, this inventive idea might hold the key to future lunar settlements. Prof. Dr. Tai Sik Lee (Hanyang University at Seoul, Korea) had made the waterless lunar concrete for construction the lunar base in 2,000.

Advanced aerospace countries, including these emerging countries in Asia, are now carrying out the exploration of planets and asteroids in the solar system, including Mars and Jupiter. The purpose of such exploration is to gain the edge in space development and strengthen national competitiveness.

According to the poll by reflecting such expectations, 72% of Koreans support the lunar mission favoring of the budget for lunar exploration. The tangible and intangible economic value of Korea's lunar exploration is expected to be around KRW 3.8 trillion, which is more than five times the planned investment.[67)] South Korea has been pushing an aggressive space program over the past decade, and objectives include having a man on the moon and mars by 2020~2030.

---

66) http://www.airspacemag.com/daily-planet/korea-plans-lunar-mission-2018-180960588/
67) https://www.kari.re.kr/eng/sub03_04.do

5. Legal Problems and Solution for the Exploitation and Mining Rights of the Natural Resources in the Moon and other Celestial Bodies

Recently it is most severe competition among the space superpowers in order to mine and exploit the natural resources including helium-3 from the moon so as to solve the serious problems of the earth's energy. As it is un-ratified by any major space-faring powers and unsigned by most of them, it is of no direct relevance to current space activities. The space superpowers and private operators have not started to exploit the resources of the Moon and other celestial bodies yet is the absence of rules setting out how this exploitation shall be carried out. The space law system, indeed, does not provide any specific rule, relating to the exploitation of extraterrestrial resources, which have been generally accepted by States. According to the 1967 Outer Space Treaty (OST)[68] and the 1979 Moon Agreement,[69]these two instruments does not offer an adequate legal framework which is able to ensure the safe, orderly and peaceful development and extraction from the natural resources of the Moon and other celestial bodies. On one side, the Outer Space Treaty does not contain any mention of space resources or to their possible exploitation.

On the other side, the Moon Agreement, whose main purpose is to set forth rules aimed at regulating the use for scientific and commercial reasons of lunar and other celestial bodies' materials, has been rejected by the majority of States,

---

68) The Outer Space Treaty, formally known as the *Treaty on Principles Governing the Activities of States in the Exploration and Use of Outer Space, including the Moon and Other Celestial Bodies,* is a treaty that forms the basis of international space law. The treaty was opened for signature in the United States, the United Kingdom, and the Soviet Union on January 27, 1967, and entered into force on October 10, 1967. As of May 2013, 102 countries are states-parties to the treaty, while another 26 have signed the treaty but have not yet completed ratification.

69) *Agreement Governing the Activities of States on the Moon and Other Celestial Bodies,* (usually referred as Moon Agreement) signed on 18 December 1979; As of January 2013, only 15 states; Australia, Austria, Belgium, Chile, Kazakhstan, Lebanon, Mexico, Morocco, The Netherlands, Pakistan, Peru, Philippines, Saudi Arabia, Turkey and Uruguay, have ratified it. France, Guatemala, India and Romania have signed but have not ratified it.

comprising the space-faring States.[70] As a consequence, its principles lose relevance when applied to the exploitation of extraterrestrial resources. The major problem of the Treaty is that it does not contain any specific reference to space resources and to their exploitation.

The exploitation of moon materials raises several specific legal issues, such as those related to the right of mining extraterrestrial sites or to property rights over the extracted materials, which may not be properly dealt with and solved by simply relying on the existing space law principles. It is realistic to anticipate that the exploitation of these mineral resources will take place in a three phase process: ① pre mining phase; ② mining phase; ③ post mining phase.[71]The rules regulating the exploitation of the resources of the Moon and other celestial bodies should be inserted in a legal instrument which will be opened for acceptance by State and International Organizations.

The ISA is the international organization through which States manage and control the exploitation of the natural resources of the Moon and other celestial bodies. The ISA has the power to authorize persons to exploit for commercial purposes a certain lunar or other celestial bodies' area. At the same time, however, the ISA has the duty to control that the exploitative activities are carried out in accordance with the space law principles and in a not detrimental manner for the space environment.

---

70) The refusal of the developed States to ratify the Moon Agreement was largely due to the insertion of the Common Heritage of Mankind idea in Article XI of the Agreement declaring the Moon and its resources to be "the Common Heritage of Mankind", see C.Q.Christol, *"Important concepts for international law of outer space"*, in Proceedings of the Fortieth Colloquium on the Law of Outer Space, (1997), p.73; F.G.von de Dunk, *"The dark side of the Moon: public concepts and private enterprises"*, in Proceedings of the Fortieth Colloquium on the Law of Outer Space, (1997), p.121.

71) Fabio Tronchetti, op.cit., pp.133~144.

6. Procedure for Establishing the new International Space Agency

The ISA is the international organization through which States manage and control the exploitation of the natural resources of the Moon and other celestial bodies. The establishment of ISA as a new international regime is based on the Article 11, 5[72] and Article 18[73] of the 1979 Moon Agreement. In order to establish as a preliminary procedure, it needs to make the Draft for the Convention on the establishment an ISA among the space-faring countries. This provision shall be implemented in accordance with article 18 of this Agreement. It is necessary for us to take the following five step's procedure in order to create an ISA.

As a first step, it is necessary to hold a workshop, symposium or Internet mass media assembling space law professors, lawyers, scientists, technicians, high-ranking officials and staff members from the global space agencies such as the UNCOPUOS, the United States (NASA), European Union (ESA), China (CNSA), Japan (JAXA), India (ISRO) and South Korea (KARI) etc. in order to concentrate on their opinions concerning the establishment of the ISA. As a second step, we need to organize a preparatory committee for establishing the ISA through a ministerial conference or diplomatic conference of the space powers countries including

72) Article 11, 5. States Parties to this Agreement hereby undertake to establish an international regime, including appropriate procedures, to govern the exploitation of the natural resources of the moon as such exploitation is about to become feasible. This provision shall be implemented in accordance with article 18 of this Agreement.

73) Article 18 Ten years after the entry into force of this Agreement, the question of the review of the Agreement shall be included in the provisional agenda of the General Assembly of the United Nations in order to consider, in the light of past application of the Agreement, whether it requires revision. However, at any time after the Agreement has been in force for five years, the Secretary-General of the United Nations, as depository, shall, at the request of one third of the States Parties to the Agreement and with the concurrence of the majority of the States Parties, convene a conference of the States Parties to review this Agreement. A review conference shall also consider the question of the implementation of the provisions of article 11, paragraph 5, on the basis of the principle referred to in paragraph 1 of that article and taking into account in particular any relevant technological developments.

delegate of the United Nations Committee on the Peaceful Use of Outer Space (UNCOPUOS). As a third step, a *"Draft for the Convention on the Establishment of an International Space Agency"* should be legislated by excellent space law professors, space scientists or diplomats in collaboration with specialists from the aforementioned Committee.

As a fourth step, after extensive discussion and screening of the abovementioned *"Draft for the Convention"* by diplomatic conference in the UNCOPUOS, they must pass the *"Draft for the Convention"* by two-third majority of diplomatic conference in the UNCOPUOS and UN.

As a fifth step, the UN member's countries would like to ratify *"The Convention for the Establishment of an International Space Agency."* I would like to propose the following Preamble to the *"Draft for the Convention,"* base on the International Space Agency.[74]

Preamble of the Draft for the Convention on the Establishment of an International

Space Agency;

The States Parties to this Agreement,

Recognizing the common interest of all mankind in the progress of the exploration and use of outer space for peaceful purposes,

Determined to promote on the basis of equality the further development of co-operation among States in the exploration and use of the moon and other celestial bodies,

Desiring to contribute to broad international co-operation in the scientific as well as the legal aspects of the exploration and use of the moon

74) In 1975, European Space Conference, meeting in Brussels, approved the text of the *"Convention for the Establishment of a European Space Agency"* setting up the European Space Agency. The member states are now fifteen countries: Austria, Belgium, Denmark, Finland, France, Germany, Ireland, Italy, the Netherlands, Norway, Portugal, Spain, Sweden, Switzerland, and the United Kingdom. Canada is a Cooperating State: United Nations, *"Space Activities of the United Nations and International Organizations"*, UN (New York, 1992), at 135; H.L. van Traa-Engelman, *"Commercial Utilization of Outer Space,"* Martinus Nijhoff Publishers (1993), pp.160-161.

and other celestial bodies for peaceful purposes,

Desiring to prevent the moon and other celestial bodies from becoming an area of international conflict and environmental damage,

Bearing in mind the benefits which may be derived from the exploitation of the natural resources of the moon and other celestial bodies,

Recalling the Treaty on Principles Governing the Activities of States in the Exploration and Use of Outer Space, including the Moon and Other Celestial Bodies, the Agreement on the Rescue of Astronauts, the Return of Astronauts and the Return of Objects Launched into Outer Space, the Convention on International Liability for Damage Caused by Space Objects, and the Convention on Registration of Objects Launched into Outer Space,

Taking into account the need to define and develop the provisions of these international instruments in relation to the moon and other celestial bodies, having regard to further progress in the exploration and use of the moon and outer space.

7. The Principal Points that need to be included in the Draft for the Convention on the Establishment of the new International Space Agency

I would like also to propose the following ten principal points that need to be included in the said *"Draft for the Convention.*

7.1. Members and Legal Personality

The members of ISA shall be the States parties to the *"Convention for the Establishment of an International Space Agency."* The ISA shall have legal personality. The ISA may exercise also its functions and powers, as provided in this Statute, on the territory of any State Party and, by special agreement, on the territory of any other State. It shall also have such legal capacity as may be necessary for the exercise of its functions and the fulfillment of its purposes.

7.2. Purpose of Establishment

The purpose of establishing the ISA is to provide for and to promote, for exclusively peaceful purposes, cooperation among the global States in space research and technology and their space application for the moon, Mars and other celestial bodies, with a view to their being used for scientific purposes and for operational space applications systems.

The purposes of the ISA shall include in particular:

- Drawing up international rules and monitoring the application of such rules, including the gathering of technical information on space activities conducted under existing legal texts (on license, registration, recovery liability, satellites with nuclear power resources) or future texts (space shuttle, space station, space debris, etc.……);
- Encouraging the transfer of space technologies to developing countries, the training of specialists, and wide circulation of data gathered in the course of space activities, especially data adapted to the needs of these countries (for ex: distribution of remote sensing data);
- Coordinating environmental monitoring by satellites and spacecraft
- Establishing a monitoring and researching organization in order to protect the environment of earth and space so as to mitigate space debris.

7.3. Space Policy

The ISA is in charge of elaborating and implementing the medium and long-term global space policy, of actual activities and programs and a related industrial policy in the space field, and the coordination of UN member's states and their national space programs with respect to international organizations and institutes.

Furthermore, the member States decide on global assimilation of their national space programs by integrating them into the ISA programs.

Finally, the ISA elaborates and implements a space industrial policy, which is designed, in particular, to improve the exploitation and developments of the global space industry for the moon and other celestial bodies.

7.4. Licensing

The license to carry out the exploitation of the resources of a lunar or other celestial bodies' site is a contract between the ISA and the licensee. The license will contain: ① a declaration of the licensee accepting the space law principles and the rules of the present legal regime and affirming his duty to operate in good faith; ② the indication of the geographical location of the extraterrestrial site object of the license; ③ the schedule of the activities to be undertaken on the lunar site. The Agency, by means of the Council, has the duty to control the operator of the licensee[75]. In case such a control shows that licensee has not respected the terms of the license, the Council would ask the licensee to stop these violations and to take the required measures.

The license would be given for a maximum period of twenty years. This is an essential for ensuring the compliance of the legal regime regulating the exploitation of extraterrestrial resources with the non-appropriative nature of outer space sets out. The obtainments of the license will be subject to the payment of an initial fee. The licensee will have also to pay a fee every five years. Additionally, in case he does not comply with certain terms of the license a fine can be imposed.

The licensee enjoys two rights for the whole duration of the license: the rights of continued use over the area object of the license and the right to exercise property

75) The Council will have two ways to verify if the licensee is operating in accordance with the license: 1) through a report which every license is obliged to provide on an annual basis containing information on the activities which have been undertaken; 2) through a manned mission which can check in loci the status of the exploitative activities. The Council should give the licensee one month notice before undertaking the control. The licensee shall offer proper collaboration and provide information during the control

right over the extracted materials and the benefits generated thereof. Property rights over the extracted resources are necessary in order to provide the licensee with a reward for the effort they made to explore and exploit a lunar site and to make such exploitation a profitable business.

7.5. Exchange of Information

Members and the ISA shall facilitate the exchange of space policy, programs, scientific and technical information pertaining to the fields of space technology for the moon and other celestial bodies.

7.6. Education and Research

The ISA shall ensure the execution of basic activities, such as education (astronauts etc.), documentation, studies of future projects and technological research work. The ISA also facilitates the collection of relevant information and its dissemination to Member States, assistance and advice for harmonizing national and international programs and the elaboration and execution of scientific programs including the design, development, construction, launching, placing satellites and space shuttle in orbit and control of satellites and all similar activities for launching facilities, moon station, airport or space transport system from the earth to the moon and other celestial bodies.

7.7. International Cooperation

The ISA may, upon decisions of the Council taken by vote of a two-thirds majority of all Members States, cooperate with other international organizations and institutions and with Governments, organizations and institutions of non-Member States, and conclude agreements with them to this effect.

7.8. Financial Contributions

The ISA will be financed by its member States. The scale of contributions shall be based on the average national income of each Member State for the three latest years for which statistics are available.

7.9. Raising and Accumulating Funds

According to Article 11, (7), (d) of the 1979 Moon Agreement, the ISA must raise and accumulate the funds for the equitable sharing by all States Parties in the benefits derived from those resources, whereby the interests and needs of the developing countries, as well as the efforts of those countries which have contributed either directly or indirectly to the exploration of the moon, shall be given special consideration.

7.10. Organs

An organization to be named the International Space Agency is formed by the Convention. It is made up of a General Assembly, a Council, a Director General, a Senior Staff and such other bodies as may be necessary.

(1) The General Assembly

- The participation in the works of the General Assembly is, indeed, open to all States which have accepted the present legal regime and which are member of UNCOPUOS.
- The General Assembly, which is the principal organ, is composed of representatives of all Member States.
- The Assembly shall meet annually and shall be convened by the Council at a suitable time and place. Extraordinary meetings of the Assembly may be held at any time upon the call of the Council or at the request of any ten contracting States addressed to the Secretary General.

- It meets when it is required and is composed of either Ministers of the Member's States or government delegates. When it meets at ministerial level it can fulfill the political and practical function for the International conference on the exploitation and development of the moon and other celestial bodies.
- The General Assembly elects its chairman and its vice-chairman for a period of three years, and re-election is possible for a further year.
- The Chairman shall direct the meetings, the proceedings, prepare the decisions and maintain appropriate contact with the Member States; he shall advice the Director General and obtain from him all necessary information.
- When the Council meets at the ministerial level, it shall elect a chairman for that meeting.

(2) The Council

- The Council shall be a permanent body responsible to the Assembly. It shall be composed of twenty-four contracting States elected by the Assembly. An election shall be held at the first meeting of the Assembly and thereafter every two years, and the members of the Council so elected shall hold office until the next following election.
- The Council shall elect its President for a term of three years. He may be reelected. He shall have no vote. The Council shall elect from among its members one or more Vice Presidents who shall retain their right to vote when serving as acting President. The President need not be selected from among the representatives of the members the Council but, if a representative is elected, his seat shall be deemed vacant and it shall be filled by the State which he represented.
- Its functions and powers represent the core of the system including license regulating the exploitation of the mineral resources of the Moon and other celestial bodies.

(3) Director General

- The Director General is the executive of the ISEA and its representative.

– The Director General, who is the head of the executive body, is appointed by a two-thirds majority of all Member States.
– He is responsible for the management of the ISEA, the execution of the programs and he accomplishes all the tasks imposed on him by the Council as well as the implementation of its policy and the attainment of its objectives in accordance with the ISEA Convention.

(4) Senior Staff

Members of senior staff for management, defined by the Council, shall be appointed by the Council on the recommendation of the Director General.

7.11. Disputes and Arbitration

Disputes between Member States or between any of them and the ISEA must first be settled by the Council. If the dispute is not settled this way, it shall at request of any party to the dispute be submitted to arbitration. Unless the Parties agree differently or the Council adopts other rules, the Arbitration Tribunal shall consist of three members. Each Party shall appoint one of them, and those two arbitrators shall designate a third member. The third member is the umpire and presides over the tribunal.[76] The rules of procedure may be agreed between the Parties or imposed by the Council. The award shall be decided by the majority of votes (abstentions are not allowed) and it is final and binding.

7.12. Headquarters

The permanent seat of the ISA shall be determined by the resolution of the final meeting of UNCOPUOS and UN General Assembly. As the headquarters of the International Court of Justice and the International Criminal Court are located at The Hague (The Netherlands) and the headquarter of the International Tribunal for

76) E. R. C. Van Bogaert, *"Aspects of Space Law"*, Kluwer, (1986), at 271.

the Law of the Sea is located in Hamburg (Germany), already three International Court's headquarters are all located in Europe. So, it has to be taken into account that Europe's 710 million people only make up 11% of the world's population but Asia accounts for over 60% of the world population with almost 3.8 billion people.[77] Therefore it should be adequate to decide on locating the ISA headquarters in the Asian region and since in Asia the Republic of Korea is located as a "buffer region" between China and Japan as the geopolitical powers, Seoul (Korea), Tokyo(Japan) or Shanghai (China) another city in the Asian Pacific region should be eligible for this purpose.

8. Conclusion

The International Space Agency (ISA) will be regarded as a new road for the global space policy and exploitation of the moon and other celestial bodies in the global community. The ISA also coordinates the broad thinking needed to meet new challenges in the global countries. The ISA will provide a bright prospects and vision of the world community's future in the Moon and other celestial bodies, and for the benefits for people on the ground that satellites and spacecraft can supply. Due to the developments of internet, telecommunication by the satellites, space rafts and international space stations, it will be extinguished gradually or step by step the boundary among the global countries. It is necessary for us to establish the ISA so as to work together in union, to strengthen cooperation in research, and to establish friendly relations for the benefit of the mankind.

Finally, a very important point is that a political drive, at the highest level, should be given to mobilize states to this initiative, possibly taking the form of a solemn statement by heads of the space superpower's countries setting out objectives and prospects for the long term. It should be noted that this political drive will be necessary not only to set up the organization, but also during a subsequent period.[78]

---

77) http://en.wikipedia.org/wiki/World_population

78) Gabriel Lafferranderie, *"Outlook on Space Law over the next 30 years"*, Essays

It is desirable for us to establish the ISA in order to exploit and mine efficiently the natural resources of moon and other celestial bodies. I am sure that it is possible to establish the ISA in future, if the heads of the space super powers would agree to establish the ISA through a summit conference as well as conference of UNCOPUOS, General Assembly and Security Council of UN.

References

H.L. van Traa-Engelman, *Commercial Utilization of Outer Space,* (Martinus Nijhoff Publishers, 1993).

Bin Cheng, *Studies in International Space Law,* (Clarendon Press – Oxford, 1997).

H. Peter van Fenema, *International Trade in Launch Services,* (Uitgever/ Publishers, The Netherlands, 1999).

H. Ph. Diederiks-Vershoor, *An Introduction to Space Law,* (Kluwer Law International, (1999).

Chia-Jui Cheng and Doo Hwan Kim, *The Utilization of the World's Air Space and Free Outer Space in the 21st Century,* (Kluwer Law International, 2000).

Marietta Benkö und Walter Kröl, *Luft-und Weltraumrecht im 21. Jahrhundert (Air and Space Law in the 21st Century,* (Carl Heymaqnns Verlag KG in Germany, 2001).

Kazuto Suzuki, Policy *Logics and Institutions of European Space Collaboration,* (Ashagate, 2003).

Matthew Mowthorpe, *The Militarization and Weaponization of Space,* (Lexington, 2004).

Stephan Hobe, *Current Issues in the Registration of Space Objects,* DLR, 2005).

Published for the 30th Anniversary of the Outer Space Treaty, Kluwer Law International (1997), at 427.

Karl-Heinz Böckstiegel, 'Project 2001 Plus'-global and European Challenge for Air and Space Law at the Edge of the 21st Century, (Carl Heymaqnns Verlag, 2006).

Doo Hwan Kim, *Essays for the Study of the International Air and Space Law*, (Korea Studies Information Co. Ltd., 2008).

Tanja Masson-Zwaan, *Proceedings of the International Institute of Space Law*, Published and Distributed by American Institute of Aeronautics and Astronautics (2008).

Stephan Hobe, Zeitschrift Für Luft-und Weltraumrecht (German Journal of Air and Space Law), Köln, Institut für Luft- und Weltraumrecht der Köln Universität (Institute of Air and Space Law, University of Cologne) in Germany, 2001-2011.

저자소개

<편저자>

이영진

서울대학교 법과대학 법학사
서울대학교 대학원 법학박사
충북대학교 법과대학장, 교무처장, 법학연구소장 역임
미국 Harvard 대학교 Law School Visiting Scholar
일본 국립 이바라끼대학교 교환교수
캐나다 British Columbia 대학교 Law School 교환교수
미국 Hawaii 대학교 Law School 교환교수
한국항공우주정책·법학회 부회장(현)
충북대학교 법학전문대학원 교수(현)

<공동 필진>

김두환

서울대학교 법과대학 법학사
경희대학교 대학원 법학박사
캐나다 McGill 대학교 항공우주법연구소 교환교수
한국항공우주정책·법학회 명예회장
중국 북경이공대학교 및 남경항공우주대학교 겸임교수(현)

조홍제

경북대학교 법과대학 법학사
경북대학교 대학원 법학박사
캐나다 McGill 대학교 항공우주법연구소 Visiting Scholar
한국항공우주정책·법학회 부회장(현)
한국국방대학교 책임연구위원(현)

김동욱

공군사관학교 졸업
서울대학교 법과대학 법학사
충북대학교 대학원 법학박사
공군사관학교 도서관장
공군사관학교 교수(현)

정영진

전북대학교 법과대학 법학사
프랑스 파리 제11대학교 법학박사
한국항공우주연구원 선임연구원(현)

노동영

충북대학교 법과대학 법학사
충북대학교 법학전문대학원 법학박사
The Hague 국제법 Academy 수료
충북대학교 법률지원실 전담변호사(충북지방변호사회)

우주법론

편 저	이 영 진
발 행 처	충북대학교 출판부
발 행 인	윤 여 표
주 소	(28644) 충북 청주시 서원구 충대로1 (개신동12)
전 화	043) 261-2952, 3014
팩 스	043) 274-1256
이 메 일	presscbu@chungbuk.ac.kr
등 록	제1983-2001-7호
초판 1쇄 인쇄	2017년 8월 30일
인 쇄 처	다해 02) 2266-9247

ISBN 978-89-7295-309-8 93360

값 22,000원